U0397509

新数学教育哲学

郑毓信◎著

华东师范大学出版社

上海

图书在版编目（CIP）数据

新数学教育哲学/郑毓信著. —上海：华东师范
大学出版社，2015.5
ISBN 978 - 7 - 5675 - 3658 - 6

Ⅰ.①新… Ⅱ.①郑… Ⅲ.①数学教学－教育哲学
Ⅳ.①O1 - 02

中国版本图书馆 CIP 数据核字(2015)第 123310 号

新数学教育哲学
XIN SHUXUE JIAOYU ZHEXUE

著　　者　郑毓信
责任编辑　李文革
责任校对　时东明　高士吟
封面设计　卢晓红

出版发行　华东师范大学出版社
社　　址　上海市中山北路 3663 号　邮编 200062
网　　址　www.ecnupress.com.cn
电　　话　021 - 60821666　行政传真 021 - 62572105
客服电话　021 - 62865537　门市(邮购)电话 021 - 62869887
地　　址　上海市中山北路 3663 号华东师范大学校内先锋路口
网　　店　http://hdsdcbs.tmall.com/

印 刷 者　上海盛通时代印刷有限公司
开　　本　700×1000　16 开
印　　张　29.75
字　　数　458 千字
版　　次　2015 年 7 月第 1 版
印　　次　2022 年 7 月第 4 次
书　　号　ISBN 978 - 7 - 5675 - 3658 - 6/G·8365
定　　价　64.80 元

出 版 人　王　焰

前言

开放的数学教育哲学研究

这是笔者在数学教育哲学方面的第三部著作,前两部分别是 1995 年四川教育出版社出版的《数学教育哲学》与 2008 年广西教育出版社出版的《数学教育哲学的理论与实践》。

前两部著作在学术界有一定影响,更受到了数学教育工作者的普遍欢迎。《数学教育哲学》不仅于 2001 年再版,台湾的九章出版社也于 1998 年出版了该书的繁体字版,这一著作并先后获得江苏省哲学社会科学优秀成果奖三等奖(1997)与全国优秀教育类图书评选(第四届)一等奖(1998)。《数学教育哲学的理论与实践》一书也获得了广西优秀图书奖(省部级)三等奖(2009)。

前两部著作具有不同的重点和特色。1995 年的《数学教育哲学》主要反映了作者建构数学教育哲学系统理论的具体努力。书中提出,"数学教育哲学"不应被等同于"数学哲学在数学教育领域的具体应用",而应集中于这样三个基本问题:"什么是数学?"、"为什么要进行数学教育?"与"应当如何去进行数学教学?",也即应当分别对数学观、数学教育观与数学教学观作出较为系统和深入的分析论述。与此相对照,2008 年出版的《数学教育哲学的理论与实践》则更加突出了数学教育哲学研究的实践性质,并以我国于 2001 年开始的新一轮数学课程改革作为直接的工作背景。

当然,上述两个方面又不应被看成互不相干、彼此独立的。恰恰相反,在两者之间也存在相互依赖、互相促进的重要联系,特别是数学教育哲学的实践活动,不仅可以被看成相关理论思想的具体应用,而且也反过来促进了关于数学教育哲学基本问题与相关理论思想更为深入的思考与研究。更进一步说,笔者以为,理论建构与实践活动的相互促进应当成为中国数学教育哲学研究的基本立场,这也就是指,数学教育哲学既不应成为纯粹的理论研究,我们也不应因为强调实践而忽视相关的理论建设。恰恰相反,我们应当始终保持对于数学教育实际活动的高度关注,并以此促进数学教育哲学的理论研究,同时也应很好地发挥数学教育哲学理论研究对于实际教育活动的促进作用。

事实上,这也正是当前这一著作的主要目标,即希望以过去这些年的课改实践为背景在数学教育哲学的理论建设上取得新的进展或突破。这就是本书何以取名为《新数学教育哲学》的直接原因。为了清楚地说明问题,以下再对本书与 1995 年出版的《数学教育哲学》作一具体比较。

首先,本书的基本内容仍可被看成是围绕"什么是数学"、"数学教育的基本目标"与"数学学习与教学活动的性质"这样三个问题展开的,也即与《数学教育哲学》有基本一致的理论架构。当然,这又是两者的一个明显不同,即在上述三个部分以外本书又增加了"做具有哲学思维的数学教师"这样一个部分,后者并清楚地表明了笔者的这样一个认识:数学教育哲学的理论研究决不应脱离数学教育的实际需要。

其次,应当强调的是,尽管存在上述的共同点,本书又非先前工作的简单重复,或只是作了少量的增补和调整。恰恰相反,当前的著作集中地反映了作者关于什么是数学教育哲学的主要功能,以及我们应当如何去从事数学教育哲学研究的新的思考或不同认识。具体地说,较强的规范性或导向性正是1995 年的《数学教育哲学》的主要特征,对此例如由书中对于观念(包括数学观、数学教育观和数学学习与教学观)转变,也即"由较为陈旧和落后的观念向更为先进和正确的观念的转变"的突出强调就可清楚地看出。但现在的著作中则采取了更加开放的立场,这也就是指,与各种简单化的断言和片面性的认识相比较,笔者现今更加倾向于清楚地指明问题的复杂性与观念的多样化,并希望以此为背景促进读者的独立思考,而不是简单地为此提供直接的解答。

再者,当前的著作也非纯粹的理论建构,而是希望能更好地体现理论研究的实践价值。从而,这事实上也就可以被看成上述的"开放性"的又一重要涵义,即对于数学教育实际活动的高度关注。

例如,本书第一部分中关于数学观的论述其主要目标就不是为"什么是数学"这一问题提供某种无可怀疑的最终解答。恰恰相反,书中不仅对多种不同的数学观念进行了具体介绍,更集中分析了这些观念对于我们改进数学教育的实际工作究竟有哪些新的启示。同样地,如果说《数学教育哲学》一书中关于"数学教育目标与数学教育基本性质"的分析具有较强的理论色彩,那么,本书第二部分也更为明显地表现出了对于数学教育现实情况的高度关注,特别是希望能将这方面的理论研究与新一轮数学课程改革紧密地联系起来,也即能从理论高度对过去10多年的课改实践作出必要的总结与反思。

最后,也正是从上述角度去分析,笔者以为,如果说这仍然是笔者在这方面的最终理想,即希望数学教育哲学能"为数学教育提供坚实的理论基础",那么,对于后者我们在现今也就应当作出新的不同理解:这里所说的"基础"并非是指某种具体的理论或观念,而是更加希望能有助于广大数学教育工作者真正学会独立思考,包括不断提高自己的理论素养,并能逐步养成反思的习惯与一定的批判精神,从而将自己的工作做得更好,特别是表现出更大的自觉性。

为了清楚地说明问题,以下再联系"什么是哲学"对本书的基本立场作进一步的分析说明,而这事实上也可被看成为以下问题提供了直接的解答:本书的论述在什么意义上可以被看成属于哲学的范畴?

具体地说,这正是笔者对于"什么是哲学"这样一个问题的一个基本认识:相对于各种具体的结论而言,哲学更应被看成一种思维方式,或者说,这正是哲学的主要功能,即有助于人们更为深入地去进行思考,特别是批判与反思,从而也就可以获得更为深入的认识。

作为对照,在此还可提及关于哲学的这样一个"经典的"定义:哲学是"人们对于整个世界(自然界、社会和思维)的根本观点的体系。自然知识和社会知识的概括和总结"。(《辞海》[简印本],上海辞书出版社,1979,第746页)显然,按照这一定义,哲学相对于其他一切学科而言就有更大的重要性,因为,它是所有这些学科知识在更高层面的概括与总结。但在笔者看来,我们在此又应深入地去思考这样两个问题:第一,所说的高度概括和总结是否存在? 第二,如果存在的话,这种知识又有什么用?

在此我们当然不可能对上述问题作出全面分析。但是,仅仅依据普通的逻辑知识我们就可立即看出相关论点的缺陷或不足之处。具体地说,正如人们普遍了解的,一个概念的外延越大其内涵就越小。由此可见,尽管我们在此所涉及的主要是判断(知识),而非概念,但仍然可以作出如下的大致推论:即使我们能对自然科学、社会科学和思维科学的相关知识作出概括和总结,其覆盖面之大也就直接决定了相关结论的内涵必定极端贫乏,也即只是一些干巴巴的教条,而这当然不能被看成哲学的精髓所在。

另外,相信任何一个对哲学稍有涉及的人也一定会注意到哲学的这样一些特征:哲学与一般知识相比应当说更为明显地表现出了多元性和不连续性;我们在哲学中所看到的又似乎并非纯粹的客观知识,因为,各种哲学理论应当说都十分深刻地打上了其创造者的个人烙印;人们在此所主要关注的似乎也不是结论的真理性,因为,即使是基本立场的严重错误(如完全颠倒了物质和精神的关系),人们也不会因此而完全抹杀相关哲学家的理论贡献,恰恰相反,只要相关的分析论述对于人们有一定的启示作用,或者说其中多少包含一定的合理成分,人们就仍然愿意承认他的工作具有一定的学术价值。

综上可见,哲学的主要功能不是为相关问题提供明确的解答,而是通过理论分析,特别是深入的批判,促使人们更为深入地去进行思考,包括积极的反思和自我批判,从而就可获得更为深入的认识,特别是实现更大的自觉性。显然,在这样的意义上,哲学就可说是一种聪明学、智慧学。但这又正是哲学的特殊性所在:哲学并不直接告诉人们应当如何如何去做,恰恰相反,哲学家往往会通过理论分析,特别是通过对存在问题的剖析和批判促使人们更为深入地去进行思考,并最终通过独立思考获得新的、更为深入的认识,从而真正变得聪明起来。

由于新的认识正是对于先前已建立的认识的一种超越,因此,在所说的意义上,"更为深入的思考"也就可以说是一种反思,哲学则更可以定义成"反思的学问",或者说,我们应将"反思性"和"批判性"看成哲学思维最为重要的特征。

希望本书也能对于广大数学教育工作者,特别是一线教师发挥上述的作用,即能够促进读者更为深入地去进行思考,从而也就能够在更为自觉的水平上去从事自己的工作,特别是能切实避免或纠正由于思维的简单化或片面性所可能导致的种种消极后果。

容易想到,这事实上也正是 1995 年的《数学教育哲学》的"前言"中关于"数学教育哲学"基本意义的如下分析的主旨所在:"我们的数学教师不是天天在教数学吗?难道他们还不知道什么是数学、为什么要教数学和如何去教数学吗?又何劳你来告诉他们这些'常识性'的东西呢?对于这一问题也许可以简单地回答如下:作者在此所希望的正是通过理论的分析促进读者由对于上述问题的朴素的、不自觉的认识向自觉认识的转化。另外,这无疑也是这方面我们应当高度重视的一个基本事实:一个人尽管掌握了不少的数学知识,但却可能仍然不了解数学的本质;类似地,一个数学教师也可能在从事了多年的数学教学以后,对为什么要教数学和应当如何去教数学仍然缺乏明确的认识。当然,这种不自觉的状态必然会对实际的教育工作产生消极的影响,特别是,在不自觉的状态下,人们往往会成为各种错误观念或理论的俘虏。"

除此以外,笔者以为,我们还应从更为宏观的角度认识数学教育哲学的意义,包括"数学教育哲学"在当代兴起的必然性和合理性。

具体地说,正如以下两个实际事例所清楚表明的,对于数学教育哲学的普遍关注的确可被看成数学教育现代发展的一个重要迹象:第一,一些年前台湾师范大学林福来教授带领一批数学教育工作者去访问著名的荷兰弗赖登塔尔数学教育研究所,双方进行了自由交谈。令林福来教授十分吃惊的是,弗赖登塔尔数学教育研究所时任所长德朗根(J. de Lange)在交谈中首先提到的竟然是这样一个问题:"什么是台湾数学教育的哲学基础?或者说,台湾的数学教育建立在什么样的哲学思想之上?"[①]第二,作为国际程序委员会的一名委员,笔者曾直接参与了为 2004 年于丹麦哥本哈根召开的第 10 届国际数学教育大会(ICME‐10)确定各项议程的工作。具体地说,国际程序委员会的第一次会议所确定的大会议程并没有包括"数学教育哲学"这样一个论题。但在会后征求意见时,有不少学者提出应将后一主题包括在内,程序委员会后来也采纳了这一建议,这就是后来的 DG4(discussion group 4)。

由此可见,数学教育哲学的确可被看成国际数学教育研究的一个新热点。当然,从理论的角度看,我们又应更为深入地去思考:数学教育哲学的兴起究

---

① 据林福来教授介绍,他当时的回答是:"我们的哲学就是没有哲学!"就当时的场合而言,这或许不失为一个较好的遁词。但是,我们究竟又能在这种坦率的"无知"背后隐藏多久呢?!

竟是一种纯粹的时髦，还是有一定的必然性？

由以下的事实我们可清楚地看出数学教育哲学在现代的兴起并非偶然，它有其一定的必然性，或者说，这即是从不同侧面十分清楚地表明了数学教育哲学对于实际数学教育活动的积极意义：

第一，每个数学教师，无论其自觉与否，总是在一定观念的指导或影响下从事自己的教学工作的。例如，法国著名数学家托姆(R. Thom)就曾突出地强调了数学观对于数学教学的特殊重要性："事实上，无论有着怎样的主观愿望，所有的数学教学法，……都依赖于数学哲学。"类似地，美国著名数学哲学家赫斯(R. Hersh)也曾明确指出："主要的问题并不在于什么是最好的教学法，而是数学究竟是什么。……如果我们不正视关于数学性质的问题，关于教学……的争论就不可能得到解决。"（P. Ernest，*The Philosophy of Mathematics Education*，The Falmer Press，1991，第ⅩⅢ页）

第二，如果说观念对于教师教学工作的影响主要是一种不自觉的行为，那么，由数学教育理论研究，特别是数学教育改革与观念之间的关系，我们即可更为清楚地看到数学教育哲学对于数学教育的特殊重要性。后者即是指，任何一个较为深刻的数学教育理论都必然地反映出一定的数学观和数学教育(学)观念，任何一次重大的数学教育改革也都必然地依赖于观念上的深入分析与思考。

在此我们还可特别提及这样一个事实：自 20 世纪 60 年代以来，在国际范围内已经有过多次重要的数学教育改革，包括 60 年代的"新数运动"、80 年代的"问题解决"（就美国而言，在 70 年代并有所谓的"回到基础"）、90 年代的"建构主义"与"大众数学"，以及从 90 年代一直延续到 21 世纪初的"课标运动"，等等。尽管这些改革运动的基本思想并不相同，但所有这些运动又都不能说取得了很大成功，毋宁说，对于数学教育的现状人们始终存在普遍的不满情绪。由此可见，作为必要的总结，我们就应从理论高度对数学教育的整体情况作出更为深入的反思，包括究竟什么是数学教育的主要问题，我们又应如何去改进数学教育，等等。显然，从后一角度去分析，数学教育哲学的兴起也就不可避免了。因为，归根结底地说，哲学正是反思的学问，而又正如我们在以上所已指明的，这就应当成为数学教育哲学研究的基本定位，即应当从理论高度对数学教育的各个基本问题与相关实践作出认真的总结与反思。

总之,这正是本书的基本目标,即希望能对我国的数学教育事业,包括新一轮数学课程改革的深入发展发挥一定的促进作用。

由以下两个实例相信读者即能更好地理解本书的基本立场与主要特征:

第一,课改初期,在听了笔者关于新一轮数学课程改革的讲演以后,有不少一线教师和其他一些人员(如教材编写人员等)都有这样的反映:"对于如何进行数学课程改革我们原来是清楚的,但在听了郑教授的报告以后,我们反而不知道应当如何去作了!"笔者以为,所说的"困惑"或许就可被看成新的进步的实际开端。因为,只有通过更为深入的思考,包括必要的批判与反思,我们才能不断深化自己的认识,并切实避免或减少由于盲目追随潮流或是认识上的片面性所可能导致的各种严重后果。

第二,课改以来,笔者曾在很多场合给数学教育工作者,特别是一线教师作过各种讲演或报告。尽管具体论题由于对象与场合的不同,特别是课改现实情况的变化有所改变,但笔者始终抱有这样一个目标,即希望从数学教育哲学的角度去进行分析能达到更大的深度,从而也就能给聆听者更大的启发。特别是,尽管这是数学教育的专门报告,但仍然能够使听者深切地感受到其中的"哲学味",从而也就可能使听者因此而萌发出在后一方面进一步学习的愿望。

希望本书也能达到这样的效果,从而不仅能对促进我国数学教育事业的深入发展发挥积极的作用,而且也能促使更多的数学教育工作者,特别是一线教师成为"具有哲学思维的数学教育工作者",包括进一步促进数学教育哲学本身的理论建设。

让我们一起努力,走得更远,更好!

目　录

第一部分

什么是数学

这一部分的论述集中于"什么是数学"这样一个问题。第1章首先强调了数学观念的多样性与数学的辩证性质,这也是我们在这一方面应当采取的基本立场;第2章至第4章则分别对"数学活动论"、"数学模式论"与"数学文化论"这样几种在当前具有广泛影响的数学观念进行了介绍分析,特别是具体地剖析了它们的教育涵义。

第 1 章

数学观的多样性与数学的辩证性质

作为数学观的具体分析,应当首先指明这样一个事实,即数学观念的多样性,这也就是指,我们在此不应致力于寻找某种高度一致、不容置疑的绝对性认识。当然,这又并非是指对于数学观的问题我们可以置之不理,而是应当更加注重各种观念的"实践性解读",也即应当注意分析各种观念对于我们改进教学的启示意义。另外,从更高层面去分析,这显然也就十分清楚地表明了数学的辩证性质。

1.1 数学观念的重要性与多样性

"什么是数学"这一问题无论对于数学学习或是数学教学而言显然都具有特别的重要性。但就笔者的个人经历而言,尽管在整个学习期间数学始终处于最重要的地位,但即使是在师范院校数学系的专业学习过程中,却都始终没有认真地思考,甚至是直接接触过这样一个论题。当然,由于这一论题具有很强的哲学味,因此,对于中小学生来说,明确提出这样一个问题可能为时过早。但是,对于已经选定了数学专业的大学生而言,无论他们将来从事数学教育或是专门的数学研究,我们显然都应帮助他们认真地去思考这样一个问题,因为,这是由不自觉状态向自觉状态转变最为重要的一个环节。

大学毕业以后,自己成了一名中学数学教师,也正是从那个时候开始,"什么是数学"的问题可以说一直萦绕在自己心头。因为,作为一个数学教师,如果连"什么是数学"都没有搞清,岂不是一个天大的笑话?! 我们岂不是在"自欺欺人"?!

但是，数学难道不就是中小学所学的算术、几何、代数、三角等，乃至大学的微积分、拓扑学、抽象代数，等等？当然，所有这些学科都属于数学的范围，但就"什么是数学"这一问题而言，我们显然不能满足于简单的罗列，而应深入揭示数学的本质。事实上，由于数学始终处于不断的发展之中，因此，任何外延式的定义都不可能完整。另外，正像对于"人"的认识一样，对各个具体个人，如张三、李四的认识，尽管可以被看作为更一般的分析提供了必要基础，但又只有由特殊上升到了一般，也即进一步揭示出了"人"的共同本质，并以此为指导去进行新的认识，我们才能更为深刻地认识各个具体的个人。

由于很快被卷入了"文革"这一政治大潮，学校的正常教学生活完全被冲乱了，但笔者却因此获得了更多的阅读时间，当然，当时的阅读仅限于马恩列斯毛的经典著作。未曾预料的是，自己却正是通过阅读马克思和恩格斯的著作获得了关于"什么是数学"的第一个明确解答："数学是关于现实的数量关系和空间形式的研究。"此外，笔者也因此获得了这样的心得体会：实际数学工作者（包括研究者与数学教师）应当具有一定的哲学素养。只有这样，我们才能更好地认识和把握自己的学科，也才能够真正实现由不自觉的（甚至是盲目的）状态向自觉的、能动的状态的重要转变。与此相对照，我们又完全"可以想象一个人可能在熟悉了大量数学之后，仍然不会欣赏数学的内在本质以及它在文化意义上的全部重要性"。（W. Shaff 语，载 J. Kapur 主编，《数学家谈数学本质》，北京大学出版社，1989，第 261 页）

"文革"结束以后，笔者进入南京大学哲学系开始了为期三年的硕士学习过程，哲学方面的"脱毛"并没有使我完全抛弃与数学的直接接触。恰恰相反，这一期间的现代数学学习使我更为深切地懂得了这样一个道理：哲学应当紧跟科学的发展，否则就将成为僵死的教条。就"什么是数学"的问题而言，这也就是指，相关解答应当正确反映数学的现代发展，反映数学家的实际活动。也正因此，我们就应高度重视数学家关于自己学科的论述。

然而，又只需稍加留心，就可发现数学家们关于自己学科的论述并不完全相同，甚至还可以说有很大的差别。

例如，数学通常被归属于（自然）科学的范围。当然，为了具体解答"什么是数学"，仅仅停留于这一论述还是不够的。因为，我们不仅应对数学为什么可以被看成一门科学作出具体说明,而且,作为一种"种加属差式"的定义,在指明数学从属于"科学"的同时,我们也应对数学的特殊性("属差")作出清楚说明。

以下就是这方面的一些具体论述:

"数学是科学中最古老的分支,它也是最活跃的学科,因为它的力量就在于它的永葆青春的活力。"(A. Frosyth)

数学"作为一门心灵自然科学,作为一门精神自然科学其研究对象和研究方式都是心灵的创造。"(A. Borel)

数学是"一种研究思想事物的抽象的科学"。(恩格斯)

"我们常常把数学看作一门严格的科学,并且数学也必须是严格的。"(N. Weiner)

"数学基本上是一门自由的科学。它的可能的选题范围好像是没有限制的。"(R. Carmichael)

"数学是唯一严格地证明了自身局限性的科学。"

相对于上面的论述,以下一些说法更为明确地强调了什么是数学的研究对象:

"数学是量的科学。"

"数学是无限的科学。"(H. Weyl)

"数学是结构的科学。当直觉和未经分析的经验表明在许多不同的背景下存在着共同的结构特征时,数学就有了任务,这就是以精确的和客观的形式系统地阐明基本的结构特征。"(A. Albert)

"数学是对结构的分析。结构可能是数系的,代数的,经验、语言或生物系统的。分析则可能以工业的或者几何的结构为对象,也可能以政治的或者高速公路的结构为对象。只要你对无论什么事情的基本结构做了真正的、漂亮的分析,那么你就是在做漂亮的数学;如果对结构分析得糟糕,那你就丢面子了。"(R. Andree)

"数学是模式的科学。数学家们寻求存在于数量、空间、科学、计算机乃至想象之中的模式。数学理论阐明了模式间的关系;函数和映射、算子和射把一类模式与另一类模式联系起来,从而产生了稳定的数学结构。数学应用即是

利用这些模式对于适用的自然现象作出解释和预言。"(L. Steen)

这些论述显然并非完全一致，更大的分歧则在于：在一些学者看来，数学的主要特征不在于它的对象，而是它的方法。以下一些说法就体现了这样一种观点：

"数学是引出必然性结论的科学。"(C. Pierce)

"数学鲜明地区别于人类的其他所有知识体之处在于，它坚持从作为必要条件的、已阐明的公理出发进行演绎证明，得出可以被接受的结论。"(M. Kline)

"纯数学是一组假设的和演绎的理论，其中每一理论包含一个确定的系统，这个系统中有未经定义的概念或符号，有基本的、未经证明的但又自相容的假定（通常被称公理），以及可以不靠直觉而从这些假设严格地、逻辑地导出的结果。"(G. Fitch)

"一门数理科学是任何一个这样的命题集合体，它能进行抽象的公式化，并且它的安排使得其中某一个命题之后的每一个命题是在其前面的某些命题在形式上的逻辑结果。"(C. Young)

另外，就我们应当如何去认识主体与数学对象之间的关系，以及数学认识究竟是一种发现，还是一种发明而言，数学家们也暴露出了明显的观念分歧。

以下是第一种观点的具体体现：

"我认为，数学的实在存在于我们之外，我们的职责是发现它或是遵循它，那些被我们所证明并被我们夸大为是我们'发明'的定理，其实仅仅是我们观察的记录而已。"(G. Hardy)

"我们凝神深思纯数学内的绝对真理，这些绝对真理在晨星们齐声欢唱之前已存在于神的头脑之中，当最后一颗晨星的耀眼光辉从天幕中消失的时候，它们继续存在于神的头脑之中。"(E. Everett)

以下则是与此直接相对立的另一种观点：

"数学是人类的发明，这一点是最纯粹的自明之理，是稍微观察一下就能发现的事实。"(P. Bridgman)

"我们已经克服了这样的概念，即认为数学真理具有独立的和远离我们头脑的存在。我们居然有过这种概念，单这一点就够奇怪了。"(E. Kasner 和 J.

Newman）

应当指出的是，持有后一种观念的人往往又突出地强调了数学活动的构造性质。即如，

"数学家是'通过构造'而工作的，他们'构造'越来越复杂的组合。"（H. Poincare）

除去"发现"和"发明"的对立以外，在此还可提及"逻辑"与"直觉"的对立，这也就是指："可以以这样两种方式想象数学：（1）想象成为基于纯逻辑的所有演绎'理论'的全体。（2）想象为以原始直觉功能为其最终源泉的自主推理活动。"（G. Kneebone）

具体地说，与上述关于数学逻辑（演绎）性质的突出强调相对立，有不少数学家认为应当将直觉看成数学创造的首要因素。即如，

"严格的公理化演绎的模型构成了引人注目的有吸引力的形式，在这种形式里常常能够结晶出数学思想的最终产品。这表明在深入数学本体，找出其秩序以及暴露其内在结构方面的最终成功。但若因为强调了这个方面而提出构造过程、想象的归纳以及称为直觉的难以捉摸的脑力过程在有成果的数学活动中是起了第二位作用的，那就是完全误解了。"（R. Courant）

"数学首先是一种探讨研究的方法。这个方法包括对所讨论的概念认真地下定义以及明确地给出一些用于推理的基础假设。从这些定义和假设再运用最严格的逻辑推导出结论。然而数学家还需要有高度的直觉和想象力。正因为这种能力，他们才能打破旧时代的僵化传统并建立新的、革命性的概念。"（Y. Chavan）

"直觉比以往任何时候都更加成为数学发现的创造源泉。"（N. Bourbaki）

也正是基于对于数学创造性质的突出强调，在一些数学家看来，数学就其本质而言即是与艺术十分一致的，从而也就与前述关于"数学是一门科学"的观点构成了直接对立。即如，

"我几乎更喜欢把数学看作艺术，然后才是科学，因为数学家的活动是不断创造的……数学的严格演绎推理在这里可以比作画家的绘画技巧。就如同不具备一定的技巧就成不了好画家一样，不具备一定准确程度的推理能力就成不了数学家……（但）这些都不是最主要的因素。还有一些远比上述条件难

以捉摸的素质才是造就优秀艺术家或优秀数学家的条件,其中有一个共同的素质,那就是想象力。"(M. Bocher)

"数学是创造性的艺术,因为数学家创造了美好的新概念;数学是创造性的艺术,因为数学家像艺术家一样地生活,一样地工作,一样地思索;数学是创造性的艺术,因为数学家这样对待它。"(P. Holmos)

由以下的论述可以看出,在现实中这种关于数学"艺术特性"的分析往往又与这样一种论点密切相关,即认为数学创造具有最大的"自由性":

"数学是所有人类活动中最完全自主的。它是最纯的艺术。"(J. Sullivan)

"数学是一门艺术,因为它创造了显示人类精神的纯思想的形式和模式。"(H. Fehr)

更为一般地说,这显然也直接涉及到了"什么是数学的主要功能"这样一个问题。在此我们也可看到多种不同,甚至是互相对立的观点。

例如,认为"数学是一种实用技艺"这样一种观点就曾在古代中国占据主导的地位。即如,

"算术亦是六艺要事,自古儒士论天道,定律历者皆学通之。然可以兼明,不可以专业。"(颜之推)

与此相对照,数学在西方则常常被看成科学的皇后,甚至是一切科学的典范。当然,就现代而言,人们在这方面的观念又应说有了很大的变化。例如,人们在现今往往更加突出强调数学的语言功能,从而也就与前述的"科学说"有了很大的不同。

"人们总想以最适当的方式来画出一幅简化的和易领悟的世界图像,于是他们就试图用他们的这种世界体系来代替经验的世界,并来征服它。这就是画家、诗人、思辨哲学家和自然科学家所做的,他们都按照自己的方式去做。……理论物理学家的世界图像在所有这些可能的图像中占有什么地位呢?它在描述各种关系时要求尽可能达到最高标准的严格精确性,这样的标准只有用数学语言才能做到。"(A. Einstein)

"没有数学这门学问,事物间大多数密切的类似关系将永远不会被我们发现;我们也无从发现世界内部的和谐。"(H. Poincare)

"数学不应该被看成是以经验和积累为基础的一种特殊的知识分支,而应

该被看成是普通语言的一种精确化,这种精确化给普通语言补充了适当的工具来表示一些关系,对这些关系来说普通字句是不精确的或过于纠缠的。严格说来,量子力学和量子电动力学的数学形式系统,只不过给推导关于观测的预期结果提供了计算法则。"(N. Bohr)

不难看出,这种关于数学的语言观念所强调的正是数学对于人们认识活动的特殊重要性,从而也就与以下论点具有密切的联系,即认为数学主要地应被看成一种思维方式:

"人们现在一般都认为,把数学放在自然科学内不很妥当。实际上科学本质上是物理学,而数学科学则跟思维的关系更密切一些。"(胡世华)

数学是"思维的科学"。(N. Weiner)

"有人说,数学培养智力并使之敏锐,这也许言过其实,但是其中确有道理。受过训练的数学家事事采用数学思维的方式,而通常他又感觉不到他是这样做的,以及用什么方式这样做的。"(H. Freudenthal)

"一方面数学是对人类思维过程的某些方面的研究,另一方面当我们使自己成为物理情况的主人时,我们按照思维过程的要求来安排数据。因而看出,单单把问题按照便于讨论的形式安排就已经引入了数学;我们的处理不可避免地引进了数学,而数学原则看来必然统治自然。"(W. Hisenberg)

"在科学王国中,数学有一个特殊的位置。它是一个独立的领域,但又为其他领域提供进行思维的工具。在我们为理解物理世界的全部努力中,常有这样一种趋势,即构造那些尽可能微妙地表达广大物理世界的主要理论,并以数学术语实施。"(A. Lichnerowicz)

最后,应当提及的是,在不少学者看来,数学作为一种思维方式,不仅与人类认识世界的活动密切相关,而且也对人们的日常生活,乃至理性精神的发展具有十分重要的影响。也正因此,数学就应被看成人类文化十分重要的一个组成成分:

"作为我们当今如此众多科技的首要基础,作为如同一门伟大创造艺术那样的分支,作为一个万能语言以及一个基本的思维方式,我们很难对数学是现代文化的完整部分这一断言提出什么争议。"(T. Broadbent)

"在最广泛的意义上,数学是一种精神,一种理性精神。"(M. Kline)

至此我们引用了不少数学家关于自己学科的论述。尽管这只是诸多相关论述中很小的一个部分(对此可参见 J. Papur 主编,《数学家谈数学本质》,同前。上面所引用的大部分论述也都源于此书),但由此我们已经可以清楚地看出数学观念的多样性。

1.2　分析与思考

对于首次接触到"什么是数学"这一问题的读者来说,存在这么多互不相同,甚至相互对立的观点无疑是一件令人困惑的事。但在笔者看来,这恰又最为清楚地表明了对这一问题进行深入研究的必要性。

具体地说,数学家关于自己学科的论述即应被看成为这方面的深入研究提供了直接基础。但是,观点的多样性显然表明:这种工作不应停留于简单地转引数学家的论述,而应当从哲学高度对此作出进一步的分析,包括适当的概括与整合。

以下就是这方面最为基本的几点认识:

第一,尽管各个数学家关于"什么是数学"的看法各不相同,甚至互相对立,但这事实上又可被看成从各个不同侧面表明了数学的特性。这也就是指,我们在此不应刻意地去追求某种单一的、绝对化的观点,而是应当更加提倡不同观点的必要互补。这也就如著名数学哲学家、科学哲学家拉卡托斯(I. Lakatos)所指出的:"什么是数学的'性质'?……对于这一问题的解答几乎不可能是铁板一块。仔细的历史性和批判性的案例分析可能将会导致一个复杂的、混合性的解答。"("经验主义在现代数学哲学中的复兴?",载《数学、科学和认识论——拉卡托斯哲学论文集之二》[*Mathematics, Science and Epistemology*],Cambridge,University Press,1978,第 40 页)

第二,除去个人认识的局限性以外,这一事实也清楚地表明了数学的辩证性质。应当指出的是,后者事实上也正是不少数学家的一个直接论点:

"数学作为人类思想的表达形式,反映了人们积极进取的意志、缜密周详的推理,以及对于完美境界的追求。它的基本要素是:逻辑和直觉、分析和构造、一般性和个性。虽然不同的传统强调不同的侧面,然而正是这些互相对立的力量的相互作用以及使之综合的努力才构成了数学科学的生命、用途和崇高价值。"(柯朗、罗宾斯,《数学是什么?》,科学出版社,1985,第 1 页)

"数学是一门纯科学,因为它包含了人类创造构成的知识,它是人类精神活动的产物,是科学地、系统地组建出来的天才的结果。同时数学又是一门艺术,因为它是用美的法则形式去表现其天才活动的,而且它是靠理性去造就和改善自然。研究这门既是科学又是艺术的数学工作者,实在是世界上唯一的幸运者。"(诺瓦其语。引自米山国藏,《数学的精神、思想和方法》,四川教育出版社,1988,第 213 页)

"数学是一个极其复杂的创造物,同艺术、实验科学以及理论科学都有许多重要的共同点,所以必须看成是所有这三方面同时的组合。因而也必须同所有这三方面有所区别。"(波莱尔,"数学——艺术与科学",载邓东皋等主编,《科学与文化》,北京大学出版社,1990,第 155 页)

第三,除去不同观念的必要互补以外,我们还应清楚地认识数学观念的发展性质。例如,主要地也就是在这样的意义上,人们常常提及"数学观的现代演变"(或者说,"数学观的革命"),后者即是指,这正是数学观在当前所经历的一个重要变化,即由静态的、绝对主义的、机械反映论的数学观逐步转向了动态的、经验与拟经验的、模式论的数学观。

具体地说,这应当说是一个十分常见的观念,即认为数学可以被等同于各种具体的数学知识(包括结论与公式等),后者也就代表了无可怀疑的真理。另外,从认识论的角度去分析,我们则又应当特别强调数学与实际生活的联系,也即应当明确肯定数学真理的反映性质。

与此相对照,以下则可被看成"动态的、经验与拟经验的、模式论的数学观"的核心观点:数学主要地应被看成人类的一种创造性活动,即是一种包含有猜测、错误和尝试、证明与反驳、检验与改进的复杂过程,特别是,我们应明确肯定数学活动的易谬性与发展性质。另外,我们既不应唯一地强调数学与实际生活的联系,也不应唯一地强调纯数学的研究,而是应当明确肯定在数学的非形式方面与形式方面之间所存在的辩证关系。

应当指出,数学观的上述发展性质在很大程度上也可被看成是由数学自身的发展所直接决定的。就我们目前的论题而言,这显然也就更为清楚地表明对于"什么是数学"这样一个问题并不存在最终的、绝对的解答。这也就如美国学者怀尔德(L. Wilder)所指出的:"试图给数学下定义所遇到的困难看来主要来自这样的假设,即认为数学就其本质而言是绝对的、不随时间和地点而改变的事物。……既然数学不是上述这种事物(尽管外行人还会在未来的时代中相信它是这种事物),任何刻画它的企图肯定只能失败。"(载 J. Papur 主编,《数学家谈数学本质》,同前,第 31 页)

第四,从实际工作者,特别是一线教师的角度看,上述的分析显然也清楚地表明了这样一点:面对各种不同的观点,我们应当切实加强自己的独立思考,而不应迷信专家,乃至盲目地去追随潮流。

更为具体地说,面对任一新的时髦口号或潮流,我们都应冷静地去思考:什么是这一新的主张或口号的主要内涵?什么又是这一主张或口号为我们改进教学所提供的新的启示或教益?这一主张或口号具有什么样的局限性或不足之处?

更为一般地说,这又正是我们在理论与实践的关系问题上所应采取的基本立场:我们不应片面地强调理论对于实际教育工作的指导作用,乃至认为理论与实践相比具有更高的地位(这就是所谓的"理论优位"或"理论至上"),而是应当更加重视两者之间的辩证关系。

当然,上面的论述并不是指理论对于实际活动不具有任何的积极作用,毋宁说,与唯一强调理论的学习和落实相对照,作为实践工作者,我们应当更加重视"理论的实践性解读",特别是以下三个问题:(1)究竟什么是相应理论的具体内涵?(2)这对于我们改进教学有哪些启示?(3)什么又是其固有的局限性或不足之处?

当然,作为问题的另一方面,我们也应十分重视"教学实践的理论性反思",后者也可被看成从另一角度更为清楚地表明了在理论与实践之间所存在的相互促进的辩证关系。对此我们将在第四部分作出具体论述。

以下三章就是前一方向上的具体努力,即希望具体地指明"数学活动论"、"数学模式论"与"数学文化论"的教育涵义。另外,作为自觉的努力,笔者希望读者也能首先对自己的数学观念作出认真总结与反思,特别是,"我是按照怎样的数学观念从事数学教学的?"或者说,"我的数学教学究竟体现了怎样的数学观念?"

因为,正如前面所已指出的,这是这方面的一个基本事实:无论自觉与否,我们总是在一定观念指导下从事自己的教学活动的。也正因此,所说的反思就十分有益于我们很好地实现由不自觉状态向自觉状态的重要转变。

以下是更为具体的一些问题,建议读者可围绕这些问题对自己的数学观念作出大致的总结和反思:

我们是否应当明确提倡数学教育的"生活化"?或者说,我们究竟应当如何去认识与处理在数学的形式方面与非形式方面之间的关系?

数学是否就等同于各个具体结论和公式的简单汇集?或者说,除去各个具体的结论与公式以外,数学还包含有哪些要素?

数学的发展是否只是指量的积累?或者说,数学中是否存在有革命?后一结论又是否适用于初等数学?

数学的学习和研究主要依赖于个人的创造性劳动,还是可以通过不同个体的积极合作取得更好的效果?

什么是数学思维?"帮助学生学会数学地思维"这一主张是否也有一定的局限性?

什么是数学的文化价值?相关的结论是否也适用于初等数学?

……

总之,我们应将理论学习与自己的工作更好地结合起来,从而才能更好地发挥理论对于实际教育教学工作的促进作用。

1.3 数学发展的辩证性质

在具体转向"数学模式论"、"数学活动论"与"数学文化论",及其教学涵义的分析论述之前,我们还将首先围绕数学的历史发展进一步指明数学的辩证性质,这也就是指,数学的无限发展正是在诸多对立面的辩证运动中得到实现的。

1. 形式与非形式

如众所知,数学研究的以下特征即可被看成最为集中地体现了数学的形式特性（对此也可参见第二章的相关论述）：数学对象是明确定义的产物，数学结论则是按照相应定义与给定法则进行推理的结果。但是，在明确肯定数学形式特性的同时，我们也应清楚地看到数学活动也具有非形式的一面，在数学的形式与非形式方面之间更存在有相互依赖、互相促进的辩证关系。

首先，就数学工作者的具体研究活动而言，新的创造性工作常常不是按照严格逻辑演绎的方式进行的，而是在很大程度上依赖于数学家的直觉和想象力。

具体地说，形式推理主要地只是对数学结论的正确性进行证明（并使之系统化）的方法，而数学结论的发现（包括如何能对这一结论作出证明）则在很大程度上依赖于数学家的直觉和想象力。这也就如著名数学家柯朗所指出的：“直觉这个不可捉摸的生动的力量在创造性的数学中总是在起作用，推动并指导着甚至最抽象的思维。”（载 J. Papur 主编，《数学家谈数学本质》，同前，第122 页）更为一般地说，这又正是一个真正数学家的突出特征：“他能从发生于他面前的诸多问题中选择出值得发问的问题。……真正的准则是，这个问题的研究是否会有丰富的新思想内容，以及是否会导致优美数学的诞生。伟大数学家对这类情况有着一种直觉。”（A. Read 语，同上，第155 页）

当然，在充分肯定直觉对于数学创造重要性的同时，我们也应清楚地看到直觉并非完全可靠。这就正如同彭加莱所指出的：“直觉是不难发现的。它不能给我们以严格性，甚至不能给我们以可靠性，这一点愈来愈得到公认。”也正因此，我们就应高度重视直觉与逻辑的必要互补。这也就如彭加莱所说：“逻辑和直觉各有其必要的作用，两者缺一不可。唯有逻辑能给我们以可靠性，它是证明的工具；而直觉则是发明的工具。”（《科学的价值》，光明日报出版社，1988，第195、202 页）

在此我们还可就形式数学理论的建立和发展进一步指明在数学的形式和非形式方面之间所存在的辩证关系。

如众所知，这是数学现代发展的一个重要特征，即我们应当将数学理论组织成纯粹的形式理论，也即应当完全抽去理论中所包含的现实意义，并将此看成纯粹的符号系统——我们在其中所从事的只是按照明确给定的法则对无意义的符号（符号串）进行纯形式的组合和变形。进而，我们又可用公理化方法

"自由地"去建立各种相容的形式系统,也即从事各种可能的数学结构的研究——从而,在所说的意义上,我们就可断言:数学理论在一定程度上可单纯凭借纯形式的研究得到建立。

但是,作为问题的另一方面,我们又应看到,数学的纯形式研究往往与非形式的研究密切相关、相互渗透:

(1)就实际的数学研究活动而言,公理系统的建立往往并非研究的出发点,而是理论发展到一定程度的产物。特别是,形式数学理论的建立往往以相应的非形式数学理论作为必要的基础,并以后者为中介与客观世界发生一定的联系。也正因此,我们即可断言,正是人类的实践活动为纯形式的数学研究提供了最终渊源。这也就如著名数学家冯·诺意曼所指出的:"现代数学的最好的灵感都来源于自然科学。""尽管数学的系谱是悠久而又朦胧的,但是数学思想是起源于经验的。"(载 J. Papur 主编,《数学家谈数学本质》,同前,第215、216、2 页)

(2)对于数学研究的"自由性"我们不应简单地等同于"任意性",因为,这正是数学历史发展的一个基本事实,即数学理论的形式建构并非"一劳永逸"的工作,而必定有一个逐步发展和演变的过程。特别是,我们必须超出纯形式的范围并从更大的背景去考察相关创造的合理性,后者既包括"数学的考虑",也包括"经验的考虑"。(对此也可参见第二章的相关论述)

应当指出的是,纯形式研究的这种局限性在理论上已由著名的哥德尔不完备性定理获得了严格证明。后者即是指,任何一个足够丰富的形式数学系统,只要是相容的,就一定是不完备的,也即其中一定存在不可判定的命题——也正因此,为了作出进一步的研究,我们就必须超出系统的范围,而这事实上也就包括了由纯形式研究向非形式的方面、由理论向实践的过渡或转化。

综上可见,我们就应明确肯定在数学的形式与非形式方面之间所存在的辩证关系。

2. 抽象化与具体化

由于数学的发展在很大程度上只能借助于更高层次上的抽象得以实现,因此,不断上升到新的、更高的抽象程度就是数学发展的一个重要特征。例如,由算术向代数,并进而达到抽象代数的发展,就是这方面的典型例子。

但是,作为问题的另一方面,我们又不应将抽象看成数学发展的唯一形式。事实上,在达到更高抽象程度的同时,数学中也存在有具体化的倾向。例如,计算数学、运筹学、统计数学、模糊数学等与实践密切相关的学科的建立与发展就是后一方面的典型例子。更为重要的是,数学中向着更高抽象程度的发展又并非简单的单向运动,而是在抽象与具体的辩证运动中得到实现的。

对于数学中抽象化与具体化之间的辩证关系可以进一步分析如下:

(1)除去与实践密切相关的各个学科的建立以外,抽象理论在实际中的成功运用显然也可被看成"具体化"的又一基本涵义。借此我们更可清楚地看出在抽象化与具体化之间所存在的互相依赖、相互促进的重要联系:一方面,只有依赖于抽象的数学研究,我们才能更为深刻地认识客观世界,从而也才可能在应用上取得更大成功;另一方面,正是实践活动哺育了抽象的数学研究,并为之提供了必要的调节因素。

由冯·诺意曼的以下论述我们即可更好地领会实践活动对于数学研究的特殊重要性:"当一门数学学科远离它的经验本源继续发展的时候,或者更进一步,如果它是第二代和第三代,仅仅间接地受到来自现实的思想所启发,它就会遭到严重危险的困扰。它变得越来越纯粹地美学化,越来越纯粹地'为艺术而艺术'。如果在这个领域周围是互相联系并且仍然与实践经验有密切关系的学科,或者这个学科处于具有非常卓越和发展健全的审美能力的人们的影响之下,那这种美学需要不一定是坏事。但是,仍然存在一种严重的危险,即这门学科将沿着阻力最小的途径发展,使远离水源的小溪又分散成许多无足轻重的支流,使这个学科变成大量被搞混乱的琐碎枝节和错综复杂的末事。换句话说,在距离经验本源很远很远的地方,或者在多次'抽象的'近亲繁殖以后,一门数学学科就有退化的危险。"("数学家",载中科院自然科学史研究所数学史组、数学研究所数学史组主编,《数学史译文集》,上海科学技术出版社,1981,第123页)

(2)无论是"具体"或"抽象",在数学中都只具有相对的意义。这也就如著名数学家柯朗所指出的:"一个人必须牢记,'具体'、'抽象'、'个别'和'一般'这些术语在数学中没有稳定的和绝对的涵义。它们主要涉及一个思想框架,一个知识状态以及数学本体的特征。例如,已被列为熟悉的事物很容易被看作具体的。'抽象'和'推广'这些词描述的不是静止情况或最终结果,而是从某些具体层次导向更高层次的动态过程。"(载 J. Papur 主编,《数学家论数学本质》,同前,第 121 页)

应当指出的是,抽象与具体的相互转化事实上也可被看成数学学习活动(乃至一般认识活动)最为主要的一个特征。具体地说,由于数学对象并非经验世界中的真实存在,而只是抽象思维的产物(对此也可参见第二章的相关论述),因此,任何一个数学学习活动都以主要如何能在思想中实际建构出相关的数学对象作为必要的前提。这也就是指,如果我们不能首先在思想中实际地建构出相应的对象,即使得借助于语言"外化"了的对象重新转化为思维的内在成分,我们就不可能获得任何真正的数学知识。当然,这里所说的"建构"又并非是指我们在头脑中机械地去重复相关对象的逻辑定义或推理过程,而主要是一个"同化"的过程,也即如何能把新的知识纳入到主体已有的知识体系之中,并使之真正成为整个知识体系的一个有机组成成分。从而,这事实上也就必定包含有"具体化"这样一个涵义,也即如何能够使得抽象的数学概念和结论等对于主体而言真正成为"有意义的"。

事实上,后者也正是通常所谓的"理解学习"的一个基本涵义,即我们如何能由相关对象的外在形式逐步深入到内在的本质,特别是,如何能够使得原先十分抽象的概念或结论转化成为非常直观浅显、透彻明白的东西。例如,就新的数学概念的理解而言,我们就应十分重视相关特例的考察。只有通过这样的"具体化",我们才能弄清相关概念的直观背景,包括如何能将新的概念与先前已掌握的其他概念很好地联系起来。再例如,就数学证明的掌握而言,重点显然也在于如何能由"一步步的形式推理"过渡到"整体的序",从而对此也就不需要任何的死记硬背,而是成为十分明白的事。

当然,除去所说的"同化"以外,这也是认识活动的又一重要内涵,即新的认识往往也意味着已有认识框架的必要重建(这就是所谓的"顺应")。特别是,就数学学习而言,后者主要地又可被看成一个不断"优化"的过程,包括抽象层次的不断提高。也正因此,前述的"具体化"事实上也就可以被看成为新的抽象提供了直接的基础。

最后,上述的"由抽象到具体"的转化,对于整个数学共同体而言显然也可被看成具有特别的重要性。事实上,这也正是数学历史发展中的一个常见现象,即有很多重要数学定理的证明和证明方法,如哥德尔不完备性定理、现代集合论研究中的"力迫法"等,都曾经历了一个较长的演变和发展过程。这也就是说,尽管这些定理从一开始就已获得了严格的证明,或者说,相应的证明方法在逻辑上是无懈可击的,但由于其内在本质或证明思想并没有得到清楚揭示,因此,人们一直在对此进行进一步的分析和研究,直至其最终对于大部分数学家而言真正成为"直观浅显、透彻明白的"。这种"具体化"的过程有时甚至要持续数十年,乃至上百年。

综上可见,我们不应片面地强调数学中抽象程度的不断提高,而是应当清楚地看到数学的无限发展正是在抽象化与具体化的辩证运动中得到实现的。

3. 一般化与特殊化

由数学方法论的研究可以知道,数学中的抽象不仅是指由特殊上升到了一般("弱抽象"),即如何由原型中选取某一特征或侧面加以抽象,从而形成比原型更普遍、更一般的概念或理论,而且也包括有特殊化("强抽象")这样一个涵义,即如何通过引入新的特征强化原型以完成抽象。由此可见,我们就不应将这里所说的"一般化和特殊化"简单地等同于前面所论及的"抽象化和具体化"。

进而,又如法国布尔巴基学派的研究所清楚表明的,弱抽象与强抽象在数学中都具有十分重要的作用,我们更应明确地肯定两者之间所存在的互相依赖、相互促进的辩证关系。具体地说,布尔巴基学派首先就是以某些基本的数学理论(自然数理论、实数理论等)为原型并通过"弱抽象"获得了"代数结构"、"序结构"和"拓扑结构"这样三种基本的"母结构"。进而,他们又以后者为基础并通过"强抽象"构造出了各种各样的"子结构"。这样,通过"弱抽象"与"强抽象"的综合运用,我们最终就获得了一个无限丰富而又井然有序的数学世界。

在此我们还可联系一般化方法与特殊化方法在数学解题中的应用对两者的重要性及其相互关系作出进一步的分析。

具体地说,对于特殊化方法在数学解题中的作用人们应当说已经有了较为透彻的研究。这主要是指：(1) 通过特殊化可以更好地弄清题意；(2) 通过特例的考察即可对结论与可能的解题方法作出猜测，有时我们更可通过由一般向特殊的化归解决原来的问题；(3) 我们还可通过新的特例对已获得的结论作出必要的检验。与此相对照，就一般化方法而言，人们则往往只是注意了它的构造功能，也即如何以某个特殊的数学对象为基础并通过"弱抽象"构造出更一般的对象，但却忽视了这一方法在数学解题中的作用。

事实上，一般化方法在数学解题中也具有广泛的应用。对此例如由"轨迹作图法"在几何作图中的应用就可清楚地看出：众所周知，轨迹作图具有"化难为易"的功能，而由原来所求作的对象过渡到相应的轨迹事实上就是一个一般化的过程，也即"从考虑一个对象过渡到考虑包含该对象的一个集合"。(波利亚，《怎样解题》，科学出版社，第 107 页) 更为一般地说，这事实上也正是一般化方法何以能在数学解题中发挥重要作用的主要原因：由特殊向一般的过渡常常能为问题的分析提供新的着眼点，也即由原先的单一问题转移到一系列的相关问题及其相互关系，而这往往就可为解决问题提供新的可能性。例如，我们或许就可通过"递归"，由简到繁地、逐个地去解决所有这些问题。

从而，就如著名数学家希尔伯特所指出的："在解决一个数学问题时，如果我们没有获得成功，原因常常在于我们没有认识到更一般的观点，即眼下要解决的问题不过是一连串有关问题中的一个环节。"当然，又如希尔伯特所特别强调的："在讨论数学问题时，我们相信特殊化比一般化起着更为重要的作用。可能在大多数场合，我们寻找一个问题的答案而未能成功的原因，是在于这样的事实，即有一些比手头的问题更简单、更容易的问题没有完全解决或完全没有解决。这时，一切有赖于找出这些比较容易的问题并使用尽可能完善的方法和能够推广的概念来解决它们。这种方法是克服数学困难的最重要的杠杆之一。"("数学问题"，载《数学史译文集》，同前，第 63 页)

综上可见，我们不应片面地强调一般化或特殊化，而应明确肯定一般化与特殊化的辩证运动正是数学发展的又一基本形式。

4. 多样化与一体化

正如人们普遍认识到了的，数学现代发展的一个决定性特点即是其研究对象的极大扩充：它所研究的已不仅是具有明显直观背景的量化模式（结构),而且是各种可能的量化模式(结构)。由此可见,多样化也是数学发展的一个基本形式。

与此同时,数学中也存在强大的统一趋势。这就正如著名数学家迪多内所指出的:"人们经常给自己提出这样的问题,数学的蓬勃发展会不会窒息它未来的进步:事实上不可能有包括数量如此之多、概念和成果如此之丰富的理论,因而导致了极端的专业化和理论之间更严重的分离,最终由于缺乏有生命力的新思想而使它们衰败下去。我们确实知道有理论枯竭这种例子,然而幸运的是,我们已多次重复过,在数学中存在着减少这种危险的强大而统一的趋势。"("论数学的进展",载《数学史译文集》,同前,第 129 页)

具体地说,数学中的统一趋势首先表现于各个分支的相互渗透,特别是,一个数学分支常常通过从另一分支中吸取概念和方法获得重要的进步,如解决了某一久久未能得到解决的问题,甚至是开拓了一个新的研究方向。也正因此,数学中就经常可以看到这样的现象:"数学如今生气勃勃,其分支如此之多,各分支又如此之广博,几乎无人能知其全部。因此,自然而然,我们无一例外地常常出席一些学术演讲会,对讲演的课题所知甚少……但这不要紧,无论这个演讲是关于无界算子、交换群,还是关于可平行曲面。相距很远的数学各部分之间的互相影响常会出现。一个部分的概念、方法常会对所有其他部分有启示。这一体系作为一个整体的统一性是值得令人惊叹的。"(哈尔莫斯,"应用数学是坏数学",载邓东皋等主编,《科学与文化》,同前,第 164 页)

其次,除去各个分支的相互渗透以外,数学中的统一趋势还表现于以下的事实:由于揭示出了共同的本质,一些原来被认为互不相干,甚至是互相对立的理论得到了统一。数学史中也有很多这样的例子。例如,借助于克莱因(F. Klein)关于几何学所研究的是(各种)变换群之下的不变量的思想,原先被分割成许多几乎互不相干分支(如欧氏几何、仿射几何、射影几何等)的几何学就重新获得了统一。

总而言之,就如希尔伯特所指出的:"今日的数学科学是何等丰富多彩,何等范围广阔!我们面临着这样的问题:数学会不会遭到其他有些学科那样的厄运,被分割成许多孤立的分支,它们的代表人物很难相互理解,它们的关系变得更松懈了?我不相信有这样的情况,也不希望有这样的情况。我认为,数学科学是一个不可分割的有机整体,它的生命力正是在于各个部分之间的联系。尽管数学知识千差万别,我们仍然清楚地认识到:在作为整体的数学中,使用着相同的逻辑工具,存在着概念的亲缘关系。同时,在它的不同部分之间,也有大量相似之处。我们还注意到,数学理论越是向前发展,它的结构就变得越加调和一致,并且,这门科学一向相互隔离的分支也会显露出原先意想不到的关系。因此,随着数学的发展,它的有机的特性不会丧失,只会更清楚地呈现出来。"("数学问题",载《数学史译文集》,同前,第 82 页)

从而,我们也就应当明确肯定在多样化与统一化之间所存在的辩证关系:不同理论的相互渗透与比较,导致了更为深刻的认识以及新的、更高层次上的统一;新的统一性概念或理论的建立则又为人们创造更多新的概念和理论提供了直接基础。

最后,应当指出的是,除去数学的"知识成分"以外,我们还可以数学的"观念成分"作为直接对象进一步指明在多样化和统一性之间所存在的辩证关系:首先,这正是这方面的一个基本事实,即数学的历史发展中曾经有过多种不同的数学传统,如东西方的不同数学传统、17 世纪英国数学学派与法国数学学派的对立,以及 20 世纪初围绕数学基础问题在数学家之间所展开的剧烈争论,等等。其次,与所说的多样性相对照,数学在其历史发展中在这一方面也表现出了高度的统一性,如在经历了 20 世纪初的剧烈对抗以后,现代的数学观表现出了新的统一:"形式主义、逻辑主义和直觉主义三大流派的观点也逐渐走向统一,这种统一是通过三大流派的思想相互渗透而实现的。"("关于数学哲学的研究——访胡世华教授",载邓东皋等主编,《数学与文化》,同前,第 185 页)当然,在所说的新的"统一性"之中我们仍然可以看到一定的差异性。例如,这就正如克莱因所指出的:"数学的普遍性看来是它在各个文化因素中最显著的特征。但是有些数学还是具有明显的民族特征。长期以来人们认为法国数学偏爱函数论,英国数学对应用感兴趣,德国着重于数学基础,意大利感兴趣于几何,而美国的数学则以其抽象特征著称。然而,尽管有这些由于文化影响造成的差异,但数学在今日还是可以被看作具有绝大多数其他人类活动所没有的普遍性。"(载 J. Papur 主编,《数学家谈数学本质》,同前,第 30、31 页)显然,这也就更为清楚地表明了在多样性与统一性之间所存在的辩证关系。

综上可见,多样化与一体化的辩证统一也是数学发展的一个基本规律。

5. 证明与反驳

首先应当肯定"证明"在数学中的重要地位,这也就是数学与一般自然科学相比具有其特殊性的一个重要表现。其次,作为问题的另一方面,我们又应清楚地看到:猜想与反驳在数学的历史发展中也占有十分重要的地位。

事实上,如先前关于逻辑与直觉辩证关系的分析所已清楚表明的,数学的无限发展正是在"证明"与"反驳"的辩证运动中得到实现的:就其最终表现而言,数学建立在严格的论证之上。但是,数学研究又不总是那么严格的,因为,只有依靠直觉和大胆的想象与猜测,并通过多次的反复,即"猜想和反驳",我们才能发现并最终获得可靠的知识。

另外,还应提及的是,这事实上也正是数学基础研究给予我们的一个重要启示:"严格性"本身并非一个绝对的概念,而是有一定的历史性和相对性。这也就如冯·诺意曼所指出的:"在 20 世纪 30 年代,有两位持第一种态度的数学家实际上提出了数学的严格性概念和怎样构成一个精确证明的观念应该是可以改变的。"("论数学",载邓东皋等主编,《数学与文化》,同前,第 33 页)显然,这也就更为清楚地表明数学的无限发展正是通过证明与反驳的辩证运动得到实现的。

对于以上分析有的读者可能会提出这样的疑义:现代数学是高度形式化了的,而建立在形式证明之上的数学命题是不可能被证伪的。但是,正如戴维斯和赫尔胥在《数学经验》一书中所指出的,这种看法事实上只能说对实际数学研究缺乏了解,因为,即使在今天,真实的数学证明也不是完全形式化了的。恰恰相反,其可靠性仍然建立在数学共同体的共同信念之上——事实上,对于某一具体证明是否完整或是否正确,数学家在最初完全可能具有不同的意见,而往往是通过充分的交流或解释后,最终才取得了较为一致的意见——也正因此,其中就仍然可能潜伏着某些隐藏得很深的错误,对此只有依靠后人的努力才能得到发现。值得指出的是,在一些学者看来,这可被看成数学发展的一个基本规律:"随着数学的进化,隐藏的假设不断被发现并得到明确的表述,其结果或者是普遍的接受,或者是部分或全面地被抛弃;接受通常伴随着对假设的分析以及用新的证明方法去证实它。"（L. Wilder, *Mathematics as a Cultural System*, Pergamon Press, 1980）

　　值得指出的是，后者事实上也正是拉卡托斯的名著《证明与反驳》的主要内容，即通过历史案例的具体分析清楚地指明了在证明与反驳之间所存在的辩证关系："非形式的、拟经验的数学的增长并不是无可怀疑地建立起来的定理单纯在数量上的增长，而是依靠思辨和批判、证明和反驳的逻辑不停地去改进猜想。"（I. Lakatos, *Proofs and Refutations — The Logic of Mathematics Discovery*, Cambridge University Press, 1976，第 5 页）这也就是指，我们应当努力发现反例以驳斥已给出的关于朴素猜想的"证明"。特别是，借助于反例我们即可发现原先"证明"中隐蔽的前提，这样，通过将所说的前提"明朗化"，我们就可获得改进了的猜想。

　　综上可见，我们也应明确地肯定在证明与反驳之间所存在的辩证关系。

6. 连续性与间断性

　　上述关于证明与反驳之间辩证关系的分析，显然已从一个角度指明了数学的发展正是"连续"与"间断"的辩证统一。以下再结合"数学中是否存在革命"对此作出进一步的论述。

　　具体地说，为了对后一问题作出明确解答，我们显然必须首先对"数学"和"革命"这样两个概念的涵义作出具体说明：（1）我们不应把"数学"简单地等同于命题或公式的汇集，而是应当将此看成一个由命题、方法、问题和语言等多种"知识成分"与"观念成分"（数学传统）组成的复合体。（详见第三章）（2）对于"革命"我们则应理解成发展的明显的不连续性，这也就是指，新的发展是与原来的传统明显不相容的。然而，所说的发展最终却获得了成功，并在很大程度上改变了整个数学（或有关分支）的面貌。

　　按照以上的解释，由数学史的实际考察即可看出，数学中确实存在革命。例如，非欧几何的建立就可被看成这样的实例，因为，非欧几何本身是与传统的数学思想完全不相容的，或者说，非欧几何的建立即以与传统思想的决裂作为必要前提。另外，非欧几何在数学中地位的确立确又极大地改变了整个数学的面貌。

　　由于数学革命所造成的主要是数学观念的巨大变革，因此，从数学的"知识成分"与"观念成分"(数学传统)的区分这一角度去分析,数学革命主要地就是指"数学传统"的根本性变革。但是,作为问题的另一方面,由于数学的这两种成分存在互相渗透的密切联系,因此,"数学传统"的革命也必然会造成数学"知识成分"在一定程度上的变化,如意义或范围的变化,等等。如非欧几何的建立就极大地改变了传统数学的意义。由此可见,即使就"知识成分"而言,数学的发展也不应被看成单纯的量的积累,而是必然地包含有一定的质的变化。(显然,这也就从另一角度更为清楚地表明了这样一点:数学中不存在任何绝对的东西)

最后,在明确肯定数学中存在有革命的同时(这是数学与一般自然科学的同一性),我们又应注意到数学革命也具有自己的特殊形式:后者并非是指先前的理论为相对立的理论所完全取代,也即对于前者的彻底否定。恰恰相反,就如非欧几何的例子所清楚表明的,在此所出现的往往是两种理论共存的局面,或者说,这时先前的理论常常在新的形式下得到了保存。这也就如苏联的著名数学家亚历山大洛夫所指出的:数学的发展"不是用破坏和取消原有理论的方式进行的,而是用深化和推广原有理论的方式,用以前的发展作准备而提出新的概括理论的方式进行的"。当然,又如前面所已提及的,我们不应将数学的发展"归结为一些新定理的简单积累,而包含有数学的根本变化,可以说是质的变化"。(亚历山大洛夫等,《数学——它的内容、方法和意义》,科学出版社,1958,第一卷,第 33 页)

显然,这也就更为清楚地表明了数学发展的连续性与间断性之间的辩证关系。

7. 独立性与开放性

上面的论述显然表明数学发展具有自己的特殊形式和规律,这也就是指,尽管数学可以被看成人类整体性文化的一个重要组成部分,即整体性人类文化的一个子系统,但其同时也具有一定的相对独立性。容易想到,后者事实上也正是数学的发展何以可能相对于其他自然科学(更一般地说,就是人类的社会实践)具有一定"超前性"的主要原因。

当然,作为问题的另一方面,我们又应明确肯定外部因素对于数学发展的重大作用:后者不仅为数学发展提供了重要动力,也提供了必要的调节因素和检验标准。例如，如果已有的数学工作未能有效地满足外部的需要，就必然会促使数学家积极地去从事新的研究。另外，又如数学的发展历史所清楚表明的，不利的外部环境（如整体性文化环境的衰落、对于外来文化的普遍抵制等）也会对数学的发展产生严重的消极影响。

从而，总的来说，在明确承认数学发展相对独立性的同时，我们又不应将数学看成一个完全自足的封闭系统，而应明确肯定外部力量对于数学发展的决定性作用，也即应当明确肯定数学这一人类文化的子系统在总体上的开放性。这也就是指，数学的无限发展正是其内在因素和外部因素共同作用的结果。

综上可见，数学的无限发展正是通过诸多对立环节的辩证运动得到实现的。显然，这也就更为清楚地表明了数学的辩证性质。

第 2 章

数学模式论及其教育涵义

所谓"数学模式论",笼统地说,即可被看成为"什么是数学"这一问题提供了直接解答,更是对于数学抽象性质的明确肯定,从而也就直接涉及到了数学的本体论问题与认识论问题。本章的第一、二两节将分别对此作出具体论述。第三节则集中于这一理论的教育教学涵义,特别是,我们在教学中究竟应当如何去处理数学的形式方面与非形式方面之间的辩证关系。

2.1 数学:模式的科学

1. 模式的科学

为了清楚地说明本章的论点,可以先来看这样一个教学实例:这是笔者1992 年访美期间实际聆听的一堂数学课,内容是"问题解决"的一次实践,教学对象则是小学 3 年级的学生。以下就是这一堂课要解决的问题:

某女士外出旅行时带了 2 件不同颜色的上衣和 3 条不同颜色的裙子,问:共有多少种不同的搭配方法?

教师鼓励学生们用"实验"的方法去解决问题:学生拿出了笔和纸,开始在纸上"实际地"画出各种可能的组合。实验表明,在大多数情况下,学生都可凭借自己的努力,单独或合作地得出正确解答。进而,教师又要求学生对自己结论的正确性作出"说明"——当然,这并非严格的论证,而主要是一种朴素的说明。

作为"问题解决"的一次教学实践,这一课程应当说有不少可取之处,特别是很好地体现了"学数学就是做数学"这样一个思想,更使学生实际地体会到了"实验"在数学发现中的作用。然而,在对这一教学活动进行回顾时,笔者却想到了这样一个问题:学生通过这一活动到底学到了什么? 特别是,我们能否认为学生已经掌握了相关的数学知识?

相信大多数读者都会同意笔者的这样一个观点,即作为一种较好的检验方法,可以要求学生进一步求解类似的问题,如:

某男士有 2 套不同的西装和 3 条不同颜色的领带,问:共有多少种不同的搭配方法?

有 2 个军官和 3 个士兵,现由 1 个军官和 1 个士兵组成巡逻队,问:共有多少种不同的组成方式?

再例如:

某女士外出旅行时带了 3 件不同颜色的上衣和 4 条不同颜色的裙子,问:共有多少种不同的搭配方法?

有 4 个军官和 5 个士兵,现由 1 个军官和 1 个士兵组成巡逻队,问:共有多少种不同的组成方式?

显然,在此应当允许学生继续采取"实验"的方法。但是,如果某个学生始终停留于"实验和归纳"的水平,我们就不能认为这个学生已经掌握了相应的数学知识。那么,究竟什么是我们作出这一判断的主要依据呢? 这就直接涉及到了数学的基本特性:数学是模式的科学。

下面再联系数学的历史发展对上述论点作出进一步的说明。

与上面的教学实例十分相似,就数学在古埃及、古巴比伦等地的早期发展而言,人们主要也是通过观察或实验以及对于经验事实的简单归纳获得了关于真实事物或现象量性属性的某些认识。但是,从现今的观点看,这又只能说是经验的知识而不能被看成真正的数学知识,因为,真正的数学知识应是关于抽象的数学对象的研究,而非对于真实事物或现象量性属性的直接研究。例如,就几何的研究而言,这也就是指,"三角形"具有什么性质? "圆"具有什么性质? 而不是指,某些"三角形的事物"具有什么性质? 某些"圆形的事物"具有什么性质?

从历史的角度看,是古希腊人首先在这一方向迈出了关键的一步,即引进了相对独立的数学对象,并以此作为数学研究的直接对象。进而,尽管历史上曾经存在多种不同的数学传统,但由古希腊所开创的这一传统现已为人们普遍接受(对此也可参见第三章的相关论述)。例如:"我们运用抽象的数字,却并不打算每次都把它们同具体的对象联系起来。我们在学校中学的是抽象的乘法表,而不是男孩的数目乘上苹果的数目,或者苹果的数目乘上苹果的价钱。""同样地,在几何中研究的,例如,是直线,而不是拉紧了的绳子。"(亚历山大洛夫等,《数学——它的内容、方法和意义》,第一卷,科学出版社,1951,第1页)

对于数学的上述特性人们常常称为数学的"抽象性",即认为全部数学对象都是抽象思维的产物。例如,恩格斯就曾明确指出:"全部所谓纯粹数学都是研究抽象的。"(《自然辩证法》,人民出版社,1957,第228页)又因为所说的抽象显然包括了由特殊到一般的过渡,因此,相对于真实事物或现象的直接研究而言,以抽象思维的产物作为直接对象去从事研究就具有更为普遍的意义:它们所反映的已不是某一特定事物或现象的量性特征,而是一类事物或现象在量的方面的共同特性。例如,从历史的角度看,运动物体的瞬时速度正是"导数"概念的一个重要来源。但是,后一概念与相关的微积分理论并不局限于速度问题的研究,而是具有更为普遍的意义,也即可以被用于具有相同量性特征的一类问题。如电流强度就是电量对于时间的导数,曲线在某点处切线的斜率是纵坐标对于横坐标的导数,等等。

正因为数学的研究对象,即概念和命题,都具有超越特殊对象的普遍意义,它们都是一种"模式"(对所说的"模式"(pattern),应与通常所说的"模型"(model)加以明确区分:按照我们的用法,模型从属于特定的事物或现象,从而就不具有模式那样的相对独立性和普遍意义)。进而,从这一角度去分析,数学则可被说成"模式的科学"。

应当强调的是,"模式"的概念不仅适用于数学的概念和命题,也适用于数学的问题和方法(包括思维方法)。

例如,原始意义上的"七桥问题",即能否一次且无重复地通过哥尼斯堡的七座桥(图2-1),显然只能说是一个游戏,而不能被看成一个真正的数学

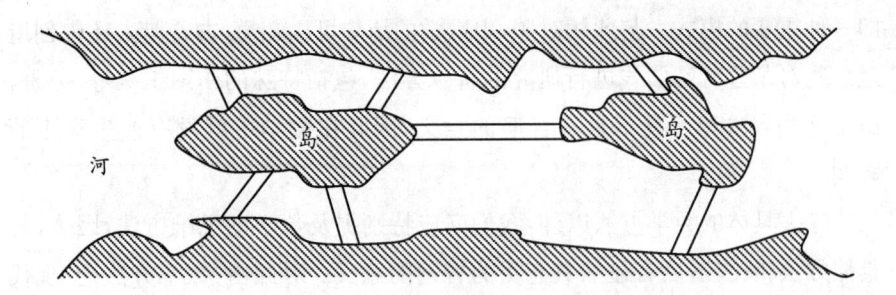

图 2 - 1

问题。与此相对照,这一问题由于欧拉的合理抽象而变成了一般性的"一笔画问题"(图 2 - 2),并通过"奇点"、"偶点"等概念的引进得到了十分一般的处理,从而就获得了真正的数学意义。

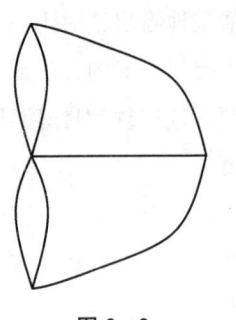

图 2 - 2

作为对照,可看以下的问题:

"假定你想要用一些瓷砖来铺一个形状为正方形的房间的地板,这些瓷砖本身也是正方形的,但每块的尺寸都不相同,这可能做到吗?"

对此哈尔莫斯指出:"这个正方形的问题……并未真正受到过大多数数学家的重视。其原因倒不是它在实用上显然无用,而是因为它孤立在其他大多数数学之外,而且为了求它的解需要用特定的方法,从这些意义上来讲,它是太特殊了。"("应用数学是坏数学?",载邓东皋等主编,《数学与文化》,北京大学出版社,1990,第 159 页)这也就是指,这一问题正因为不具有普遍意义而被认为"只有一些浅薄浮泛的趣味"。

更一般地说,这也正是我们判定一个(数学)问题"好"和"坏"的一个重要标准:好的数学问题应当具有普遍的意义,即能够反映一类问题的共同特性,从而也就是一种模式。与此相反,如果一个问题不具有所说的普遍意义,就会被看成"怪题"、"偏题",从而也就不会得到人们的普遍重视。

对于数学方法我们也可作出同样的分析。例如,我国古代的数学著作往往采取"问题集"的形式,其主要内容则是所谓的"术",而这事实上也就是一些普遍的解题方法,也即是一种模式。再例如,《几何原本》之所以被认为具有特别重要的意义,主要也就是因为它所体现的公理化方法具有十分普遍的意义,即一种重要的模式。与此相对照,由数学的历史可以知道,古希腊人还曾创造过一些对某些特殊曲线进行研究的特殊方法,包括特殊的作图工具等,但是,由于这些方法和工具不具有普遍的意义,因此在数学中就没有产生真正的影响。

除去具体的数学方法以外,我们又应特别提及数学的思维方法,因为,与具体方法相比较,后者显然具有更为普遍的意义。对此由"数学方法论"现代研究的奠基者波利亚关于"解题策略"(他称为"数学启发法")的相关论述就可清楚地看出:"对于一个特例所以要进行这样周密的描述,其目的就是为了从中提出一般的方法或模式,这种模式,在以后类似的情况下,对于读者求解问题,可以起指引作用。"(《数学的发现》,内蒙古人民出版社,1980,第一卷,第3页)

综上可见,无论数学的概念、命题(理论)、问题或方法等,事实上都是一种模式。又由于数学可以被看成由这些成分所组成的复合体(对此可参见第3章),因此,这也就更为清楚地表明了这样一点:数学是"模式的科学"。

最后,依据上述的分析,我们显然就可看出:就本节开始所介绍的教学活动而言,这正是我们能否认为学生已经较好地掌握了相应数学知识的关键:学生已经由经验的认识总结出了相应的模式,从而也就能够有效地应用相关知识去解决新的类似问题。

2. 数学抽象的内容、量度与方法

但是,"抽象性"难道不也正是任何一门自然科学学科所共同具有的一个特点吗? 特别是,任何一个科学概念也都是抽象思维的产物,因为,其中必定包含有对于现实原型的一定简化与理想化。确实如此! 也正因此,为了清楚地说明数学的特殊性,我们就必须从抽象的内容、量度与方法等方面对于数学抽象作出进一步的分析。

具体地说,由于对于数学抽象在内容和量度方面的特殊性已经有了很多论述,在此就仅作出如下的概述:

第一,数学是从量的方面反映客观实在的:数学的抽象仅仅保留了事物或现象的量的特性,但却完全舍弃了它们的质的内容。由于所说的特殊的抽象内容十分清楚地表明了数学抽象相对于一般自然科学中的抽象的特殊性,

因此，我们就可将数学的研究对象特称为"量性模式"。

但应强调的是，对于这里所说"量"我们必须有正确的理解：这不应被看成一个静止的、僵化的概念，而是随着人们的实践活动，特别是数学本身的发展必然地有一个不断发展和演变的过程。例如，"数"和"形"曾是"量"这一概念的两个基本意义，从而也就有"数学是研究数量关系和空间形式的科学"这样一个说法。但是，如果在今天我们仍然机械地去坚持这一说法就不妥当了，因为，数学的发展早已突破了这一历史的局限性。

第二，数学抽象的特殊性还表现于它的量度：数学的抽象程度远远超出一般自然科学中的抽象并达到了更大的高度。

具体地说，尽管一些基本的数学概念具有较为明显的现实意义，但数学中又有许多概念并非建立在对于真实事物或现象的直接抽象之上，而是较为间接的抽象的结果，即在抽象之上进行抽象，由概念去引出概念。另外，更为重要的是，数学中还有一些概念与真实世界的距离是如此之遥远，以至于常常被说成"思维的自由创造"。又由于这些"远离自然界的、从人的脑子中源源不断地涌现出来的概念"逐渐取代"直接观念化"的对象在现代数学中占据了主导地位，因此，数学常常也被形容为"创造性的艺术"。显然，这也就更为清楚地表明了数学抽象所达到的高度。

以下再对数学抽象在方法上的特殊性作出具体分析。由以下论述我们即可很好地理解深入研究这样一个论题的重要性。

具体地说，这正是许多西方哲学家都曾十分关注的一个问题，即数学为什么会具有所谓的"不可证伪性"，从而与一般自然科学构成了明显的区别？例如，英国著名哲学家艾耶尔（A. Ayer）就曾写道："假如看起来是欧几里得几何学的三角形，在度量时发现三个内角的度数加起来不是 180°，我们不说我们已经遇到了一个例子证明欧几里得几何学'三角形三个内角之和是 180°'这一数学命题是无效的。我们说我们度量有错误，或者更加可能的是说，我们度量的已经不是欧几里得几何学的三角形。""在任何情况下，……我们总是用某种事件的其他解释来保持数学命题的效准。"（《语言、真理与逻辑》，上海译文出版社，1981，第 82 页）

事实上，数学不仅不可能经验地证伪，也不可能经验地证实。例如，正如人们所熟知的,即使我们实际地度量了一万个三角形,发现它们的内角和都是180°,也不能因此而断言已经证明了"三角形三内角之和是 180°"这样一个数学命题。

当然,我们不应因为所说的"不可证伪性"(和"不可证实性")就认定数学命题不具有任何的客观意义。恰恰相反,这清楚地表明:作为数学性质的具体分析,我们必须超越"简单经验论",对数学与客观世界的关系作出更为深入的分析。

具体地说,这主要涉及到了数学抽象的建构性质。对此可以具体说明如下:

(1) 模式是数学抽象的产物,而不是现实世界中的真实存在。

例如,谁曾见到过"一"? 我们只能见到某一个人、某一棵树、某一间房,而决不会见到作为数学研究对象的真正的"一"(注意,在此不应把"一"的概念与其符号相混淆)。类似地,我们也只能见到圆形的太阳、圆形的车轮,而决不会见到作为几何研究对象的真正的"圆"(在此也必须对"圆"的概念与相应的图形,如纸上所画的"圆"明确地加以区分)。从而,即使就最简单的数学对象而言,它们也都是抽象思维的产物。另外,考虑到数学中又有许多不具有明显直观背景的对象,这显然也就更为清楚地表明了数学抽象的建构性质:"数学家是'通过构造'而工作的,他们'构造'越来越复杂的对象。"(彭加莱,《科学的价值》,光明日报出版社,1988,第 18 页)

(2) 相对于(可能的)现实原型而言,所说的建构显然包含有理想化、简单化的涵义。例如,任何真实事物的形状都很难说是严格的圆(球)形,在现实世界中我们也不可能真正找到"没有大小的点"、"没有宽度的线",等等,从而,相应的几何概念都是理想化的产物。另外,在很多情况下,数学概念的提出也是严格化的过程,即包括了对于相应朴素观念的必要澄清,或者说,只有借助于所说的数学概念,相应的朴素观念才能获得明确的意义。例如,如果不借助于极限等概念,弧长、面积、体积等概念就都不可能获得精确的定义。①

但是,上述关于数学抽象是"理想化"、"简单化"和"精确化"的分析对于一

---

① 对此可参见米山国藏,《数学的精神、思想和方法》,四川教育出版社,1988,第三篇,第一章,第二节。

般自然科学显然也是成立的。例如,力学研究中所涉及的也都是"理想的对象",如没有摩擦力的斜面、绝对的真空,等等。也正因此,我们的分析就有进一步深入的必要。事实上,从理论的角度看,即使就上面所提及的数学抽象在内容与量度上的特殊性,我们也可提出一些应当深入思考的问题。例如,数学何以可能具有如此之高的抽象程度? 如果数学对象仅仅是"思维的自由创造",数学中所反映的就应是"纯主观的经验",那么,数学怎么可能具有作为一门科学所必须具备的"客观性"(或者说"确定性")? 进而,高度抽象的数学又怎么可能在客观实践中获得如此成功的应用? 等等。

总之,这些问题的具体解答都离不开数学抽象方法的进一步分析。

(3) 数学建构的形式特性可以被看成最为集中地体现了数学抽象在方法上的特殊性。

第一,数学对象是借助于明确定义得到建构的。具体地说,所谓的"派生概念"是借助于已有概念明显地得到定义的。如圆可以定义为"到定点(圆心)的距离等于定长(半径)的点的轨迹"。另外,"原始概念"则是借助于相应的公理(组)"隐蔽地"得到了定义。如希尔伯特在其名著《几何基础》中给出的公理系统就可看成关于(欧氏)几何中基本对象(点、线、面等)的"隐定义"。

第二,在严格的数学研究中,无论所涉及的对象是否具有明显的直观意义,我们都只能依据相应的定义和推理规则去进行推理,而不能求助于直观。这也就是说,严格的数学研究以抽象思维的产物作为直接的对象,而这事实上也就意味着与真实事物或现象在一定程度上的分离。

这显然也就为数学何以不可能"经验地证伪(证)"提供了直接解答。

由于在通常的情况下我们是按照逻辑法则进行推理的,因此,在这样的意义上,数学对象的建构常常就被说成一种"逻辑建构"。但应强调的是,对于这里所说的逻辑法则我们不应看成某种先验的、绝对的东西,而这事实上也正是数学基础研究所给予我们的又一重要启示。例如,直觉主义对"传统逻辑"的批判及其所创立的"直觉主义逻辑"就清楚地表明了逻辑的相对性:传统逻辑事实上只适用于非构造性数学,在构造性数学的范围我们则必须用直觉主义逻辑去取代传统逻辑。另外,又如希尔伯特的形式主义研究所清楚表明的,纯形式的数学研究中应当同时包括数学和逻辑的建构,也即应当把推理规则作为一个部分同时包括在数学的建构活动之中。综上可见,与"逻辑建构"相比较,"形式建构"就是一个更为合适的名称。

第三,正因为数学对象是明确定义的产物,数学结论又是按照相应的定义与给定的推理规则进行推理的结果,因此,数学对象的性质就完全反映于它们的相互关系。这也就是指,数学对象的建构事实上是一种整体性的建构活动,或者说,数学的对象并非各个孤立的模式,而是整体性的"结构"(因此,数学常常就被说成"结构的科学")。例如,这就正如美国数学家斯蒂恩所说:"数学是模式的科学。数学家们寻求存在于数量、空间、科学、计算机乃至想象之中的模式。数学理论阐明了模式间的关系;函数和映射、算子把一类模式与另一类模式联系起来从而产生稳定的数学结构。"(L. Steen, "The Science of Patterns",《Science》,240 [1988,April],第 616 页)

应当指出的是,现代的数学研究已超出各个具体的数学结构而涉及到了数学结构的相互关系,即如结构的包含和扩展,等等。这也就如美国著名数学家麦克莱恩所指出的:"详细地讲,数学的发展利用经验和直觉的洞察力去发现合适的形式结构,对这些结构进行演绎分析,并建立这些结构之间的形式联系。换句话说,数学研究相互关联的结构。"("数学模型",载邓东皋等主编,《数学与文化》,同前,第 122 页)事实上,按照现代数学的观点,具有相同数学结构("同构")的数学对象应当被看成是同一的——显然,这也就从更高层次表明了"模式"的意义。

综上可见,数学抽象在方法上的特殊性在于它的形式建构性质,这也就是指,与可能的现实原型相对照,数学抽象是一种"重新建构"的活动,我们也就以这种建构活动的产物作为数学研究的直接对象。

也正因此,我们就应对"数学是模式的科学"这一论断作出如下的补充:数学是(量化)模式的建构与研究。

应当指出的是,著名数学家、哲学家怀特海(N. Whitehead)早已明确提出了"数学是模式的科学"的观点。怀特海这样写道:"数学的本质特征就是,在从模式化的个体作抽象的过程中对模式进行研究。"("数学与善",载林夏水主编,《数学哲学译文集》,知识出版社,1986,第 352 页)显然,这一论述与上面的分析是完全一致的。

3. 进一步的分析

上面的分析显然清楚地表明了在数学与一般自然科学之间所存在的重要区别：数学不应简单地被看成一门"经验科学"。也正是从这一角度去分析，笔者以为，尽管以下两段言论在形式上互相矛盾，但却都可以被看成从不同角度指明了数学抽象的形式特性，前者立足于经验世界，后者则已将着眼点转移到了数学内部。

其一："数学是这样一门学科，在其中我们既不知道说的是什么，也不知道说的是否为真。"（Russell 语）

其二："数学是唯一的这样一门学科，在其中我们确切知道自己在说什么，并能肯定自己是否为真。"（Borel 语）

以下再从同一角度进一步指明数学的特殊性：

（1）由于相对于可能的现实原型而言，数学对象的引入是一个"重新建构"的过程，也即在一定程度上意味着与真实的分离，从而就为数学的自由创造提供了现实的可能性。

数学创造的自由性主要表现于：

第一，模式的多样性。这不仅是指"模式"的概念可以被用于概念、问题、方法与理论等多种不同的对象，而且也是指由同一原型出发，人们可能抽象出多种不同的数学模式。这也就如麦克莱恩所指出的："关于数学的本质，我们的观点可以这样提出：数学研究现实世界和人类经验各方面的各种形式模型的构造。一方面，这意味着数学不是关于某些作为基础的柏拉图式现实的直接理论，而是关于现实世界（或实在，如果存在的话）的形式方面的间接理论。另一方面，我们的观点强调数学涉及大量各种各样的模型，同一个经验事实可以用多种方法在数学中被模型化。"（"数学模型"，载邓东皋等主编，《数学与文化》，同前，第 113 页）

例如，数学中关于"空间"的研究就可看成这方面的典型例子：在数学中不仅有多种不同的空间，而且，即使就同一空间而言也存在多种不同的几何。这也就如亚历山大洛夫所说："几何的发展在所有这些方向上继续着，各种新而又新的'空间'和它们的'几何'：罗巴切夫斯基空间、射影空间、各种不同维数的欧几里得空间和其他空间，例如，四维的黎曼空间、芬斯勒空间，以及各种

拓扑空间等,都成为几何研究的对象。"(《数学——它的内容、方法和意义》,第一卷,同前,第55页)

再例如,由于无限观的不同,数学中也存在有关于"无限"的多种不同模式,如直觉主义的"潜无限"模式:

$$1, 2, 3, \cdots, n, \cdots;$$

以及康托的"实无限"模式:

$$1, 2, 3, \cdots, \omega;$$
$$\omega + 1, \omega + 2, \omega + 3, \cdots, \omega + \omega(\text{即 } 2\omega);$$
$$2\omega + 1, 2\omega + 2, 2\omega + 3, \cdots, 2\omega + \omega(\text{即 } 3\omega);$$

......

第二,抽象的间接性与层次性。前者即是指,数学抽象未必以真实事物或现象作为直接原型,也可以是以已得到建构的数学模式作为"原型"的间接抽象。

例如,正如第1章中所提及的,"一般化"(弱抽象)与"特殊化"(强抽象)就可被看成通过变异创造新的数学模式的重要方法。特别是,法国的布尔巴基学派就正是通过两者的综合运用,创造出了一个无限丰富而又井然有序的数学世界。

应当强调的是,也正是从同一角度去分析,我们即可看出,对于数学中的一般化与特殊化不应简单地理解为某种以物质对象为出发点的简单循环,即由"感性的具体"上升到"抽象的规定",然后又由"抽象的规定"重新回到"思维中的具体",毋宁说,这十分清楚地表明了数学活动的创造性质,对此例如由后面关于数学抽象"自由性"的分析即可更为清楚地看出。

再者,对于数学模式我们也可区分出一定的层次。

例如,尽管 $1+2=2+1$ 与 $a+b=b+a$ 都应被看成一种模式,也即都具有一定的普遍性,但与前者相比,后者显然达到了更高的抽象层次。这也就如怀特海所指出的:"在代数中,思想上限于特定数的限制取消了。我们写'$x+y=y+x$',在这里,x 和 y 是任何两个数。这样,对模式的强调(不同于模式所涉及的特殊实体)增强了。因此,代数在其创始时,就涉及模式研究中的巨大进

展。"("数学与善",载林夏水主编,《数学哲学译文集》,同前,第 349 页)

当然,相对于各个具体的代数系统而言,"群"的概念又达到了更高的抽象程度。后一概念中所说的运算已不只是指具体的数的运算,如实数的加法和乘法,等等,也包括某些特殊的算法,如整数"按模素数 P"的乘法,甚至还可指几何变换的"合成",如图形位移的"合成"等。值得指出的是,"群"的概念事实上也可被看成布尔巴基学派所强调的"代数结构"的一个典型例子。

(2)思维的"自由创造":在一定程度上我们也可通过思维的"自由想象"创造出各种可能的数学模式。

例如,数学中的无限概念事实上就可被看成思维"自由想象"的一个产物,因为,任何实践都只能停留于有限的范围,从而,以经验对象为原型通过"直接观念化"就只能生成有限的概念,而为了建立无限的概念,则必须依靠思维的"自由想象"。

另外,作为思维"自由创造"的重要方法,我们则又应当特别提及公理化方法的现代发展,也即由"实质的公理化方法"到"形式的公理化方法"的重要发展。具体地说,在形式的公理系统中,公理已不再是关于某个(些)特定对象的"自明真理",而只是一种可能的假设。这也就是指,我们在此已不再是由已给出的对象去建立相应的公理系统,恰恰相反,在形式系统中我们正是借助于"公理"构造出了相应对象。从而,所说的"形式系统"事实上也就是一种"假设—演绎系统",我们并可以借助这一方法"自由地"去创造各种可能的量化模式,也即"自由地"去从事各种可能对象的研究。

更为一般地说,这也正是数学现代发展的一个决定性特点,即其研究对象已经由已给出的(具有明显直观背景)的量化模式过渡到了可能的量化模式。显然,这也就更为清楚地表明了数学创造活动的"自由性"。

综上可见,正是数学抽象的形式建构性质为数学的高度抽象提供了现实的可能性。

(3)尽管我们应当明确肯定数学创造活动的"自由性",但又不应把这里所说的"自由性"等同于"任意性"。这也就是指,在明确肯定数学创造活动的自由性的同时,我们又应清楚地看到这种活动也具有一定的"客观"准则。特别是,我们更应明确地肯定社会实践对于数学创造活动的决定性作用,包括辩证地认识在数学与现实世界之间的关系。

以下就是这方面最为重要的一些事实:

第一,从历史的角度看,不仅数学的早期发展主要建立在人们的实践活动之上,而且,各种高度抽象的形式数学理论也通过非形式数学理论的过渡与客观实在有着较为直接或间接的联系。

第二,从根本上说,数学研究的目标在于应用,也即对于客观世界的认识。也正因此,我们就应明确肯定实践对于数学发展的决定性作用。这也就如麦克莱恩所指出的:"数学在于对形式结构的不断发现,而形式结构则反映了人类在这个世界里的实践,强调的是那些具有广泛应用和深刻反映现实世界某一方面的结构。"("数学模型",载邓东皋等主编,《数学与文化》,同前,第122页)

第三,由于数学的抽象性质,数学在客观世界的应用往往是一种近似的应用,或者说,数学的应用事实上也依赖于必要的抽象,我们应当清楚地看到数学应用的"相对性"。这也就如著名数学史学家克莱因所指出的:"就抽象的数学定理与应用的关系而言,有一点必须牢记在心,即数学定理所论及的只是理想的情况,而它们所应用的物理环境却可能与此相差甚远。……从而,数学定理的应用就可能包含一定的误差。"(M. Kline, *Mathematics in Western Culture*, George allen and Unwin Ltd., 1954, 第53页)

另外,就数学在客观世界中的应用而言,显然还有一个后天的选择与调整的过程,这也就是指,在此不存在任何先天的、绝对的和谐性,恰恰相反,这只是一种"被建立的和谐性"。(Piaget语)

总之,我们应在下述意义上明确肯定数学的客观性:就整体、过程、总和、趋势、源泉而言,数学正是思维对于客观世界量性规律性的反映。当然,又如前面的分析所已清楚表明的,这并非直接的、简单的反映,而是一种间接的、能动的反映。

综上可见,对于"数学是模式的科学"这一论断,我们又应作出如下的进一步说明:

数学是通过相对独立的量化模式的建构,并以此为直接对象从事客观世界量性规律研究的,而且,现代数学的研究对象已从具有明显直观意义的量化模式扩展到了可能的量化模式。

2.2　模式论的数学本体论与数学认识论

以下再依据"数学模式论"对数学的本体论问题与认识论问题作出分析。由于后者即可被看成哲学基本问题在数学领域中的具体反映,因此,这就有助于我们更为深入地认识数学(活动)的性质,即如数学究竟是一种发明的活动,还是一种发现的活动? 我们又应如何去认识数学研究的意义,包括如何对数学研究的合理性作出判断? 等等。又由于相关的分析都以"数学模式论"作为直接基础,因此,对此我们就可特称为"模式论的数学本体论"与"模式论的数学认识论"。

1. 模式论的数学本体论

所谓"数学的本体论问题",简单地说,就是关于数学对象实在性问题的具体认识,也即数学对象究竟是一种什么样的存在?

具体地说,任何稍有数学知识的人都一定有这样的体会:我们在数学中所从事的是一种客观的研究,这也就是指,我们不能随心所欲地去创造数学规律,而只能按照数学对象的"本来面貌"去对此进行研究。例如,我们既不能随意地把 7 说成是 4 和 5 的和,也不能毫无根据地去断言哥德巴赫猜想的真假,等等。

也正因此,有很多人在数学的本体论问题上就采取了这样的立场,即认为我们应当把数学对象看成完全不依赖于人类思维的独立存在,我们在数学中所从事的则又完全是一种发现的活动。这也就是所谓的"(数学)实在论"。例如,著名数学家哈代就曾明确写道:"我相信数学的实在存在于我们之外,我们的职责是发现它或是遵循它,那些被我们所证明并被我们夸大为是我们'发明'的定理,其实仅仅是我们观察的记录而已。"(《一个职业数学家的自白》,台湾凡异出版社,1991,第 53 页)

事实上,古希腊的著名哲学家柏拉图早已明确提出了"数学实在论"的观点。柏拉图哲学的核心是"理念世界"与"现实世界"的区分:前者是真实的、完美的、永恒的、不变的,后者则是对前者不完善的摹写,从而也就是不真实的、有缺陷的、暂时的、变动的。进而,按照柏拉图的观点,数学对象正是"理念世界"中的存在,从而也就是一种不依赖思维的独立存在。正因为此,在数学哲学的讨论中人们往往就把关于数学对象的实在论观点称为"柏拉图主义"。然而,应当强调的是,现代数学中的实在论者一般并不具有古典的柏拉图哲学那种强烈的唯心主义色彩,而是主要反映了这样一种朴素的信念:我们在数学中所从事的是一种客观的研究。这就正如德国著名逻辑学家、数学哲学家弗雷格所指出的:"如果我们相信数学的客观性,那就没有任何理由反对我们借助于数学对象来进行思维,也没有任何理由反对关于数学对象的这样一幅图景:它们是早已存在的,并等待着人们去发现。"(引自 M. Dummett, "Wittgenstein's Philosophy of Mathematics", *Philosophy of Mathematics*, *Selected Readings*, Prentice-Hall, Inc., 1964, 第 493 页)

尽管实在论在数学界有着十分广泛的影响,但这作为一种系统的数学哲学理论又应说存在严重的困难和缺陷。这首先就是指实在论者并没有对数学对象究竟是一种什么样的存在作出清楚说明。另外,由于数学对象显然并非经验世界中的真实存在,因此,数学的认识就不可能建立在直接的经验之上,这样,实在论者在认识论问题上也就遇到了严重的困难。

也正因此,数学哲学中就存在另外一些与"实在论"直接相对立的观点,对此可以统称为"反实在论"。

例如,作为对于柏拉图主义的直接批判,古希腊的著名哲学家亚里士多德就曾明确地提出了这样一种观念:数学对象只是一种抽象的存在,也即只是由于数学家的抽象思维才获得了独立的存在性。另外,就"反实在论"在现代数学哲学中的表现而言,我们则又应当特别提及直觉主义与形式主义的数学观。

具体地说,直觉主义者突出强调了数学对象对于思维的依赖性,即认为数学对象是纯粹的"心智构造"。从哲学的角度看,直觉主义的这一观念可以被看成中世纪的"概念论"在数学中的具体表现。但这又是直觉主义的一个特殊之处,即将后一立场发展到了极端的地步,以至完全否定了数学的现实意义及其对于认识主体的相对独立性。例如,直觉主义的主要代表人物之一黑丁就曾这样写道:"数学思想的特性在于它并不传达关于外部世界的真理,而只涉及心智的构造。""我的数学思想属于我个人的智力生活,并限于我个人的思想……"(A. Heyting, *Intuitionism: An introduction*, Amsterdam, North-Holland Pub. ,1956,第8、9页)

另外,与直觉主义相类似,形式主义者所代表的也可说是一种十分极端的观点。在他们看来,数学对象只是毫无意义的符号(符号系列),数学家们所从事的则是按照指定的法则去对符号或符号系列进行机械的操作(组合、分解或变形)。这样,数学的客观(现实)意义在他们那里也遭到了彻底的否定。

尽管"反实在论"在数学本体论问题上的基本立场是与"实在论"直接相对立的,但其同样也具有严重的理论困难和缺陷。例如,如果完全否认数学的客观意义,我们显然就无法对数学在客观实际中的成功应用作出合理解释。另外,从更为一般的角度看,我们则又显然可以提出这样的问题:如果数学对象并非不依赖于思维的独立存在,而只是抽象思维的产物,从而也就必然地从属于个人的思维活动,那么,数学又何以可能具有超越个人的"客观性"?

正因为数学中的"实在论"与"反实在论"都具有严重的理论困难和缺陷,数学家们在数学的本体论问题上也就常常因此而陷入了"困境"。这就正如赫尔胥所形象地描述的:"一个典型的'正在工作的数学家'在工作日是个柏拉图主义者,在星期天则是形式主义者。换言之,当他搞数学时,他确信正在研究一种客观的实在,正在试图决定它的性质。但是,当被问及这些实在的哲学涵义时,他能够用来防身的最简单的遁词却是:他根本不相信数学的实在性。"("复兴数学哲学的一些建议",《数学译林》,1981年第1、2期)

与上述两种观念相对照,笔者以为,2.1节中所论及的数学抽象的形式建构性质已为数学本体论问题的很好解决提供了直接的基础。

以下就是"模式论的数学本体论"的一些主要论点:

(1)数学以量化模式为直接的研究对象,而模式则是抽象思维的产物。也正因此,在数学的本体论问题上我们就应明确反对"实在论"的立场。

(2)由于模式是借助于明确定义得到建构的,而且,在严格的数学研究中,我们又只能依靠所说的定义和相应的规则去进行推理,而不能求助于直观,因此,尽管某些数学概念在最初很可能只是少数人的"发明创造",但是,一且这些对象得到了建构,它们就立即获得了确定的"客观内容":对此人们(包括其"发明者")只能客观地加以研究,而不能再任意地加以改变。也正因此,我们就可以说,正是数学建构活动的形式特性保证了数学研究的"客观性",也即直接促成了数学对象由纯主观的"思维创造"(mental construction)向相对独立的"思维对象"(mental entity)的转化。

(3) 除去相对于创造者本人而言,我们还可在更为一般的意义上(或者说,在更高的层面上)论及数学研究的客观性。例如,这事实上就是人们在论及"作为文化之数学实在"时的主要涵义:"凡属文明或文化上的所有事物,我们往往假定了它们的存在,因为它们是我们和别人共有的东西,我们可以就它们互相交流思想。有些东西,只要我们相信在别人的头脑里和在我们的头脑里都是以同样的形式存在的,我们可以一起来考虑和讨论,那么它就成为客观事物(而不是'主观'事物)了。"(波莱尔,"数学——艺术与科学",载邓东皋等主编,《数学与文化》,同前,第149页)

应当强调的是,这正是"作为文化的存在"这一断言的核心所在,即我们应当明确肯定数学建构活动的社会性质:在现代社会中,每个数学家必然地都是作为相应社会共同体(数学共同体)的一员从事研究活动的,其个人创造也必须接受相应共同体的"审查"。这也就是指,只有为数学共同体普遍接受的数学创造才能真正成为数学的成分。与此相对照,如果一个数学家的"发明创造"由于某种原因(如严重背离当时的研究主流)始终未能得到普遍的认同,那么,即使相关的建构从形式上看完全没有问题,其最终仍将为人们所遗忘,也即不可能真正成为数学的有机成分。

显然,从上述的角度去分析,数学对象应当被看成一种"社会建构",我们也应当因此而作出关于"思维对象"与"客观对象"(objective entity)的进一步区分,后者应当被看成数学对象"客观性"更为重要的一个涵义。这也就如波莱尔所指出的:"数学家们共同享有一个精神的实体:大量的数学思想,他们用心灵的工具研究的对象,其性质有的已知有的未知,还有理论、定理、已经解决和尚未解决的问题。"("数学——艺术与科学",载邓东皋等主编,《数学与文化》,同前,第150页)

例如,以下的事实或许可被看成最为清楚地表明了数学的上述特性:为了掌握一定的数学知识,任何人都必须经历一定的学习过程,从而,相对于每个"新加入者"而言,数学就是一种先期已经存在的东西,或者说,"数学真理存在于个人降生于其内的文化传统之中"。(L. White 语)当然,又正是通过"新人"的不断加入,数学知识作为人类文化的有机成分才可能得到继承和新的发展——显然,这也就更为清楚地表明了这里所倡导的观点与"实在论"的区别。

总之,正是通过由个体向群体的转移才最终促成了数学对象由"思维对象"向"客观对象"的转化。进而,又由于数学对象的"客观内容"不可能借助与真实世界的联系得到直接的、简单的说明,因此,它们就可被认为构成了另一类与真实世界不相同的独立存在,对此我们也可特称为"数学世界"。当然,我们并不应因此而完全否认数学世界与真实世界之间的联系,包括主体(个体与群体)在这一方面所发挥的重要作用。

最后,应当强调的是,由以上分析我们也可清楚地看出在数学的"建构"与"分析"之间所存在的区别与联系:尽管数学对象就其本身而言是思维建构的产物,但由于存在由主观的"思维创造"经由"思维对象"向相对独立的"客观对象"的转化,因此,我们在数学中所从事的应说是一种客观的研究,即主要是一种分析的工作。

用更为通俗的话来说,这也就是指,数学研究既是一种发明,同时又是一种发现的活动。

2. 模式论的数学认识论

(1)与本体论问题直接相关的还有数学的认识论问题,后者即是指,什么是数学知识可靠性的最终依据? 特别是,我们应当明确肯定数学知识的先验性质,还是更加强调数学知识的经验性质?

显然,如果采取后一立场,在数学与一般自然科学之间就不存在任何重要的区别。因为,这正是人们对于一般自然科学的共同看法,即认为可以将此统称为"经验科学",也即认为正是直接经验为科学知识的可靠性提供了最终依据。但是,正如前面所已提到的,这又是人们普遍持有的另一个观点,即我们不应将数学简单地等同于一般的自然科学。后者也可以被看成为以下现象提供了直接的解释,即在数学领域中为什么会出现"先验论"这样一种与"经验论"直接相对立的观念。

　　具体地说，"先验论"曾在数学领域中长期占据主导的地位，而其根源就是对于数学知识绝对真理性的确信。例如，所谓的"普遍的怀疑精神"正是西方社会在文艺复兴时期以后出现的一个普遍思潮。但是，与此直接相对立的恰又正是这样一种信念，即认为数学知识是无可怀疑的。这样，人们自然就将寻找可靠知识的努力聚焦到了数学："知识分子们要为其知识的建立寻找新的、坚固的基础，而数学则提供了这样一个基础。在各种哲学系统纷纷瓦解、神学上的信念受人怀疑以及伦理道德变化无常的情况下，数学是唯一被大家公认的真理体系。数学知识是确定无疑的，它给人们在沼泽地上提供了一个稳妥的立足点：人们又把寻求真理的努力引向数学。"（克莱因，《古今数学思想》，第一册，上海科学技术出版社，1979，第 251 页）

　　在此我们应特别提及作为"第一个杰出的近代哲学家"的笛卡儿的重要影响。首先，这正是笛卡儿大力提倡的一个基本立场：我们不应随意地去接受一切凭感觉得到的知识，一切先入之见和偏见，一切传统教条和信念，所有这一切都应接受理性的审判。这也就是"普遍的怀疑精神"。但是，我们又如何才能获得真正可靠的知识呢？笛卡儿认为，只有以数学为范例去进行研究："几何学家习惯于在困难的证明中用来达到结论的长串的简单而容易的推理，使我想到：所有人们能够知道的东西，也同样是互相联系着的。"这也就是说："任何试图寻求真理的人都不应去涉及那些不可能具有与算术和几何的证明同样可靠性的对象。"（克莱因，《古今数学思想》，第二册，同前，第 6 页）具体地说，我们在此首先应依据直觉去获得所谓的"公理"，也即各个自明的真理；然后再通过逻辑演绎由容易到复杂、由简到繁地去发展我们的认识，直至最终"获得关于整个宇宙的完美认识，并达到最高度的智慧"。

　　另外，对于"两种知识"（即数学与经验科学）的明确区分，特别是对数学绝对真理性的确认，也是德国著名哲学家康德的哲学研究的直接出发点。而其主要目标就是希望通过"纯数学何以可能"的分析引出关于"一般知识何以可能"的普遍性结论，并由此而清楚地指明知识的性质。例如，在康德看来，欧氏几何就是关于经验空间的绝对真理；就数量关系而言，我们则应明确肯定（标准）算术的绝对真理性。

　　然而，正是数学自身的发展对"数学的绝对真理性"提出了直接挑战。具体地说,在此我们首先应提及非欧几何的建立:由于非欧几何是与欧氏几何直接相冲突的,因此,非欧几何在数学中地位的确立就意味着几何不应再被看成关于经验空间的绝对真理。例如,正是在这样的意义上,克莱因写道:"这样多的至少是部分地互相矛盾的几何居然都能用来描述物理空间,我们真不知道,对于物理空间来说,究竟哪一种是真实的了。"其次,除去非欧几何以外,现代数学中还有各种非标准的算术系统:"正像有几种几何一样,代数也并不是只有一种,而是有好几种。因此普通代数也是一种人工产品,根本不保证它的规则能适用于物理世界。"("数学的基础",《自然杂志》,1979 年第 4、5 期)

更为一般地说,正如前面所提及的,这是数学现代发展的一个主要特点,即其研究对象已经由已给出的量化模式过渡到了可能的量化模式。显然,在这样的背景下,如果再机械地去坚持数学应当被看成关于外部世界的绝对真理就相当可笑了。

但是,即使在这样的情况下,大多数西方哲学家仍然坚持了"两种知识"的区分,而其主要方法就是通过完全抽去命题的客观意义以保证数学的必然真理性。例如,这正是在西方哲学界具有重要影响的逻辑实证主义的一个核心论点,即认为数学是所谓的"分析真理",而后者的主要特征就是不包括任何的事实性内容:"分析命题是完全没有事实内容的。并且,就因为这个理由,没有经验可以反驳这些分析命题。""逻辑和数学原则之所以是普遍真实,……理由是我们不可能取消这些原则而不发生自相矛盾,不违反约束我们语言用法的规则,并因而使我们说的话荒谬可笑。"(艾耶尔,《语言、真理和逻辑》,同前,第86、83 页)这也就是指,数学命题应被看成"定义下的真理"。

依据前一节中关于数学抽象形式建构性质的分析,不难看出,上述的"分析真理论"确有一定道理。但是,作为问题的另一方面,我们又应注意防止各种简单化的观点,特别是,我们并不应因为所谓的"不可证伪性"而完全否定社会实践对于数学创造活动的决定性作用。因为,就整体、过程、总和、趋势、源泉而言,数学仍应被看成是思维对于客观世界量性规律性的正确反映。

由以下的言论我们即可更好地理解后一论述的真理性:

"与数学的传统及人们对于数学的理解相一致的唯一见解是:数的概念——这不仅是指自然数,也是指实数——的渊源及其合理性在于经验和现

实的可应用性。""数学是作为最后手段的一种自然科学。数学的概念和方法
都是扎根于经验之中的,不考虑数学起源于自然科学而试图建立数学基础是
注定要失败的。"(A. Mostowski 语)

"的确存在着一条关于数学成就的无可争议的准则,那就是数学研究结果
在科学和技术中的直接可应用性。"(亚历山大洛夫语)

"伟大的数学家把数学的美作为额外奖励而满足地接受它。他们最深刻
的动机是通过数学媒介,其中也有他自己的作用,帮助人们研究并从而理解宇
宙,并为着人类的利益而利用自然的力量与现象。"(克莱因语)

"我们可以用考察自然科学本身的理论部分的方法来更合理地考察集合
论,并且一般地考察数学,包括真理或假说。对它们的证明不是靠纯粹推理的
灵光,而是靠它们对组织自然科学的经验材料所作出的间接的系统的贡献。"
(奎因语)

另外,数学史中的以下事实也可被看成从另一角度为上面的论述提供了
进一步的论据:尽管有些数学理论在创立初期并不具有严格的逻辑基础,甚
至被发现包含有矛盾,但由于在实际活动中获得了成功应用,数学家对此仍然
持积极肯定的态度,而这事实上也正是数学能得到顺利发展的一个重要原因。
例如,正如毕卡(E. Picard)所指出的,如果牛顿和莱布尼兹在当时就已清楚认
识到了连续函数不一定可微,那就很可能根本不会建立微积分理论。进而,又
如克里所指出的,如果这正是"我们过去对数学理论所采取的态度……只要一
个理论能够作出有用的预见,我们就采用它,一旦它不能做到这一点,我们就
修改它或放弃它",那么,"为什么我们在将来不应当继续这样做呢?"(引自拉
卡托斯,"经验论在最近数学哲学中的复兴",《数学、科学和认识论》,商务印书
馆,1993,第34页)

事实上,后者确又可以被看成数学新近发展的一个重要迹象,对此由以下
事实就可清楚地看出:"今年在京都举行的第21届国际数学家大会,以其在研
究上与物理学或多或少的联系所占的优势而给人以深刻的印象,一个趋势很
好地说明了这一点,4个菲尔茨奖中的3个授予了美国的维登、新西兰的琼斯
和苏联的德林菲得。这个现象并不出人意料,但却不能不引起对数学的地位
和作用的激励和反思。"(M. Hindry,"1990的菲尔茨奖",《数学译林》,1991

年第 3 期,第 243 页)当然,这也正是这一事实给予我们的又一重要启示:与简单地强调与客观世界的联系相比较,我们应当更加重视数学在自然科学中的应用,或者说,正是后者为数学在客观世界中的应用提供了必要的中介。

从认识论的角度去分析,上面的论述显然也就表明:即使在今天,我们仍然应当明确肯定数学知识的经验性质。当然,这又应当被看成数学哲学现代发展的一个重要特点,即在作出上述肯定的同时,我们又应清楚地看到数学不应被等同于一般的自然科学。后者事实上也就是人们在现今何以特别强调数学的"拟经验性"的主要原因。

(2)具体地说,所谓"拟经验的数学观",首先就是指数学不应被看成某种先验的真理,而必定有一个后天的检验、调整、改进与发展的过程;其次,我们在此又不应唯一地强调"外部力量"的作用,而应清楚地看到"内部因素"在这方面也发挥了十分重要的作用。

以下通过数学研究的"合理性标准"对此作出具体说明。

正如上面所提及的,数学研究并非一种完全自由的活动,特别是,就现代社会而言,个人创造的合理性有待于数学共同体的"审定"。也正是从后一角度去分析,我们即可辨识出关于数学研究的若干客观准则,特别是,除去已提及的"经验的标准"以外,我们又应清楚地看到"美学标准"与"纯数学的标准"在这一方面的重要作用。

第一,在实际的数学研究中数学家们往往会依据"美学的考虑"去作出必要的选择或对理论的意义作出具体判断。例如,著名数学家冯·诺意曼就曾明确指出:"数学家选这个课题,或者选其他课题,基本上是自由的。……他在选题方面可以有适当的自由,而对于决定选题,选题的标准和成功的标准主要是美学的。""数学家成功与否和他的努力是否值得的主观标准,是非常自足的、美学的,不受(或近乎不受)经验的影响。"("数学家",载中科院自然科学史研究所数学史组、数学研究所数学史组主编,《数学史译文集》,上海科学技术出版社,1981,第 122、121 页)

显然,所说的"美学标准"正是对于数学创造自由性的直接肯定。在一些数学家看来,这也十分清楚地表明了数学的艺术性质。如沙利文就曾这样写道:"数学是所有人类活动中最完全自主的。它是最纯的艺术。"另外,哈尔莫斯也曾具体地指出:"数学是创造性的艺术,因为数学家创造了美好的新概念;数学是创造性的艺术,因为数学家像艺术家一样地生活,一样地工作,一样地思索;数学是创造性的艺术,因为数学家这样对待它。"("数学——看不见的文化",载斯蒂恩主编,《今日数学》,上海科学技术出版社,1982,第26页)

尽管"美学标准"确可被看成从一个侧面反映了数学家的工作情况,但应强调的是,数学研究又不能被看成纯粹的"美的追求"。对此由"数学美"的客观内容以及美的追求对于数学发展作用的分析就可清楚地看出。

具体地说,尽管人们对于数学的美感具有强烈的感情色彩,不同的人关于数学美的标准也不尽相同,但从整体上说,数学美感又不是什么虚无缥缈、忽有忽无的东西,数学美也不是什么纯粹主观、不可捉摸的东西,而是具有确定的客观内容。事实上,数学美的这种客观性正是数学与艺术的一个重要区别:"在判定数学作品的价值时(人们的)意见近乎完全一致,而判定其他艺术品的价值时情形截然相反。"(波塞尔,"切合实际的数学观",载邓东皋等主编,《数学与文化》,同前,第172页)当然,随着数学本身的发展以及人类文明的进步,数学美的概念也必然地会有一定的发展和演变。但从历史的角度看,其基本内容又是相对稳定的。事实上,由著名数学家的相关论述即可看出,对称性、简单性、统一性和奇异性正是数学美的主要内容。

例如,彭加莱就曾明确指出:"在解和证明中给我们以雅致感的实际上是什么呢?是各部分的和谐,是它们的对称和巧妙平衡。一句话,雅致感是所有引入秩序的东西,是所有给出统一、容许我们清楚地观察和一举理解整体和细节的东西。""我们越是清楚地、一目了然地观察这个集合,我们就越是彻底地察觉到它与其他邻近对象的类似性,从而我们就有更多的机会推测可能的推广。在意外地聚合了我们通常没有汇集到一起的对象时,雅致可以产生意想不到的感觉。在这里,它再次是富有成果的,因为它这样便向我们揭示出以前没有被辨认出的亲缘关系。甚至当它仅仅起因于方法的简单性和提出问题的复杂性之间的悬殊差别时,它也是富有成效的。于是,它促使我们想起这种悬殊差别的原因,而且每每促使我们看到,偶然性并不是原因,它必定能在某个未曾料到的定律中找到。"(《科学的价值》,同前,第363页)另外,冯·诺意曼的以下论述显然也有异曲同工之妙:"人们要求一个数学定理或数学理论,不仅要能用简单的和优美的方式对大量的先天彼此毫无联系的个别情况加以描述,并进行分类,而且也期待它在'建筑'结构上'优美'。在陈述这个问题时平易轻松,然后在解决它和探讨它的所有尝试中遇到巨大困难,然后再出现某种非常惊人的转折,使探讨或一部分探讨一下子容易起来,等等。同样,如果推演是冗长或复杂的话,那么就应该包含某种简单的一般原则,用以'说明'各种复杂和曲折的情况,把明显的武断化为少数几条简单的指导性的推动因素,等等。"("数学家",载《数学史译文集》,同前,第 123 页)

尽管著名数学家哈代认为数学如有任何存在权利的话,那就只是作为艺术而存在,但他同时又指出:"数学定理的美丽在很大程度上依赖其严肃性",这也就是说,数学定理的美丽与否在很大程度上取决于数学上的考虑。(载 J. Papur 主编,《数学家谈数学本质》,同前,第 254 页)

事实上,正如前面所指出的,尽管对称性、简单性、统一性和奇异性可被看成数学美的主要内容,但由实际的数学活动我们又可看出,数学家们并非纯粹地为艺术而艺术,他们对于美的感受和追求往往以数学上的考虑作为直接背景或目的,这也就是说,数学家们所追求的是:在极度无序的对象(关系结构)中展现极度的对称性,在极度复杂的对象中揭示极度的简单性,在极度离散的对象中发现极度的统一性,在极度平凡的对象中认识极度的奇异性。显然,这事实上也就说明了对美的追求何以能够促进数学的发展。

综上可见,我们既应明确肯定数学中对于美的追求具有重要的方法论意义,同时也应看到这种美学的标准在很大程度上从属于数学的考虑。

事实上,正如一些数学家所明确指出的,纯粹美学的研究对于数学的发展也可能造成严重的消极影响:"当一门数学学科远离它的经验本源继续发展的时候,或者更进一步,如果它是第二代和第三代,仅仅间接地受到来自现实的思想所启发,它就会遭到严重危险的困扰。它变得越来越纯粹地美学化,越来越纯粹地'为艺术而艺术'。如果在这个领域周围是互相联系并且仍然与实践经验有密切关系的学科,或者这个学科处于具有非常卓越和发展健全的审美能力的人们的影响之下,那这种美学需要不一定是坏事。但是,仍然存在一种严重的危险,即这门学科将沿着阻力最小的途径发展,使远离水源的小溪又分散成许多无足轻重的支流,使这个学科变成大量被搞混乱的琐碎枝节和错综复杂的末事。换句话说,在距离经验本源很远很远的地方,或者在多次'抽象的'近亲繁殖以后,一门数学学科就有退化的危险。"(冯·诺意曼,"数学家",载《数学史译文集》,同前,第 123 页)由此可见,尽管我们应当充分肯定美学因素在数学研究中的重要作用,但又不能从纯粹美学的角度去从事数学研究。

第二,数学家们当然也十分关注自己的研究是否具有重要的数学意义,如新的研究是否有益于认识的深化,是否有利于方法的改进,等等。

例如,这正是许多数学家特别强调的两个标准:"富有成果性"和"富有启示性"。具体地说,这就是前者的一个基本涵义,即是否有利于已有问题的解决。这也就如波莱尔所指出的:"如果不想以对自然科学的应用作为检验的尺度,那还不至于只能以纯粹精神上的优雅为准,还有一些实用的准则,即对数学本身的应用。对这个数学实体的考虑,即是考虑各个领域中没有解决的问题、结构、需要以及其间的联系,这已经指出了某些可能富有成果的、有价值的方向,使数学家可以对一些问题和理论心向往之,赋予相应的价值。对于一项新理论的价值检验标准,往往是看它能否解决老问题。"("数学——艺术与科学",载邓东皋等主编,《数学与文化》,同前,第 151 页)另外,哈代的以下论述则更加强调了研究工作的"启示意义",特别是,这能否更为深入地揭示数学内在的统一性:"最好的数学是严肃而又美丽的。数学定理的严肃性不在于它通常具有不可忽略的实践效果,而在于被它所联系的数学概念的重要意义。可以粗略地说,如果一个数学概念能够以一种自然的而又令人恍然大悟的方式与众多的其他数学概念相联系,那么它就是'具有重要意义的'。""一个'严肃的'定理是一个含有'意味深长的'概念的定理。……看来有两件事对'意味深长'是重要的,一是要有一定的一般性,一是要有一定的深度。"(载 J. Papur 主编,《数学家谈数学本质》,同前,第 254、255 页)

另外,基于同样的考虑,麦克莱恩也明确提出了关于数学抽象的"广度"、"清晰度"与"深度"这样三个标准:"为了使抽象沿着正确方向确切地前进,需要这三个概念。"其中,"清晰度"可以被看成抽象本身的必然要求:"抽象已经增加了对表示清晰性的要求:如果研究的对象是抽象的,那么它一定要通过精确而抽象的描述来理解,而不是通过它的直观内容来理解";其次,概念的"广度"指应用场合的多样性,包括"在数学内部或外部应用这个课题的其他领域";最后,"一个数学概念的深度涉及到这样一种途径,按此途径这个概念发展成待解决问题所基于的不明显但更基本的结构和概念",这也就是指,我们应当"选择能导致所研究问题心脏的抽象过程。"("数学模型",载邓东皋等主编,《数学与文化》,同前,第 121、113 页)

综上可见,数学的标准,即"数学内部的考虑"确实在实际的数学活动中发挥了十分重要的作用。又由于这一标准相对于"经验的标准",即"数学外部的考虑"有很大的独立性,因此,在一些学者看来,这也就十分清楚地表明了数学知识的拟经验性质。

(3) 综上所述,我们就可对"数学的认识论问题"作出如下的具体解答,这也正是"模式论的数学认识论"的主要内容:

第一,由于数学并不是对真实事物或现象的直接研究,形式的数学理论不可能依据经验直接地证实或证伪,这也正是数学与一般自然科学的主要区别所在。特别是,从纯形式的角度去分析,数学在一定程度上可被看成"定义下的真理":它们之所以为真,完全是定义的结果。但是,后者并不能被看成关于数学知识先验性质的直接证明。因为,尽管数学理论的建立可能基于个人的直觉(特别是"美的直觉"),理论的开展也主要表现为按照事先给定的法则去进行形式推理,但相关结果能否真正成为数学的一员仍有待于数学共同体的判决,也即取决于关于理论现实意义和数学意义的后天判断。

具体地说,作为对于数学先验论的直接反对,我们应明确肯定数学的经验性和拟经验性。这也就是指,正是所说的"经验的标准"和"数学的标准"为数学知识的可接受性提供了必要标准。也正因此,数学的认识活动就必然地有一个后天的选择、检验、调整与改进的过程。

第二,我们应明确地肯定"数学的标准"相对于"经验的标准"而言具有一定的独立性。又由于两者具有不同的内涵和作用,因此,这就可被看成从不同角度更为清楚地表明了数学认识活动的特殊性。

具体地说,如果说"经验的标准"集中体现了数学认识活动的渊源与最终依据,特别是,就现代而言,我们更应注意数学在自然科学中的应用,那么,这就是"数学的标准"的主要涵义:数学也可单纯凭借内在力量得到一定的发展。

如图 2-3,从较小的范围看,在此即有所谓的"数学发现的逻辑":数学在一定范围内可通过猜测与检验、证明与反驳的辩证运动得到发展。(图 2-3,引自戴维斯和赫斯,《数学经验》,江苏教育出版社,1991,第 263 页;对此也可参见拉卡托斯,《证明与反驳》,上海译文出版社,1987)

猜测
朴素的检验
证明
反驳
重构
局部性反例的结果
全局性反例的结果

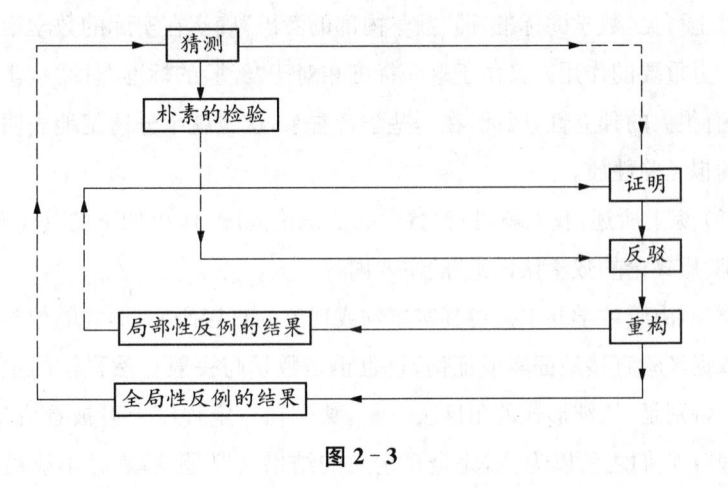

图 2-3

另外,从更大的范围去分析,我们则又可以对数学的发展作出如图 2-4 所示的概括。

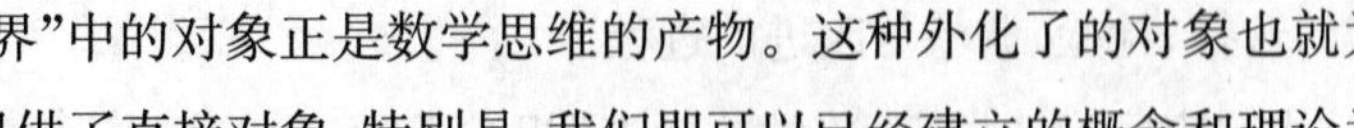

问题的提出
问题的解决
新的问题的提出
……

图 2-4

与此相对照,如图 2-5 所示的传统认识模式则就应当说过于简单了,因为,数学也可单纯凭借思维与"数学世界"的相互作用得到一定的发展和深化:"数学世界"中的对象正是数学思维的产物。这种外化了的对象也就为新的认识活动提供了直接对象,特别是,我们即可以已经建立的概念和理论为素材去从事新的创造活动,从而进一步丰富"数学世界"的内容。

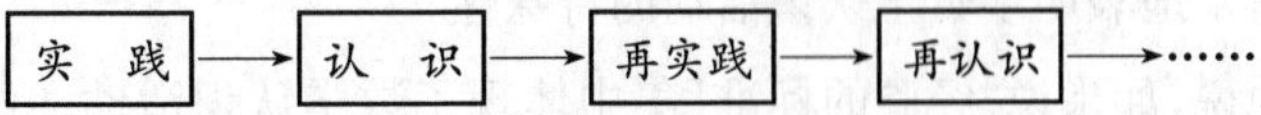

实　践
认　识
再实践
再认识
……

图 2-5

毋宁说,我们应对上述模式作出如图 2-6 所示的补充,即对"实践"的概念作更为广义的理解,也即将"数学实践"(更为一般地说,就是"科学实践")也包括在"社会实践"之内。

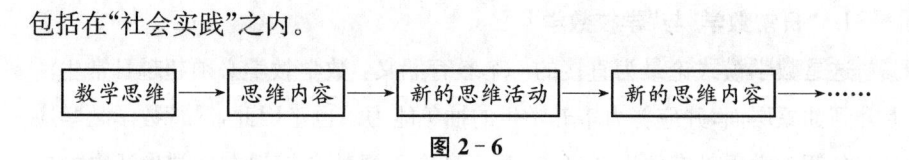

图 2 - 6

总之,我们不应唯一地强调纯数学研究的现实意义,而应同时肯定数学的经验性与拟经验性。这也就是指,数学的实际发展可能采取多种不同的形式:"有时一个数学理论是直接由具体经验提出,再通过抽象过程从这些经验提炼精华的;有时纯数学及其应用是肩并肩地发展的,两者互相促进;还有时,一个数学理论最初靠纯智力的运用而提出,其后才表明具有意义重大的应用。"(G. Kneebone 语。载 J. Papur 主编,《数学家谈数学本质》,同前,第 86 页)

第三,在充分肯定"经验的标准"与"数学的标准"相对独立性的同时,我们又应清楚地看到两者的内在统一。更为一般地说,数学研究的各个标准,包括"数学的标准"、"美学的标准"和"经验的标准"等,应当说都只是表明了数学研究的不同侧面,从而也就是互相补充、相互渗透的。只有通过它们的交互作用数学才可能得到健康的发展,并达到新的、更高的发展水平。①

例如,数学的历史发展显然已清楚地表明了在纯数学的研究与数学的实用价值之间所存在的辩证关系。这也就如怀德海所指出的:"当数学越是退到抽象思想的更加极端区域时,它就越是在分析具体事实方面相应地获得脚踏实地的重要成长。没有比这事实更令人难忘的了。"(载 J. Papur 主编,《数学家谈数学本质》,同前,第 86 页)

总之,我们既应充分肯定数学认识活动的相对独立性,又不应把数学看成完全封闭的一种活动,恰恰相反,数学是整个社会实践的一个重要组成部分,数学的发展更是其内部力量与外部力量共同作用的结果。

2.3 "数学模式论"与数学教学

"数学模式论"具有重要的教育教学涵义,以下就对此作出具体分析。

---

① 除去已提及的"经验的标准"、"美学的标准"和"数学的标准"以外,还有人提到"逻辑的标准"和"哲学的标准",但由于这两者对于数学研究既非必要,也非充分,我们对此就不再予以具体分析。有兴趣的读者可参见另著《数学哲学中的革命》,九章出版社(台湾),1999,第 3.2 节。

1."日常数学"与"学校数学"

这是数学模式论最为直接的一个教育涵义:数学教学必须超越日常生活上升到抽象层面,并应努力培养学生的抽象能力。也正因此,尽管数学教学应当充分调动学生已有的生活经验,并应高度重视数学知识在日常生活中的应用,但我们又不应当片面地去提倡"数学教学的生活化"。同样地,尽管我们应当充分肯定"情境设置"的积极意义,但同时也应清楚地认识数学教学必须"去情境",即应当帮助学生超越具体情境,从更为一般的角度去分析问题、思考问题。

依据上述立场相信读者可对以下教学实例作出自己的分析:"这个学生缺的究竟是什么?"

[例]　这是 4 年级的一堂数学课,教师要求学生求解这样一个问题:"52 型拖拉机,一天耕地 150 亩,问:12 天耕地多少亩?"

一位学生是这样解题的:$52 \times 150 \times 12 = \cdots\cdots$(略)

接下来就出现了这样的师生对话:

"告诉我,你为什么这么列式?"

"老师,我错了。"

"好的,告诉我,你认为正确的该怎么列式?"

"除。"

"怎么除?"

"大的除以小的。"

"为什么是除呢?"

"老师,我又错了。"

"你说,对的该是怎样呢?"

"应该把它们加起来。"

显然,这位学生是在瞎猜。因此,为了帮助学生找到正确解答,任课教师就开始进行启发:

"我们换一个题目,比如你每天吃 2 个大饼,5 天吃几个大饼?"

"老师,我早上不吃大饼的。"

"那你吃什么?"

"我经常吃粽子。"

"好,那你每天吃 2 个粽子,5 天吃几个粽子?"

"老师,我一天根本吃不了 2 个粽子。"

"那你能吃几个粽子?"

"吃半个就可以了。"

"好,那你每天吃半个(小数乘法没学)粽子,5 天吃几个粽子?"

"两个半。"

"怎么算出来的?"

"两天一个,5 天两个半。"

……

　　这个学生缺的究竟是什么? 显然,他缺的不是具体的生活经验,而是数学抽象能力。如果我们的学生到了 4 年级尚未初步地学会超越具体问题,从更为一般的角度进行分析思考(这也正是"用数学的眼光看待世界、分析问题"最为基本的一个涵义),那么,无论存在怎样的辩护,这样的数学教学都应说是完全失败的。

　　为了清楚地说明问题,以下再从更为一般的角度对"日常数学"与"学校数学"的联系与区别作出进一步的分析。

　　具体地说,这正是这方面的一个基本事实:在上学以前和学校以外,世界上几乎所有儿童都已发展起了一定的应用数和量的能力以及一定的推理能力。值得指出的是,这也正是 20 世纪 90 年代以来在世界范围内得到迅速发展的"民俗数学"(ethnomathematics)研究的一个主要结论。[①] 例如,作为这种研究的最早发源地,巴西学者就曾对来自贫困家庭的儿童在数学上的表现进

---

① 以下是这方面研究工作的主要倡导者巴西学者德·安伯鲁西渥所给出的相关定义:"我们用'民俗数学'表示在确定的文化群体中所使用的数学,包括原始部落社会、特殊年龄的儿童、劳动群体和职业团体等。"也即"各种文化为了解释、理解和适应其特定环境而发展起来的特殊技能和技巧。"("Ethnomathematics, the nature of Mathematics and Mathematics Education",载 P. Ernest 主编,*Mathematics，Education and Philosophy*,Falmar,1994,第 236、7234 页)

行了具体调查。他们发现：有些儿童在学校中的数学学习几乎完全是失败的记录，但他们在课后从事实际交易活动（如街头叫卖）时却表现出了熟练的计算能力。

以下就是这些学者的进一步实验：他们以两种不同的方式给 5 个学生同样的数学问题，第一次采取的是"现场买卖"的形式；一个星期以后又用文字题的形式要求他们求解同样的问题。结果发现，不仅在后一种情况下学生解答的正确率大大降低，在两个场合他们所使用的方法也很不相同："现场买卖"的情况学生采用的是口算，在后一场合他们则采取了笔算的方法。从而，在研究者看来，我们在此事实上就可区分出两种不同的数学，即所谓的"日常数学"与"学校数学"。

进而，这又是相关研究特别关注的问题：究竟是什么造成了"日常数学"与"学校数学"的对立？我们又如何能够有效地防止这种情况的发生？例如，作为"民俗数学"的主要倡导者之一，德·安伯鲁西渥就曾明确指出："在上学以前和学校以外，世界上几乎所有儿童都发展起了一定的应用数和量的能力以及一定的推理能力，然而，所有这些'自发的'数学能力在进入学校以后都被'所学到的数学能力'完全取代了。"他指出，尽管儿童面临同样的事物和需要，他们却被要求使用一种全新的方法，从而，这事实上就在这些儿童心中造成了一定的心理障碍，后者直接阻碍了他们对于学校数学的学习。更有甚者，这种早期的数学学习并很容易使学生丧失自信心，从而也就会对其一生产生严重的消极影响。（U. D'Ambrosio, *Socio-cultural Bases for Mathematics Education*, UNICAMP, 1985, 第 45 页）

当然，我们又应明确肯定由"日常数学"上升到"学校数学"的必要性。事实上，这也正是"民俗数学"研究的又一重要结论：尽管"日常数学"具有密切联系实际的优点，但同时也具有明显的局限性，特别是，由于"日常数学"与具体情境密切相关，相应的数学知识和技能往往就不具有可迁移性。

例如，在一项以巴西建筑工人（施工员）为对象的研究中，研究者发现，那些没有受过正规学校教育的施工员，在面对较为熟悉的比例时，一般都能正确和迅速地求得图纸上某个尺寸所代表的实际数据。但是，如果他们所面对的是不很熟悉的比例，则就表现出了很大的局限性。例如，这时他们往往会采取

"错误尝试"的方法,也即希望通过转化为熟悉的情况解决所面临的新情况。但由于未能上升到一般的算法,因此,就如以下对话所表明的,这种努力常常以失败而告终:

(所给出的问题为 9 公分:3 米=1.5:x,其中所用到的比例是 1:33.3,这是施工员们不熟悉的,他们经常用到的是 1:50,1:100 和 1:20)

施工员:"9 公分,3 米,这个尺寸是……不,这将是 4.5 米,……我做不出来。"

调查者:"为什么? 前几个问题(其中采用的都是施工员熟悉的比例)你不是都解决了吗?"

施工员:"因为,这不是 1:50 的情况,1:1(指 1:100——作者注)也不行,1:20 也不行。有 1:50,1:20 和 1:1 三种尺寸,最简单的是 1:1,这时你不用作任何计算,只需看一下多少公分就可知道是多少米。而如果是 1:50 或 1:20 你就必须进行计算。但现在是 9 公分代表 3 米,我从来没有遇到过这样的情况,我只遇到过另外的三种情况。"(详见 T. Carraher,"From drawing to building, Working with mathematical scales", *International Journal of Behavioral Development*,1986 年第 9 期)

以下的研究也从另一角度表明了"民俗数学"的局限性:在求解文字题时,大部分未进过学校的成年人都能很好地解决直接的问题,但如果问题的求解要用到逆运算,解答的正确率就大大降低了,特别是,如果所涉及的数量较大,就更是这样的情况。与此相对照,通过学校的学习,上述的情况就有了很大改进。(详见 T. Carraher,"Adult mathematical skills, The effect of schooling",Paper presented at the annual meeting of the American Educational Research Association,1988)

以下则是相关学者对于"日常数学"局限性的进一步分析:由于日常生活中数学知识与技能都只是作为工具得到了应用,从而往往就处于"视而不见"的地位,这也就是说,人们在此所关注的主要是具体情境,而不是其中所包含的数学概念与知识。与此相对照,在学校中数学概念与知识成为直接的研究对象,而又正是与现实意义的脱离才使得各种"纯形式的研究",包括逆运算的考虑真正成为可能。(详见 T. Nunes,"Ethnomathematics and Everyday

Cognition"，载 D. Grouws 主编，*Handbook of Research on Mathematics Teaching and Learning*，Macmillan，1992)

　　事实上，由先前的分析我们已经知道，这正是数学作为"模式的科学"的基本力量所在：它所反映的不只是某一特定事物或现象的量性特征，而是一类事物或现象在量的方面的共同特性。"数学的力量源于它的普遍性。人们可以用同样的数去对各种不同的集合进行计数，也可以用同样的数去对各种不同的量进行度量。……尽管运算（等）所涉及的方面十分丰富，但又始终是同一个运算——这即是借助于算法所表明的事实。"（H. Freudenthal，*Didactical Phenomenology of Mathematical Structures*，Reidel，1983，第116、117页）

　　另外，由"日常数学"到"学校数学"的过渡也就意味着由各个孤立的数学事实过渡到了系统的知识结构，由直接经验转向了对于人类文化的必要继承。显然，这也正是"学校数学"何以能在很大程度上超越"日常数学"的重要原因。这也就如著名数学教育家斯根普（R. Skemp）所指出的："儿童来到学校虽然还未接受正式教导，但所具备的数学知识却比预料的多。……他们所需要的帮助是从（学校教学）活动中组织和巩固他们的非正规知识，同时需扩展他们的这种知识，使其与我们社会文化部分中的高度紧密的知识体系相结合。"（《小学数学教育——智性学习》，香港公开进修学院出版社，1995，第74页）

　　当然，上述的分析不是指我们应当完全否认"日常数学"，包括其对学校数学学习的积极作用。恰恰相反，我们应当利用"日常数学"（更为一般地说，就是学生已有的数学知识和经验）作为学校数学学习的出发点和必要背景。这也就是指，"在面临各个特定的数学概念的教学任务时，数学教师应当仔细研究他的学生在日常生活中是否已经用到了这一概念……并应努力弄清在日常概念与算法背后的不变因素。"（T. Nunes，"Ethnomathematics and Everyday Cognition"，同前，第571页）

　　更为一般地说，这更应成为学校数学教学的一条重要原则："数学教学，除非建立在学生的固有文化和生活兴趣之上，就不可能有效。"（O. Raum 语）我们应从更为广泛的角度去理解恰当处理"日常数学"与"学校数学"之间关系的重要性：将源自不同文化的素材纳入到课程之中，从而对所有学生的文化背景作出正确评价,增强所有人的自信心,使学生学会尊重所有的人类和文化,这有利于学生将来更好地适应多元文化的环境。(详见 P. Gerdes,"Ethnomathematics and Mathematics Education",载 A. Bishop 主编,*International Handbook of Mathematics Education*,Kluwer,1996,第930页)

在此我们还可特别提及苏联的著名心理学家维科斯基(L. Vygotsky)关于"自发性思维"(指儿童由日常生活得到发展的思维)与"非自发性思维"(指儿童由学校习得的科学思维)之间关系的分析。尽管相关论述主要是针对科学学习而言的,但其结论对于"日常数学"与"学校数学"之间的关系显然也是同样适用的。具体地说,维科斯基指出,这两者在儿童身上的发展并非是完全独立的,恰恰相反,"自发性与非自发性的概念的发展是彼此联系和相互影响的"。"日常概念为科学概念及其向下发展清理出一条道路。它为概念的更原始、更基本的方面(它给了概念以本体和活力)的演化创造了一系列必要的结构。"与此相对照,"科学概念依次为儿童有意识地和审慎地使用自发概念的向上发展提供了结构"。这也就是说,"学校教学促使儿童把知觉到的东西普遍化起来,并在帮助意识他们自己的心理过程方面扮演着决定性的角色……反省的意识经由科学概念的大门而成为儿童的财富。"例如:"系统化的萌芽首先是通过儿童与科学概念的接触而进入他们的心灵的,然后再被转移到日常概念,从而完全改变了他们的心理结构。"更为一般地说,"这些科学概念从一开始便具有普遍性的关系,也就是说,具有一个系统的某种雏形。科学概念的形式训练逐渐转变儿童自发概念的结构,并且帮助他们组织一个系统,这促使儿童向更高发展水平迈进。"(详见《思维与语言》,浙江教育出版社,1997,第六章)显然,这不仅更为清楚地表明了由"日常数学"向"学校数学"转变的必要性,而且我们也应当以前者作为学校数学教学的必要基础。

以下就是促成学生由"日常数学"向"学校数学"转变的一些有效手段:

(1) 由于由"日常数学"到"学校数学"的转变可被看成由特殊上升到了一般,因此,适当的比较对于促成所说的转变就有很大好处。这也就是指:"对若干具有相同不变因素的情境的理解,将会导致关于相应概念(即不变因素)的抽象和一般化。"(T. Nunes,"Ethnomathematics and Everyday Cognition",同前,第571页)

另外,在学生已经掌握了相应的"学校数学"以后,教师也应促使学生将新学到的知识与方法与原先的知识与方法作出比较,包括如何能将所学到的知识和方法应用于新的情境。只有通过这样的比较和应用,才能有效防止"日常数学"与"学校数学"在学生头脑中长期同时存在这样一种局面,特别是,在两者存在一定冲突的情况下就更应如此。

(2) 研究表明,要求学生从一般角度对自己所作的数学工作作出表述也是促成由"日常数学"上升到"学校数学"的一个有效方法。对自己的工作作出表述即已包括了注意力的转移,即由"视而不见的工具"转变成了直接的研究对象,而正如前面所指出的,后者正是"学校数学"与"日常数学"的一个重要区别。另外,从更为深入的层次看,对于相关数学知识和方法的清楚表述显然也有利于主体由不自觉状态向自觉状态的转变,包括必要的总结与反思,后者也就是数学思维深入发展的一个必要条件。

最后,还应强调的是,在充分肯定由"日常数学"上升到"学校数学"必要性的同时,我们也应清楚地看到由纯数学的研究向现实生活"复归"的重要性。这也就如弗赖登塔尔所指出的,人们在从事算法的学习时往往容易"忘记其所涉及的数以及他所面对的文字题中的算术问题的来源。但是,为了真正理解这种存在于多样性之中的简单性,在计算的同时我们又必须能够由算法的简单性回到多样化的现实。"(H. Freudenthal, *Didactical Phenomenology of Mathematical Structures*,同前,第 116、117 页)更为一般地说,这事实上也可被看成"数学化思想"的基本涵义,即这不仅是指由现实原型抽象出相应的数学概念或问题,也包括"纯数学的研究",以及由"学校数学"向现实生活的"复归"(图 2 - 7)。

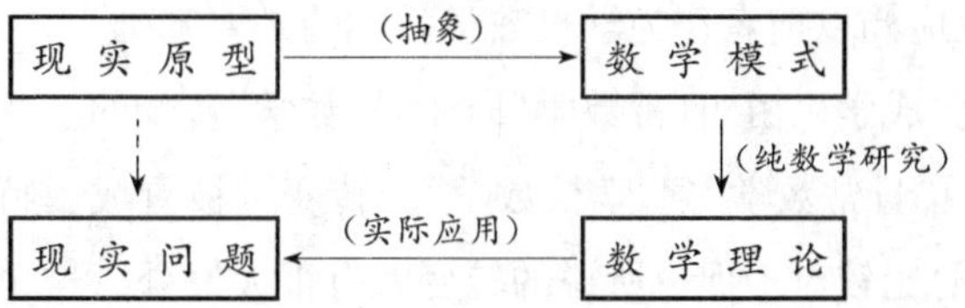

图 2 - 7

另外,就当前而言,我们显然又有必要再次强调这样一点,即应当正确地去评价"情境设置"与"问题解决"等新的教学方法或教学思想,特别是切实防止各种简单化的认识。例如,对此我们仍可联系"数学化思想"来进行分析,这也就如弗赖登塔尔所指出的:"数学化……是一条保证实现数学整体结构的广阔途径。……情境和模型、问题与求解这些活动作为必不可少的局部手段是重要的,但它们都应该服从于总的方法。""当前已经有不少人对数学教育提出了数学化的要求,但我担心其结构太狭隘,常常把数学化理解成最低层次的活动……最时髦的提法就是为现实中某个微小而孤立的片断——所谓'情境'进行数学化,也就是为情境建立一个数学模型。"弗赖登塔尔并强调指出:"毫无疑问学生也应该学习数学化,当然从最低的层次开始,也就是先对数学内容进行数学化,以保证数学的应用性。同时还应该进到下一个层次,即至少能对数学内容进行局部的组织。"(《作为教育任务的数学》,上海教育出版社,1995,第123、124页)显然,这事实上也就更为清楚地表明了这样一点,即我们在教学中应当很好地去处理数学的非形式方面与形式方面之间的辩证关系。

以下就围绕后一主题作出进一步的分析论述。

2. 必要的平衡

以"数学模式论"为背景去进行分析,我们在此显然应特别强调处理好这样两种关系,即在教学中应当很好地去处理抽象与具体、形式的研究与数学直觉之间的关系。

首先,依据上述关于数学对象实在性问题的分析,我们显然可引出这样一个结论:数学的认识(包括数学学习与研究)以主体在思维中实际"建构"起相应的数学对象作为必要的前提,这也就是指,我们必须首先使得借助于语言"外化"了的对象重新转化为思维的内在成分。

当然,又如 1.3 节中所已指明的,对于所说的"建构"我们不应简单地理解成在头脑中机械地去重复相关对象的形式定义。恰恰相反,从"理解学习"的角度去分析,这主要应被看成一个"意义赋予"的过程,即如何能将新学习的概念与主体已有的知识和经验联系起来,从而使之对于主体而言真正成为有意义的和可以把握的。

因此,总的来说,如果说"数学模式论"主要表明了抽象对于数学认识活动的特殊重要性,那么,我们在此也就应当清楚地认识到这样一点:抽象的数学概念和知识的学习事实上也包含有"具体化"的过程,即如何能够通过将新学习的概念和知识与主体已有的生活经验或已掌握的知识联系起来,从而使之成为"十分直观明了"的东西。这也就如波利亚所指出的:"抽象的道理是重要的,但要用一切办法使它们能看得见、摸得着。""这里应当有一种洞察事物'内在境界'的尝试,应当让所学习的材料经过消化吸收到学生的知识体系中去,到学生的整个精神世界中去。"(《数学的发现》,内蒙古人民出版社,1980,第二卷,第 154、157 页)

应当指出的是,这事实上也正是数学学习心理学现代研究的一个主要结论:数学概念的学习是指主体如何能在头脑中为抽象的数学概念建构起适当的"心理表征"(mental representation)。我们应清楚地看到数学概念心理表征的多元性:这不仅是指对于相关概念和基本性质的很好把握,也包括适当的心智图像的建构,以及对于相关实例或特定过程的记忆,等等。总之,数学概念的学习不仅是指由特殊上升到了一般,由现象深入到了本质,也包括相反方向上的运动,以及借助于某些特例或图像去进行分析和思考。(对此我们也将在第 8 章中作出进一步的论述)

由此可见,除去抽象思维能力与逻辑推理能力的培养以外,我们在教学中也应十分注意学生数学直觉能力的培养。

事实上,在很多学者看来,这也正是数学教育的一个基本任务,"就是应在发展逻辑推理的形式结构的同时,尽可能地发展新的、更为恰当的直觉解释"。(E. Fitchbein, *Intuition in Science and Mathematics*:*An Educational Approach*,D. Reidel,1987,第 212 页)我们在此也应特别重视在这两者之间所存在的辩证关系:"数学直觉既是抽象思维的起点,又是抽象思维的归宿。通过抽象性思维,对数学对象的本质有所洞察,有所概括,这样就形成了更高层次的数学直觉,从而又可进行更高层次的创造性思维活动。"(徐利治,《漫谈数学的学习和研究方法》,大连理工大学出版社,1989,第 59 页)

当然,对于这里所说的"数学直觉"我们又不应简单地理解成"感性知觉"。恰恰相反,尽管这两者都可被看成体现了人类的这样一种心理倾向,即对于可靠性(确定性,certitude)的追求,但"数学直觉"又应被看成"感性知觉"在更高层面上的替代物:由于对于抽象的数学对象我们不可能具有直接的感性知觉,因此,人们就必须发展起一种新的认知以代替原来的感性知觉,这就是"数学直觉",也即对于相关对象本质的直接洞察与领悟。如果采用更为形象的描述，这也就是指，在此我们所希望的就是能够逐步学会"用头脑去看"(to see mentally)。

由著名数学家阿达玛(J. Hadamard)的以下实例我们可更好地理解"数学直觉"的上述特征。相对于"存在无穷多个质数"这一定理的严格证明，阿达玛指出，在他头脑中所呈现的是这样一个"心智图像"(假设所证明的是存在大于11的质数)：

证明步骤	心智图像
① 列举出由 2 到 11 的所有质数，即 2,3,5,7,11。	我所看到的是一个混乱的组合。
② 构成乘积：$2\times3\times5\times7\times11=N$。	N 是一个相当大的数，我把它想像成一个远离上述混乱组合的点。
③ 在乘积 N 上加 1。	我看到稍稍超出第一点的另一个点。
④ 如果这个数不是质数，就必有一个质因数，它就是所要求的数。	我所看到的是介于上述混乱组合与第一个点之间的某个地方。

阿达玛指出，这种奇特(而又模糊)的图像对于相关证明的理解是十分重要的。因为，借助于它，"我就可以一下子看到论证中的所有成分，把它们相互联结起来，并使之成为一个整体———一句话，达到综合的目的。""每一个数学研究都迫使我建立这样的一个图式。它们总具有也必须具有模糊性的特点，但并非是不可靠的。"(详见《数学领域中的发明心理学》，江苏教育出版社，1989，第 61、62 页)

由此可见，发展"数学直觉"主要地就是指如何能使相应的数学对象(包括概念、命题、证明等)真正成为可以直接把握的、自明的和可靠的。另外，又如阿达玛的实例所清楚地表明的，我们在此也应清楚地看到这样一种可能性：尽管相应的数学直觉不能被等同于感性知觉，在很多情况下我们仍然可以通过建立相应的图像表示使得相关对象在一定程度上转化成可以直接感知的，或是通过与某种确定的运作(包括实际运作与心智运作)相联系以使之获得

"动作的意义"（sensorial-behaviorial meaning）。

另外，又如以上关于"数学化思想"的分析所已表明的，这同样也应被看成"数学直觉"的又一重要特征，即由"局部的认识"上升到了"整体性的把握"。后者则又不仅是对相关成分重新进行组织和压缩的结果，而且也是指从中删除了某些与整体性观点不相一致的成分。例如，后者显然就可被看成彭加莱关于"数学证明"的以下论述所给予我们的一个主要启示："数学证明不是演绎推理的简单并列，这是按某种次序安置演绎推理，这些元素安置的顺序要比元素本身更加重要。如果我们具有这种次序的感觉，也可以说这种次序的直觉，以便一眼觉察到作为一个整体的推理，那么我们已无须害怕会忘记这些元素之一，因为它们之中的每一个都在排列中得到其指定的位置，……"（《科学的价值》，同前，第 376 页）

最后，从教学的角度看，我们在此则又应当特别强调这样一点：数学直觉可以经由后天的学习得到一定的发展。例如，这就正如法国著名数学家迪多内所指出的："数学家的'直觉'由于长期的习惯往往比感官直觉得出的概念内容要丰富，这就产生出一种奇怪的现象，即由感官直觉转移到完全抽象的对象上。……许多数学家似乎从其中发现了他们研究工作的精确指南。"（"数学家与数学发展"，《科学与哲学》，1979 年第 5 期）"数学直觉是可以后天培养的。实际上每个人的数学直觉也是不断提高的。""数学中的审美判断是可以培养的，可以由上一代人传递给下一代人，由教师传递给学生，由作者传递给读者。"（P. Davis & R. Hersh, *The Mathematical Experience*, Birkhauser, 1980, 第 169 页）

以下就是培养数学直觉能力的一些重要途径：

（1）加强自觉的思维活动。

尽管直觉常常表现为无意识的思维活动（从而也就是"不可解释的"和"不可预期的"），但是，有意识的思维活动又应被看成无意识思维活动的必要前提。对此彭加莱曾形象地比喻道：数学思想或概念就如"带钩的原子"，这些原子原来处于静止状态，只是通过自觉的思维活动才开始活动，从而也才有可能通过互相组合形成新的观念原子。正因为此，彭加莱就将自觉的思维活动看成数学创造的"准备阶段"。

更为一般地说，没有艰苦的思想劳动，就不可能有任何发明创造。从而，我们在数学活动中就不能像期待奇迹出现那样徒劳地去等待直觉的产生,而应切实加强自觉的思维活动。这也就如阿达玛所指出的:"这种有意识的活动并不像人们所想的那样是无益的,正是这些活动开动了无意识的思维机器,不然的话,这一机器就永远不会运转,也不会产生任何结果。"(详见《数学领域中的发明心理学》,同前,第 39、40 页)

另外,从学习的角度说,我们则又应当特别强调这样一点:在学习中应当努力做到"真懂"或"彻悟"这样一种境界。例如,正如上面所提及的,我们不应停留于逐一地去追踪数学证明的各个演绎步骤,而应对整个过程乃至全部理论作一番整体性的分析概括,包括通过实例的考察弄清相应结论和方法的直观背景,直至整个内容在头脑中成为非常直观浅显、透彻明白的东西,从而真正达到"直觉的把握"。

(2) 努力开拓思想。

这首先涉及到了"集中思想"与"适当分散"的辩证关系。

具体地说,在数学的学习或研究中,适当地集中思想显然十分必要,因为,有效的思维活动必须联系着一个明确的目标,如某个需要解决的数学问题,或是希望作出某项数学发现,等等。而也只有这样,头脑中涌现出来的联想、猜想、假设和一切非逻辑思维才会围绕这一中心展开,从而也才可能真正有利于解决问题,达到目标。

但是,作为问题的另一方面,我们又应看到:过分地使思想集中于某一点对于数学研究也可能有一定害处,因为,这会使思想受到束缚。这也就如阿达玛所指出的:"无论就数学或经验科学而言,没有充分地'开放思想'是失败最常见的原因。"(《数学领域中的发明心理学》,同前,第 40 页)

从而,我们就应十分重视集中思想与适当分散之间的辩证关系,特别是,从方法论的角度看,这更可被看成一个十分有益的教诲:如果在一个问题上连续工作了很长时间却没有看到任何取得进展的可能性,就应当把这个问题放下,并尝试去干别的事情。但是,我们只是暂时地离开,以便在一段时间后又重新回到这一问题。

其次,我们又应勇于突破各种已有框架的束缚,并从各种不同角度去进行思考和探索。

　　例如,这正是这方面的一个普遍看法,即无意识的思维活动之所以能产生"全新"的思想,主要就是因为这种思维活动不受任何有意识的思维所必然具有的条条框框的束缚,从而就可最自由地去作出各种可能的组合,并借助于审美直觉作出必要的选择。

　　显然,从这一角度去分析,以下的公式也就有一定的道理:

$$创造能力＝知识量＋发散思维能力。$$

　　进而,从教学的角度看,我们也就应当积极鼓励学生大胆地去进行猜想,包括猜定理、猜证法,即使猜错了也不要泼冷水,而应鼓励他们寻找猜错的原因。

　　(3) 学会形象思维。

　　由于直觉常常与形象思维相联系(特别是,两者都明显地表现出了"整合性"的特点),因此,学会形象思维对于培养直觉能力也十分有益。

　　例如,正如波利亚所指出的,我们可以用某种图式表示全部的解题过程,如用点表示问题中的已知及未知成分,用线段表示它们的联系,这样,全部的解题过程就可表示为由已知点出发到未知点的由线段组成的某种几何图形。① 显然,借助于这样一个图形我们即可直观地把握整个的解题过程及其中的基本思想,从而对于形象思维与直觉能力的培养也就十分有利。

　　当然,学会形象思维又不应被看成发展数学直觉的唯一途径。例如,波利亚就曾突出强调了"关键词"的作用:"我相信,对于一个问题的关键性思想总联系着一个恰当的词或句子,这个词或句子一经出现,形势即刻明朗。……它给出了问题的全貌。……一个好的词或一个恰当的句子,可以帮助我回忆起那个关键性思想。当然,这比起图像或数学符号来,可能不那么直观和客观,但在某种意义上,两者相差无几,它们都可以帮助我们把思想固定下来。"(转引自阿达玛,《数学领域中的发明心理学》,同前,第66页)

　　总之,为了培养和发展数学直觉能力,我们不应让思想拘泥于逻辑形式的束缚。

　　(4) 注意培养对于数学美的鉴赏能力。

　　正如2.2节中所提及的,在很多数学家看来,直觉在数学发现中的作用主

---

① 这方面的一个实例可见波利亚,《数学的发现》,内蒙古人民出版社,1981,第二卷,第七章。

要地即可被归结为选择的作用,也即如何在已知数学事实的各种可能组合之中作出有效的选择。又由于所说的"选择"主要是由审美情感支配的,因此,在这样的意义上,注意培养对于数学美的鉴赏能力也就可以被看成提高数学直觉能力的又一关键因素。

对此我们也可依据大脑的机制作出进一步的论证:现代的科学研究表明,人大脑的两个半球具有不同的功能:左半脑主要担负分析任务,如逻辑推理、数学计算、写作等;右半脑则与空间概念、识别、构思、音乐、颜色的辨认以及直观思维和创造能力有关(图 2-8)。由此可见,如果过分强调逻辑思维的训练,右半脑的功能就不可能得到充分发挥,从而也就不利于创造能力的培养,因为,这些行动都是由右半脑指挥的。与此相对照,如果我们有意识地加强美的鉴赏能力,右半脑的功能就可得到充分发挥,从而自然也就有利于创造能力的培养。又由于左、右半脑在生理机制上是互相联系的,因此右半脑的发展也有利于左半脑的发展,进而促进抽象思维及分析能力的培养。

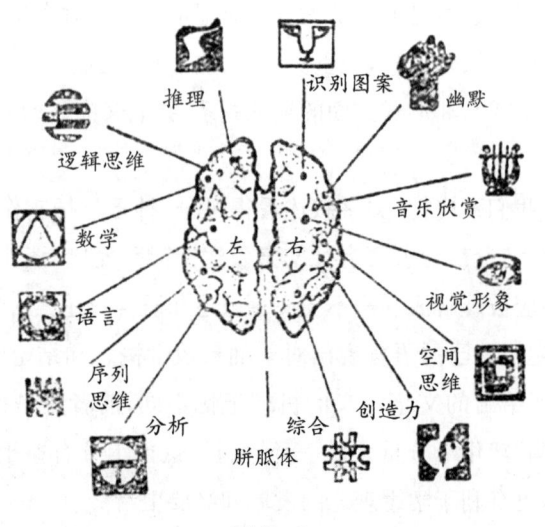

图 2-8

进一步,这显然也可被看成上面分析的又一结论:我们不仅应当加强对于数学美的欣赏,也应努力提高整体性的艺术修养。尽管音乐、绘画和文学欣赏等并不能给数学学习与研究以直接的帮助,但却可以拓展人们的文化视野,丰富他们的想象力,提高他们的审美情趣。例如,这事实上也就是拉格朗日何以会对少年时期的柯西提出如下建议的主要原因：由于当时的柯西已经表现出了很好的数学才能，拉格朗日就告诫其父亲一定要让小柯西学好文学艺术课。

总之，我们既应加强逻辑思维的训练，努力提高抽象思维的能力，又应注意培养学生的数学直觉，培养他们对于数学美的鉴赏能力。

最后，还应提及的是，我国事实上有不少有识人士早就提出了这样一个思想，即应当防止对于数学形式方面的不恰当强调。例如，我国著名数学家陈重穆先生等就曾明确提出过这样一个主张：数学教学应当"淡化形式，注重实质"。

具体地说，陈重穆先生等认为，我们应当明确反对对于形式上完美性的片面追求，如什么都要来个定义，分类则又务必做到不重不漏等。恰恰相反，数学教学应当"淡化形式"，也即应当允许非形式化，特别是，应当"淡化概念"："不要把概念放在最前"，不要把概念看成"百分之百的不可变动、神圣不可侵犯"，"不要单纯在概念本身上下功夫"，而应把重点放在对实质的领悟上。（详见陈重穆、宋乃庆，"淡化形式，注重实质"，《数学教育学报》，1993 年第 2 期）

当然，基于形式与非形式方面的辩证关系，我们又应更为清楚地建立起这样一些认识：

第一，尽管我们不应把"文字叙述看得过分'神圣'，把它作为最高的表达形式"，如"概念、结论都力求要有纯文字叙述"等等，而应"淡化纯文字叙述"，但是，后者又不应被理解成一概不要文字叙述和语言叙述。恰恰相反，我们应当积极鼓励学生用自己的语言说出对于抽象数学概念和结论的理解与领悟。与对于教材中所给出的文字定义的机械记忆不同，前者正是促成由"被动接受"向"主动建构"转化十分重要的一环，而且，这也十分有益于学生的自我意识和自我反省，更有利于学生观念的发展和必要更新。

总之，我们不仅应当明确反对"在文字叙述上孜孜以求"，而且也应通过"数学地交流"积极促进学生对于实质的领悟。

第二，无论就数学教学或是数学研究而言，过分强调形式化的作法显然都不足取，但是，在肯定"淡化形式"合理性的同时，我们又应明确地肯定数学的形式特性。也正因此，与单纯强调"淡化形式"相比较，很好地处理形式与非形式的关系就更为重要。事实是,正如前面所已指出的,数学的无限发展是在形式与非形式的辩证运动中得以实现的。又由于数学学习在很大程度上可被看成数学历史过程的一个缩影,因此,在数学教学中我们不应片面地去强调其中的任何一个方面,而应依据学生的认知水平很好地去处理形式化与非形式化的辩证关系。

第三,就数学概念或结论的领悟而言,我们又应看到,这既是一种文化继承,同时也是一个意义赋予的活动,因为,各个个体都必须依据自身已有的知识和经验对新的知识作出消化和理解。特别是,就如前面所指明的,后者不仅包括有"具体化"这样一个涵义,而且也是指如何能够发展起关于对象本质的数学直觉。显然,这也就更为清楚地表明数学的认识活动必然包含有非形式的成分,后者也就构成了所谓的"个体意义"十分重要的一个组成成分。

因此,总的来说,我们既应"淡化形式",即应当允许非形式化,同时又应更加重视如何能够通过形式与非形式的适当整合很好地把握相关对象的本质——也正是在这样的意义上,我们就可以说,"淡化"即是为了真正地"强化"。

第 3 章

数学活动论及其教育涵义

所谓"数学活动论",其核心观点是指我们不应将数学等同于数学活动的最终产物,特别是各个具体的结论与公式等,而应更加关注相应的创造性活动。当然,就这方面的具体工作而言,我们不应停留于关于"数学活动"的泛泛之谈,乃至盲目地提倡所谓的"过程教育",却完全忽视了"过程"与"结果"之间的辩证关系。恰恰相反,我们应当深入地研究"数学活动"究竟有哪些要素,从而为实际数学活动(包括数学研究和教学)提供有益的启示。

具体地说,由于数学活动往往以某个(些)亟待解决的问题作为实际出发点,因此,从这一角度去分析,我们应将"问题"看成"数学(活动)"的重要组成成分。进而,为了求解问题,我们又必须采用一定的概念工具和研究方法,从而也就直接涉及到了"数学(活动)"的另外两个组成成分:"语言"和"方法"。再者,作为数学研究的最终成果,我们又应将相关概念与结论组织成一个整体。从而,总的来说,我们就应将"数学(活动)"看成由多个成分组成的一个复合体,并将"问题"、"语言"、"方法"与"理论体系"等统称为"数学的知识成分"。

另外,在现代社会中,每个数学工作者无论自觉与否都必定处于一定的"数学传统"之中,后者主要表现为一定的观念或信念,因此,我们也就应当将"观念"(或者说,"数学传统")看成"数学(活动)"的又一组成成分,并深入研究其具体内涵。

总之,作为人类的创造性活动,数学应当被看成一个同时包含有"知识成分"和"观念成分"的复合体。这就是"数学活动论"的主要内容。

本章的前两节将分别对数学的"知识成分"与"观念成分"作出分析论述,包括它们的教育教学涵义。另外,由于对"动态的数学观念"的突出强调正是新一轮数学课程改革的一个重要特征,因此,在第三节中我们还将以"数学活动论"为背景对这方面的一些相关问题作出具体分析。

3.1　数学的"知识成分"

1. 问题

如果将数学看成人类的一种创造性活动,那么,问题在很大程度上就可被看成这种活动的实际出发点。

事实上,由具体分析可以看出,每个数学分支都具有自己的基本问题:相应的理论主要地就是围绕这些问题得到建立的。例如,微积分理论主要地就是围绕以下四类问题得到建立的:

第一类,已知物体移动的距离表为时间的函数,求物体在任意时刻的速度或加速度;反之,已知物体的加速度表为时间的函数,求速度与距离。这类问题显然与运动的研究直接相关。

第二类,求曲线的切线。这不仅是一个纯几何的问题,也出现于运动的研究之中:运动物体在其运动轨迹任一点处的运动方向,就是轨迹的切线方向。

第三类,求函数的最大值与最小值。如求能够获得最大射程的发射角等。

第四类,求曲线长、曲线围成的面积、曲面围成的体积、物体的重心、一个相当大的物体作用于另一物体上的引力,等等。

另外,从更大的范围看,每个时代都可以说具有自己特殊的研究问题。例如,古希腊的数学研究在很大程度上就是围绕所谓的"几何三大难题"展开的。就 20 世纪的数学研究而言,我们则又应当特别提及希尔伯特 1900 年在国际数学家大会上所提出的著名的 23 个问题:希尔伯特所希望的也正是通过问题的考察展示数学的未来:"历史教导我们,科学的发展具有连续性。我们知道,每个时代都有它自己的问题,这些问题后来或者得以解决,或者因为无所裨益而被抛到一边并代之以新的问题。如果我们想对最近的将来数学知识可能的发展有一个概念,那就必须回顾一下当今科学提出的、期望在将来能够解决的问题。"("数学问题",载中科院自然科学史研究所数学史组、数学研究所数学史组主编,《数学史译文集》,上海科学技术出版社,1981,第 60 页)显然,这也就更为清楚地表明了问题对于数学研究活动的特殊重要性。

事实上,按照现代科学哲学的研究,即使就一般的自然科学而言,其在常规时期的发展主要地也可被描述为"解决疑难"。当然,数学在这方面又应说具有一定的特殊性:除去外部的直接需要以外,源自数学内部的问题在数学的历史发展中也占有十分重要的地位。这也就如希尔伯特所指出的:"在每个数学分支,那些最初、最老的问题肯定是起源于经验,是由外部现象世界所提出。……但是,随着一门数学分支的进一步发展,人类的智力受到成功的鼓舞,开始意识到自己的独立性。它自身独立地发展着,通常不受来自外部的明显影响,而只是借助于逻辑组合、一般化、特殊化,巧妙地对概念进行分析和综合,提出新的富有成果的问题……"再者,问题的"丰富性"也可被看成数学"生命力"的具体象征:"只要一门科学分支能提出大量的问题,它就充满着生命力;而问题的缺乏则预示着独立发展的衰亡或中止。"("数学问题",同前,第60、61 页)例如,数论就是一个既古老又始终充满活力的数学分支,而其之所以能永葆青春,一个重要的原因就在于数论中有很多具有挑战性的问题:它们的表述十分简单,但在求解的过程中却表现出了极大的难度,以至于有些问题甚至耗费了数代人的精力却始终未能得到解决,但这恰恰也正是数论的魅力所在。

从个人的角度看,研究问题的适当选择也可被看成决定其研究工作能否取得成功的一个关键因素。例如,主要地也就是基于这样的考虑,著名哲学家波普尔(K. Popper)对年轻一代提出了如下建议:"设法去了解人们现在在科学上讨论些什么。找出困难所在,把兴趣放在不一致的地方,这些就是你应该从事研究的问题。"(《猜想与反驳》,上海译文出版社,1986,第 182 页)另外,从整体上说,问题的适当选择则又关系到了我们如何能够很好协调各个数学家的努力以保证数学的健康发展。例如,主要地也正是基于这样的考虑,在希尔伯特于 20 世纪初提出 23 个问题的 50 年后,人们于 1954 年邀请冯·诺意曼提出关于现代数学问题的一个新的清单。然而,我们在此又面临着由于数学的迅速发展所造成的困难:在今天看来已没有任何一个人可以说对全部数学都有清楚的了解——正因为此,在接到上述邀请以后,甚至连冯·诺意曼也提出无法包括数学的广阔范围。当然,在此还有这样的可能性,即邀请一群具有充分代表性的人一起提出关于现代数学问题的一个清单。后者事实上就正是国际数学联合会(IMU)在 21 世纪即将到来之际所曾希望从事的一项工作。以下就是国际数学联合会的会长里昂斯(J. Lions)的相关谈话:"我们将要迎接 2000 年,因此 21 世纪的主题到底是什么问题,这不只是一个数学家,而是许多数学家正在考虑的问题……究竟什么是最重要的? 必须无数次地说明才行。所以,如何着手整理问题呢? 为此我们集中优秀数学家组成了委员会……"("国际数学联合会会长 J. L. Lions 访问记",《数学译林》,1994 年第2 期,第 127 页)显然,这也就更为清楚地表明了问题对于数学发展的特殊重要性。

从教育的角度看,上述分析显然也就表明数学的学习和教学不应唯一着眼于各个具体的结论或公式等,而且也应十分重视问题的分析与把握。特别是,在学习和教学一门新的数学分支时,教师本身应首先弄清什么是这一学科分支的主要问题,然后又应通过自己的教学帮助学生对此也能有清楚的认识。

另外,从同一角度去分析,即便我们在教学中所采取的仍然是教师讲授这样一种较为传统的方法,我们显然也可更好地理解"问题引领"这一作法的合理性。因为,这有助于学生对于相关知识内容,特别是知识的发展过程的更好把握,而不至于将此看成没有任何生命力的教条。①

更为一般地说,我们又应帮助学生清楚地认识"问题"对于数学活动的特殊重要性,并应努力培养学生的问题意识与提出问题的能力。应当指出的是,正如以下的中美数学教育比较研究所清楚表明的,就现实而言,这事实上也正是中国数学教育较为薄弱的一个环节:②

这是以 4 年级小学生为对象进行的一次测试,试题包括两个部分:第一部分要求学生按照给出的情境(共有 3 个情境,图 3-1 是其中的一个)分别提出易、中、难三个数学问题;第二部分则要求学生实际求解试卷中根据特定情

---

① 在本书的第二和第三部分,我们还将从另外一些角度对"问题引领"的重要性作出进一步的分析。

② 这一实例是由贵州师范大学吕传汉副校长向笔者提供的,特此表示诚挚的谢意。

境已给出的 2 个数学问题。测试结果表明,美国学生普遍感到第二部分难于第一部分。对中国学生来说却是相反的情况:第二部分对中国学生来说似乎没有任何困难,但面对第一部分的试题他们却显得完全不知所措。在事后对中学生乃至大学生所进行的测试中也可看到同样的情况。

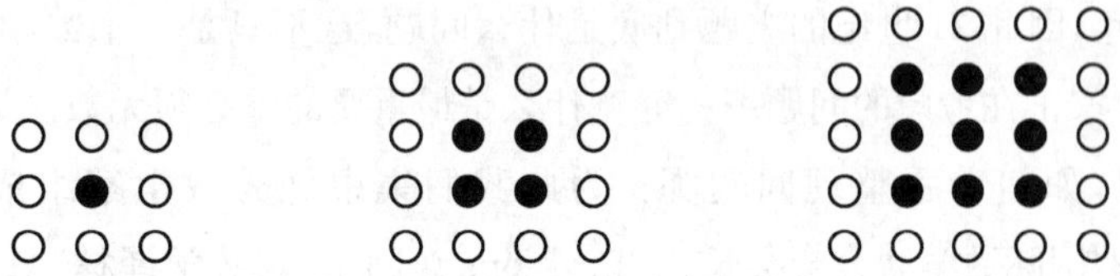

图 3 - 1

应当强调的是,在很多学者看来,提出问题的能力比解决问题的能力更加重要:"解决问题也许是一个数学上或实验上的技能而已,而提出新的问题、新的理论,从新的角度去看旧的问题,却需要创造性的想象力,而且标志着科学的真正进步。"(英费尔德、爱因斯坦,《物理学的进化》,上海科学技术出版社,1962,第 66 页)显然,这也就更为清楚地表明了切实加强这一方面工作的重要性。

事实上,我们也可从这一角度更为深入地去认识传统教学方法的局限性:在传统的数学教学中学生总是被要求去求解由其他人(教师、教材编写者、考题设计者等)给出的问题。另外,这也正是 20 世纪 80 年代在西方盛行的"问题解决"这一数学教育改革运动的一个明显不足之处,即只是注意了提高学生解决问题的能力,却未能给予提出问题的能力同样的重视。例如,作为"问题解决"现代研究的学术带头人之一,美国数学教育家舍费尔德就曾这样总结道:"现在让我回到'问题解决'这一论题。尽管我在 1985 年出版的书用了《数学问题解决》这样一个名称,但我现在认识到这一名称的选用是不很恰当的。我所考虑的是:单纯的问题解决的思想过于狭窄了。我所希望的并非仅仅是教会我的学生解决问题——特别是由别人提出的问题,而是帮助他们学会数学地思维。"(A. Schoenfeld,"What is all the fuss about problem solving?" ZDM,1991 年第 1 期)

最后,从同一角度去分析,我们显然也可更好地理解关于数学教学的以下建议:我们不仅应当将"善于提问"看成数学教师所应具有的一项基本能力

（基本功），在教学中也应十分重视如何能够使得自己所预设的问题真正成为学生自己的问题。以下则更可以被看成这方面工作的一个更高境界：这时学生的关注已不再局限于开始时由教师或教材所提出的问题，他们的收获也已超出了单纯意义上的"问题解答"。（详可见 M. Lampert，"When the Problem is Not the Question and the Solution is Not The Answer：Mathematical Knowledge and Teaching"，*American Educational Research Journal*，27 ［1990］）

更为一般地说，这也就是指，教师同样应当具有较强的"问题意识"。

2. 方法

如果说问题可以被看成数学活动的实际出发点，那么，进一步的发展显然依赖于我们如何能够应用适当的方法去解决问题。也正因此，我们就应将"方法"看成数学的又一重要组成成分。

事实上，正如每个数学分支都具有自己的基本问题，它们往往也具有自己的特殊方法。如初等几何中的综合法、初等代数中的符号方法、微积分理论中的极限方法，等等。由此可见，任何一门数学分支的学习也应包括相应方法的学习。另外，由以下事实我们则可清楚地看出方法的进步对于数学发展的特别重要性：不少新的数学分支就是由于创立（或引进）了某种新的研究方法才得到了建立，从而，这些方法事实上也就可以被看成这些学科的主要特征——对此例如由解析几何、代数几何、微分几何、代数数论、解析数论等学科的名称就可清楚地看出。更为一般地说，这也就如希尔伯特所指出的："数学中每一步真正的进展都与更有力的工具和方法的发现密切联系着，这些工具和方法同时会有助于理解已有的理论并把陈旧的、复杂的东西抛到一边。数学科学发展的这种特点是根深蒂固的。"（"数学问题"，同前，第 82 页）

对于所说的"方法"我们还可作出如下的进一步分析：

（1）除去各个数学分支中的特殊方法以外，数学中也有一些普遍的方法，即在各个数学分支中都具有广泛应用的数学方法。如演绎证明的方法（更为一般地说，就是公理化方法）显然就是这样的例子。

除去论证的方法以外，在此我们还应特别提及数学的发现方法。这也就是著名数学家、数学教育家波利亚所说的"合情推理"："一个认真想把数学作为他终身事业的学生必须学习论证推理,这是他的专业也是他那门科学的特殊标志。然而为了取得真正的成就他还必须学习合情推理,这是他的创造性工作所赖以进行的那种推理。"(《数学与猜想》,科学出版社,1984,第一册,第V页)例如,在证明一个数学定理之前,我们显然先得对这个定理的内容进行猜测;进而,在作出详细证明之前,我们也必须先对证明的思路作出猜测。

与其他自然学科一样,类比和归纳也可被看成数学中最为重要的发现方法:

类比是"一种更确定的和更概念性的相似"。"假如你想把它们的相似之处化为明确的概念,那么你就把相似的对象看成是可以类比的。假如你成功地把它们变成清楚的概念,那么你就阐明了类比关系。"(波利亚,《数学与猜想》,同前,第12页)由此可见,成功应用类比的关键就在于我们如何能把对象在某些方面的一致性说清楚。

归纳是指通过特例的观察与研究引出一般性的规律。归纳的典型步骤是:首先,我们注意到了某些相似。然后是一个推广的步骤,即如何将所说的相似性推广为一个明确表述的一般性命题。最后,我们又应对所得出的一般性命题进行检验,即应当进一步考察其他的特例:如果在所有考察过的例子中这一猜测都是正确的,我们对它的信心就增强了,而如果出现了不正确的情况,我们就应对原来的猜测进行改进。

由此可见,正如一般自然科学的研究,观察和实验在数学中也具有十分重要的作用。当然,这又是数学在这一方面的特殊性:由于在数学中我们所处理的主要是思维对象,而非具体的物质对象,因此,对于所说的观察和实验我们就必须从抽象的高度去理解和把握。例如,在几何学习中我们常常用到直观的图形或模型,但无论是教师或学生都清楚地知道,我们所研究的并非是黑板上所画的那个三角形,也不是木制的三角尺,而是一般的三角形。这也就是说,"数学作为一门实验理论科学……其研究对象和研究方式都是心灵的创造。"(波雷尔,"数学——艺术与科学",载邓东皋等主编,《数学与文化》,北京大学出版社,1990,第151页)

最后,应当提及的是,计算机技术的发展已在这一方面为数学研究开拓了新的前景。具体地说,这就是所谓的"实验数学"或"新潮数学":"实验数学家和大多数其他的科学家一样通过归纳的方法,而不是通过逐步演绎出证明的方法来获得知识。所不同的是,别的科学家们设计针对现实世界的各个部分的实验,而新一代数学家们则通过搜寻只存在于计算机中的抽象世界的图案来进行实验。在过去,一项数学研究的成果将是一篇关于命题的证明或反驳的科学论文。现在它却可以包含一些色彩鲜艳的图案和一声充满快乐的惊呼:'看,我发现了什么!'"("新潮数学",《数学译林》,1992,第206页)

（2）除去各种具体的数学方法以外,我们还应十分重视数学的思维方法。就"问题解决"而言,这也就是所谓的"解题策略"(或如波利亚所说,"数学启发法")。具体地说,正如"启发法"这一术语所清楚表明的,"解题策略"并非是指某种可以有效地被用于求解一切问题的机械法则,恰恰相反,我们所希望的是通过对解题活动,特别是这方面的成功实践总结出某些一般的方法或模式。后者在以后的解题活动中可以起到启发和指导的作用,即能够引发所谓的"好念头"——"它会给你指出整个或部分解题途径,它或多或少地清楚地向您建议该怎么做。"(波利亚,《怎样解题》,科学出版社,1982,第35页)

以下就是数学中具有广泛应用的一些解题策略:化归、设立次目标、引进辅助问题,等等。[1]

当然,除去"解题策略"以外,我们也应积极地去研究"提出问题的策略"。但就现实而言,这又不能不说是一个较为薄弱的环节。[2]

（3）尽管"问题解决"不能被归结成现成法则的机械应用,但是,算法的创造与应用仍应被看成数学的一个重要特征,我们更应清楚地认识"算法化"与创造性工作之间的辩证关系。

具体地说,算法的创立和掌握对于数学的发展也应说具有十分重要的作用,特别是,一种新的有效算法的建立更可说代表了数学的重要进步,对此例如由四则难题与代数方法、综合几何与解析几何的比较就可清楚地看出。这也就如我国著名数学家吴文俊先生所指出的:"四则难题制造了许许多多的奇招怪招。但是你跑不远、走不远,更不能腾飞,……可是你要一引进代数方法,这些东西就都变成了不必要的、平平淡淡的。你就可以做了,而且每个人都可

---

[1] 详可见郑毓信,《数学方法论》,广西教育出版社,1991。

[2] 对于国际上的相关工作可参见郑毓信,《问题解决与数学教育》,江苏教育出版社,1994,第六章。

以做,用不着天才人物想出许多招来才能做,而且他可以腾飞,非但可以跑得很远而且可以腾飞……。"正因为此,"小学应当赶快离开四则难题引进代数……中学赶快离开欧几里得几何引进解析几何。"("数学教育现代化问题",载严士健主编,《21世纪中国数学教育展望》,北京师范大学出版社,1993,第19、20页)

当然,作为问题的另一方面,我们又应看到,数学方法不应被等同于各种算法的简单积累,而且,与算法的机械应用相比较,创造性的工作又应说具有更大的重要性。事实上,各种算法本身就是创造性劳动的产物。另外,除去能有效地用以解决一类问题以外,这也是"算法化"的一个基本意义:通过节约时间和精力,从而为人们积极地去从事新的创造性劳动(包括创立新的算法)提供了更大的可能性。总的来说,算法化不应被看成对于创造性劳动的排斥。毋宁说,两者之间存在有互相渗透、相互促进的重要联系。

计算机技术的进步在这方面也为数学的未来发展开拓了新的前景。这也就如吴文俊先生所指出的:"今天的数学家们,不得不面对计算机的挑战,但是,也不必妄自菲薄,大量繁复的事情交给计算机去做了,人脑将仍然保持最富创造性的劳动。"("数学的机械化",《百科知识》,1980年第3期,第44页)

综上可见,方法应被看成数学的又一重要组成成分。

从上述的角度去分析,我们显然也可立即认识到传统数学教学的某些弊病。具体地说,尽管在突出强调数学知识和技能的同时,人们也注意了学生解决问题能力的培养,更在教材与课堂教学中配置了大量的练习或习题,但后者主要地又都是按照数学内容进行选择和安排的。这也就是指,这些练习或习题主要地都是按照解题时所用到的数学结论或原理进行分类和设置的,也正因此,这对于发展学生解决问题的能力,包括一般性思维方法的学习就有较大的局限性。

由以下的比较研究我们可更为清楚地认识到究竟什么是这里所说的弊端:

美国数学教育家舍费尔德曾列举了32个问题分别要求一些专业的数学家和学生对此进行分类(不用求解)。结果发现,数学家所给出的分类是十分接近的,而且,其中相当大的部分都是按照解题的基本思维模式(解题策略)进行分类的；与此相对照，学生们在从事问题的分类时则往往不善于从方法论的角度进行思考，而只是集中于问题的"事实性内容"。（详见 A. Schoenfeld，*Mathematical Problem Solving*，Academic Press Inc.，1985，第 265～269 页；或郑毓信，《问题解决与数学教育》，同前，第四章）

另外，在笔者看来，我们显然也可从同一角度去理解《数学与认知》（这是国际数学教育委员会［ICMI］组织的一项专题研究）一书中所给出的以下两段论述（T. Dreyfus，"Advanced Mathematical Thinking"，载 P. Nesher & J. Kilpatrick 主编，*Mathematics and Cognition*，Cambridge University Press，1990，第 125、126、134 页）：

"这些工作所涉及的……是如何像数学家那样去工作……即如何构造一个证明或反例，如何选择一个一般性的例子，如何使定义精确化，等等，这些诀窍（know-hows）并不是任何课程的明显内容，但如果对它们缺乏认识与理解，学生便注定只能低层次地模仿教师。……"

"人们普遍地认识到诸如形象化、解题策略和各种表征之间的关系等论题有一定的问题，而造成这种现象的原因就在于它们一直被认为是可以自动地学会的，但我们现在知道，在教学和学习的过程中必须明确地对此予以注意。对于这些应当明确地去教，但又不是作为一个单独的课题，而是渗透于整个课程之中，也即渗透于各个课题之中。"

综上可见，这应被看成数学教师专业发展的十分重要的一个方面，即具有较高的方法论素养。当然，后者又并非是指我们能够无一遗漏地列举出各种最重要的数学方法和数学思想方法，而是应当更加重视这些方法和思想方法的理解和应用。特别是，这更应被看成这方面工作的一个基本原则："不应求全，而应求用。"这也就是指，我们应该用数学思想和数学思想方法的分析带动具体数学知识内容的教学，从而将数学课真正"教活"、"教懂"、"教深"，也即能够通过自己的教学活动向学生展现"活生生的"数学研究工作，而不是死的数学知识。从而帮助学生很好地理解有关的教学内容，而不至于使学生囫囵吞枣、死记硬背；不仅使学生掌握具体的数学知识，也帮助学生深入地领会并逐渐掌握内在的思维方法，特别是，使学生能够清楚地看到思维方法的力量，从而真正起到身传言教的作用。（对此也可参见第 10 章的相关论述）

3. 语言

应当指出,这里所说的"语言",并非是指"数学的语言功能",即我们应当将"数学"看成"自然科学的语言",而主要是从数学内部进行分析的,也即集中于"数学活动"中所使用的各种符号与概念(体系)。无论是作为数学研究活动实际出发点的"问题",或是作为其最终结果的数学结论("命题"),都必须借助于一定的符号与概念才能得到清楚表述。这显然也就十分清楚地表明了语言成分对于数学活动的特殊重要性。

以下对数学中的"语言成分"作出进一步的具体分析。

(1) 符号的使用显然可以被看成"数学语言"最为明显的特征之一,后者既包括最简单的数字符号,也包括由现代数理逻辑研究发展起来的完整符号系统。以下首先对数学中的"符号语言"作出具体分析。

首先,数学的符号语言显然与日常语言有很大不同。例如,正如克莱因所指出的:"数学的另一个重要特征是它的符号语言。如同音乐利用符号来代表和传播声音一样,数学也用符号表示数量关系和空间形式。与日常讲话用的语言不同,日常语言是习俗的产物,也是社会和政治运动的产物,而数学语言则是慎重地、有意地而且经常是精心设计的。"("数学与文化——是与非的观念",载邓东皋等主编,《数学与文化》,北京大学出版社,1990,第 43 页)

以下就是数学的符号语言的一些主要特性:

第一,与自然语言相比,符号语言显然具有简单性和严密性的特点,从而就给数学研究带来了很大便利。

例如,与相应的文字叙述相比,以下的符号公式就要简单得多:

$(a \pm b)^2 = a^2 \pm 2ab + b^2$;

$(a+b)(a-b) = a^2 - b^2$;

$(a^3 \pm b^3) = a^3 \pm 3a^2b + 3ab^2 \pm b^3$;

$(a \pm b)(a^2 \mp ab + b^2) = a^3 \pm b^3$。

另外,由于对以下三种符号作了明确区分,从而就避免了"是"这一概念的含糊性:

"$=$"——同一关系;

"∈"——属于关系；

"⊂"——包含关系。

第二，数学符号更为重要的特征是它的"可操作性"。

例如，主要地就是基于这样的考虑，一些学者提出了"缩写意义上的符号"与"操作意义上的符号"的明确区分，并认为只有后者才是数学符号的本质所在。就后一方面的具体工作而言，我们应当特别提及法国数学家韦达的贡献，因为正是他首先提出了这样一个思想：我们可以用字母（即符号）表示已知量和未知量，并对此进行纯形式的操作（他称为"逼真算法"），即可以摆脱问题的具体内容，并从一般角度总结出普遍性的算法。

例如，正如人们熟知的，我们可按照以下的算法去求解任何一个一元一次方程：① 去分母；② 去括号；③ 移项；④ 合并同类项；⑤ 同除以未知数的系数。

进而，也正是从这一角度去分析，我们即可很好地理解适当符号系统的引入对于数学发展的重要性。例如，克莱因就曾明确写道："代数学上的进步是引进了较好的符号体系，这对它本身和分析的发展比 16 世纪技术的进步远为重要。事实上采取了这一步，才使代数有可能成为一门科学。"（《古今数学思想》，上海科学技术出版社，1979，第一册，第 301 页）更为具体地说，这也就是指，符号的使用往往与算法的创建密切相关。例如，主要地也就是基于这样的认识，著名数学家迪多内提出了"好的符号"与"不好的符号"的区分："好的符号往往伴随着易于使用它们的算法：我们把这理解为计算或常规的推论，就是说一旦确定之后就是永远如此，对它们的应用几乎是自动化的，不需要每次从头做起。这样，极为明显地简化了数学语言，并且可以集中注意力于证明的基本要素。"与此相对照，"常常是由于缺乏能够说清楚真正实质的符号，数学的某个领域就得不到发展"。（"论数学的发展"，载《数学史译文集》，同前，第126 页）

例如，十进制数字符号显然可被看成"好的符号"的典型例子："对数学符号的重要性我们几乎总是不会估计过高的。现在使用十进制符号的工作者比古代不能以如此方便的形式记数的计算工作者要沾光得多。"（波利亚，《怎样解题》，同前，第 135 页）更为一般地说，这也就如莱布尼兹所指出的，好的符号

"为我们提供了一条阿基阿德涅线,即一种看得见、摸得着的媒介,以便用来引导思维,就好像几何学中所画的图形和为初学算术的人建立的运算公式那样"。

事实上,由莱布尼兹本人所创立的微积分符号体系,就可被看成这方面的一个典型例证。例如,由于采用了这一符号体系,求复合函数导函数的法则就可表示为:

$$\frac{dy}{dx} = \frac{dy}{dz} \cdot \frac{dz}{dx}。$$

这对于思维显然具有直接的"引导"作用。

第三,符号的应用为数学的抽象思维,特别是思维的"自由"创造提供了必要的物质载体。

具体地说,对符号进行纯形式的操作在一定意义上就意味着把符号看成独立的存在,也正因此,通过给"不可能者"以符号,我们就可较为自由地对"思维的自由想象和创造物"进行研究。例如,通过引进"i"这样一个符号,并规定 $i^2 = -1$,我们就可具体地去研究虚数及复数($a+bi$)的运算,而不必首先回答虚数的"客观意义"。另外,四元数理论的创立(可记为 $a+bi+cj+dk$,其中 a、b、c、d 均为实数,并有 $i^2=j^2=k^2=-1$;$ij=k$,$jk=i$,$ki=j$,$ji=-k$,$kj=-i$,$ik=-j$)显然也可被看成这方面的又一实例:由于后者常常被说成代数学的"独立宣言",即"它把代数从自然数及其自然法则的束缚下永远解放出来了",因此对于数学的历史发展也就具有特别的重要性。

第四,数学符号具有最大的普遍性和彻底性。

正因为适当的符号体系对于数学发展具有十分重要的意义,从历史的角度看我们也就可以看到明显的优胜劣汰。例如,在建立微积分理论的过程中,除去莱布尼兹以外,牛顿也曾创立过另外一套符号体系。然而,尽管由于民族的偏见英国数学家曾在很长时期内抵制莱布尼兹的符号体系,并坚持采用牛顿的符号,但前者终因较为便利而得到了普遍采用,并一直沿用至今。再例如,我国在辛亥革命前并没有采用国际通用的符号体系,如 1906 年京师大学堂所使用的教科书上就是用"天"、"地"、"人"、"元"等表示未知数,用符号"⊥"、"丅"等来表示加减,分数则由上往下读,这样式子 $\frac{w^2}{5} - \frac{z^3}{3} + \frac{x^2 y^4}{27}$ 就被写成：

$$\frac{五}{元}二 \lceil \frac{三}{人}三 \rfloor \frac{二}{天}七 \frac{地}{四}。$$

由于这显然极不方便，从而自然也就遭到了淘汰。

就现代而言，数学符号已超越民族和国界获得了最大的统一性，甚至更可被看成唯一真正的"国际语言"。

最后，由于现代的数学理论原则上是可以形式化的，即可以被表示为一个彻底的符号系统：在其中我们只是按照事先给定的法则对无意义的符号（或符号序列）进行组合和变形，因此，在这样的意义上，我们也就可以说数学语言是彻底符号化了的。

（2）除去符号的使用以外，我们还应从更为广泛的角度理解日常语言与数学语言的区别或对立。这也就是指，由"非数学语言"向"数学语言"的过渡，不仅是指文字符号的应用与操作，而且也是指通过不断引进诸多新的数学概念所造成的重要变化，如表达能力（包括准确性）的不断增强，由单纯的交流扩展到了论证的功能等，乃至语言的"非个性化"、"客观化"与"标准化"等更深层次的变化（欧内斯特语）。

值得指出的是，我们事实上也可从后一角度去理解数学的发展，特别是，对于某些语言的很好掌握更可被看成数学水平不断提高的一个重要标志。例如，符号语言的掌握就标志着由小学向中学水平的过渡，极限语言（$\varepsilon - \delta$ 语言）的掌握则标志着由常量数学上升到了变量数学的水平，集合论语言的普遍使用正是数学现代发展的一个重要标志。

显然，从上述角度去分析，我们也可更好地理解数学教学中积极倡导以下一些做法的合理性，即"数学地谈论"（speaking mathematically）与"数学地写作"（writing mathematically）。这也就是指，这两者不应被看成完全是为了帮助学生更好地掌握相关的数学知识和技能服务的，毋宁说，帮助学生很好地掌握相关的数学语言也是数学教学的一个重要目标。

例如，在笔者看来，这就正是以下的试题（这是美国加州在对 12 年级的学生进行评估时所采用的一道试题）何以会得到人们普遍好评的重要原因：

"假设你在电话里与同学交谈，你要求他作出如图 3-2 所示的图形。你的同学事先没有见过这一图形,如何在电话里给他指示以保证他能准确地作出这一图形?"

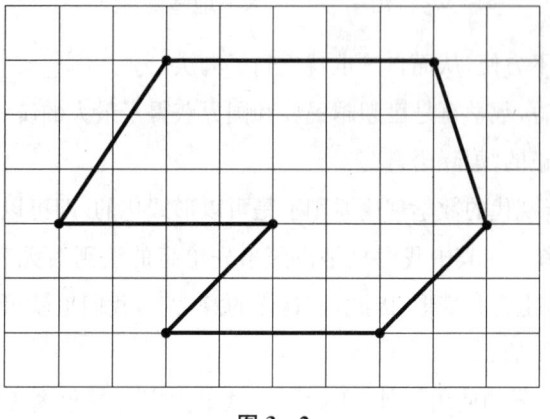

图 3 - 2

另外,从同一角度去分析我们或许也可更好地理解"集合论"概念向中学渗透的意义:在此重要的并非如何去实施集合的"并"和"交"等运算,而是主要体现了语言的发展或转变。

就这方面的具体工作而言,我们还应注意这样一些问题:

第一,正如前面所提及的,我们应当明确反对关于数学的形式主义观点,即认为数学对象是纯粹的符号(符号系列),对此我们无须、也不可能作出任何解释,我们在数学中所作的也仅仅是按照指定的法则去对符号(符号序列)进行机械的操作。恰恰相反,我们应当明确肯定数学认识活动的解释性质,即应当高度重视数学符号的意义分析。这就正如布朗所指出的:"如果任一数学表达式的产生可以被看成一种行动,这一表达式的意义自然也就从属于超越表达式本身意义的解释的行为。"(T. Brown, *Mathematics Education and Language — Interpreting Hermeneutics and Post Structuralism*, Kluwer, 1997,第 27 页)

第二,就中小学的数学教学而言,我们又应特别重视如何能够很好地去处理"日常语言"与"数学语言"之间的关系。首先,为了帮助学生很好地理解抽象的数学概念,教师在教学中就不应停留于严格的数学语言,而应注意使用日常语言对相关内容作出必要的解释。这显然就是比喻与类比何以在数学教学中同样具有广泛应用的重要原因（例如，在讲解"方程"时，人们就常常会用到"天平"这样一个比喻）。另外，数学中还有很多术语（如"极限"、"切线"等）就是由日常语言直接借用过来的。其次，在充分肯定比喻和类比等在数学教学中应用的合理性的同时，我们又应清楚地看到这些做法的局限性，即应当帮助学生很好地实现由日常意义向严格的数学意义的过渡。如果对此缺乏足够自觉性的话（如始终停留于从字面上去理解"极限"等数学概念），就很可能由于日常意义与数学意义的混淆造成错误的认识。

第三，从上述的角度去分析，我们显然也可更为清楚地认识"教师说、学生听"这一传统教学模式的局限性。因为，所说的"意义赋予"或"建构"最终都必须由各个学生相对独立地去完成，因此，与上述的传统模式相对照，我们在教学中就应积极鼓励学生由"被动地听"转向"主动地说"，转向"数学地谈论"。教师不仅应当善于表达，而且也应善于倾听，即应当积极鼓励学生对于所学的数学概念或结论说出自己的理解。当然，这又正是教师在这方面应当坚持的一个基本立场：我们既应对学生的"非正规解释"（idiosyncratic interpretation）持更加理解的态度，而不是简单地予以否定，但同时又应注意维护数学的正式意义——由此可见，教师不仅应当善于倾听，而且也应有针对性地去进行引导，即应帮助学生很好地实现由原先的"非正规解释"向正规理解的过渡。

在此我们应特别注意在书面语言与口头语言之间所存在的重要区别。特别是，由于课堂教学主要是借助于口头语言进行的，后者又因从属于各个特定的环境往往是不完整和不精确的，因此，上述的转变就不仅是指我们应使学生的语言变得更加准确、清楚、简洁，而且也应引导"学生从相当熟练的、占优势的、非形式的口头语言转到通常被视作带有很多数学活动特点的形式的书面语言"。（D. Pimm, *Speaking Mathematically — Communication in Mathematics Classroom*, Routledge & Kegan Paul, 1987, 第 189、190 页）

第四，从教师的专业成长这一角度去分析，笔者以为，这也应被看成数学教师的一个重要素养，即较强的"语言意识"，也即应当善于从语言的角度对自己的教学活动作出分析和思考。例如，除去上面所已提及的关于

"书面语言"与"口头语言"的明确区分以外，以下也是一些十分重要的方面。

这同样可以被看成"语言敏感性"的一个具体表现，即我们应当清楚地认识数学抽象往往也就意味着词语性质的重要改变，即由量词（3个苹果、4幢楼房等）转变成了纯粹的数词（"3"），并因此而表现出了本体论方面的直接承诺：与一般名词一样，我们也可具体地谈及数词的指称意义，包括进一步研究相应对象的性质，如数的奇偶性等。

再者，如果说这正是人们在使用自然语言时的一个普遍做法，即主要集中于词语的指称意义，而不是词语本身，那么，这就是数学中对于符号使用的一个特殊方面，即数学符号事实上具有双重的性质：既有一定的指称意义，其本身有时也可被看成直接的对象。例如，数学中关于质数与合数的区分显然是就数字的指称意义，即数字符号所代表的数而言的；与此不同，关于分数与小数的区分则主要着眼于符号本身，而非它们的指称意义。另外，这显然也是数学中各种算法（如分数除法的"颠倒相乘"）的共同特征，即其往往以相关的符号（符号序列）作为直接的对象，而完全不去考虑它们的指称意义。

由于对于数学符号的双重性质人们通常缺乏清楚的认识，因此，正如著名数学教育家皮姆所指出的，这既可被看成数学的力量所在，但同时也可能造成一定的消极后果："数学的符号方面，以及数学家对于符号与对象的故意混淆，再加上数学对象自身的抽象性质，进一步强化了数学是一种语言这样一种观念。这一观点有一定作用，也有一定危险。"（D. Pimm, *Speaking Mathematically — Communication in Mathematics Classroom*，同前，第207页）

总之，这正是我们在这一方面的一个重要任务，即应从更为广泛的角度，并密切联系数学教学的特殊性更好地认识数学课堂上的语言交流的性质与作用。

4. 理论体系

众所周知，数学知识的最终表现不是各个孤立的概念和命题，而应将它们组织成整体性的理论体系，特别是，就严格的理论表述而言，我们更应坚持公理化的要求。

就这方面的具体工作而言,我们还应特别强调这样几点:

(1) 我们不仅应当注意各个命题之间的逻辑关系,也应注意分析各个概念之间的逻辑关系。

具体地说,与"公理"和"定理"的区分相对应,对于概念我们也可作出"原始概念"和"派生概念"的区分,在两者之间有如图 3 - 3 所示的对应关系。

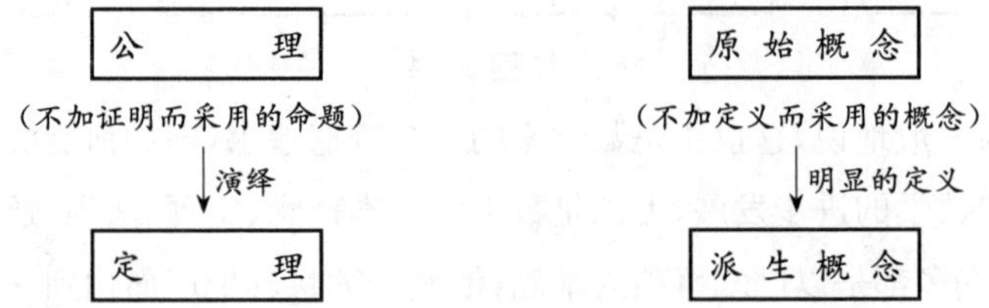

图 3 - 3

进而,与公理的"独立性"、"相容性"和"完备性"等方面的研究相对应,我们在此显然也应具体地去研究理论体系相对于概念的独立性、相容性和完备性。

(2) 除去上述的"平行关系"以外,我们又应看到在概念与命题之间所存在的重要联系:数学定理(包括公理)所反映的正是相应概念间的必然联系,特别是,按照现代的理解,公理更可被看成原始概念的"隐定义";反之,概念则可被看成整体性知识网络中的各个结点。

例如,按照现代的理解,(初等)几何的研究对象就完全是由相应的公理所决定的,或者说,它们的性质就表现于它们的相互关系,对此可用"在⋯⋯之上"、"在⋯⋯之间"、"合同于"、"平行于"、"连续"这样一些概念来刻画,它们的严格涵义又完全取决于相应的公理。在希尔伯特的《几何基础》中,这就是指:第一组(1~8),联结公理;第二组(1~4),次序公理;第三组(1~5),合同公理;第四组,平行公理;第五组(1~2),连续公理。(详可见克莱因,《古今数学思想》,同前,第四册,第81~83 页)

(3) 除去"演绎"和"定义"的关系以外,我们还可从其他一些角度更为深入地去分析与认识命题和概念之间的联系。

例如,特殊化和一般化的关系显然就具有特别的重要性,因为,它具体地展现了在概念与命题(理论)之间所存在的层次关系。

例如,函数概念的历史发展在很大程度上就可被看成一般化(也可称为"弱抽象")的过程,即不断达到了新的、更高的抽象程度(图3-4,其中以符号"$\xrightarrow{(-)}$"表示一般化的关系)。

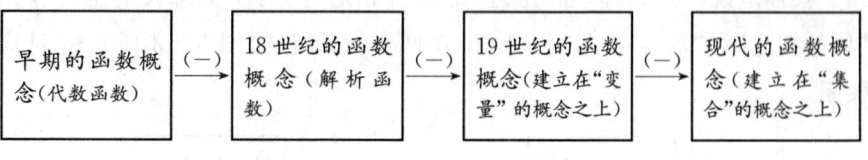

图 3 - 4

更为一般地说,这也正是数学家的一个普遍追求,即如何能够达到更大的普遍性:"数学的进步发展,无论是数学的基本概念、定理、法则,还是数学各分支本身,许多都是以已知事项为基础,依赖于欲将其推广而达到一般化的精神来实现的。"(米山国藏,《数学的精神、思想与方法》,四川教育出版社,1986,第24页)

另外,又如1.3节中所已提及的,与一般化相对照,特殊化("强抽象")在数学的创造活动中也具有十分重要的作用,特别是,我们可通过引入新的特征获得新的概念。

例如,以"群"的概念为基础,通过逐步引入新的特征我们就可依次获得"环"和"域"的概念,而这事实上也就是一个特殊化的过程(图3-5,其中以符号"$\xrightarrow{(+)}$"表示特殊化的关系)。

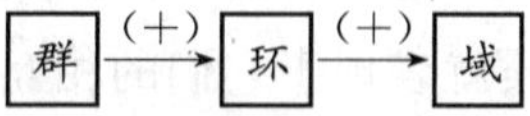

$$群 \xrightarrow{(+)} 环 \xrightarrow{(+)} 域$$

图 3 - 5

最后,还应指出的是,一般化和特殊化的关系事实上又不只限于概念与命题之间的关系,而且也可被用于不同数学理论之间关系的分析,包括如何以此为基础去作出新的创造。例如,正如第1章中所提及的,布尔巴基学派关于数学结构的分析就可被看成这方面的一个典型例子:三种简单数学结构("母结构")的得出即是以一些已知的数学理论(自然数理论、实数理论等)为原型进行弱抽象的结果。进而,以这三种基本结构为基础,我们则又可以通过强抽象(交叉、叠合)获得各种各样的"子结构",从而展示出一个无限丰富而又井然有序的数学世界。

（4）这应当被看成理论的整体性把握最为重要的一个方面，即清楚地揭示什么可以被看成这一理论的核心。

正如以下论述所清楚表明的，这事实上也正是人们在谈及所谓的"核心思想"或"中心思想"时的基本涵义：

"数学思想是数学的核心。每一门数学学科都有其特有的数学思想，赖以进行研究（或学习）导向，以便掌握其精神实质。"（张奠宙、朱成杰，《现代数学思想讲话》，江苏教育出版社，1991）

"本书论述从古代一直到本世纪头几十年的重大数学创造和发展。目的是介绍中心思想，特别着重于那些在数学历史的主要时期中逐渐冒出来并成为最突出的，并且对于促进和形成尔后的数学活动有影响的主要工作。"（克莱因，《古今数学思想》，同前，第一册，第Ⅳ页）

其次，这又正是这里所说的"数学思想"（mathematical thought）最为重要的两个特征："内容相关性"和"深刻性"。这也就是指，"数学思想"既与理论中所包含的各个具体的数学知识和数学技能密切相关，但同时又达到了更高的深度，即反映了更深层次的理解。

总之，我们应跳出各个具体细节并从整体上作出更为深入的思考，从而达到更高的理解深度。例如，作为我国研究偏微分方程的杰出专家，齐民友教授就曾明确指出：作为这方面的一个具体分支，所谓的"微局部分析"就是"一种观点、一种思想、一种方法"，它的出现使整个线性偏微分方程改变了面貌。（齐民友等，《现代偏微分方程引论》，武汉大学出版社，1994，"引论"）

当然，又如上面的论述所已清楚表明的，作为整体性的分析，我们还应将"问题"、"方法"和"语言"也考虑在内，而不应仅限于"概念"与"命题"。

以下就是这方面应有的一些思考：

什么是这一理论所要解决的主要问题？这些问题是怎样产生的？

什么是这一理论中的主要概念？在各个主要概念之间以及主要概念与一般概念之间又存在怎样的联系？

这一理论有哪些主要结论？在这些主要结论以及结论与概念之间又存在

怎样的联系？

这一理论中使用了哪些特殊的符号和术语？什么又是这些符号与术语的主要作用？

什么是这一理论中所使用的主要方法？这些方法的具体用法是怎样的？我们又能否应用这些方法解决更多的问题？

什么是这一理论的核心思想？这一理论与其他理论之间又有什么样的联系？等等。

再者，经由上面的分析我们显然也可清楚地认识到在数学的各个"知识成分"，即"问题"、"方法"、"语言"与"理论"之间所存在的重要联系，特别是，数学活动不应被理解成由"问题"出发的单向运动（图 3-6），而是一个包含有多次反复与不断深化的复杂过程。例如，只有通过整体性理论体系的建构，我们才能更为深入地认识究竟什么是这一理论所要解决的主要问题和所使用的主要方法，等等。

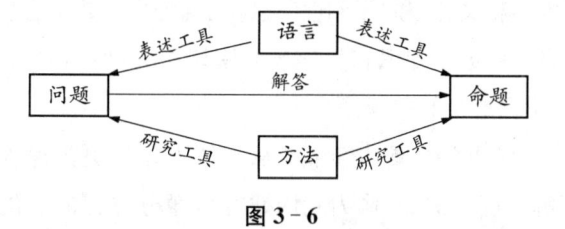

图 3-6

上面的论述显然也具有十分重要的教育教学涵义，以下就对此作出简要分析。

（1）各类数学教材为了编写的方便往往突出强调了概念与命题之间的逻辑关系，也正因此，我们在教学中就应十分重视如何能够帮助学生很好地突破这样一种局限性，并建立起整体性的知识结构。

以下就是所说的"逻辑结构"与"知识结构"（也可称"认知结构"）的主要区别：如果说"逻辑结构"主要表明了一种线性的、单向的关系，"知识结构"就是双向的（多向性）和网状的。

例如，初等几何中各种四边形的概念的引进主要就表现为如图 3-7 所示的逻辑联系。但就相关内容的把握而言，我们则又不应停留于对于上述逻辑结构的简单记忆，而应注意突破这种主要由于教学的先后次序所形成的逻辑线索的束缚,并从更为广泛的角度揭示这些概念之间的内在联系,从而真正建立起整体性的概念体系。

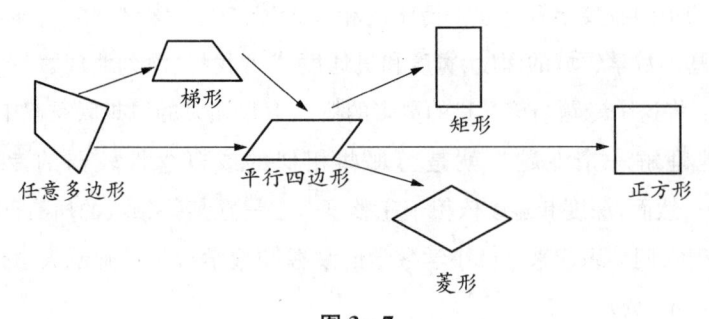

图 3 - 7

更为一般地说,这也就是指,对于"数学基础知识"我们不应理解成各个孤立的知识点,恰恰相反,这正是这方面教学与学习工作的关键:"不应求全,而应求联。"同样地,就"数学基本技能"的教学与学习而言,我们也应明确地提出"不应求全,而应求变"。只有这样,我们才能在各种变化了的情况下很好地对此加以应用。

(2) 如果说上述的分析清楚地表明了"普遍联系的观点"对于数学教学的特殊重要性,那么,作为必要的补充,我们显然也应高度重视如何能够通过整体性的分析达到更高的认识深度,即深入地去思考什么是相关理论的核心思想,什么又是主要的研究问题、方法与语言等。

应当指出的是,这事实上也正是齐民友先生关于如何改进数学教学的一个明确主张:"教数学不可能没有推导,但是,更要注意基本思想的介绍。要使得基本思想与具体推导紧密结合起来。"(郑隆昕等,"论齐民友的数学观与数学教育观",《数学教育学报》,2014 年第 4 期,第 11 页)

显然,后者事实上也可被看成对教师的专业成长提出了更高的要求,特别是,我们应在"深"字上狠下功夫。当然,为了很好地实现这一目标,我们又应清楚地认识在"广度"与"深度"之间所存在的辩证关系。只有从较为广泛的角度去进行分析思考,我们才能真正达到较高的深度,即准确地揭示出相关知识内容中所蕴含的核心思想,以及主要的研究问题等。

(3) 最后,应当提及的是,在一些学者看来,这可以被看成"中国数学教学传统"的十分重要的一个方面,即中国的数学教师与国外同行相比应当说更好地表现出了对于数学的"深刻理解"。进而,这又正是关于"深刻理解"的三个具体指标:"深度"、"宽度"和"贯通度"(throughness)。以下就是明确提出这一概念的中国旅美学者马立平博士的相关论述:"关于深刻理解,我的意思是指理解基础数学领域的深度、宽度和贯通度。"①"我将'深刻地理解一个专题'定义为:将这个专题与该学科的更多的概念上很强大的思想联系起来。……'广泛地理解一个专题',就是与那些相似的或概念性较弱的专题相联系。……然而,深度和宽度依赖于完整度——贯穿某一领域的所有部分的能力——把它们编织起来。"(《小学数学的掌握和教学》,华东师范大学出版社,2011,第116页)

综上可见,上面提到的"普遍联系的观点"与"更大的认识深度"事实上也就直接关系到了对于我国数学教学传统的很好继承,而且,正如以下一些论述所清楚表明的,这方面的工作还具有更为普遍的意义:

"它(指《小学数学的掌握和教学》——注)是一个轰动性的作品,是我所知道的、受到'数学战争'两派都关注和赞同的唯一手稿。许多世界级的数学家对这本书都表示出了狂喜之情,在数学年会上,许多人为该书奔走相告。"(A. Schoenfeld)

"这的确是一本有价值、富有启发性的书。……我强烈要求所有认真关心美国数学教育质量的人们读一读这本书,认真地吸取书中提到的教训。"(L. Shulman)

"马立平的著作已给了关于如何改进数学教育的希望。她阐述了什么是小学教师的'基础数学知识的深刻理解',也给出了关于如何帮助更多的教师获得这些知识的建议。"(R. Askey)

对此我们还将在第10章中作出进一步的论述。

3.2   数学的"观念成分"

上一节指明了数学"知识成分"的多个要素。除此以外,由于人们无论自

---

① 也有学者将"throughness"译为"完整度",但在笔者看来,"贯通度"应是更为合适的一个译法。

觉与否总是在一定观念或信念指导下从事数学活动的,后者相对于一定的群体(和时代)而言又具有相对稳定的内容,因此,就可被看成"数学(活动)"的"观念成分"。

为了清楚地说明问题,以下首先对个体与群体之间的关系作出进一步的分析。

1. "数学传统"与数学共同体

(1) 数学研究常常被误认为是一种完全孤立的活动:"数学家总是一个人坐在书桌前冥思苦想,即使取得了成功他们也只有孤芳自赏,但更多的却是'花几天或几周时间完全纠缠于一个问题,几乎排除一切活动所感到的孤寂',以及很可能'费尽了九牛二虎之力,而结果一事无成、前功尽弃'。"但是,这并非数学活动的真实写照,因为,与所说的孤立性相对照,在个别数学家与相应的数学家群体之间,事实上存在十分重要的联系。

首先,任一数学家的研究工作显然都以对前人相关工作的学习和继承作为必要的前提。这也就如牛顿所指出的,他之所以能在科学中作出重要贡献,是因为"站立在巨人的肩膀之上"。同样,为了能在数学中作出贡献,数学家也必须保持与相应群体的密切联系,及时了解新的研究成果,把握发展趋势,掌握新的、更为有效的方法,等等。

其次,考虑到每个数学家都必然具有一定的局限性,特别是,由于数学的迅速发展,个人要通晓数学的所有分支,即使不说不可能,至少也十分困难,因此,我们也就应当明确肯定有效合作的重要性。这也就如著名数学家麦克莱恩所指出的:"数学力量的来源之一,是研究上的合作习惯在近期得到发展,这种习惯是在能动地分享思想和举行研究讨论班中养成的。"(载 J. Kapur 主编,《数学家谈数学本质》,北京大学出版社,1989,第 93 页)应当指出的是,从心理的角度看,广泛的学术联系也是驱除前述"孤独感"和"失落感"的一个有效措施。特别是,现代数学由于高度的抽象性,通常很难为一般人理解,这种交流显然就更为必要。

再者,除去个体与群体之间的相互依赖、互相促进以外,群体对于个别数学家的研究工作也具有重要的制约作用。因为,各个数学家的工作,只有为相应共同体所接受,才能真正成为数学的组成成分。就现代而言,这也就是指,数学家必须在一定的学术刊物或学术会议上发表自己的研究结果,以取得其他人的了解和评价,而这事实上也就是一个审定的过程。例如,主要地就是基于这样的认识,波塞尔指出:证明应是"在适当短的时间内可理解的",即"一个证明要能被检验其真伪,它必须能被现代数学家在适当的短的时间内理解。所谓适当要视定理的重要性而定,我们对黎曼猜想的证明要有更多的耐心,而对一个普通结论的烦乱的证明则不然。"更为一般地说,这也就是指,"现代数学是现世数学家目前所通晓的数学定理的全体"。("切合实际的数学观",载邓东皋等主编,《数学与文化》,同前,第176页)

由英国著名数学家哈代与印度"数学奇人"拉曼纽结(Ramanujan)的以下传奇,我们可更好地理解群体对于个别数学家研究工作的规范作用:尽管拉曼纽结在数学上具有最深切的洞察力,但哈代却仍然必须教给他一些最为基本的数学观念,如什么是证明,为什么要进行证明,等等。

更为一般地说,这又是这方面更为基本的一个事实:无论自觉与否,数学家总处在一定的数学传统之中,并按照所说的传统来从事自己的研究活动。也正因此,作为数学(活动)内涵的具体分析,我们就应将"数学传统"包括在内。

(2)具体地说,所谓的"数学传统"总是相对于一定的数学共同体——尽管后者未必是有形的组织——而言的,也即指共同体成员在"什么是数学"、"应当如何去从事数学研究"等问题上的共识——尽管后者也未必有明文规定,更不是一成不变的教条,但是,对于共同体中的各个成员而言,这些观念或信念又应说是相对明确和基本稳定的,从而也就可以被认为具有一定的"客观性",更构成了相应数学共同体的主要标志。

借助"纯粹数学家"与"应用数学家"的区分,我们可更好地理解"数学共同体"和"数学传统"的基本涵义。

具体地说,关于"纯粹数学家"和"应用数学家"的区分,应当说只是在现代才获得了较为明确的意义。但这又并非是指每个数学家都可十分明确地被归属于"纯粹数学家"或"应用数学家",而主要是指两者在"应当如何去从事数学研究"等问题上表现出了明显的观念差异,因此就可被看成构成了两个不同的数学共同体。

例如,这就正如哈尔莫斯所指出的:"实行者和认识者常常在动机、态度、方法以及满意的标准方面各不相同。这些差别可能在应用数学(实行者)与纯粹数学(认识者)这一特例中看到。应用数学的动机是认识世界并且也许还要改造世界,所需的态度(或者,无论如何,可以说是一种惯例的态度)是一种准聚焦的(把你的眼睛盯住问题);方法是按它们的实效来选择和加以评价的(所得的结果是重要的);满意则来自问题的解答经过了实际的检验而且可以用来进行预测。纯粹数学的动机常常只是好奇心,其态度则更像是一只广角镜头而不是望远镜头(看看附近是否有更有趣更深刻的问题);方法的选择至少部分地决定于适合承上启下的谐和性(做到了这一点就有了事成一半般的快感);满意则来自解答阐明了原先似乎相距甚远的概念之间的意想不到的联系。""在动机、态度、方法、满意的标准方面基本的差别可能与在表达方式方面的差别有联系,那是一种更加表面但更加显著的差别。纯粹数学与应用数学关于清晰、优美,以及或许甚至逻辑的严密有着各自不同的惯例,而这些差异常常使得相互的交流极不愉快。""许多纯粹数学家把他们的专业看作是一种艺术,在他们的语言中,对别人的工作最高的赞扬是'漂亮'。应用数学家有时似乎把他们的学科看作是方法的一种系统化,用来赞扬一个工作合适的说法是'巧妙'或'强有力'。"("应用数学是坏数学",载邓东皋等主编,《数学与文化》,同前,第 163~164 页)也正因此,当数学家由一个团体转向另一个团体时,不仅会遇到很大困难,也会感到极大的困惑。(对此例如可参见 J. Spanier,"解方程不是解决问题",《数学译林》,1993 年第 3 期,第 46~50 页)

综上可见,我们的确可以而且应当超越个体去论及"数学共同体"与相应的"数学传统",后者即是指共同体成员共有的各种基本观念和信念,包括"动机、态度、方法以及满意的标准等"。

(3)不难看出,相对于 3.1 节中关于"数学知识成分"各个组成要素的分析而言,本节的论述提供了一个新的视角,即突出了"人"的因素,并主要是从社会学的角度进行分析的。事实上,不仅数学的结论必须为数学共同体接受才能真正成为数学的组成部分,对于数学知识的其他成分,如问题、方法和语言等而言,应当说也是同样的情况。例如,如果一个数学家的研究问题完全脱离了当时的主流,即其意义没有能够得到"社会"的公认,那么,无论他的研究工作成功与否,都不太可能赢得普遍的关注。总之,对于 3.1 节中所论及的各个"知识成分",我们事实上都应加上"为数学共同体所一致接受"这样一个限定。这也就是指,正是由个体向群体的转化,保证了数学的各个知识成分的客观性。这也就如波莱尔所指出的:"数学家们共同享有一个精神的实体:大量的数学思想,他们用心灵的工作研究的对象,其性质有的已知有的未知,还有理论、定理、已经解决和尚未解决的问题。"("数学——艺术与科学",载邓东皋等主编,《数学与文化》,同前,第 150 页)

(4) 最后,还应强调的是,尽管"数学传统"可以被看成同一数学共同体中各个数学家共性的表现,但在肯定这种共性的同时,我们又应看到共同体的不同成员在观念和信念上必定存在一定的差异,或者说,各个数学家与相应共同体的联系必定有紧有松。例如,尽管同一数学共同体的成员具有很多共同的观念或信念,但就某一具体数学理论或数学方法意义的判断而言,则又完全可能存在多种不同甚至是互相对立的意见,因此在实际的数学研究中也就可能采取不同的立场。

显然,个别数学家之间的这种差异与数学共同体在整体上的一致性并不矛盾。因为,后者本身就是一个相对的、动态的概念,而且,从根本上说,所说的动态性又是由数学的无限发展和人类认识的能动性所直接决定的。从而,总的来说,我们就不应将数学家的研究工作看成是由相应的"数学传统"完全决定的。恰恰相反,作为一种创造性的劳动,其中必定包含个体的差异,从而也就是共有准则与个体特殊性的一种辩证综合,后者为数学的无限发展特别是革命性变革提供了必要的机制。如果每个数学家都置已有传统于不顾,而随心所欲地去从事自己的研究工作,那么,不仅数学的发展将不再有任何的连续性,数学本身也将丧失作为一门科学所必须具有的客观性。另外,如果共同体的每个成员在任何情况下都"顽固地"坚持已有的传统,在数学中显然也不可能有本质的进步,特别是不可能有革命性的发展。

再者,对于所说的"数学传统"我们也不应视为抽象的教条,毋宁说,"具体性"和"直接性"正是其最为重要的特征。应当指出的是,后者事实上也正是科学哲学现代研究的一个重要结论:就"科学传统"的继承而言,具体的范例相对于抽象的道理应当说更为重要。因为,传统的接受往往是一个潜移默化的过程,而范例则因为具体、直接从而就比抽象的教条有更大的可接受性,对于新的实践活动也具有更为直接的指导意义或影响。例如,为了突出"范例"对于科学传统的特殊重要性,著名科学哲学家库恩专门引入了"范式"这样一个术语:"我曾引进'范式'这一名词以强调科学研究依赖于具体事例,它可以跨越科学理论内容说明同理论应用之间的鸿沟。""最基本的是,范式是指某些具体的科学成就事例,是指某些实际的问题解答,科学家认真学习这些解答,并仿照它们进行自己的工作。"(T. Kuhn, *The Essential Tension*, The University of Chicago Press,1979,第 281、346 页)

2. 数学的"观念成分"与现代数学传统

由东西方比较我们可更为清楚地看出数学传统对于数学发展的特殊重要性,因为,正是不同的数学传统在很大程度上决定了东西方数学的不同发展途径。

具体地说,与古希腊相比,古代中国应当说存在另一完全不同的数学传统,即以《九章算术》为代表的"问题—算法传统"。这就正如吴文俊先生所指出的:"我国传统数学在从问题出发以解决问题为主旨的发展过程中建立了以构造性与机械化为其特色的算法体系,这与西方数学以欧几里得《几何原本》为代表的所谓公理化演绎体系正好遥遥相对。"(《〈九章算术〉及其刘徽注研究》,陕西人民教育出版社,1990,序言)另外,我们显然也可以此为背景去理解著名数学史学家克莱因关于两种不同"数学传统"的以下论述:"一种是希腊人所树立的那套逻辑演绎知识,其更大的目的是了解自然;另一种是源于经验为求实用的数学,它由埃及人和巴比伦人打下基础,为一些亚历山大里亚的希腊数学家所重新拣起而为印度人和阿拉伯人所进一步推广。……这两种传统和两种目标此后继续起作用。"(《古今数学思想》,第一卷,上海科学技术出版社,1979,第 227 页)

简言之,尽管中国古代数学传统具有理论联系实际的优点,并曾在数学的历史发展中取得过不少辉煌的成就,但由于缺乏必要的抽象从而就未能达到应有的理论高度,这也极大地限制了数学在古代中国的进一步发展。

由此可见,数学传统对于数学研究确实具有十分重要的作用。也正因此,除去上面所已提及的问题、语言、方法、理论等"知识成分"以外,我们应将这里所说的"数学传统"看成"数学（活动）"的又一组成成分。

以下就从最一般的角度,即将所有数学工作者看成一个共同体,来对数学"观念成分"的具体内容,特别是"现代数学传统"作出具体分析。

具体地说,我们在此应首先提及数学现代发展的这样一个特点:尽管历史上存在有多个不同的数学传统,现代的数学工作者在这方面却可说表现出了很大的一致性,这事实上也正是我们何以能够提及"现代数学传统"的根本原因。

进而,我们又将主要围绕这样两个问题对"现代数学传统"作出概述:第一,什么是数学? 第二,我们又应如何去从事数学研究?

（1）由于前一问题正是本书第一部分的直接主题,在此就仅限于指明这样几点:

数学是模式的科学,这就是说,数学并非真实世界的直接研究,而是通过模式的建构与研究进行研究的;

应当同时肯定数学的经验性和拟经验性,这也集中地反映了数学相对于一般自然科学的共同性和差异性;

数学是一个多元的复合体,其中既包括数学的"知识成分",也包括数学的"观念成分";

数学应被看成整体性人类文化的一个有机组成成分;

应当明确肯定数学观念的多元性与辩证性质。

进而,这又应被看成相关研究的主要意义所在,即从不同角度更为深入地揭示了数学的本质或特征性质。例如,以下就可被看成"现代数学观念"的核心:我们不应将数学的发展看成无可怀疑的真理的简单积累,而是一个充满着猜测与反驳、证明与改进的复杂过程。进而,我们还应清楚地看到数学的"人性成分":"在数学的那种众所周知的冷漠、原始、不变的外表背后,隐匿着一个动人、狂烈、不断变化的数学研究世界。""如果不触及在构筑数学大厦中起作用的人性因素,数学研究中的辉煌成就与艰难困苦就无从谈起。"（I. Peterson,"当代数学探讨",《数学译林》,1992 年第 4 期,第 335 页）

最后,尽管存在一定的区别,"什么是数学"的问题显然又与"应当如何去从事数学研究"密切相关,特别是,前者事实上可被看成对实际的数学研究工作提供了最为重要的规范。也正因此,我们就可将关于数学共同体对于"什么是数学"的共同认识看成数学"观念成分"的核心内容。

例如,按照3.1节中关于数学"知识成分"的具体分析,以下可被看成数学研究最为基本的规范:

数学家应以获得具有以下特性的命题作为自己的工作目标:它们是用数学共同体一致接受的语言加以表述的;是对于为数学共同体一致接受的问题的解答;建立在数学共同体一致接受的论证之上;各个命题也得到了很好的组织,即组织成了整体性理论体系。

另外,就现代的数学研究而言,我们则又应当对此作出如下的补充或调整:

数学表述应当采用集合论的语言;数学问题的重要性不只是指它的实践意义,而且也取决于它的数学意义;证明应在原则上可以予以形式化;相关理论已被组织成了一个公理系统。

当然,除去字面上的理解以外,我们又应更加重视上述规范的内在意义。例如,数学家与其说特别重视证明的严格性,不如说更为重视深刻的理解,这也就是指,数学证明的意义并不只是为结论的可靠性提供了必要保证,而且也在于"证明本身所提供的洞察力"。例如,后者事实上就正是人们何以会围绕"四色问题"的机器证明展开激烈论争的主要原因。

值得指出的是,在此我们也可清楚地看到群体的作用。这就正如美国著名数学家色斯顿(W. Thurston)所指出的:"当人们在从事数学研究时,意识流和关于可靠性的社会标准比形式的文献要可靠得多。"这也就是指,"数学知识和对数学的理解深藏于数学家的心中,植根在思考一个特定的课题的群体的社会组织中,这些知识由写成文章的文献给予证实。但是,写出来的文献并不是最根本的"。"可靠性实质上不是来自数学家形式地去检查形式的论证;它来自数学家对数学思想细心和带批判性的思考。"("数学的证明和进展",《数学译林》,1995年第1期,第70～83页)

事实上,正如前面所已提及的,大部分数学定理的证明都是不完整的,更不用说没有彻底的形式化,从而,对于数学定理的接受在一定程度上就仍然是一种"信念"。这也就如麦克莱恩所指出的:"很少有一个明确给出的绝对严密的证明,大多数用文字写下的数学证明只是些能足够详细地指出如何构成一个完全严密证明的概述。于是这种概述用来传递某种信念,即确信结果是正确的,或一个严密的证明是能够构成的。"("数学模型",载邓东皋等主编,《数学与文化》,同前,第 111 页)

(2) 除去上述的"规范性成分"以外,"数学传统"还包含有一定的"启发性成分":它们对于新的研究活动并不具有很强的制约性,但却仍然具有重要的指导意义或潜在影响。

具体地说,所谓的"启发性成分"其中很大部分关系到了研究方向的选择:尽管它们并不能机械地被用于确定新的研究问题,但却反映了这样的共识,什么样的研究问题是有意义的? 或者说,我们应沿着什么样的方向去发现或建构新的研究问题?

例如,日本数学家、数学教育家米山国藏在《数学的精神、思想与方法》一书中所提出的以下 7 种"数学研究的精神",可以被看成这样的"启发性成分":

第一,应用化的精神;第二,扩张化、一般化的精神;第三,组织化、系统化的精神;第四,致力于发明发现的精神;第五,统一建设的精神;第六,严密化的精神;第七,"思想的经济化"的精神。

具体地说,所谓"致力于发明发现的精神",即"不断探索的精神",事实上代表了一种普遍的科学精神,即不仅适用于数学,也适用于一般的自然科学。另外,"一般化"、"系统化"、"严密化"、"统一化"、"经济化"和"应用化"都具有较为直接的方法论意义,即具体地表明了什么是有意义的研究方向。

当然,米山国藏的上述看法又不应被看成对于"数学研究精神"(更为一般地说,就是数学的"启发法成分")的完整表述。例如,正如 1.3 节中所提及的,作为"统一化"的必要补充,"多样化"同样也应被看成现代数学研究的重要指导性原则;与"一般化"相辅相成的则有"特殊化";等等。再则,我们显然也不应满足于具体地列举出了各个"研究精神",而且也应更为深入地去揭示这些成分之间所存在的辩证关系。

最后,由于"数学研究精神"并不属于任一特定的数学分支,而是一些普遍性的思维模式或方法论原则,因此,就如"解题策略"一样,我们对此也应作出专门的研究。

（3）综上可见，数学的"观念成分"（"数学传统"）确实具有一定的内涵，对于它的各个成分及相互关系我们可大致用图 3-8 表示。

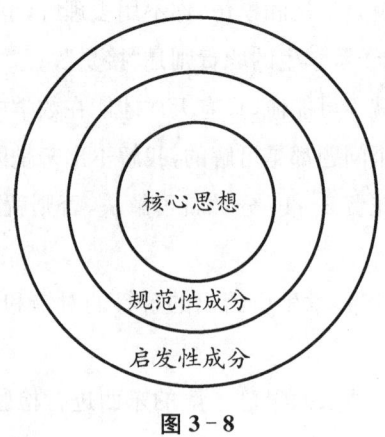

核心思想

规范性成分

启发性成分

图 3-8

3. 从教育的角度看

（1）以上关于数学的"观念成分"的讨论显然也具有重要的教育教学涵义，这清楚地表明：数学学习不只是指很好地掌握了数学的"知识成分"（问题、方法、语言、理论体系等），也应包括"数学传统"的学习和继承。

从同一角度去分析，我们也可清楚地看出传统数学教育的这样一个弊病：学生通过数学学习所形成的数学观念不能被看成准确地反映了数学的面貌，这也就是指，"学校数学"（school mathematics）并非"真正的数学"（authentic mathematics）。例如，美国著名数学教育家戴维斯（R. Davis）就曾指出，对大多数美国学生来说，数学学习就意味着每天准时到校，坐在教室里安安静静地听那些他既不理解也根本不感兴趣的事。每天的日程就是听讲并按教师的布置、用教师指定的方法去作练习，努力记住一大堆毫无意义且零零碎碎的"知识"。而唯一的理由只是因为将来的某一天他们可能会用到这些知识，尽管教师和学生都对是否真有这样的一天持怀疑态度。进而，又正是通过这样的"生活"，他们逐渐发展起了关于数学与数学学习（教学）的诸多错误观念。例如，以下就是美国学生中十分普遍的一些观（信）念（对此也可参见 M. Lampert，"When the problem is not the question and the solution is not the answer：Mathematical knowing and teaching"，载 T. Carpenter 等主编，*Classics in Mathematics Education Research*，NCTM，2004）：

只有书呆子才会喜欢数学；

数学是无意义的，即与日常生活毫无联系；

学习数学的方法就是记忆和模仿，你不用去理解，也不可能真正搞懂；

教师的职责是"给予"，学生的职责则是"接受"；

没有学过的东西就不可能懂，只有天才才能在数学中作出发明创造；

教师所给出的每个问题都是可解的，我解不出来是因为不够聪明；

每个问题都只需花费 5～10 分钟就可解决，否则就不可能单凭自己的努力获得解决；

教师是最后的仲裁者，学生所给出的解答的对错和解题方法的好坏都由教师最终裁定；

数学证明只是对一些人们早已了解的东西进行检验，从而就只是一种教学游戏，而没有任何真正的价值；

观察和实验是靠不住的，从而在数学中就没有任何地位；

猜想在数学中也没有任何地位，因为数学是完全严格的。

显然，上述观念的形成必然会对学生的数学学习产生极大的消极影响。更为严重的是，我们在此往往又可看到这样的恶性循环：学生已形成的错误观念对于新的数学学习产生了严重的消极影响，而新的学习活动的失败反过来则又进一步强化了原先的错误观念，……这样不断反复，直至学生最终完全丧失了数学学习的兴趣和信心。当然，并非所有学生将来都会成为专业的数学工作者，但是，数学学习的失败确又在很大程度上限制了不少学生的发展。更有甚者，有些学生就是因为未能学好数学，从中学甚至小学起就对自己丧失了信心，乃至放弃了全部的人生抱负并最终成为社会上的廉价劳动力—— 也正是在这样的意义上，戴维斯教授疾呼道："我们的学校已接近于毁灭年轻一代！"

尽管以上所涉及的已不只是数学观，还包括数学学习观和数学教学观，即关于我们应当如何去从事数学学习和数学教学的认识，但这显然也更为清楚地表明了"观念成分"对于数学活动——在此主要指数学学习——的特殊重要性，从而我们对此也就应当给予高度的重视。

（2）由于这正是这方面的一个基本事实，即我们的学生正是通过日常的数学学习活动逐步发展起了相关的观念和信念,后者是一个潜移默化的过程,我们更应清楚地看到教师在这方面的重要影响,因此,这也就应被看成我们改进数学教学十分重要的一环,即我们应当经常反思这样的问题:我们的教学究竟促使学生形成了什么样的观念和信念?我们又应如何去进行工作才能帮助学生较好地实现观念的必要更新?

例如,波利亚指出:"有一条绝对无误的教学法——假如教师厌烦他的课题,那么整个班级也将无一例外地厌烦它。"(《数学的发现》,同前,第二卷,第174页)更为一般地说,如果教师认为数学毫无用处,并认为只有天才才能在数学中作出创造,那么,无论其是否清楚地意识到这样一点,这些观念都必然地会在他的教学工作和日常言行中得到反映。如在教学中只是机械地去重复教材,而没有任何独立的见解或体会,也从来没有想到应当利用数学作为工具对报刊上的大量信息进行分析处理,等等——而这必然地又会对他的学生产生很大的消极影响。总之,"如果我们希望培养学生对数学的兴趣,一个必要的条件就是他们能由教师感染到对数学的热爱以及体会到数学是人类思维的一种创造。"(*Professional Standards for Teaching Mathematics*,NCTM,1991,第104页)

显然,上面的分析也就十分清楚地表明了教师对于自身所具有的各种观念,包括数学观念、数学教育观和数学教学观等,作出认真总结与反思的重要性(对此我们还将在第8章中作出具体分析)。进而,这事实上也可被看成为我们应当如何去从事教师的培养工作(包括职前教育与在职培训)指明了十分重要的一个方面。

具体地说,我们应将观念的培养作为教师培养工作十分重要的一环。特别是,就职前教育而言,未来的教师往往不是按照所学到的理论,而是自觉或不自觉地按照自己做学生时的体验来从事教学的:"正是通过这种亲身的体验,他们逐步形成了什么是成功的和不成功的数学教学,以及关于什么是数学教学的一般概念,并初步学到了各种科目的教学方法和技巧。"(*Professional Standards for Teaching Mathematics*,同前,第127页)因此,与唯一强调各种先进理念(包括数学观和数学教学观等)的学习相比较,我们应更加重视如何能够促进培养对象对自身已有的观念作出认真的总结与反思,从而使其在这一方面具有更大的自觉性，并能通过自觉努力实现观念的必要更新。

当然，上述的分析事实上也可被看成对师范院校（更为一般地说，就是大学）的教师提出了更高的要求。因为，在此我们同样也可看到教师言传身教的重要性——也正是在这样的意义上，我们甚至可以断言：大学特别是师范院校数学教育的改革，可以被看成振兴数学教育的关键。

以下再联系新一轮数学课程改革对我们应当如何去从事在职教师的培训作出简要的分析。

具体地说，这正是我国自 2001 年起实施的新一轮数学课程改革的一个重要特点，即对于观念更新的突出强调。这事实上也可被看成国际数学教育界的一项共识，即为了保证课程改革的顺利实施，必须帮助广大数学教师（乃至一般民众）很好地了解与掌握改革的指导思想或基本理念，从而实现教育教学思想的必要转变。

显然，就基本立场而言，这一做法与前述关于"观念"对于数学活动特殊重要性的分析是完全一致的，从而我们也就应当明确肯定"观念先行"这一做法的合理性。尽管必要的观念更新的确应当被看成成功实施课程改革的必要前提，但是我们在此又应更为深入地去思考如何才能帮助广大教师很好地实现所说的观念变革。特别是，后者又是否可能单纯凭借外部的输入，也即纯粹的理论学习和"专家引领"得以实现？

事实上，在笔者看来，这正是过去 10 多年的课改实践给予我们的一个重要启示或严重教训：就课改的实际推行而言，我们不仅应当高度重视观念的必要更新，也应注意防止各种简单化和片面性的认识。进而，与唯一强调理论学习与"专家引领"相比较，我们又应更加重视教师在实践基础之上的认真总结与自觉反思。

正如未来的教师往往不是按照所学到的理论，而是主要按照自己做学生时的亲身体验来从事教学的，我们在此也应清楚地看到实际教学工作对于教师观念改变的重要影响："教师观念中很多成分源自教室中的经验，并是由后者不断调整的，教师们正是通过与这一特定环境的相互作用，包括教学方面的各种要求与现存的问题，并经由反思对自己的观念作出评价和重组。"（A. Thompson, "Teacher's Beliefs and Conceptions: a Synthesis of the

Research",载 D. Grouws 主编,*Handbook of Research on Mathematics Teaching and Learning*,Macmillan,1992,第 139 页)

例如,就当前而言,我们显然就应努力促进广大教师结合自己的教学实践认真地去思考这样一些问题(对此还可参见 1.2 节):

我是按照怎样的数学观念去从事教学的? 或者说,我的教学体现了怎样的数学观念? 我们又应如何去看待"静态的数学观念"与"动态的数学观念"以及数学的形式与非形式方面之间所存在的辩证关系?

我们应当如何看待数学教育的作用或价值? 特别是,我们是否应当明确提倡"帮助学生学会数学地思维"? 我们又如何才能更好地发挥"数学的文化价值"?

教师在学生的数学学习过程中应当发挥什么样的作用? 什么又可被看成新一代优秀数学教师的主要标准?

课改以来自己的观念(包括数学观、数学教育观与数学教学观)有了怎样的变化? 所说的变化对于自己的教学工作又有哪些具体影响?

当然,上面的论述不应被理解成完全否定了理论学习对于实际教学工作的积极意义,毋宁说,理论在很大程度上可被看成为教师的独立思考提供了必要背景。也正因此,我们就应避免空洞的说教,而应大力提倡"理论的实践性解读",即应当密切联系教学实践对各种新的理论主张作出具体解读。进而,从更为一般的角度去分析,我们又应大力提倡理论的多样化。只有通过比较我们才能更好地理解各种不同的理论主张,特别是,其对于我们改进教学究竟具有什么积极意义。当然,这事实上也可被看成理论本身能否取得进一步发展和完善的基本途径。(对于理论与实践之间的辩证关系我们还将在第四部分中作出进一步的分析论述)

3.3 "数学活动论"与动态的数学观念

1."数学活动论"概述

前面两节我们已对数学活动的"知识成分"和"观念成分"分别进行了分析论述,以下再从总体上对"数学活动论"作出概述。

（1）这正是"数学活动论"的核心：作为人类的创造性活动，数学应当被看成一个同时包含有"知识成分"和"观念成分"的复合体。

更为具体地说，如果引进以下的记法：

S——命题，Q——问题，M——方法，L——语言，C——核心思想，N——规范性成分，H——启发性成分，

数学就可被表示成如下的复合体：

$$<S,Q,M,L;C,N,H>$$

数学的知识成分　数学的观念成分

（2）由于传统的数学教育主要集中于数学的"知识成分"，特别是各个具体的结论与公式，因此，我们在当前就应更加重视相应的"观念成分"。例如，主要地就是在这样的意义上，人们提出，决定科学家本色的，不是他们拥有的知识的多少，而是他们的工作方式或态度。

当然，作为问题的另一方面，我们又应清楚地看到在数学的"知识成分"与"观念成分"之间所存在的互相促进、相互依赖的辩证关系。

例如，这就是这方面十分重要的一个事实：数学家并不盲目地去从事一般化、严格化、系统化等方面的研究，毋宁说，这些研究在很大程度上是由数学发展的现状所决定的，或者说，正是数学的"知识成分"为所说的研究提供了必要的基础和实际的动力。例如，矛盾（悖论）的发现会促使数学家积极地去从事严格化的研究，理论的多样化则将直接导致一体化的努力，理论在数量上的积累又必然会引起系统化的工作，等等。当然，数学家们之所以不满足于已有的工作，并希望通过新的研究去发展和深化认识，如达到新的和更高层次上的普遍性、严格性及和谐性，主要受"传统"的影响。

从而，总的来说，数学的实际发展就是由数学知识的现实状况（"知识成分"）和数学传统（"观念成分"）共同决定的。

最后，笔者以为，我们只有密切联系实际的教学活动去进行分析思考，才能很好地发挥"数学活动论"对于实际教学活动的促进作用，并有效地避免各种简单化的理解与片面性的认识。由于后者在现实中常常被认为是与"动态的数学观念"十分一致的，以下就以此为直接对象作出进一步的分析论述。

2. "数学活动论"与动态的数学观念

（1）如前所述，这正是"数学活动论"的核心，即我们不应将数学等同于数学活动的最终产物，特别是各个具体的结论与公式，而是应当更加关注相应的创造性活动。显然，从这一角度去分析，我们也可更好地理解数学教育领域中的这样一个发展，即对于"动态的数学观念"的突出强调。例如，我们显然就可从这一角度去理解美国著名数学教育家伦伯格的以下论述："两千多年来，数学一直被认为是与人类的活动和价值观念无关的无可怀疑的真理的集合。这一观念现在遭到了越来越多的数学哲学家的挑战，他们认为数学是可错的、变化的，并和其他知识一样都是人类创造性的产物。……这种动态的数学观具有重要的教育涵义。"（T. Romberg, "Problematic Features of the School Mathematics Curriculum"，载 Jackson 主编，*Handbook of Research on Curriculum: A Project of the American Educational Research Association*，Macmillan，1992，第 749～788 页）

更为一般地说，对于动态的数学观念的突出强调，事实上也可被看成 20 世纪 90 年代以来在世界范围内普遍开展的新一轮数学课程改革运动（"课标运动"）的一个重要特征。例如，我国于 2001 年出版的《全日制义务教育数学课程标准·实验稿》在传统的"知识技能目标"之外就专门引入了所谓的"过程性目标"（这一特征在《义务教育数学课程标准（2011 年版）》中也得到了直接继承）："《标准》中不仅使用了'了解（认识）、理解、掌握、灵活运用'等刻画知识技能的目标动词，而且使用了'经历（感受）、体验（体会）、探索'等刻画数学活动水平的过程目标动词。"（中华人民共和国教育部，《全日制义务教育数学课程标准·实验稿》，北京师范大学出版社，2001，第 2～3 页）另外，笔者以为，这在很大程度上也可被看成新一轮数学课程改革何以特别强调学生"主动探究"与"动手实践"等教学方法的主要原因，包括 2011 年版的"数学课程标准"为何将"基本活动经验"列为数学教育主要目标之一。

当然，从更为一般的角度去分析，我们在此又应提及所谓的"过程的教育"，后者并被认为是与"结果的教育"直接相对立的："单纯传授知识的教育是一种结果的教育、继承的教育，培养智慧的教育是一种创新的教育，创新的教育更多的是一种过程的教育。"（史宁中等，《基础教育数学课程改革的设计、实

施与展望》,广西教育出版社,2009,序言)

再者,就基本的教学思想而言,我们则又应当特别提及"学数学,做数学"这样一个思想,它具有十分广泛的影响,例如,这事实上就可被看成20世纪80年代在世界范围内十分盛行的"问题解决"这一数学教育改革运动最为基本的一个立场。

总之,"数学活动论"在一定意义上可被看成为上述各个主张提供了一定的论据。但在笔者看来,我们同时也应注意防止与纠正各种简单化的认识与片面性的观点。

(2)具体地说,我们在此首先应清楚地看到"过程"与"结果"之间所存在的辩证关系。应当指出的是,这事实上也正是国际数学教育界通过对以"问题解决"为主要口号的数学教育改革运动进行总结与反思所得出的一个主要结论:与片面强调"过程"相对照,数学教学应当"过程与结果并重"。(黄毅英,"数学教育目的性之转移",《数学传播》[台湾],1993年第3期)另外,尽管澳大利亚学者特纳的以下论述主要是针对"探究学习"而言的,但这显然也从另一角度更为清楚地表明了国际数学教育界正在努力纠正对于"过程"的片面强调这一错误的做法:"一门课程通过课本或教程所规定的学习目标必须得到实现。西方的引导探索学习往往是学生很快乐,但是最后学习目标没有达到,解决这一问题的方法就是使用逆向设计模式。""以往西方的教师们总是设计许多有趣的活动,而没有看到有最终目标的大蓝图。在逆向设计模式中,教师要从预想得到的结果开始,决定教学活动和教学设计。""带着对结果的了解来开始,意味着带着对目标的清楚理解而开始,这意味着,要知道你要去哪儿,以便你能更好理解你现在在哪里,这样你迈出的步伐会一直朝向正确的方向。"("东方的尝试学习与西方的引导探索学习",《人民教育》,2011年第13~14期,第32页)

事实上,"过程"与"结果"不可能被绝对地分割开来。也正因此,正如轻视哲学的人往往会成为最坏哲学的不自觉俘虏,我们在此也可经常看到这样的现象:完全忽视"结果"的"过程的教育"必然会导致最坏的结果。例如,如果我们始终满足于笼统地去谈及所谓的"数学活动",并认为只要让学生直接参与数学活动就可帮助他们学好数学(这也就是所谓的"学数学,做数学"),那么,对于"过程的教育"的各种提倡最终就都很可能成为一种空谈。同样地,如果我们既没有弄清究竟什么是"基本活动经验"的具体内涵,也未能深入地去思考是否应当将"帮助学生掌握基本活动经验"看成数学教育的一个基本目标,那么,一味地去提倡"数学经验"很可能也只会起到误导的作用。(对此我们还将在 9.3 节中作出进一步的分析论述)

以下更应被看成这方面的一些简单化认识和片面性观点,如将"数学活动"简单地等同于外部的操作性活动,即所谓的"动手实践",或是将"数学思维"简单地理解成归纳与演绎,等等。正如人们普遍认识到的,与"动手"相比,"数学活动"主要地应是指"动脑",即积极的思维活动。另外,只需与著名数学家的具体论述作一对照,我们就可清楚地看出,无论是将"数学思维"简单地归结为归纳和演绎,或是认为"数学活动"事实上与一般的"科学活动"并无任何区别,即同样都可归结为观察、实验、总结、归纳与演绎,都不能不说是一种过于简单化的观点。例如,以下就是这方面经常被提及的一些观点,即认为以下一些活动对于数学而言是特别重要的:"数学化、公理化与形式化"(弗赖登塔尔),"问题解决"(波利亚),"抽象、证明与应用"(亚历山大洛夫),等等。当然,这也是这方面十分重要的又一论点:"数学:模式的建构与研究。"(L. Steen)

事实上,正如数学观念的多样性,我们在此也应明确肯定数学活动的多样性,并应深入地去研究它们的教育教学涵义。也正因此,这应被看成这方面工作的最为重要的一步,即我们应当首先帮助教师通过实际参与各种"数学活动"获得直接的体验。因为,"假如教师没有某种创造性工作的经历,那么怎么能够叫他去激励、引导、帮助甚至去察觉他的学生的创造性活动呢?"(波利亚,《数学的发现》,内蒙古人民出版社,1982,第二卷,第 169 页)另外,在实际的教学活动中我们显然也不应唯一地去强调学生对于数学活动的参与,而是应当更加重视对这些活动教学涵义的分析,包括通过事后的总结与反思不断作出新的改进。因为,这也正是这方面十分常见的一个现象:学生经由"数学活动"所获得的未必是数学的活动经验,甚至还可能与数学完全无关。

(3)从教育的角度看,我们显然又应十分重视"学生的数学(学习)活动"与"真正的数学活动"的必要区分。

例如,在笔者看来,这事实上也正是以下论述给予我们的一个主要启示:

"所说的'活动'都必须有明确的数学内涵和数学目的,体现数学的本质,才能称得上'数学活动'。它们是数学教学的有机组成部分。教师的课堂讲授、学生的课堂学习,是最主要的'数学活动'。"(顾沛,"数学基础教育中的'双基'如何发展为'四基'",《数学教育学报》,2012年第1期,第15页)

进而,我们又应清楚地看到这样一个事实:学生的数学学习活动,包括所谓的"主动探究"主要地都是在教师指导下完成的,即主要是一种文化继承的行为,从而也就与数学家的创造性劳动具有十分不同的性质。(对此我们还将在第三部分作出进一步的论述)

例如,在笔者看来,我们事实上也应当从这一角度对所谓的"基本活动经验"作出具体分析。这也就是指,就学生而言,我们不应泛泛地去谈及所谓的"感受"、"体验"等,而是应当更加重视教师在这方面的指导作用,即应当针对相关的活动具体地去进行引导,从而使学生真正"学有所悟",并能很好地实现相应的教育教学目标。

最后,这显然又应被看成我们在这一方面所面临的一个重要任务,即应对"学生的数学活动"作出清楚界定,并应依据学生的认识发展水平对此作出合理的定位,也即应当具体地去指明在基础教育的不同学段或年级我们究竟应当积极引导学生去参与哪些"数学活动"。否则,前面所提到的各个主张,包括"过程的教育"、"学数学,做数学"等,都只是一种空中楼阁,根本不可能真正得到落实。

第 4 章

数学文化论与数学的文化价值

　　"数学文化论",其核心观点是指我们应把数学看成一种文化现象,看成整体性人类文化的一个重要组成成分,这也是4.1节的具体内容。4.2节则集中于"数学的文化价值",即将分析的视角拓宽到了整体性的社会文化。

4.1　数学的文化观念

　　数学能否说是一种文化? 或者说,数学在什么意义上可以被看成一种文化? 以下就围绕对于"文化"的不同理解对此作出具体分析。

1. 作为文化之数学实在

　　文化,广义地说,即是指一切非自然的,也即由人类创造的事物或对象。由于数学对象并非物质世界中的真实存在,而是抽象思维的产物,因此,在所说的意义上,数学就是一种文化。

　　正如第2章中所提及的,在不少持有上述观念的人看来,这种关于数学的文化观念为数学的本体论问题提供了具体解答:数学正是作为文化而存在的,后者直接决定了数学对象在本体论上具有双重的性质,即我们既应明确肯定数学对象对于抽象思维的依赖性,同时也应清楚地看到数学对象的相对独立性。这也就如美国著名人类文化学者怀特(L. White)所说:"数学真理存在于个人降生于其内的文化传统之中,这样,文化传统便从外部进入他的大脑。但是,离开了文化传统,数学概念既不能存在也没有意义,当然,离开了人类,文化传统也不复存在。因此,数学实在独立于个体意识而存在,却完全依赖于人类意识。"("The Locus of Mathematical Reality", *The Science of Culture*,

第285～286页)

当然,又如第2章中所已指出的:数学的客观性并不能唯一借助由个体向群体的转移得到彻底的解释。事实上,只需作一些简单的比较,我们就可看出其他的文化成分,如文学巨著中的主人公,也可被认为具有一定的客观性,但数学显然又具有这些成分所不具有的"一义性",后者也就是数学何以能够成为一门科学的一个必要条件。也正因此,就数学的本体论问题而言,我们就不应局限于个体与群体之间关系的分析,而还应当清楚地看到数学建构活动的形式特性。后者即是指,由于数学对象的性质完全取决于相应的定义(和推理规则),因此,即使就数学概念的创造者而言,就已包含了由主观的"思维创造"向客观的"独立存在"的转化:尽管正是数学家本人从虚无中创造了一个新的世界,但这个新世界却以它那种种神奇和出乎预料的规律控制了数学家。从此,数学家就不再是一个创造者,而仅仅是一个探索者了,他探索着他自身所创造的那个世界的秘密和关系。

当然,应当再次强调的是,在明确肯定数学建构活动形式特性的同时,我们又应清楚地看到这种活动的社会性质。这也就如第3章中所指出的,个人的创造,无论是问题、命题、语言或方法,只有为相应的数学共同体所接受,才能真正成为数学的组成成分,后者也就是我们具体谈及"作为文化之数学实在"的一个基本意义。

2. "数学传统"

在现代人类文化学的研究中,关于"文化"较为流行的一个定义是:这是指由某种因素(居住地域、民族性、职业等)联系起来的各个群体特有的行为、观念和态度等,即各个群体特有的生活方式和工作方式。由于现代社会中数学家显然也构成了一个特殊群体——"数学共同体",因此,我们也就可以在这样的意义上去谈及"数学文化":这即是指数学共同体特有的行为、观念和态度,也即所谓的"数学传统"。

由于在第3章中我们已对"数学传统"的具体内涵进行了分析,在此就仅限于强调这样两点:

(1)"数学传统"的相对性。正如第3章中所指出的,这是这方面的一个基本事实,即历史上存在多种不同的数学传统。也正因此,这就是"数学的文化研究"十分重要的一个课题,即关于不同数学传统文化背景的具体探讨。

(2) 相对于将数学等同于数学的"知识成分"这样一种狭义的理解而言,数学的文化观念清楚地表明"观念"也应被看成数学的重要组成成分。进而,基于"数学传统"的多样性,这显然也就表明数学不应被看成在价值取向上完全中性的。例如,渊源于古希腊的现代数学传统就明显地表现出了重抽象思维这样一种价值取向,后者与中国古代特别重视数学的实用价值这样一种价值取向构成了直接的对立。

3. 数学文化:一个开放的系统

(1) 作为数学的文化观念,我们显然又应特别重视数学与整体性人类文化之间的关系:正是后者为数学的发展提供了重要的外部环境;反之,数学对于整体性人类文化的发展也具有十分重要的影响。

例如,这显然就是人们何以引入以下多个不同术语的主要原因:

"本土数学"(indigenous mathematics),这一术语主要是在与"外来数学"("西方数学")相对立的意义上得到了使用;

"社会数学"(socio-mathematics),这即是指在各个特定社会环境中发展起来的数学;

"自发的数学"(spontaneous mathematics),这一术语突出强调了这样一个事实:任何一个个人或文化群体都能自发地形成一定的数学知识;

"被压制的数学"(oppressed mathematics),这是指这样的数学成分,它们存在于民众的日常生活之中,但却受到了占据主导地位的意识形态的压制,即不能得到社会主导成分的承认;

"非标准的数学"(non-standard mathematics),除去与"学院数学"(academic mathematics)的对立以外,这一术语突出强调了这样一个事实:各种文化都会发展,并将继续发展自己特有的数学形式;

"被遗忘的数学"(hidden or frozen mathematics),这是指前殖民地人民原先具有的,但在殖民化过程中被遗忘了的数学知识,包括如何对此作出必要的发掘与重建。

(2) 在明确肯定数学与整体性人类文化之间重要联系的同时,我们又应看到,随着数学本身与人类文明的进步,数学表现出了越来越大的相对独立性。特别是,数学的现代发展在很大程度上可被看成是由其内部因素唯一决定的,具有自身特殊的发展规律和价值标准。也正因此,在一些学者看来,我们应将数学看成整体性人类文化的一个相对独立的子系统。当然,作为问题的另一方面,我们又应明确肯定这一子系统的开放性,而不应将此看成一个完全自足的封闭系统。(详可见 1.3 节)

以下对美国学者怀尔德关于数学发展动力和规律的研究(详见 R. Wilder, *Mathematics as a Cultural System*, Pergamon Press, 1980)作出简要介绍,借此我们可更好地理解在数学与整体性人类文化之间所存在的辩证关系。

4. 怀尔德论数学发展的动力和规律

(1) 就数学发展的动力而言,怀尔德曾列举了以下的 11 种力量:

环境的力量;遗传的力量;符号化;文化传播;抽象;一般化;一体化;多样化;文化阻滞;文化抵制;选择。

以下则是怀尔德在这方面的一个基本思想:与生物的进化相类似,数学的发展也是由其内在力量和外部力量共同决定的,怀尔德把这两种力量分别称为数学发展的"遗传力量"和"环境力量"。

具体地说,所谓"遗传的力量",主要是指已有的数学工作及数学传统对于进一步研究工作的影响。例如,已建立的数学理论的意义及其可能的发展前景对于数学家选择研究方向就具有十分重要的影响;长期未得到解决的问题以及已有工作的各种缺陷或弊病,如理论的不相容性等,也可被看成对数学家构成了直接的挑战。另外,作为数学传统的具体表现,数学家又总是在追求新的更加合适的符号系统、更高的抽象性、更大的统一性,等等——显然,这也正是怀尔德何以明确提出"符号化"、"抽象"、"一般化"、"一体化"、"多样化"与"选择"等这样一些概念(它们都从属于"遗传力量")的主要原因。怀尔德还明确地提出,在数学的早期发展中,"遗传力量"的作用并不明显。但是,随着数学的发展,"遗传力量"发挥了越来越大的作用,以至现代数学在一定程度上可被看成一个自足的系统。

尽管数学的现代发展在很大程度上是由其内在力量决定的,但是,怀尔德指出,"环境力量"仍然具有十分重要的作用。就后者而言,怀尔德还作出了关于"物质成分"与"文化成分"的进一步区分:前者指人类物质生活的直接需要,后者则是指其他的文化成分,特别是自然科学的研究对于数学发展的需要。怀尔德认为,除去早期的发展以外,促进数学发展的外部力量主要是其他科学特别是物理学的需要,而非人类物质生活的直接需要。另外,在怀尔德看来,不同文化的交流可以促进数学的发展,环境的封闭或对于外来文化的抵制则可能阻碍数学的发展——也正是基于这样的考虑,怀尔德提出了"文化传播"、"文化阻滞"及"文化抵制"等概念。

(2)以下则是怀尔德提出的关于数学发展的 23 条规律:

第一,重大问题的多重的独立的发现或解决,是一条规律,而不是例外。

第二,新概念的进化通常是由于遗传的力量或者是由于借助环境力量得到表现的一般文化的压力造成的。

第三,一旦一个数学概念在数学文化中提出,它的可接受性最终将取决于这一概念的富有成果的程度;它不会由于它的起源或形而上学或其他的标准谴责它是"不真实的"而永远遭到拒斥。

第四,一个新的数学概念的创造者的名望和地位在该概念的可接受性方面起着强制的作用,尤其是在新概念突破了传统时是这样;对于新的术语或符号的创造也是这样。

第五,一个概念或理论能否保持它的重要性,既取决于它的富有成果性,也取决于它的符号表达形式。如果后者造成了理解上的困难而概念却仍然是富有成果的,那么,一种更容易把握和理解的符号形式就会得到发展。

第六,如果一个理论的进展依赖于某一问题的解决,那么,这一理论的概念结构就会以这样的方式得到发展以使这一问题得到最终解决。一般说来,这种解决将带来一大批新的成果。

第七,如果若干概念的一体化将会促进一个数学理论的发展,特别是这一理论的发展就依赖于所说的一体化,那么,这种一体化就会发生。

第八,如果数学的发展需要引入某种似乎是不合理或"不真实"的概念,那么,这种概念就会通过适当且可接受的解释提供出来。

第九,在任何时候,都有一种为数学共同体的成员所共同享有的文化直觉,它体现了关于数学概念的基本的和普遍接受的见解。

第十,不同文化与不同领域之间的传播经常会导致新概念的产生并加速数学的发展,假设接受的一方已经达到了必要的文化水平。

第十一,由一般文化及其各种子文化,诸如科学的子文化,所造成的环境力量,将在数学子文化中造成明显的反映。这种反映既可能是增加新的数学概念的创造,也可能是数学创造的减少,这取决于环境力量的性质。

第十二,当数学中取得了重大的进展或突破,它们的意义又已为数学公众所理解时,就常常会导致对先前只是部分地被理解的概念的新的洞见,以及有待于解决的新的问题。

第十三,数学现行概念结构中不相容性或不适当性的发现,将会导致补救性概念的产生。

第十四,革命可能发生在数学的形而上学、符号体系和方法论之中,但不会发生在数学的内核中。

第十五,数学的不断进化伴随着严密程度的提高。每一代数学家都会感到对先前几代人所作的隐藏的假设进行证明(或反驳)是必要的。

第十六,数学系统的进化只能通过更高的抽象进行,这种抽象借助于一般化和一体化,并常常为遗传的力量所激励。

第十七,个别的数学家必须维持与数学文化主流的接触,而不能有其他的选择;他不仅受数学的发展状况和已有的数学工具的限制,而且必须适应那些即将走向综合的概念。

第十八,数学家们不时地宣称,他们的课题已经近乎"彻底解决了",所有的基本结果已经得到,剩下的只是填补细节问题。

第十九,文化的直觉主张,每个概念、每个理论都有一开端。

第二十,数学的最终基础是数学共同体的文化直觉。

第二十一,随着数学的进化,隐藏的假设将不断被发现并得到明确的表述,其结果或者是被普遍地接受,或者是部分或全面地被抛弃;接受通常伴随着对假设的分析以及用新的证明方法去证实它。

第二十二,数学中最活跃时期出现的充要条件是,存在有合适的文化气候,包括机会、刺激(如新领域的出现,悖论或矛盾的发现等)和材料。

　　第二十三，由于数学的文化基础，因此在数学中不存在什么绝对的东西，只有相对的东西。

　　(3) 怀尔德的上述工作显然具有重要的意义，特别是，这种历史的考察清楚地表明数学具有无限的发展可能性。也正因此，在数学中就不存在任何绝对的东西，如绝对的严格性、绝对可靠的基础等等（规律十五、十八、十九、二十、二十一、二十三等）。另外，又如规律五、六、七、八、十二、十三、十五、十六、二十一等所清楚表明的，数学的发展并不是由少数天才决定的，而是有一定内在的必然性。后者显然也就是怀尔德所说的"规律"的本意所在，包括我们应从社会—心理学的角度去从事这方面的具体研究（规律九、十七、二十等）。

　　另外，从总体上说，怀尔德的这一研究显然也是与本书的基本立场十分一致的，特别是，除去"命题"与"概念"以外，我们也应将"问题"、"语言"和"方法"等看成数学的重要组成成分。进而，我们又应清楚地看到在数学的"知识成分"与"观念成分"以及数学的"内在力量"与"外部力量"之间所存在的辩证关系。

　　(4) 在作出上述肯定的同时，我们也应清楚地看到怀尔德研究工作的局限性。例如，就数学发展的动力而言，怀尔德关于 11 种力量的列举显然与其关于"环境力量"和"遗传力量"的二分不相一致。例如，"文化传播"与"文化阻滞"显然都应被看成从属于"环境力量"，从而也就不应被列为与后者完全"平等"的力量。进而，正如第 2 章的分析已清楚表明的，对于怀尔德所说的"遗传力量"我们也可依据"知识成分"和"观念成分"（数学传统）的区分作出进一步的梳理。例如，"符号"、"抽象"、"一般化"、"一体化"、"多样化"等显然都可被看成属于"数学传统"的范围。另外，这一分析也不应被看成是十分完整的，因为，正如前面所已提及的，"严格化"和"系统化"显然也应被看成十分重要的"遗传力量"。最后，无论就"环境力量"或"遗传力量"而言，它们显然又都具有这样的性质，即既可能促进数学的发展，也可能阻碍数学的发展。又由于这主要涉及到了各种力量所产生的作用，因此，在此也就没有必要单独对"文化传播"和"文化阻滞"（及"文化抵制"）作出进一步的区分。

　　以下是对决定数学发展的各种力量的一个概括。

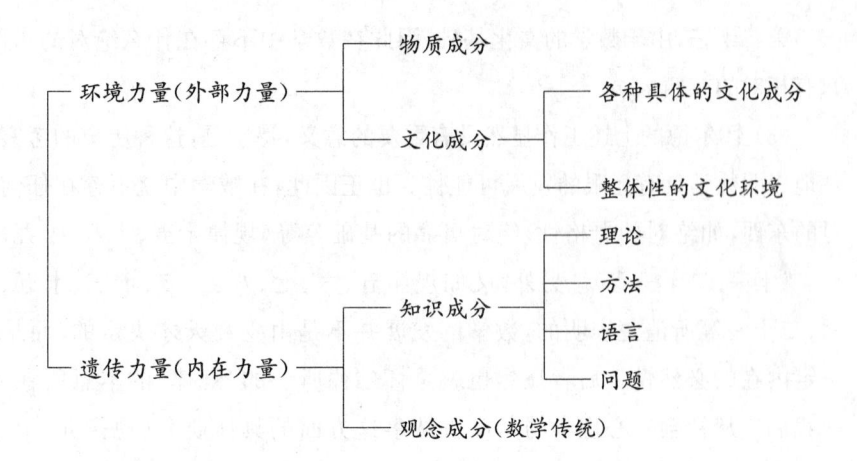

另外,就怀尔德关于数学发展规律的研究而言,这应当说也是一个明显的不足之处,即其主要停留于历史事实的简单归纳,却未能从理论高度对此作出进一步的梳理与分析。事实上,这也正是数学哲学研究必须遵循的一条方法论原则:我们既应高度重视数学史的具体考察,同时又必须从理论高度对此作出进一步的分析。这也就如康德所说,没有历史的哲学是空洞的,没有哲学的历史是盲目的。

进而,我们显然也可从同一角度去理解第 1 章中关于数学发展辩证性质的分析(对此可参见 1.3 节)。特别是,与怀尔德的工作相比,这可被看成更为深入地揭示了数学发展的这样一条规律:数学的无限发展正是在诸多对立面的辩证运动中实现的。显然,就我们目前的论题而言,这也可被看成从整体上更为清楚地表明了数学文化的特殊性,后者即是指,数学应当被看成整体性人类文化的一个相对独立的子系统,并具有自己特殊的发展形式和规律。

总之,相对于"数学文化"的前两种理解而言,上述的分析可被看成从一个更高的层面提供了新的理解,后者也为我们更为深入地认识"什么是数学"提供了更为广阔的视角。

4.2　数学的文化价值

1. "文化视角"的特殊性

什么是数学的文化价值? 这一问题显然直接涉及到了数学教育的基本目

标(对此我们将在第二部分作出具体论述)。其特殊性则在于,我们在此主要地以整体性社会文化为背景进行分析思考的。

由以下的对照比较我们可更好地理解什么是这里所采取的分析视角:如果说这正是数学教育的一个重要功能,即十分有利于学生思维的发展,包括初步地学会数学地思维,那么,"文化的视角"就更加关注思维发展与理性精神的养成这两者之间的关系,并以整体社会而不是各个个体作为具体的研究对象。

具体地说,学生的思维发展显然可被看成我们如何能够帮助学生逐步养成理性精神的一条基本途径,并在一定程度上具体表明了我们究竟应当如何去理解所说的"理性精神"。如果说前一方面的研究具有很强的方法论色彩,那么,相关的"文化研究"所关注的就主要是数学学习对于人们观念的形成特别是价值观念的重要影响,因此,我们应当跳出数学,从更大的范围去认识数学的文化价值。

例如,这事实上也正是波利亚何以特别强调"问题解决"的主要原因:"解题是智力的特殊成就,而智力乃是人类的天赋,正是绕过障碍、在眼前无捷径的情况下迂回的能力使聪明的动物高出愚笨的动物,使人高出最聪明的动物,并使聪明的人高出愚笨的人。""解题是人类的本性。我们可以把人类定义为'解题的动物',他的生活充满了不可立即实现的目标。我们大部分的有意识思维是与问题相关的,当我们并未沉溺于娱乐或白日做梦时,我们的思想有着明确的目标。"也正因此,波利亚提出:"数学教师的首要责任是尽其一切可能来发展他的学生的解决问题的能力。"进而,这又正是数学教育的主要价值:它在发展学生的智力方面"具有最大的可能性"。(详见 G. Polya, "On Solving Mathematical Problems in High School", *Problem Solving in School Mathematics*, NCTM, 1980)

波利亚还曾联系学生未来的就业情况对"问题解决"特别是数学思想方法的重要性进行了论证。波利亚指出,普通中学的学生毕业后在其工作中需要用到数学的(包括数学家在内)约占全部学生的 30%,其余的 70% 则几乎用不到任何具体的数学知识。[①] 也正因此,波利亚认为:"对学生灌注有益的思维

---

① 波利亚的这一统计是在 20 世纪 60 年代作出的,从而就未必适用于现代社会,因为,"数学化"正是现代科技发展的主要趋势,特别是,计算机技术的迅速发展和普及更极大地强化了这样一种趋势。

习惯和常识也许不是一件太容易的事,但一个数学教师假如在这方面取得了成绩,那么他就真正为他的学生们(无论他们以后是做什么工作的)做了好事。能为那些70％的在以后生活中不用科技数学的学生做好事当然是一件最有意义的事情。"(《数学的发现》,内蒙古人民出版社,1980,第二卷,第181、182页)

另外,这事实上也可被看成人们在论及"数学教育目标"时何以普遍采用"数学素养"这一术语的主要原因:我们在此所主要关注的已不只是数学自身的发展(这集中地体现于"学生的数学知识结构"、"学生数学研究能力的培养"等),而是数学教育如何能为未来社会合格公民(而不只是数学家或其他可能用到数学的工程技术人员)的培养作出更好的贡献。

为了更清楚地说明问题,在此还可从一般教育的角度特别是与科学教育作一简单的比较。具体地说,上述的转变事实上也正是美国著名的"哈佛报告(1945)"(*General Education in a Free Society*, Harvard University Press, 1945——这被认为为美国的高等教育乃至二次大战后普遍的教育改革奠定了必要基础)所采取的基本立场。特别是,相对于先前的"专门教育"而言,我们应当更加提倡所谓的"普通教育":"它用来指学生整个教育中首先是为一个负责任的人和公民的生活做准备的那部分教育;而'专门教育'一词则指学生某种职业能力的那部分教育。"这一报告并从上述角度对科学教育的各个相关问题进行了具体论述,如"普遍教育中的科学应当体现广泛而综合的因素——科学思维方式与其他思维方式的比较,各门自然科学学科之间的比较和对比,科学与科学史以及人类一般历史之间的关系,科学与人类社会问题的关系。在这些领域中,科学对所有学生的普通教育可以产生深刻持久的影响。"(丁邦平,《国际科学教育导论》,山西教育出版社,2002,第90～91页)

人们在此也明确提出了"科学素养"这样一个概念,并从"文化素养"这一角度对此进行了具体分析。后者即是指,与"思想道德素养"、"健康素养"等相同,这也应被看成"整体性民族素质"的十分重要的一个组成成分。容易想到的是,后者事实上也正是诸多教育改革运动的一个共同立场。如科学教育应当"注重科学精神与人文精神的结合,现代科技与日常生活的结合,……以及知识教育与能力培养的结合"。(《全日制义务教育科学(3～6年级)课程标准(实验稿)解读》,湖北教育出版社,2002,第67页)我们应当十分关注科学学习对于人们日常所用到的多种能力的强化作用,包括"创造性地解决问题的能力"、"运用判断进行思维的能力"、"在集体中协同工作的能力"、"有效地运用技术的能力"、"懂得活到老学到老的价值",等等。("行动的号角",《美国国家科学教育标准》,科学技术文献出版社,1999,第15页)

进而,这也是人们在从事"科学素养"内涵的具体分析时所普遍采取的一个立场,即认为我们不仅应当帮助学生掌握一定科学知识与技能,包括相应能力的培养,而且也应高度重视如何能够帮助他们养成科学的态度、情感与价值观,包括正确的自然观,并能正确地理解科学的本质,以及科学与科学以外其他各种活动与各种社会事务之间的关系,等等。总之,这应被看成"教育(包括科学教育与数学教育)的文化研究"最为重要的一个特征。

2. 人们理性精神的养成

这应当被看成"数学的文化价值"最为基本的一个涵义,即其对于人们理性精神的培养具有特别的重要性。例如,这就正如著名数学史学家克莱因所指出的:"数学是一种精神,一种理性的精神。正是这种精神,激发、促进、鼓舞并驱使人类的思维得以运用到最完善的程度,亦正是这种精神,试图决定性地影响人类的物质、道德和社会生活;试图回答有关人类自身存在提出的问题;努力去理解和控制自然;尽力去探求和确立已经获得知识的最深刻的和最完美的内涵。"(M. Kline, *Mathematics in Western Culture*, George Allen and Uuwin Ltd. ,1954,前言)

就"理性精神"的具体内涵而言,我们还应特别强调这样两点:

(1)"理性"不应被看成一个绝对的、僵化的概念,而是有一定的历史发展和演变的过程,并且正是数学在这一过程中发挥了特别重要的作用。(也正因此,我们可将这里所论及的"理性精神"称为"数学理性")

例如,"理性"最早是在与"愚昧无知"相对立的意义上得到了应用,即认识到了自然界并非混乱、神秘、变化无常和恐怖的,或者说是由天神完全控制和支配的。恰恰相反,世界有其一定的规律性。

从历史的角度看,应当说正是古希腊的智者在这方面首先取得了实质性的进步,这也就如克莱因所指出的:"任何值得一提的文明都探索过真理。思索的人们尽管不能,但总是试图去理解复杂多变的自然现象,去解开人类如何定居在这个地球上的谜题,去弄明白人生的目的,去探索人类的归宿。在所有早期的文明中,这些问题的回答都是宗教领袖给出的,并为人们所普遍接受。只有古希腊文明是个例外。""希腊的智者们对自然采取了一种全新的态度。这种态度是理性的、批判性和反宗教的。神学中上帝按其意志创造了人和物质世界的信仰被抛弃了。智者们终于得出了这样的观念:自然是有序的,按完美的设计而恒定地运行着。……这种设计,虽然不受人的行为所影响,却能被人的思维所理解。"进而,克莱因又明确地指出,古希腊人之所以能"摒除故弄玄虚、神秘主义和对自然运动的杂乱无章的认识,并代之以可以理解的规律",其"决定性的一步是数学知识的应用"。(《数学:确定性的丧失》,湖南科学技术出版社,1997,第1~4页)

具体地说,我们在此还应特别提及所谓的"毕达哥拉斯—柏拉图传统",因为,后者可被看成"世界是有规律的"这一认识的具体表现,更在西方文明的形成过程发挥了特别重要的作用:"到15世纪,……'毕达哥拉斯—柏拉图'强调数量关系作为现实精髓的思想逐渐占据了统治地位。哥白尼、开普勒、伽利略、笛卡儿、惠更斯和牛顿实质上在这方面都是毕达哥拉斯主义者,并且在他们的著作中确立了这样的原则:科学工作的最终目标是确立定量的数学上的规律。"(《古今数学思想》,第一册,同前,第251页)

还应强调的是,这一传统也集中反映了人们的这样一个信念:不仅客观世界具有一定的规律性,这种规律也是可以为人们所认识的。当然,数学又应被看成在这方面具有特别重要的作用:正如上述引言所清楚表明的,它不仅为人们应当如何去认识客观规律指明了努力的方向,而且也提供了必要的工具或研究途径。

更为具体地说,我们在此又应特别提及这样一个思想:对于自然界的研究应当是精确的、定量的,而不是含糊的、直觉的。事实上,精确的、定量的研究正是近代自然科学得以形成的一个重要条件。这也就如克莱因所指出的:"近代科学的历史,……就是将关于光、声、力、化学过程以及其他概念的模糊思想化归成数及量性关系的历史。"(克莱因,《西方文化中的数学》,九章出版社[台湾],1995,第511页)在不少学者看来,这也就最为清楚地表明了数学对于人们的认识活动乃至"理性精神"形成的重要作用:这正是"从近代开始的自然科学或说自然科学的理性的实际上完全不可避免的榜样作用的结果。……自然科学具有最高度的理性，因为它是受纯数学指导的，它是通过归纳的数学研究而获得的结果。难道这不应成为一切真正知识的楷模吗？难道知识——如果它想成为超出自然领域之外的真正知识的话——不应以数学为楷模吗？……当然，直接从伽利略开始的理论和实践的重大成功在此起了作用。从而，世界和哲学呈现出全新的面貌：世界本身必须是理性的世界，这种理性是在数学的自然中所获得的新的意义上的理性；相应地，哲学，即关于世界的普遍的科学，也必须被建筑成一种'几何式的'统一的理性的理论"。（胡塞尔，《欧洲科学危机和超验现象学》，上海译文出版社，1988，第72页）

　　在此我们还应特别提及这样一点：就人们的认识活动而言，也正是数学为人们提供了必要的信心。例如，正如《九十年代的中小学数学》这一著作中所提及的："多亏了数学，人们才能有些可以确信的东西。""数学已经给人类带来了无可估量的心理上的满足，我们不再害怕疯狂的上帝与我们人类开冷酷无情的玩笑了。"（ICMI研究丛书之一：《国际展望：九十年代的数学教育》，上海教育出版社，1990，第79页）进而，如果说上面的论述主要涉及到了数学的历史价值，那么，又如克莱因所指出的，我们还应清楚地看到数学对于人类未来发展的特殊意义："讨论这种人类理性的成就，在一定程度上能增强我们对文明的信心，这种文明在今天面临着毁灭的危险，燃眉之急可能是政治上和经济上的。在这些领域中，至今还没有充分的证据表明人类的力量能克服自身的困难，进而建设一个合理的世界。通过研究人类最伟大和最富于理性的艺术——数学，则使得我们坚信，人类的力量足以解决自身的问题，而且到现在为止人类所能利用的最成功的方法是能够找到的。"（《西方文化中的数学》，同前，第192页）

　　当然，就我们目前的论题而言，又应特别强调这样一点，即正是数学使人们逐步建立起了这样一个认识：任何权威或是自身的强烈信念都不能被看成判断结论真理性的可靠依据，恰恰相反，任何真理都应经受理性法庭的审查。我们应坚持纯客观的研究立场，而不应掺杂任何主观的、情感的成分。

　　例如，由以下的实例我们可清楚地看出数学在这方面对于人们的重要影响："告诉一个小学生第二次世界大战持续了10年，他会相信；告诉他两个4

的和为 10，就会引起争论了。"(《国际展望：九十年代的数学教育》，同前，第79 页)

（2）我们还应从两个方面更为深入地去理解所说的"理性精神"：这不仅涉及到了对客观世界的认识，也关系到了对于自身的认识，特别是，我们如何才能超越各种已有的局限性并将自身的认识能力发挥到尽致。

例如，这显然可被看成后一方面的一个具体努力，即对于"直接经验"的必要超越。进而，这事实上又可被看成上述"关于数量关系构成了一切事物和现象的本质"这一信念的一个直接结论，这也就是指，只有超越直接经验我们才能获得关于事物和现象本质的认识。

当然，除去上述的涵义以外，我们又应从更为广泛的角度去理解数学对于人类认识能力发展的积极意义，对此例如从以下的分析就可清楚地看出："数学……是一种活动，在这种活动中，人类精神似乎从外部世界所取走的东西最少，在这种活动中，人类精神起着作用，或者似乎只是自行起着作用和按照自己的意志起作用。""（正）因为数学科学是人类精神从外部借取的东西最少的创造物之一，所以它就更加有用了。……它充分向我们表明，当人类精神越来越摆脱外部世界的羁绊时，它能够创造出什么东西，因此它们就愈加充分地让我们在本质上了解人类精神。"（彭加莱，《科学的价值》，光明日报出版社，1988，第 374、367 页）

进而，我们在此又应清楚地认识到这样一点："当数学越是退到抽象思想的更加极端区域时，它就越是在分析具体事实方面相应地获得脚踏实地的重要成长。没有比这事实更令人难忘的了。"（怀特海语。载 J. Kapur 主编，《数学家谈数学本质》，北京大学出版社，1989，第 209 页）特别是，这事实上也可被看成为数学何以可能在现代的自然科学研究中发挥越来越重要的作用提供了直接解释，即这并非只是指"由定量到定性"这一思想在科学中的具体应用，而且也是指这样一个事实：正是数学为科学创造提供了必要的概念工具。

具体地说，这正是科学现代发展的一个重要特点，即与经验的距离变得愈来愈远了。也正因此，现代的自然科学理论主要地就应被看成一种"假说—演绎系统"：其中的普遍原理不再建立在对于经验事实的直接归纳之上，而只是一种暂时性的假说，其真理性则完全取决于由此所推导出的具体命题能否得到经验的确证。也正因此,自然科学就不得不借助于数学以从事新的理论创造,或者说,就正是数学的现代发展为此提供了现实的可能性。正如3.2节中所指出的,数学现代发展最为重要的特点就在于:其研究对象已由具有明显直观背景的量化模式扩展到了可能的量化模式。这也就如爱因斯坦所指出的:在现代的科学研究中,"逻辑基础愈来愈远离经验事实,而且我们从根本基础通向那些同感觉经验相关联的导出命题的思想路线,也不断变得愈来愈艰难、愈来愈漫长了"。从而,"理论科学家在探索理论时,就不得不愈来愈听从纯粹数学的、形式的考虑",这也就是指,"我们能够用纯粹数学的构造来发现概念以及把这些概念联系起来的定律,这些概念和定律是理解自然现象的钥匙"。(《爱因斯坦文集》,第一卷,商务印书馆,1976,第372、262、316页)

由量子力学的创建我们可很好地理解数学在现代自然科学研究中的上述作用。一般认为,波动力学构成了量子力学的主要出发点,而其基本立场就是认为微观粒子同时具有波动性和粒子性。从历史上看,正是为了对所说的"波粒二象性"作出统一描述,奥地利物理学家薛定谔(E. Schrodinger)首先引进了"波函数"的概念,并用所谓的"薛定谔方程"来刻画微观粒子的变化情况。然而,由于在当时薛定谔尚未能够对波函数的物理意义作出清楚说明,他主要地就是从数学中借用了必要的概念工具。这也就如当时在学术界中流行的一首小诗所说:"薛定谔运用波函数,能算出不少好东西;要问函数的意义怎么样,却又谁都说不上。"只是到了后来,才由德国物理学家玻恩(M. Born)对波函数的意义作了如下解释:波函数表明物质波乃是电子分布的几率波。而这事实上也就意味着基本概念框架的重要变化,即在量子力学中几率的概念已取代原来的确定性概念占据了主导地位,从而,总的来说,就正是数学为量子力学的实际发展提供了必要的概念工具。

再例如,麦克斯韦(J. Maxwell)在最初也正是借助于数学引入了"位移电流"这样一个概念,并以此为基础发展起了自己的电磁场理论。又由于电磁波的存在只是在20多年后才得到了证实,因此,在很长时间内,电磁波也只是作为"符号的载体"而存在的。对此赫兹写道:"对于什么是麦克斯韦的理论这一问题,我不知道任何简单和确定的回答,除非麦克斯韦的理论就是麦克斯韦方程组。"

　　总之，正如美国学者戴森所指出的："对于一个物理学家来说，数学不仅是可以用来计算现象的工具，而且是可以创造新理论的那些概念和原则的主要源泉……一个物理学家必须借助于数学来建立他的理论，因为，数学使他能比有条理的思考想象出更多的东西。"（"自然科学哲学问题丛刊"，1982 年第 1 期，第 61 页）

　　就我们目前的论题而言，这显然也就更为清楚地表明了数学对于人们认识能力的提高乃至思想解放的重要作用。例如，在笔者看来，我们主要地也就应当从这一角度去理解齐民友先生的以下论述："从历史上看，数学大大促进了人类思想的解放，提高与丰富了人的精神水平。数学促进人类思想解放有两个阶段，第一阶段从数学开始成为一门科学到 18 世纪中叶，在这个时期中，数学帮助人类从宗教和迷信的束缚下解放出来，从物质上、精神上进入了现代世界。第二阶段从 18 世纪末到近代，这个时期数学最突出的事件是非欧几何的发展与关于无限的研究，这些成果后来成为相对论与量子力学的数学基础。这是人类思想的一个大的解放，提高与丰富了人的精神水平。每一次新的划时代的创造成果与新的重要数学分支的出现，都大大地促进了人类思想的解放，提高与丰富了人的精神水平。"更为概括地说，这也就是指："数学把理性思维发挥得淋漓尽致，……数学是向两个方向生长的，一个研究宇宙规律，另一是研究自己。探索宇宙，也研究自己——所达到的理性思维的深度，从逻辑性和理性思维的角度讲，是任何其他学科无法企及的。数学提供了一种思维的方法与模式，不仅仅是认识世界的工具，而实际上成为一种思维合理性的重要标准，成为一种理念、一种精神。"（引自郑隆忻等，"论齐民友的数学观与数学教育观"，《数学教育学报》，2014 年第 4 期，第 8 页）

　　最后，笔者以为，这也应被看成"理性精神"的又一重要内涵，即自觉的反思与自我批判。显然，从这一立场出发，我们不仅应当清楚地看到数学对于人类文明发展的积极作用，而且也应对其可能的消极作用作出自觉反思。这也就是所谓的"数学的善"与"数学的恶"（对此我们将在以下作出具体的论述）。

　　事实上，数学可以被看成是唯一严格地证明了自身局限性的学科。例如，正如人们普遍了解的，著名的哥德尔不完备性定理就清楚地表明了形式化研究方法的局限性。更为一般地说，我们则又可以提及所谓的"局限性定理"——由于这些都属于"元数学"的研究,即以整个数学理论特别是理论中的证明结构为对象进行研究的结果,从而在很大程度上也就可以被看成对于数学的认识活动特别是其固有局限性的自觉反省。

3. 东西方文化中的数学

正如前面所指出的,这是"数学的文化研究"的基本立场,即我们应当超出知识技能与方法的层面,集中地研究数学对于人们观念的形成特别是价值观念的重要影响,更应当以整个社会群体作为直接对象去进行分析思考。[①]

应当指出的是,这事实上也可被看成是东西方文化比较研究所给予我们的一个直接启示,即从历史的角度看不同文化对于数学的重要性应当说具有不同的认识;反之,我们也可从同一角度更为清楚地去认识数学对于整体性文化的影响,而这当然也有益于我们更好地去发挥数学的文化价值。以下就对此作出具体论述。

为方便起见,在此还可专门引入这样一个概念,即"数学文化"(mathematical culture),它是指这样的一种整体性文化:由于数学在其中发挥了特别重要的影响,以至在很大程度上决定了一般民众的世界观、方法论和价值观念等,我们就可将此特称为"数学文化",并从数学角度具体地去指明这一文化的主要特征。

具体地说,近代的西方文化可被看成这里所说的"数学文化"的典型例子,因为,正是数学在西方文明的形成和发展中发挥了特别重要的作用。与此相对照,由于数学在东方文明中始终没有占据如此重要的地位,因此,东方文化就不能被看成"数学文化",毋宁说,"儒家文化"是更为恰当的一个名称。

当然,上面的论述并非是指数学在古代中国没有任何影响,而主要是指数学在其中并没有起到决定性的作用。另外,这又正是"文化"这一词语的采用所清楚表明的一个事实:所说的(数学的)影响主要是以潜移默化的方式发挥作用的,而且,其涉及面也已远远超出科学的范围而扩展到了社会生活的方方

———————

① 从这一角度去分析,如果仅仅从数学学习本身,如对于数学的好奇心与求知欲、数学学习的自信心等,来理解数学教育中所说的"情感、态度与价值观",就应说是过于狭窄了。

面面,包括人文社会科学、艺术、技术等,以及人们的日常生活乃至整个社会的运行。总之,我们在此是以整体性社会文化为对象进行分析的。

例如,著名科学史学家李约瑟就曾围绕"有机自然观"与"机械自然观"的对立对东西方思想体系进行过具体分析。李约瑟认为,"机械自然观"曾在西方长期占据主导的地位,其主要内容则可归结为:(1)主客体的明确分离,即确认一个不依赖于人类思维的外部世界的存在。(2)确认外部世界具有内在的规律性,后者并可归结为机械的法则。也正因此,我们就可借助分析的方法,由定量到定性地去认识外部世界的规律。与此相对照,"有机自然观"则在古代中国占据了主导地位,后者集中体现于这样两个观念:(1)自身的"小我"应被消融到整个大宇宙之中,从而对于两者也就不应作出严格的区分,毋宁说,它们构成了一个有机的整体。这也就是所谓的"天人合一",或是根本的"道"。(2)为了获得对于"道"的认识,所需要的并非外向的探索,而是内向的"悟性",这也就是所谓的"天人感应"。后者具有"整体性"和"不可言状"的特点,即前者是指借助于悟性我们可以获得关于整体宇宙的绝对认知,后者则就是所谓的"'道'可道,非常'道'"。

显然,李约瑟所说的"机械自然观"即是与前述的"数学理性"十分一致的,或者说,我们应将后者看成"机械自然观"特别重要的一个组成成分,在这两者之间更可看到一种相互促进、彼此强化的"良性循环",特别是,正是后者直接促成了近代科学在欧洲的形成。与此相对照,在"有机自然观"与"数学理性"之间则可说存在直接的对立或冲突。例如,主要地就是由于"有机的自然观"的影响,特别是对于内省式"悟性"的突出强调,数学的文化功能在古代中国始终未能得到清楚的认识。这样,尽管数学作为一门实用技艺在古代中国也有一定的发展,但这又始终被看作一种"济世之术"而未能登上大雅之堂。进而,正由于数学的文化功能未能得到充分发挥,所说的"有机自然观"也就始终没有受到有力的冲击,而这最终则又直接阻碍了近代科学在古代中国的发展。特别是,在古代中国,对自然界的研究始终停留于朴素的定性分析,而没有能够前进到精确的定量分析,从而也就没有能够形成真正意义上的科学。

显然,以上的比较分析不仅清楚地表明了东西方文化传统的重要区别,也更为清楚地表明了数学对于理性精神乃至整个人类文明发展的特殊重要性。

这也就如克莱因所指出的:"数学一直是形成现代文化的主要力量,同时又是这种文化极其重要的因素……如果我们对数学的本质有一定的了解,就会认识到数学在形成现代生活和思想中起重要作用这一断言并不是天方夜谭。"("数学与文化",载邓东皋等主编,《数学与文化》,北京大学出版社,1990,第39、40页)我们应当在这一意义上去肯定齐民友先生的以下论述:"历史已经证明,而且将继续证明,一个没有相当发达的数学的文化是注定要衰落的,一个不掌握数学作为一种文化的民族也是注定要衰落的。"(《数学与文化》,湖南教育出版社,1991,第12、13页)这也就是指,我们应当努力建立民族和国家的"数学意识"。

考虑到中国的传统文化从来没有给数学应有的重视,更未清楚地认识到数学的文化价值,上述断言就应说具有重要的现实意义。

4. 数学的"善"与"恶"

上面已经提到,作为高度自觉性的具体表现,我们不仅应当充分肯定数学对于人类文明发展的积极作用(可称为数学的"善"),而且也应清楚地认识并切实防止其可能的消极作用(数学的"恶")。

例如,在一篇直接题名为"数学与善"的论文中,著名学者怀特海就曾从认知的角度对数学的"善"与"恶"进行了具体分析。怀特海首先明确地提出了"数学是模式的科学"这样一个观点,并从这一角度指明了数学对于人类认识活动乃至社会进步的重要意义:"模式……是我们理解经验的一个因素。""每一种艺术都奠基于模式的研究。社会组织的结合力也依赖于行为模式的保持;文明的进步也侥幸地依赖于这些行为模式的变更。"由于"数学对于理解模式和分析模式之间的关系,是最强有力的工具",因此,在怀特海看来,这也就十分清楚地表明了数学对于人类文明的特殊重要性。怀特海并因此而作出了如下的预言:"如果文明继续发展,那么,在今后两千年,人类思想中压倒一切的新特点就是数学悟性要占统治地位。"("数学与善",载林夏水主编,《数学哲学译文集》,知识出版社,1986,第350页)

事实上,这也正是怀特海所说的"数学的善"的一个基本涵义:模式作为一种抽象"涉及强调,而强调却使经验活跃起来,……现实所特有的一切特性都是强调方式;根据这种方式,有限使无限活跃起来"。另外,他所谓的"数学的恶"则是指模式的应用也可能对认识活动产生消极的影响。怀特海还作出了关于"微不足道的恶"与"强烈的恶"的进一步区分，即前者是指我们不应将抽象的模式与真实简单地等同起来："讨论善与恶可能要求对经验的理解具有一定的深度，而一个单薄的模式可能阻挠预想的实现。于是，有一种微不足道的恶——一幅写生画竟能取代一幅完全的图画。"另外，"引起强烈经验的两个模式可以彼此冲突。于是，就有一种由主动的对抗所产生的强烈的恶。"（"数学与善"，同前，第351～353页）例如，数学中的悖论就可被看成后者的典型例子。

当然，除去认知方面的考虑以外，我们又应从更为广泛的角度去认识数学的"恶"，后者即是指，如果缺乏足够自觉性的话，数学的固有特性也可能导致另外一些消极的后果，包括消极的研究思想、学术态度乃至人生哲学，等等。

例如，如果过分强调定量分析，就容易忽视对于事物和对象的整体性把握以及对其本质的深入分析，后者与前者相比显然更为重要。例如，这显然正是现今在各种评审或考核工作中经常可以看到的一种弊病。

再例如，正如2.2节中所提及的，过分强调数学创造的自由性也可能导致"为数学而数学"，特别是把"美的追求"看成数学研究的唯一目标。而这不仅会对数学的整体发展造成极大威胁，就研究者个人而言也容易造成"闭门造车、孤芳自赏"，甚至是"妄自尊大"。由于与自然科学相比后一现象在数学中应当说更为常见，从而也就可以被看成数学所极易导致的又一种"恶"。

数学甚至还可成为人们"超世脱逸"的一种手段。例如，正如爱因斯坦所指出的："至于艺术上和科学上的创造，那么，在这里我完全同意叔本华的意见，认为摆脱日常生活的单调乏味，和在这个充满着由我们创造的形象的世界中去寻找避难所的意愿，才是他们的最强有力的动机。这个世界可以由音乐的音符组成，也可以由数学的公式组成。我们试图创造合理的世界图像，使我们在那里面就像感到在家里一样，并且可以获得我们在日常生活中不能达到的安定。"（《爱因斯坦文集》，商务印书馆，1982，第一卷，第285页）应当指出的是，这种动机对于数学发展也许不是一件坏事，但这无疑进一步强化了数学家的"孤芳自赏"这样一种倾向，更不利于数学家自觉地承担起所应承担的社会责任。

　　以下再从更深入的层面进一步指明"数学理性"对于整体性社会文化所可能造成的消极影响或后果。

　　具体地说，作为现代社会深入发展的具体表现，近年来有不少西方学者从各个不同角度对现代社会、人类的现代化进程、现代科学技术、现代思想体系等进行了深入反思和批评，这也就是所谓的"后现代主义"。又由于数学特别是所谓的"数学理性"在现代文明，特别是西方文明的发展过程中发挥了特别重要的作用，因此，后者常常也就将此作为直接的批判对象，即深入地探讨了数学与"数学理性"在人们世界观、思维方式与价值观念的形成这些方面所造成的消极影响。

　　事实上，尽管李约瑟明确肯定了"数学精神"对于近代科学产生的重要作用，但其同时也认为这直接导致了"机械的世界观"："'新科学'或'实验科学'的特征，是在现象中找出一些可以度量的因素，并把数学方法应用到这些量的变化规律当中去，……这样，量的世界就取代了质的世界。……的确，伽利略的革命推翻了中世纪欧洲人所具有的有机的世界观（这种世界观和中国人的有某种程度的共同之处），而代之以一种实质上是机械的世界观。"（《中国科学技术史》，科学出版社，1978，第三卷，第 353 页）另外，与李约瑟相比较，胡塞尔的批评则更加直截了当，且与怀特海的观点十分一致："以数学的方式构成的理念存有的世界开始偷偷摸摸地取代了作为唯一实在的、通过知觉实际地被给予的、被经验到并能被经验到的世界，即我们的日常生活世界。""在几何和自然科学的数学化中，在可能的经验的开放的无限性中，我们为生活世界量体裁一件理念的衣服，即所谓客观科学的真理的衣服。……正是这件理念的衣服使我们把只是一种方法的东西当作真正的存有，而这种方法本来是为了在无限进步的过程中，用科学的预言来改进原先在生活世界的实际地被经验到的和可被经验到的领域中，唯一可能的粗略的预言的目的而设计出来的。这层理念的化装使得这种方法、这种公式、这种理论的本来意义成为不可理解的。"（《欧洲科学危机与超验现象学》，上海译文出版社，1988，第 58、61、62 页）

　　法国著名科学史家亚历山大·柯伊莱的以下论述显然也具有同样的批判涵义："我一直认为，近代科学打破了隔绝天与地的屏障，并且联合和统一了宇宙。这是对的。但正如我也说过的，它这样做的方法，是把我们的质的和感知的世界,我们在里面生活着的、爱着的、死着的世界,代之以另一个量的世界,具体化了的几何世界,虽然有每一个事物的位置但却没有人的位置。于是科学的世界——现实世界——变得陌生了,并且与生命的世界完全分离,而这生命的世界是科学所无法解释的,甚至把它叫做'主观的'世界也不能解释。"另外,德国著名哲学家、存在主义哲学最著名的代表人物之一海德格尔(M. Heidegger)则更将批判的矛头直接指向了数学:"所有这一切发生在这样一个时代,在其中数学因素早已从一个世纪以来涌现出来,成为思想的基本特征并趋向明朗;按照这一对世界的自由筹划,这个时代开始走向一种新的对现实的进攻。在这里丝毫没有怀疑论,丝毫没有自我的立场和主观性······"(《海德格尔选集》,上海三联书店,1996,第 871 页)更为一般地说,这事实上也可被看成胡塞尔以下批判的核心:"我们必须把新的自然观中的一个基本成分突出出来。伽利略在从几何的观点和从感性可见的和可数学化的东西的观点出发考虑世界的时候,抽象掉了作为过着人的生活的人的主体,抽象掉了一切精神的东西,一切在人的实践中所附有的文化特性。这种抽象的结果使事物成为纯粹的物体,这些物体被当作具体的实在的对象,它们的总体被认为就是世界,它们成为研究的题材。人们可以说,作为实在的自我封闭的物体世界的自然观是通过伽利略才第一次宣告产生的。随着数学化很快被视为理所当然,自我封闭的自然的因果关系的观念相应而生。在此,一切事物被认为都可一义性地和预先地另以规定。"(《欧洲科学危机与超验现象学》,同前,第 71 页)

我们在此还可特别提及所谓的"现代性"——尽管其看不见、摸不着,但却对于人们的思维方式、自然观、价值取向具有十分重要的影响。在后现代主义者看来,这也就是导致现代社会种种弊病与不正常现象的一个深层原因,或者说,现代社会正经历着一场与数学和"数学理性"直接相关的"文化危机"。

以下就是霍尔顿关于"现代性"的具体分析,由此可以看出,正是数学或"数学理性"在"现代性"的形成过程中发挥了十分重要的作用:(1)"客观性"的崇高地位;(2)喜欢定量而不是定性的结果;(3)非人格化的、普遍性的结果;(4)基础主义,理性化而不是道德主义的思维;(5)问题取向(这是与目的取向相对立的);(6)证明的要求;(7)相对于权威的怀疑论,寻求自主性;(8)以理性、启蒙为基础,反对把个人或物神圣化;(9)倾向于容纳相反的意见

（只要它被证明），允许争论和新的经验；(10) 倾向于精英统治，知识会导致权力；(11) 知识领域中存在层次：更基本的层面被用作对其他层次作出说明的根源；(12) 公开声称世俗的、反形而上学和"祛魅的"；(13) 喜欢进化，而非停滞或非连续的变化；(14) 宁可自我无意识，宁可非自反性；(15) 世界主义与全球主义。（《科学与反科学》，江西教育出版社，1999，第 216、217 页）

当然，我们并不应因此而贬低数学与"数学理性"的价值，因为，所说的"恶"事实上只是缺乏自觉性的表现或后果。从而，我们在此真正需要的也就是这样一种态度：我们不仅应当充分肯定数学的"善"，也应清楚地认识并切实避免数学的可能的"恶"。

综上可见，这正是"文化的视角"给予我们的一个重要启示，即我们应当深入地去研究数学教学究竟如何才能更好地发挥数学的文化功能？当然，这又是另一与此密切相关的问题，即我们应当如何从文化的视角更为深入地去认识数学教育的性质？对此我们将在第二部分作出具体论述。

最后，作为第一部分的结束，笔者又愿再次强调这样几点：

第一，与单纯的学习相比，我们应当更加重视"理论的实践性解读"，即如何能够联系自己的工作实践积极地去开展独立思考。另外，这事实上也可被看成理论研究最为重要的一个功能，即有助于实践工作的深入反思，包括为此提供了必要的背景，也即我们究竟应当如何去实现"教学实践的理论性反思"。

第二，我们应自觉坚持辩证观念的指导，切实防止各种简单化的认识与片面性的观点。事实上，与唯一地倡导某种理论相比，我们既应更加提倡观念的多样性，也应切实加强比较与分析的工作。从而就可更好地认识各种观念的优点与局限性，包括各种观念的适当互补与必要整合，也就可以在工作中更好地加以应用，包括努力促进数学课程改革的深入发展。

总之，我们在这方面最为重要的一点是很好地实现由不自觉状态向自觉状态的必要转变。

第二部分
数学教育目标与数学教育的性质

数学教育目标,就其最为基本的涵义而言,主要涉及到了这样一个问题：作为人类有组织的社会行为,我们为什么要将"数学"纳入到学校的课程体系之中,并事实上占据了十分重要的位置? 进而,就数学教育哲学的相关研究而言,主要地并不是为数学教育制定出某种具体目标,而是应从理论层面对相关情况特别是数学教育目标的现代发展作出分析。这样不仅可以使得相关的理论研究具有更大的自觉性,也有益于广大教师的独立思考,从而就不至于成为某些时髦理论的不自觉俘虏。这也正是第 5 章的具体内容。第 6 章则将围绕课程改革对数学教育的基本性质作出分析,包括数学教育的文化相关性与数学教育的基本哲学,其中还明确提出了"数学教育的时代性原则",并从这一角度对数学教育的"现代化问题"进行了具体分析。

第 5 章

数学教育目标的现代发展

从历史的角度看,数学教育目标应当说经历了重要变化,即由传统的"精英教育"转向了"大众数学",由单纯意义上"知识教育"转向了"多维目标"。以下就对此作出具体分析。

5.1 从"精英教育"到"大众数学"

1. 从新一轮数学课程改革谈起

这是 2001 年起实施的我国新一轮数学课程改革最为明显的一个特征,即对于义务教育的普及性、基础性和发展性的突出强调:"义务教育阶段的数学课程应突出体现基础性、普及性和发展性,使数学教育面向全体学生。实现

● 人人学有价值的数学;

● 人人都能获得必需的数学;

● 不同的人在数学上得到不同的发展。"

(中华人民共和国教育部制定,《全日制义务教育数学课程标准·实验稿》,北京师范大学出版社,2001,第 1 页)更为具体地说,"义务教育的基本精神要求每个适龄儿童拥有平等地接受作为一个公民所必需的数学教育的权利。这种意义下的数学课程应当是对每一个人所必需的终身发展有价值的,并且是人人都能够实现的。"(刘兼,"建立旨在促进人的发展的数学课程体系",《广东教育》,1999 年第 4 期)

由此可见,所谓的"大众数学"可被看成新一轮数学课程改革最为基本的一个理念。这也就是指,数学教育应面向全体学生,而不只是其中的少数人。

数学教育更应发挥"水泵(pump)"而不是"过滤器(筛子)"的作用,即应当为每一个学生的未来发展提供必要的基础和动力,而不应将他们划分成"适于数学学习的"与"不适于数学学习的"这样两类,并因此而剥夺大多数学生进一步发展的机会或权利。

更为一般地说,"大众数学"(mathematics for all)事实上也正是国际数学教育界自 20 世纪 80 年代以来的一个普遍口号(一些学者更明确提出了"数学的民主化"[democratize mathematics]这样一个主张),并可以被看成 20 世纪 90 年代以来在世界范围内广泛开展的新一轮数学课程改革("课标运动")的共同目标或基本立场。例如,作为美国新一轮数学课程改革的主要指导性文件,由美国数学教师全国理事会(NCTM)所制订的《学校数学课程与评价的标准》就明确地指出:"以往学校实践的社会缺陷已是不可容忍的了。……数学已经成为我们社会的职业与完全参与的关键性的过滤器。我们不能忍受我们绝大部分人口没有数学素养。平等已成为经济上的必要性问题。"(《美国学校数学课程与评价标准》,人民教育出版社,1994,第 4 页)另外,为了指导课程改革的进一步发展,全美数学教师理事会又于 2000 年出版了新一轮的"数学课程标准":《学校数学教育的原则和标准》。后者则更将"公平性原则"列为数学教育"6 个至关重要的、根本性观点"的首位:"数学教育的优化要求公平—— 对所有的学生都有高要求并大力帮助他们学好数学。""教育机会均等是这一宏伟目标的核心部分。所有学生,不管其个性、背景、身体如何,必须有机会学习数学,并帮助他们学好。"(《美国学校数学教育的原则与标准》,人民教育出版社,2004,第 14 页)

从历史的角度看,对于"大众数学"的明确倡导反映了数学教育目标的重要变化,即是与数学教育领域中曾长期占据主导地位的"精英教育"直接相对立的。例如,20 世纪 60 年代在世界范围内盛行的"新数运动"(New Mathematics)主要可被看成属于"精英教育"的范围,而所谓的"双重教育目标"则更可以被看成后者的核心所在,即对于大多数学生(这是未来的劳动力)的低标准与少数学生(这是未来社会的上层分子)的高标准。例如,这正如美国新一轮数学课程改革的另一指导性文件《人人算数》所指出的:"在历史上,美国的学校是围绕双重目标而设计的:教给大多数学生在工业或农业中终身工作所需要的基本技能,对少数精英——他们将进入高等院校并最终成为社会的上层分子——则实行彻底的教育。"

应当强调的是,作为对"大众数学"基本内涵的具体分析,我们又应特别重视"普遍的高标准",这也就是指,"大众数学"并非是指通过降低标准以实现人人平等,而应是数学上普遍的高标准。这正如《人人算数》中所指出的:"原先只适用于少数人的高标准现在必须成为普遍的目标。"(NRC, *Everybody Counts — A Report to the Nation on the Future of Mathematics Education*, National Academy of Science, 1989,第 11、12 页)另外,这也正是《美国学校数学教育的原则和标准》中所提到的"公平性原则"的一个首要涵义:"公平需要对所有的学生都有高要求并提供均等且优良的机会。"(同前,第 14 页)

从上述的角度去分析,以下的提法显然就不很合适:"比如说小学数学里的简便运算,有些地方的教研员说 40% 的学生掌握不好。既然 40% 的学生都掌握不好,为什么还要求所有的学生都去学,我想这本身就是一个问题。"更为一般地说,我们显然也可从同一角度对"人人学有价值的数学"和"人人都能获得必需的数学"这样两个提法提出一定的质疑。因为,无论"有价值的数学",还是"必需的数学",应当说都是较为含糊的概念。与此相对照,"数学上普遍的高标准"则可说更为明确地指明了努力的方向:与先前相比我们应当提出新的更高要求。当然,这又是这方面的一个紧迫任务,即我们应对"数学上普遍的高标准"的具体内涵作出具体说明,特别是,究竟什么是这里所说的"高标准"的具体涵义? 以下就围绕人类社会的整体性发展对此作出具体分析。

2. 努力创造信息时代的数学教育

(1) 从根本上说,数学教育目标的变化正是社会发展的必然要求。也正因此,我们就可明确提出关于数学教育目标的这样一条准则(可称为"社会性准则"):数学教育应当充分体现社会的要求,培养出社会需要的人才。

具体地说,我们在当前所面对的正是人类社会由工业社会向信息社会的过渡或发展,而这事实上也就是新一轮数学课程改革的一个直接出发点。例如,这就正如《人人算数》中所指出的:"今天的教育继承了工业时代的体制,从而就不应错误地被用来培养面向信息时代的儿童。"恰恰相反,"先前只是对那些将从事科技工作的人所要求的数学上的高标准,现已成为信息社会中合格劳动者必要基础的核心成分。"(NRC, *Everybody Counts — A Report to the Nation on the Future of Mathematics Education*,同前,第 11、12 页)更为一般地说,我们又应明确提出这样一个口号,即努力创造信息时代的数学教育。

事实上,每一时代或社会的教育体制(包括数学教育)都可被看成一定社会需要的产物。特别是,正如前面所提及的,现行的教育体制在很大程度上可被看成工业社会的直接产物:由于大规模的机器生产正是工业社会的基本特征,因此,工业社会的教育就以培养出大批具有健壮体格、灵巧双手和简单技能(包括计算技能),从而能够胜任简单机械劳动的未来劳动力作为主要目标。正因为此,工业社会的教育体制在整体上必然表现出"重技能"和"抹杀个性"等特征,并停留于对大多数学生的低要求。

然而,信息社会对于未来劳动力的培养应当说提出了与工业社会完全不同的要求:"21 世纪的劳动力将是较少体力型、更多智力型的,较少机械的、更多电子的,较少稳定的、更多变化的。""信息社会已经创造了一个在其中巧干比单纯苦干重要得多的世界经济。这一经济需要的是智力上适合的劳动者,即善于吸收新思想,能适应各种变化……并善于解决各种复杂问题的劳动力。"(NRC, *Everybody Counts — A Report to the Nation on the Future of Mathematics Education*,同前,第 11、1 页)简言之,与工业社会对于大多数学生的低要求不同,信息社会要求未来的劳动力普遍具有较高的文化素养。

除去从社会生产的角度进行分析以外,上述的发展也可被看成社会民主化的必要要求:与工业社会严格的阶级划分不同,现代的民主化社会要求每个成员都能成为社会平等的一员,即都能够积极参与社会的政治生活。这显然也对教育提出了更高的要求:我们应充分发挥每个成员积极参与、积极进取的精神,并使之具有高度发展的理性思维和创造性才能。显然,这种对于未来公民的高要求与上述关于未来劳动者的高要求是完全一致的,这也就是指,由工业社会向信息社会的发展必然要求学校教育用"普遍的高标准"取代传统的"双重目标"。

上述的变化当然也包括了"数学上普遍的高标准"。以下就是《美国学校数学课程和评估的标准》依据由工业社会向信息社会的过渡所列举出的数学教育的四项"社会目标":

① 具有良好数学素养的劳动者；

② 终身学习；

③ 机会人人均等；

④ 明智的选民。

这一文件还明确地指出，所有这些"社会目标"的核心就是要使所有学生都具有较高的数学素养，即能够达到如下五个"具体目标"：

① 学会认识数学的价值；

② 对自己的数学能力具有信心；

③ 具有数学地解决问题的能力；

④ 学会数学地交流；

⑤ 学会数学地推理。

（NCTM, *Curriculum and Evaluation Standards for School Mathematics*, 1989, 第 3～6 页）

以下联系数学在高科技中的应用以及计算机技术的迅速发展所造成的巨大变化对此作出进一步的分析论述。

首先，信息社会就是一个高科技社会，而科学技术的迅速发展则又必然地会引起关于数学教育目标的深入思考。例如，作为国际数学教育委员会（ICMI）直接组织的一项专题研究，《九十年代的中小学数学》一书就明确地提出："在技术先进的国家，过去对大多数在职人员所提出的数学要求有些已不再需要了，许多传统的要求如今已普遍地被认为是'无价值的'。""社会降低了对许多公民在特殊数学技巧方面的要求。"（《国际展望：九十年代的数学教育》，上海教育出版社，1990，第 72 页）当然，上述的变化并非是指数学在高科技社会已不那么重要了，恰恰相反，这正是由国际科学联合委员会科学教育委员会（ICSU - CTS）与国际数学教育委员会联合进行的一项研究"作为服务性学科的数学"的一个主要结论："数学与其他科学以及鲜明体现科学特色的技术活动之间的相互影响比以往为甚，并正在日益增强。"（《国际展望：九十年代的数学教育》，同前，第 149 页）这也就是说，尽管一些传统的要求已经过时，但同时也出现了关于数学素养新的要求。例如，当信息浪潮波及人们的工作与日常生活时，显然就需要其他一些数学知识有效地对信息进行处理，如统计思想、概率思想等。另外,从总体上讲,高科技的发展显然也对数学教育提出了更高的要求。

例如,现已有越来越多的人接受了这样一种观点:"高新科技的基础是应用数学,而应用数学的基础是数学。"从而,"高新技术本质上就是一种数学技术"。(详见中国科学院数学物理学部,"今日数学及其应用",《自然辩证法研究》,1994 年第 1 期)另外,作为对于"什么是有用的数学"这一问题的具体解答,《作为服务性学科的数学》明确地提出:"(在)内容的选择上,人们必须想到的不仅仅是我们希望学生获得的知识,而且要想到跟那些题目结合在一起的思想方法。""这种数学修养……对我们来说,似乎要比那种常用的技术的'基本'范围内的知识更适合目前的需要。"(《国际展望:九十年代的数学教育》,同前,第 152、153 页)

其次,计算机技术的迅速发展和广泛应用显然也是信息社会十分明显的一个特征,而这对于数学教育也具有十分重要和深远的影响。这正如美国国家科学理事会(NRC)在《学校数学的改造——课程设计的哲学和框架》一书中所指出的:"在众多促进数学教育改革的因素中,现代技术具有最大的潜在的革命性影响。"(*Reshaping School Mathematics: A Philosophy and Framework for Curriculum*,1990,第 22 页)具体地说,计算机技术的迅速发展和广泛应用不仅大大加强了先前业已存在的"数学化"倾向,而且,信息时代在很大程度上也可被说成"数学化的时代"。

例如,所说的"数学化"倾向首先体现于数学应用范围的极大扩展:"计算机处理大量信息的功能使得在诸如贸易、经济、语言、生物学、医药、社会学等领域中实行量化并对信息进行逻辑分析成为可能,特别是在社会科学与生命科学中已经造成了巨大的变化。事实上,定量分析的技术几乎已经渗透到了智力活动的所有领域。"(NCTM,*Curriculum and Evaluation Standards for School Mathematics*,同前,第 7 页)其次,这一倾向还表现于应用的深度:数学实验或计算机仿真实验正在部分地取代实际实验或成为其重要的补充,以至"计算"现已与"实验"和"理论"一样成为最为重要的科研手段之一。例如,无论是天文学中的超新星爆发过程、核爆炸过程、地质学中的地壳运动过程,还是分子生物学中一些大分子的复杂行为等,都可在计算机上通过数学模型进行模拟。

综上可见，"数学化"正是现代技术特别是计算机技术发展的必然产物。这正如美国国家科学理事会在 1984 年所发表的报告《进一步繁荣美国数学》中所指出的："高科技的出现把我们的社会推进到数学工程技术的新时代。"这也就是说，"高技术本质上是一种数学技术"。显然，这也就使得数学教育中普遍的高标准成为历史的必然，特别是，我们决不应将后者简单地理解成"学多一点，学深一些，更难一点"，或是片面地去提倡"少就是多"(less is more)，[①]而是应当以社会的现代发展为背景对此作出更为深入的分析。

值得指出的是，美国的数学教育工作者还从国际竞争的角度对于改进数学教育的紧迫性进行了论证："为了国际竞争的胜利和保持科学的领先地位，美国必须迅速改进自己的数学教育。……我们再也不能坐视这样的情况发生了，即我们的儿童并不能通过学校教育从数学上为 21 世纪作好准备。挑战是明显的，机会就在眼前。是行动的时候了！"(NRC, *Everybody Counts — A Report to the Nation on the Future of Mathematics Education*，同前，第 96 页)由于创造信息时代的数学教育正是摆在世界各国数学工作者面前的一项共同任务，因此，这也就十分清楚地表明了积极改进我国数学教育的必要性和紧迫性。特别是，我们应明确提倡并切实实现"数学上普遍的高标准"。

(2) 尽管以下的分析似乎有着不同的论题，但在笔者看来，这也十分清楚地表明了这样一点："数学上普遍的高标准"不应被看成纯粹的口号，而是对于日常的数学教学活动有着十分重要的影响。

具体地说，以下就是由国际数学教育委员会直接组织的专题研究之一《九十年代的中小学数学》中所提到的几个"核心问题"。相关作者明确指出，对这些问题选择什么样的解答对于实际教育活动将产生十分重要的影响或后果。(详见《国际展望：九十年代的数学教育》，同前，第 76～77，89～90 页)

---

① 应当指出，大多数口号的提出都有一定的背景或针对性。例如，"少就是多"这一口号主要地可被看成对于课改中普遍存在的"广而浅"这一现象的直接反对(对此例如可参见肖文强，"少者多也：普遍教育中的大学数学教育"，载《香港数学教育的回顾与前瞻》，香港大学出版社，1995，第109～118 页)。也正因此，我们就不应脱离相关情境盲目地加以提倡。

问题一：数学是否应该在为大众的中小学课程中保持其核心地位？

第一种选择：

否；对每个人不能都教"真正的数学"。

后果：

① 数学不再处在一种特殊地位，不再是普通教育的核心的一部分。

② 学习尖子将学习"真正的数学"。

③ 大多数学生将仅接触"有用的数学"，即排在课程表上的物理、技术教育、经济等科目中的数学。

④ 产生了不同学生的课程选择问题。

第二种选择：

是的；数学必须设计得能有效地教给全体学生。

后果：

① 数学将继续保持它在中小学课程里的中心地位。

② 这种新的中小学数学可能跟传统所教的数学有很大的不同。

③ 中小学数学和高等数学间的距离将会拉大。

④ 全体学生可望保持机会均等。

第三种选择：

是的；但也要承认，虽然教给全体学生，但未必人人教懂。

后果：

① 数学将保持其在中小学课程中以及公众舆论中的地位。

② 凡有能力理解课程中的数学的学生，将有机会施展才能。

③ 许多学生将和以前一样，经受失败和沮丧。

④ 教师的大多数时间将浪费在将一类数学教给有些实际上已经放弃数学的学生身上。

第四种选择：

是的；但是教师将按照学生的"能力"水平或"成绩"标准教给学生不同类型的数学，或以不同的速度教同样的数学。

后果：

① 数学将保持它在中小学课程里的核心地位。

② 所有学生将有机会学习适合于个人的那种数学。

③ 产生了不同的学生要选择不同课程的问题。

④ 跟采用统一的课程相比，各种不同水平的课程设计以及保证相应的人力物力都会变得更为困难和昂贵。

问题二：数学在整个中学阶段都应当是必修的吗？

第一种选择：是的。

后果：

① 需要更多的数学教师，他们中的许多人将花时间去教那些对数学不感兴趣或者能力不强的学生，效果明显不大。

② 学生不会因为被允许提早中断学习数学而对目前或今后的前途带来不利影响。

③ 社会平等将得到尊重。

④ 如果每个年龄段的学生只教（或者说只提供）一种形式的数学，那么到中学的后期就可能暴露出学生学习数学动力的严重问题。

⑤ 差生有一种不如旁人或失败的感觉，这种感觉将逐渐增强，一直持续到离校。

⑥ 势必面临课程分流的重大问题。

第二种选择：不是。

后果：

① 数学教师将把时间花在教愿意学数学的学生身上。

② 学习动力问题在很大程度上得到解决。

③ 差生能把自己的时间花到人们能够获得更大的成功和满足的活动上去。

④ 对有些学生今后的生活将会带来不利的影响。

⑤ 需要十分仔细地考虑把数学作为选修课的最佳阶段和允许学生中断数学学习的标准。

3. 国际上相关实践的启示

坚持"数学上普遍的高标准"也可被看成国际上相关实践给予我们的一个重要启示或教训。

　　具体地说,正如前面所提及的,"大众数学"在很大程度上即可被看成 20 世纪 90 年代以来在世界范围内普遍开展的新一轮数学教育改革运动的共同立场。也正因此,以下一些考虑在美国新一轮数学课程改革中就获得了人们的普遍重视,即如何能够使得数学对于大多数学生来说是更有吸引力和力所能及的。例如,正是基于这样的考虑,"开放性问题"在美国的数学教学中就获得了广泛的运用。因为,普遍认为,与具有唯一正确解答甚至唯一正确解题方法的"传统问题"相比较,开放性问题更适于使所有学生都参与到解题活动之中:他们可以依据各自的水平去进行求解,包括使用各种"非正规的"方法,如经验方法、直觉与猜想,等等。

　　以下就是这样的一个"开放性问题"(10 年级):

　　(1)用一张硬纸构造出一个尽可能大的盒子,即努力使其具有最大的体积,所说的盒子包括四个长方形的侧面和上下底;

　　(2)说出你认为具有最大体积的盒子,并对这一盒子为什么具有最大的体积作出直观的解释;

　　(3)再用一张纸构造出尽可能大的、没有顶的盒子。

　　另外,对于问题"现实意义"的强调也是普遍的倾向,因为,这可使学生更为清楚地认识学习数学的意义,从而有益于调动学生学习数学的积极性。

　　对于后一倾向,由以下的问题就可清楚地看出(9 年级):

　　一个农民在送鸡蛋去市场的路上发生了车祸,尽管她本人没有受伤,但所有的鸡蛋都破损了。由于她事先参加了保险,因此就前往保险公司索赔。后者要求她说出损失的鸡蛋的数目。她说她不知道准确数字,只记得以下的事实:当她在把鸡蛋装进小盒时,如果成双地装剩下一个;如果三个三个地装也剩下一个;如果四个、五个、六个地装也是同样的情况;但七个一装时正好装完。问:

　　(1)她有多少个鸡蛋?

　　(2)这一问题是否只有一个答案?

　　对于上述作法的基本出发点人们普遍持肯定的态度。但是，对于在实际教学中所出现的某些倾向则有一些学者提出了尖锐批评。如加州大学的武鸿熙教授（H. Wu）就曾对"开放性问题"在数学教育中的作用进行了批判性的分析。

　　例如，针对上述的第二个问题，武鸿熙教授提出，由于大多数学生都能通过"实验"的方法（错误尝试法）获得 301 这样一个解答，这一问题对他们来说就是力所能及的。而且，由于实验正是数学活动的一个有机组成部分，因此，让学生初步领会"实验的精神"也是重要的进步。但是，现在的问题在于：我们的学生面对这样的问题往往只是满足于用实验的方法求得了 301 这样一个解答，甚至教师也只是以此作为唯一的教学目标。针对这种情况，武鸿熙教授提出："数学并不停止于实验，而必须把它与理性的解释联系起来：在这些看上去并无联系的事实背后是否隐藏着某种普遍的理论？ 这些事实能否被纳入某个统一的数学结构？"从而，"在鼓励学生在数学中进行实验的同时，我们又应向他们指出实验方法的局限性：通过实验所得出的发现不应被看成终点，而只是迈向以某种广泛的数学结构为背景的更全面理解的第一步"。

　　武鸿熙教授还对应当如何去看待证明的问题进行了分析。他认为，对于直觉与非形式的强调无可非议，但是，我们并不能以此去取代数学证明，而只能作为后者的必要补充。然而，像上述第一个例子这样的开放性问题却使学生对存在于猜测和证明之间的重要区别认识不清："如果在解决问题的过程中总是满足于不加证明的猜测，他们很快就会忘记猜测与证明之间的区分。"而后者甚至可以说比根本不知道如何去解决问题更糟，因为，"证明正是数学的本质所在"。

　　尽管以上的论述所涉及的只是一些具体的例子，但在武鸿熙看来，所反映的情况却有很大的普遍性："在现实中，开放性问题在某些场合正在成为不求甚解和不加检验的猜测的同义词。"由于这可能使学生对于数学的本质形成错误的认识，因此就不能不说是由于过分强调数学的可接受性所造成的消极后果。作为数学家，武鸿熙教授也对新一轮课程改革的整体前进方向表示了严重关注："尽管这一讨论仅限于开放性问题，但对于新的改革的某些方面的大致了解已经使数学家对数学教育的前进方向产生了疑虑。"这事实上也代表了一种普遍的担忧:"我所担心的是,通过使数学变得越来越易于接受,最终所得出的将并非是数学,而是什么别的东西。"(A. Cuoco 语)"大众数学是否就意味着没有数学?"(J. D. Lange 语)

武鸿熙教授的以上论点见诸他的文章"开放性问题在数学教育中的作用"和"欧氏几何在中学的作用",并由此而引发了其他学者的一系列文章(这些文章集中刊登于美国的《数学行为杂志》[JME])。尽管其中的一些具有较强的争论性,如"对武鸿熙关于欧氏几何和开放性问题作用的答复","对于武鸿熙的回答与评论:关于数学本性更为均衡的观点"等。但从整体上说,笔者以为,这些文章与其说是对于武鸿熙相关论点的直接驳斥,倒不如说从各个角度进一步加深了人们关于数学教育若干基本问题的认识。

例如,就证明而言,普遍的看法是,学校数学无疑应当教证明,但关键恰又在于我们应使学生确实感到证明是有意义的和有用的。后者事实上也正是数学家对证明的看法:这是数学思维、探索和理解的基本途径。例如,正如 A. Cuoco 所指出的:"主要的问题并不在于我们是否要求学生进行证明,而是如何帮助学生自己去建构起证明。"

另外,人们普遍强调了数学理解的重要性,因为,这正是"迁移"(transfer)的直接基础:只有由朴素的水平上升到理论的高度,学生才能将某一特定情境下学到的数学知识成功应用于其他的类似场合。这也就是说,"缺乏反省和不加分析的数学活动只具有十分有限的应用。"(W. Dorfler 语)

显然,上面的分析事实上十分清楚地表明了过分强调问题"现实意义"的局限性,因为,这并不会自然而然地导致抽象和一般化,从而也就不能被看成如实地反映了数学的本质。(对此也可参见 2.3 节)另外,上述方面的绝对化认识又必然会导致勉强做作(例如,前面所举出的第二个例子显然就表现出了这样的迹象),从而也就可能产生适得其反的结果,即不仅不能真正调动学生学习数学的积极性,反而使学生更加感到数学是无意义和毫无用处的。

应当强调的是,相关的讨论明显表现出了互补的性质。这首先是指数学家与数学教育工作者的互补,这也就是指,为了搞好数学教育,我们应当同时从数学和(数学)教育的角度去进行分析研究。例如,尽管武鸿熙教授的上述观点通常被认为主要反映了数学家的看法,但这又正是后者的一个直接主张:

"新的改革应当在对于教学法和数学的强调方面求得更好的均衡。"其次,更为重要的是,就数学教育的各个基本问题的把握而言,人们也明显地表现出了辩证的取向,如认为应当力求在实验、直觉和论证这些对立的侧面之间取得平衡,并通过纠正错误不断取得新的进步:"对于新的作法我们应当小心地加以检验以发现它们是否合适,并对不适合的及时加以纠正。"(J. Roitman 语)

最后,就我们目前的论题而言,笔者以为,相关的实践也更为清楚地表明了这样一点:"大众数学"不应被理解为通过降低标准以实现人人平等,恰恰相反,我们应当坚持"数学上普遍的高标准"。值得指出的是,后者事实上也正是美国数学教育工作通过对过去 10 多年的课改实践进行总结所获得的普遍认识,即认识到了以《美国学校数学课程与评价标准》为主要指导的数学课程改革运动存在如下的问题或不足之处(对此还可见另文"千年之交的美国数学教育",载郑毓信,《数学教育的现代发展》,江苏教育出版社,1999,第 252 页):

第一,对基本知识和技能的忽视。特别是,计算器的过早使用极大地削弱了学生对于基本计算技能的掌握,而后者则构成了理解数学概念的必要基础。

第二,不恰当的教学形式,如对于合作学习的过分强调,等等,却未能很好地发挥教师应有的作用。特别是,由于"建构主义"的盛行,人们认为学生只能掌握(或理解)其自身或通过同伴间合作得以"建构"的知识,而这事实上就从根本上取消了教师在教学中所应发挥的主导作用。

第三,数学不只是一种有趣的活动,尤其是,仅仅使数学变得有趣起来并不能保证数学学习一定能够获得成功,因为,数学上的成功还需要艰苦的工作。事实是,在实践中我们可以经常看到这样的现象,即为了吸引学生的兴趣,教师或教材把注意力和大量的时间放到了相应的活动或情境之上,却没有能集中于其中的数学内容,这当然是一种本末倒置。

第四,课程组织过分强调情境学习,却忽视了知识的内在联系。例如,在按照这种思想编制的一些中学数学教材(如"Core-plus"等)中,传统的关于几何、代数和三角的区分被取消了,取而代之的则是所谓的"整合数学"(Integrated Math),即主要围绕实际生活来组织有关的数学内容的学习。然而,尽管后者具有综合性的特点,并较好地体现了数学的实际意义,但却未能使学生较好地掌握相应的数学知识。

第五，未能给予数学推理足够的重视。尽管《学校数学课程与评价标准》明确指出应当培养学生数学推理的能力，但就实践而言，所唯一强调的只是实验与猜测在数学发现中的作用，逻辑与证明则被完全抛弃了。

第六，广而浅薄，这即是指，由于未能很好地区分什么是最重要的和不那么重要的，现行的数学教育表现出了"广而浅"的弊病。特别是，"大众数学"忽视了不同的学生有着不同的需要，一个更应避免的弊病则是将"为一切人的数学"变成了"最小公分母式的教育"。

显然，这一事实也十分清楚地表明了这样一点：如果新的改革是以降低要求、放慢进度来实现"人人都能获得必需的数学"，那么，无论对于这种作法作出了怎样的辩护，我们都不应回避这样一个事实：这必然会对我国的未来发展造成严重的消极影响。

为了更清楚地说明问题，在此还可联系关于"数学上普遍的高标准"的一个直接反对意见作出进一步的分析。

具体地说，这是美国著名数学教育家诺丁斯（N. Noddings）所撰写的一篇文章"关于数学教学改革的反思：人人算数？"。而其之所以采用这样一个标题，就是为了表明对于前面所已提到的《人人算数》这一美国新的数学教育改革运动的指导性文件的直接反对，特别是，是否人人都需要数学？我们又是否应当提倡"数学上普遍的高标准"？

诺丁斯首先从社会学的角度对上述主张在现代何以为广大教育工作者所接受进行了具体分析：这正是现代社会的现实情况，即各种职业存在贵贱之分，而又正是数学在此起到了"筛子"的作用。这也就如《人人算数》这一文件中所指出的："作为职业训练的必要条件或择业考试的一个部分，75%以下的工作需要较好地掌握初等代数和几何。"也正因此，白人和男性在数学方面的优势似乎就成了社会上不平等现象的一个重要原因。而又正是对于这种不平等现象的反对使得"大众数学"成为时髦的口号："许多数学工作者无疑是出于平等的考虑接受了关于数学具有特殊重要性的说法。"然而，在诺丁斯看来，在此真正需要的是更为自觉的反思，特别是，我们应清醒地看到，所说的不平等现象并不是由数学教育造成的。恰恰相反，正是社会上不平等现象的存在才使得很多年轻人特别是少数民族和女性丧失了学好数学的机会。从而，除非任何真诚的劳动都能赢得应有的尊重和平等的待遇,我们才能期望单纯凭借数学教育就可改变社会上的不平等现象——在诺丁斯看来,这也就十分清楚地表明了这样一点:我们应对"大众数学"这一口号作出更为自觉的反思,特别是,我们是否真的应当提倡"数学上普遍的高标准"?

其次,作为上述问题的具体解答,诺丁斯提出,由于社会上始终存在诸如零售商、投递员、侍者、机修工、清洁工、驾驶员等大量不需要任何稍微高深一点的数学知识的行业(尽管在有关的职业培训和择业考试中,数学很可能仍然占有十分重要的地位),因此,"数学上普遍的高标准"就不是一个正确的口号。与此相对照,诺丁斯认为,我们应当根据学生的需要进行教育:"一些学生在中学阶段可能需要(学习)形式数学……其余的大部分人则应学习实际生活中需要的数学,而不是形式的数学,另一些人可以由不那么强调证明或深入的数学理解的形式学习有更大受益……""我将帮助那些对数学有着强烈兴趣的学生学习数学家观察世界的方式,但我并不要求所有的学生'像数学家那样地思维',他们应当按照自己的目标来学会如何应用数学。"

诺丁斯还专门针对计算机的普遍使用所造成的新形势进行了分析:"尽管使用计算机看上去很复杂,但对大多数人来说,这无非是过去的单调劳动的现代变种。"他并从认识论的角度对此提供了进一步的论据:"重要的事实是,只有当学生在自己所选择的道路上起劲地工作时,他们才能真正学到东西。"与此相反,强制性的学习则可能造成严重的消极后果,如学习兴趣和自信心的丧失,甚至因此而发展起了某种恐惧症或智力上的伤害。

诺丁斯的上述论述显然有一定道理,特别是,我们更应明确地肯定并认真学习他在面对"大众数学"这一得到人们普遍认同的口号时所采取的这样一个立场,即始终坚持自己的独立思考,包括必要的批判,而不是盲目地去追随潮流。但就所讨论的问题而言,笔者以为,我们仍需对此作出更为广泛和深入的分析:

第一,尽管社会上所存在的不平等现象很可能使得"弱势群体"被剥夺了数学上深造的权利,但是,"数学上普遍的高标准"仍将有助于我们如何能够通过自己的努力去减小或消除所说的不平等现象。而且,这也正是这方面的一个明显事实,即人们之所以普遍赞同"大众数学"这样一个口号,应当说反映了多方面的考虑,特别是,这更应被看成人类社会由工业社会向信息社会过渡的必然要求。

第二,在对数学的重要性进行分析时,我们不应仅仅着眼于各个具体的工作岗位是否要用到数学,或者说,需要用到什么样的数学,而还应考虑到数学的其他功能,特别是思维的发展与文化价值。另外,我们显然也不应仅仅着眼于今天的社会现实,而还应当注意分析社会进步所可能造成的新的变化和要求。总之,我们必须联系社会的要求与数学本身的价值去进行分析思考,这样才可能得到较为正确的结论。而且后者显然也可被看成我们如何能从根本上调动学生学习数学的积极性最为重要的一环。

另外,尽管计算机的使用在一定意义上确可被看成"过去的单调劳动的现代变种",但在笔者看来,这恰又更为清楚地表明了努力实现"现代技术的明智应用"的重要性。特别是,数学教育更应对消除(或者说防止)由于过分依赖计算机所造成的新的"迷信",以及由此而引起的社会上新的"两极分化"发挥重要的作用。

第三,上面的分析显然也直接涉及到了我们究竟应当如何去理解"数学上普遍的高标准",特别是,我们决不应单纯地从知识和技能的把握这一角度去对此进行解读。更为一般地说,后者事实上也正是数学教育由先前的"单一目标"转向"多维目标"的基本涵义。由于对于后一论题我们将在5.2节作出专门论述,在此就仅限于这样一个问题:"大众数学"是否就意味着"人人学习有用的数学"?

由于严重脱离实际正是传统的数学教育十分明显的一个弊病,因此,强调数学的应用确实应被看成改进数学教育的十分重要的一个方向或内容。但应强调的是,数学又不应被看成简单的技艺,因为,数学在客观世界中的应用是以高度的理论发展为基础的(这显然也应被看成"像数学家那样去观察世界、解决问题"的一个基本内涵),从而,我们在此就不应片面地去强调"实用的观点"。事实上,正如前面所提及的,数学在古代中国的历史发展十分清楚地表明了这样一点:唯一强调实用价值必然会对数学的发展造成很大的消极影响。这也正是国际上的相关实践给予我们的一个重要启示或教训:以"数学的应用"作为课改的主要方向必然会对数学教育造成严重的消极影响,后者则又必然地会影响到整个国家的未来发展。

更为极端地说,如果仅仅强调"人人学习有用的数学",那么,工业社会中曾长期占据主导地位的"双重目标"显然就可被看成是与这一主张完全符合的,但这恰恰又与现今所倡导的"大众数学"构成了直接的对立。

进而,也正是从同一角度去分析,笔者以为,与"大众数学"相比较,"素质教育"就是一个更为合适的口号,或者说,我们应将"努力提高全体学生的数学素养"看成"大众数学"的基本涵义。进而,作为"数学素养"内涵的具体分析,我们则又不应仅仅从知识和技能的角度去进行分析,而应采取多元的视角,特别是应当高度重视学生思维的发展与理性精神的培养。

总之,我们不仅应对"大众数学"这一口号有正确的理解,而且也应明确倡导"数学上普遍的高标准"。

4. 聚焦我国新一轮数学课程改革

从上述角度去分析,相信读者即可很好地理解以下一些论述。

(1)尽管现行的各种国际性的教育比较测试,如"国际数学与科学教育测试"这样的大规模比较研究,存在各种各样的弊病,即并不能全面地反映教育质量,但新加坡的实例仍可被看成为我们具体理解什么是"数学上普遍的高标准"提供了可能的注释:"新加坡在第三次国际数学与科学教育测试(TIMSS)中名列第一。然而,令新加坡人感到高兴的却不是成绩好的学生怎么样,而是所谓的差学生也超过了平均水平!"(黄翔,"关于数学教育研究的若干问题——与李秉彝教授的讨论",《数学教育学报》,2002年第2期)进而,也正是从同一角度去分析,笔者以为,无论新一轮课程改革相对于传统的数学教育造成了多大变革,我们都应当认真地去思考这样一个问题:什么是新一轮课程改革对于中国未来一代在国际性测试中排名的具体预期?

(2)也正是从"大众数学"的立场去分析,在新一轮课程改革中所出现的以下现象显然也应引起我们的高度重视,即在一定程度上出现了学生"两极分化"进一步加剧这样一个现象。例如,据一线教师反映,先前主要是在小学3年级才开始出现的学生的两极分化,现今在1年级就已凸显出来。另外,正如人们已普遍认识到的,课程改革的实施也在一定程度上加剧了原先就存在的在发达地区与欠发达地区之间的差距。

当然,对于此类问题我们不应"谈虎色变",但这确实十分清楚地表明了深入开展相关研究的重要性和紧迫性。例如,所说的"两极分化"加剧的现象是否真的存在,或者说,我们究竟可以在多大的范围与程度去谈及所说的"两极分化"? 进而,现今的"两极分化"与先前所存在的"两极分化"是否具有相同的性质,还是有不同的内涵或表现形式? 什么又是造成新的"两极分化"的主要原因? 特别是,这是否与课程改革的某些措施有直接的联系? 我们应如何去解决所说的"两极分化"? 等等。

另外,从同一角度去分析,笔者以为,对于"解决问题策略的多样化"这一作法在现实中所引发的以下现象我们也应予以高度的重视:"在计算教学中,我坚决地贯彻标准的理念,提倡算法多样化,通过一个阶段的教学,我感觉学生在情感、态度、价值观方面确实有了积极的发展,但也发现学生在计算方面的差异越来越大了。一些思维比较活跃的学生发展得更好了,但是有一些学生对于多种多样的方法没有自己的判断能力,他们无所适从,每一种方法都没有掌握好。""我对上课的学生做了调查:上了这节课后,你觉得用什么方法计算更好? 很多学生都坚持用自己的算法。为什么呢? 学生大多回答:我只注意自己的方法,根本就没注意其他同学的方法。因为我的方法得到了老师的鼓励,我就很乐意用这种方法……"("关于计算教学改革的讨论",《小学青年教师》,2002 年第 5 期)

更为一般地说,笔者以为,这即是我们在当前应当明确提倡的基本立场,即为了促进数学课程改革的深入发展,我们应当切实克服盲目乐观的情绪,并应通过认真的总结与反思去发现存在的问题,从而才有可能通过正视问题、解决问题不断取得新的进步。

(3)以下再对"不同的人在数学上得到不同的发展"这一提法作一简要分析。

显然,对于学生个体特殊性的高度重视正是这一主张的基本出发点。尽管这一立场是完全正确的,但在笔者看来,无论从理论或实践的角度看在此仍有很多问题需要我们深入地去进行研究,并妥善地予以解决。例如,从实践的角度看,这就是特别重要的一个问题,即我们究竟应当如何去理解所说的"不同的人":是指先天智力水平的不同,还是应当依据现有的学习成绩去作出判断,或是取决于将来的就业考虑? 进而,什么又是"数学上不同发展"的具体内涵? 特别是,这种差异是否仅仅局限于相关的知识内容,还是应当把"数学思考"和"问题解决",甚至"情感、态度、价值观"都包括在内?

进而,这事实上也正是国际数学教育界经由这些年的改革实践所认识到的一个问题,即必须很好地处理"大众数学"与"最好的20%的学生的数学发展"这两者之间的关系。当然,就我国的相关实践而言,我们又应十分重视这样一个问题,即如何处理好"个体化教学"与"大班教学"之间的矛盾?

再者,从理论的角度看,我们在此也就直接涉及到了这样两个更为基本的问题:

第一,我们究竟应当努力缩小在学生间所存在的差异,还是听之任之,甚至自觉或不自觉地使之进一步扩大?

第二,我们又应如何去处理规范与发展的关系? 值得指出的是,在这一点上我们还可清楚地看到东西方教育思想的一个重要差异:如果说西方特别重视学习者的个性发展,即明确表现出了个体的取向,东方的教育则就更加强调教育的规范性质,并表现出了明显的社会取向。另外,从更为深入的层次去分析,我们则又应当提及中国社会中所普遍存在的这样一个理念:只要教师教得得法,学生也做出了足够努力,绝大多数学生都能掌握基本的知识与技能,从而在知识上为进入社会作好必要的准备。

显然,上述的现象事实上也就更加清楚地表明了深入开展关于数学教育目标的理论研究,并从这一角度对数学课改实践作出认真总结与反思的重要性。

5.2　数学教育的"三维目标"

1. 由"单一目标"到"多维目标"

数学教育的"多维目标",其最为直接的涵义,即是对于数学教育的"单一目标",也即唯一强调数学知识和技能的学习这样一种常见做法的直接反对。

例如,前面所提到的由全美数学教师理事会提出的关于数学教育的5个"具体目标"显然就可被看成"多维目标"的一个具体体现:其中不仅提到了

"数学地解决问题的能力"、"数学地交流"和"数学地推理",也包括"认识数学的价值"以及"对自己的数学能力具有信心"。以下则是由 Verschaffel 和 De Corte 通过对世界各国新一轮课程改革指导性文件的综合分析所得出的普遍性结论:"就数学而言,现今的普遍共识是,熟练地学习和解决问题的必要基础应当包括如下一些才能:第一,学科知识;第二,启发性方法;第三,元认知的知识和技能;第四,信念、动力与情感等情感性因素。""除'能力'以外,'思维取向'(倾向于投入数学活动)和'敏感性'(对于实施适当的数学行为的敏感性)也应被看成数学才能的主要成分,后者也构成了数学素养的一个基本内涵。"(L. Verschaffel & E. De Corte,"Number and Arithmetic",载 A. Bishop 主编,*International Handbook of Mathematics Education*,Kluwer,1996,第 101页)由此可见,目标的"多元化"正是国际数学教育界的普遍发展趋势,人们更已形成了这样的共识:除去数学知识和技能的学习以外,我们还应高度重视学生能力的培养,以及帮助学生逐步养成相应的情感、态度与价值观。

更为一般地说,又如第 4 章中所已提及的,这事实上也正是人们现今在论及数学教育目标时何以普遍采用"数学素养"这样一个术语的主要原因。当然,从更为深入的角度去分析,这也可被看成集中地体现了数学教育的"社会性准则":数学教育应当充分体现社会的要求,培养出社会所需要的人才,我们应超出数学并从更为广泛的角度去分析思考,包括帮助学生逐步养成一定的情感、态度与价值观,并能正确地认识数学的价值,数学与数学以外其他各种活动及各种社会事务之间的关系,等等。

我们显然也可从上述角度具体地去理解关于我国"数学课程标准"的如下解读:"'人人学有价值的数学'是指作为教育内容的数学,应满足学生未来社会生活的需要,能适应学生个性发展的要求,并有益于启迪思维、开发智力。"(刘兼等主编,《全日制义务教育数学课程标准解读》,北京师范大学出版社,2002,第 109 页)数学教育的内容应当"既能让学生获得智力上的发展,更能让学生体会到数学与生活的密切联系,体会到数学的价值,使学生在理解并尝试解决现实问题的过程中获得自信"。(刘兼,"建立旨在促进人的发展的数学课程体系",《广东教育》,1999 年第 4 期)

当然,在明确肯定数学教育由"单一目标"转向"多维目标"的合理性的同

时,我们也应注意防止各种简单化的认识与片面性的观点,特别是:

(1) 将"多维目标"的各项内容看成彼此独立、互不相干的。也正因此,数学课程改革似乎就只是在传统的数学教育目标之外再加上了一些新的内容或方面。

与上述观点相对立,我们应当明确肯定并深入地研究各项目标之间所存在的辩证关系,这也可被看成为我们在实践中究竟应当如何去落实所说的"多维目标"指明了努力方向和具体途径。

对于数学教育各项目标之间的辩证关系我们将在下一节作出具体分析。在此则仅限于指明这样一点:我们事实上也可从同一角度对教育领域中长期存在的"人本主义"与"实用主义"的严重对立作出具体分析。

首先,这正是"人本主义"教育思想的主要特征,即突出地强调了个人(在历史上,这主要是指社会的上层分子)的心智训练和发展。又由于数学教育对于促进人的理性思维和创造性才能具有特别重要的意义,因此,数学在人本主义的教育思想中往往占有特别重要的地位,当然,这主要地又是指数学的思维功能,而非数学的实用价值。

例如,这种人本主义的教育思想在古希腊特别是在柏拉图那里就已得到了明确的表述。具体地说,古希腊的教育是一种贵族教育,即仅限于当时的统治阶级——奴隶主阶级,其主要目的就是将统治阶级的子弟培养成身心和谐发展,并能很好履行社会职责的合格"公民"。进而,由柏拉图关于如何以教育来划分社会各个阶层的以下描述,我们就可清楚地看出数学在这种教育中所占据的重要地位:在17~20岁受过3年的高等教育训练之后,对智力上的课程没有表现出特殊兴趣的学生,在20岁那年就必须去军营充当国家的保卫者;对于抽象思维表现出特别兴趣的学生则在20至30岁继续深造,研究哲学、数学(包括算术、几何、天文学和声学(音乐理论)),到30岁时,修完这些课程的学生就担任国家的各级管理者;在智力、抽象思维方面能力最强的人则应继续哲学、数学的基础研究,学习辩证法——哲学的最高规律,指导人类认识最高的善的思想的科学。在5年抽象的哲学教育之后,才能担任国家的要职,成为国王——"哲学王"。

正因为数学在其教育思想中占有如此重要的地位,柏拉图在其学院门口挂上"不懂几何者不得入内"这样一个告示也就无足为奇了。另外,由以下的传说我们也可清楚地看到数学的实用价值在当时如何遭到了忽视:有一个学生刚开始跟欧几里得学习几何学的第一个命题,就问:"学了几何学之后我会得到什么好处?"欧几里得立即叫过一个仆人,说:"给他 3 个钱币,因为他想在学习中获取实利。"

其次,与上述的"人本主义"教育思想相对立,"实用主义"的教育目标其主要特征就是对于实用技能的突出强调,就数学教育而言,这也就是指数学的工具作用。

例如,正如前面所已提及的,这种实用主义的教育思想在古代中国就有着十分典型的表现。尽管古代中国很早就将数学列入教育内容之中,但这只是被看成"六艺"之一,即被认为与"礼"、"乐"、"射"、"御"、"书"等一样都是一种"实用的技艺",对此只要够用就行了,而不必深究。

随着资本主义的发展,现代形式的教育体制得到了建立,传统的"人本主义"与"实用主义"的对立也在新的形式下得到了继续。

具体地说,在此有"形式教育"与"实质教育"的对立,其焦点在于我们应当以何者作为教育的重点:是知识和技能的学习,还是学生能力特别是思维能力的培养?"形式教育"的支持者认为,教育的任务不在于教给学生多少知识,因为学生在校的时间是有限的,因此不可能学习太多的知识;教育的任务应当放在培养学生的能力,特别是培养学生的思维能力上,因为,只要学生的能力得到了发展,就可以随时学习新的知识。也正因此,"形式教育"学派往往特别重视(古代)语言和数学的教学,因为,在他们看来,这两者能很好促进思维的发展。与此相对照,"实质教育"的倡导者则认为教育的主要任务就是要教给学生对生产、生活有实用价值的知识和技能。也正因此,他们在课程的设置上往往特别重视各门自然科学、现代语言和机械技能。

显然,这里所说的"形式教育"与"实质教育"事实上可被看成从不同角度反映了资本主义社会的需要,特别是,这在很大程度上是与教育的"双重目标"分别相对应的。与此相对照,这应被看成由"精英教育"转向"大众数学"的一个必然要求,即我们不应将知识与技能的学习与思维的发展绝对地对立起来,而是应当深入地分析两者之间的辩证关系,从而真正实现"数学上普遍的高标准"。

特殊地,也正是从上述角度去分析,我们可清楚地看出以下说法的错误性:"尽管新的课程改革可能在数学基础知识与技能的掌握方面有所下降,但学生在情感、态度与价值观方面的提高可以看成相应的补偿。"因为,这显然是将"数学基本知识与技能的学习"与"学生情感、态度与价值观的培养"绝对地对立了起来。恰恰相反,笔者以为,我们不仅不应将降低前一方面的要求看成"培养学生情感、态度与价值观"的必要代价,而且也应明确肯定这样一个事实:后一方面的进步必然地会促进学生数学基本知识与技能的学习。

(2)我们应高度重视数学教育的特殊性,而不应满足于从一般教育的角度进行分析思考。

具体地说,就数学教育目标的制定而言,我们不应唯一地强调上述的"社会性准则",也应明确提出如下的"数学性准则":数学教育应当很好体现数学的特殊性,包括数学的价值,并很好地去处理一般教育与数学教育之间的辩证关系。

进而,这显然又可被看成上述立场的一个直接结论,即作为一般性教育目标在数学教育领域的具体体现,我们应当更加强调以下三个方面:知识与技能,思维、方法与能力,情感、态度与价值观,并应将努力促进学生思维的发展与培养学生的理性精神看成数学教育的核心目标。

显然,上面的论述事实上也可被看成为我们应当如何去理解"数学上普遍的高标准"提供了具体解答。当然,又如前面所已指出的,我们又应清楚地认识在这三者之间所存在的辩证关系。

例如,尽管各种具体的数学概念和理论,包括方法等可以被看成为自然科学的研究提供了必要工具,但从总体上说,我们在教学中应更加强调这样一个思想:数学也可被看成为后一方面的工作提供了直接的典范。后者不仅是指"由定量到定性"这样一个研究思想,而且也是指我们必须超出"经验的简单归纳"上升到理论的层面,即应当由具体上升到抽象、由现象深入到本质、由局部过渡到整体,包括我们如何能超出经验的束缚很好地去发挥自己的想象力和创造能力。显然,这事实上也可被看成对"像数学家那样去观察世界、处理问题"的具体说明,特别是,后者不仅直接涉及到了数学的"知识成分",也关系到了人们的思维方法乃至基本的价值取向。

再例如，正如 3.2 节中所提及的，我们显然也应从同一角度去理解数学中关于"解题策略"与"提问策略"的研究意义。特别是，对此我们仅仅从实用的角度去进行分析，也应清楚地看到相关研究对于提高人们的思维品质乃至养成一定价值观念的重要作用。

更为一般地说，这显然也正是人们何以常常将数学称为"看不见的文化"的主要原因：尽管人们对此往往缺乏清醒的认识，但数学对于人们的行为方式、思维方法与价值观念，以及整个社会的健康发展都具有十分重要的影响。

也正是从同一角度去分析，我们可清楚地认识当前经常可以看到的一些现象的错误性或局限性。

例如，这显然就是以下一些提法的一个共同不足之处，即多少表现出了"去数学化"的倾向，也即未能很好地体现数学教育的特殊性，如将数学教育简单地归结为"过程教育"、"生态课堂"、"绿色课堂"……。（对此我们还将在第 6 章中作出进一步的分析论述）

以下再对"智慧教育"这一主张作一简要分析。

具体地说，在数学教育领域我们也可经常听到对于"智慧教育"的积极提倡，特别是，后者在一定程度上更可被看成新一轮数学课程改革的一个重要指导思想："教学不仅要教给学生知识，更要帮助学生形成智慧。"（史宁中、马云鹏主编，《基础教育数学课程改革的设计、实施与展望》，广西教育出版社，2009，第 5 页）

的确，数学教学应当致力于发展学生的智慧，但是，我们在此又应更为深入去思考这样的问题：究竟什么是数学学习对于学生发展智慧的主要作用？特别是，我们在数学教学中所希望学生发展的究竟是一种什么样的智慧：是简单的经验积累，还是别的什么智慧？

由以下论述相信读者可很好地理解这样一个论点，即从数学教育的角度看，"智慧的教育"不应被等同于经验的简单积累，而应当更加强调数学思维由较低层次向更高层次的发展，我们也应明确肯定"数学智慧"的反思性质：

"只要儿童没能对自己的活动进行反思，他就达不到高一级的层次。"（弗赖登塔尔，《作为教育任务的数学》，上海教育出版社，1995，第 119 页）"数学化一个重要的方面就是反思自己的活动。从而促使改变看问题的角度。""数学化和反思是互相紧密联系的。事实上我认为反思存在于数学化的各个方面。"（弗赖登塔尔,《数学教育再探——在中国的讲学》,上海教育出版社,1999,第50、139页）

最后,应当提及的是,上述分析对于所谓的"文化的教育"显然也是同样成立的。这也就是指,从数学教育的角度看,我们在此也不应停留于对于"文化的教育"的一般性提倡,而是应当更加突出数学教育的特殊性,即应当更为深入地认识,并很好地发挥"数学的文化价值"。（对此可参见 4.2 节）

（3）从改革的角度看,我们还应注意防止这样一种"历史虚无主义"的论点,即认为"数学教育的多维目标"是一个全新的理念,并因此对先前的数学教育持完全否定的态度。

恰恰相反,由解放以来各个较为重要的"数学教学大纲"中关于教育（学）目标的论述,包括相互间的简单比较,我们可清楚地看出由"单一目标"向"多维目标"的发展是历史的必然,中国的数学教育工作者在这方面进行了积极探索,并已取得了不少实质性的进展：[①]

"中学数学教学目的是：使学生牢固地掌握代数、平面几何、立体几何、平面三角和平面解析几何的基础知识,培养正确而且迅速的计算能力、逻辑推理能力和空间想象能力,以适应参加生产劳动和进一步学习的需要。"（《全日制中学数学教学大纲（草案）》,1963）

"小学算术教学的目的是使学生牢固掌握算术和珠算的基础知识,培养学生正确地、迅速地进行四则计算的能力,正确地解答应用题的能力,以及具有初步的逻辑推理的能力和空间观念,以适应他们毕业后参加生产劳动和进一步学习的需要。"（《全日制小学算术教学大纲（草案）》,1963）

---

① 周玉仁教授指出："教学大纲原名课程标准,建国初期在学习苏联时把它沿用至今。"（《小学数学教学论》,中国人民大学出版社,1999,第 16 页）由此可见,我们在此不应过分关注词语使用上的差异,即这究竟是指"教育目标",还是指"教学目标"或"课程目标",我们在此究竟又应使用"目标"还是"目的"这样一个词语,等等。这正如张奠宙先生等在《数学教育概论》中所指出的："对于'教育目标'这个词,许多教育文件和论著中都会提到,但提法却非一致。无论是'教育目标',还是'教学目标'、'课程目标',提法上大同小异。有的把'目标'说成是'目的'。本书不把目标和目的加以区别。"（高等教育出版社,2004,第 191 页）

"使学生切实学好参加社会主义革命和建设以及学习现代科学技术所必需的数学基础知识,具有正确迅速的运算能力,一定的逻辑思维能力和一定的空间想象能力,从而逐步培养学生分析问题和解决问题的能力。通过数学教学,对学生进行思维政治教育,激励学生为实现四个现代化学好数学的革命热情,培养学生的辩证唯物主义观点。"(《全日制十年制学校中学数学教学大纲(试行草案)》,1978)

"小学数学的目的是使学生理解和掌握数量关系和空间形式的最基础的知识,能够正确地、迅速地进行整数、小数和分数的四则运算,初步了解现代数学中的某些最简单的思想,具有初步的逻辑思维能力和空间观念,并能够运用所学的知识解决日常生活和生产中的简单的实际问题。同时,结合教学内容对学生进行思想政治教育。"(《全日制十年制学校小学数学教学大纲(试行草案)》,1978)

"初中数学的教学目的是,使学生学好当代社会中每一个公民适应日常生活、参加生产和进一步学习所必需的代数、几何的基础知识与基本技能,进一步培养运算能力,发展逻辑思维能力和空间观念,并能够运用所学知识解决简单的实际问题。培养学生良好的个性品质和初步的辩证唯物主义的观点。"(《九年义务教育全日制初级中学数学教学大纲(试用)》,1992)

小学数学的教学目的是:"(1) 使学生理解和掌握数量关系和几何图形的最基础的知识。(2) 使学生具有进行整数、小数和分数四则运算的能力,培养初步的逻辑思维能力和空间观念,能够运用所学的知识解决简单的实际问题。(3) 使学生受到思想政治教育。"(《九年义务教育全日制小学数学教学大纲(试用)》,1992)

最后,由于所谓的"双基教学"现已获得了人们越来越多的关注,更被不少学者形容为"中国数学教育的主要特征"(张奠宙主编,《中国数学双基教学》,上海教育出版社,2006,第1页),在此也就有必要强调这样一点:尽管"双基"确实是指"数学基础知识与基本技能",但我们并不应因此而将"双基教学"简单地理解为唯一地强调了数学知识与技能的学习,更不应因此而对"中国数学教育传统"持完全否定的态度,毋宁说,后者同样代表了一种简单化的认识和片面性的立场。与此相对照,以下的看法更为恰当:"'数学双基教学'作为一个特定的名词,其内涵不只限于双基本身,还包括双基之上的发展。……是关于如何在双基基础上谋求发展的教学理论。……继承数学双基教学的传统优势,并克服数学双基教学本身存在的局限,是当前数学教育研究的一个重要课题。"(张奠宙主编,《中国数学双基教学》,同前,第1页)

当然,对于"双基教学"的发展我们又不应狭义地理解成"把'双基'改为'四基'",而应对于数学教育的"三维目标"作出更为深入的分析和认识,特别是,我们究竟应当如何去把握三者之间的辩证关系。下面就直接转入这样一个论题。

2. 数学教育"三维目标"之深思

(1) 正如上面所指出的,作为对数学教育"三维目标"的具体理解,我们首先应强调三者之间的辩证关系——如果将此统一归结为"数学素养"的话,这也就是指,我们不应满足于逐一地去列举出"数学素养"的各个具体内容,而是应当更加重视"数学素养"的整合性质,即应当清楚地认识不同成分之间相互渗透、互相促进的辩证关系。

简言之,数学知识与技能的教学可被看成我们帮助学生发展思维与养成理性精神的基本途径。反之,只有从后一角度去认识与具体实施数学知识和技能的教学,我们才有可能真正超越单纯"知识教育"的范围,即真正成为"智慧的教育"与"文化的教育"。

以下首先对数学知识和技能的学习与思维发展之间的辩证关系作出简要分析。

具体地说,思维的发展,包括数学思想与数学思想方法的学习,不应被看成与具体数学知识和技能(以下统称为"数学知识内容")的教学互不相干的,恰恰相反,我们应当用数学思维的分析指导带动具体数学知识内容的教学,这是我们帮助学生发展思维的主要途径。

数学思想与数学思想方法并非什么高度抽象、不可捉摸的东西,而是渗透于各种具体的数学活动之中,后者既包括"问题解决",也包括数学知识和技能的教学。从而,尽管在某些特定条件下确有必要进行数学思维(包括数学思想与数学思想方法)的专门教学,如相对集中地通过典型例子进行"解题策略"的教学,但是,与这种相对集中的专门教学相比较,如何能将数学思维的教学与具体数学知识内容的教学很好地结合起来,即以数学思维的分析带动、促进具体的数学知识内容的教学则应说更为重要。因为,第一,只有将数学思维的分析渗透于具体数学知识内容的教学之中,我们才能使学生真正看到数学思维的力量,并使之成为可以理解的、可以学到手的和可以加以推广应用的;反之,"数学方法论"也才不会变成一门纸上谈兵、借题发挥的空洞"学问"。第二,只有通过深入地揭示隐藏在具体数学知识背后的思维方法,我们才能将数学课真正"教活"、"教懂"、"教深",即通过自己的教学活动向学生展现"活生生的"数学研究工作,而不是死的数学知识。从而帮助学生真正理解有关的教学内容,而不至于使学生囫囵吞枣、死记硬背;既使学生掌握具体的数学知识,又使学生深入地领会并能逐步地掌握内在的思维方法。(对此还可参见3.1节)

但是,我们究竟如何才能达到上述的目标呢? 笔者以为,在此所需要的不是某种事后诸葛亮式的点缀,如在相关的解题活动获得成功以后以"专家"的口吻作出如下点评:"这是……方法","那是……方法"。恰恰相反,我们应当通过相关内容的"方法论重建"(或者说,"理性重建"),使之真正成为可以理解的、可以学到手的和可以加以推广应用的,这也就是指,我们应通过自己的创造性劳动很好地实现"化难为易"和"化神奇为平凡"。

显然,上述的分析事实上也可被看成十分清楚地表明了在"知识与技能"与"数学思维"之间所存在的层次关系。

为了更清楚地说明问题,在此还可结合国际上的相关实践,特别是 20 世纪 80 年代在世界范围内盛行的"问题解决"这一数学教育改革运动对此作出进一步的分析论述。

具体地说,这事实上也可被看成"问题解决"这一改革运动给予我们的一个重要启示,即我们不应唯一地强调"问题解决",而应更加重视"帮助学生学会数学地思维"。

例如,读者在此可首先思考这样一个问题:"问题解决"——在此是指具体解答的获得,包括肯定性解答(如求得了所要求的未知量)与否定性解答(如证明了原来的问题是不可能得到解决的)——能否被看成相应的数学活动的结束? 或者说,解答的获得是否应当被看成数学活动的主要目标?

显然，如果从较小的范围去进行分析，特别是仅仅着眼于数学知识的实际应用，对于上述问题我们或许可以作出肯定的答复。但是，如果着眼于更大的范围，特别是考虑到数学的理论研究，对此无疑就应作出否定的答复。因为，这正是数学思维的一个重要特点，即数学家们总是不满足于某些具体结果或结论的获得，而总是希望能获得更为深入的理解。后者不仅导致了对于严格的逻辑证明的寻求，而且也促使数学家积极地去从事进一步的研究，如：在这些看上去并无联系的事实背后是否隐藏着某种普遍的理论？这些事实能否被纳入某个统一的数学结构？等等。他们总是希望能够达到更大的简单性和精致性，如：是否存在更为简单的证明？能否对相应的表述方式（包括符号等）作出适当的改进？等等。

正如前面所提及的，正是从上述立场出发，不少数学家对于"问题解决"这一改革运动中所出现的某些偏向提出了尖锐批评：学生（甚至包括教师）往往满足于用某种方法（包括观察、实验和猜测）求得了问题的解答，却不再进行进一步的思考和研究，甚至都未能对所获得的结果的正确性（包括完整性）作出必要的检验或证明。

当然，我们并不能因为在实践中出现了某些偏差就对新的改革运动持绝对否定的态度。但在笔者看来，这的确又从一个侧面清楚地表明了"问题解决"这一口号的局限性。这也就是指，与单纯强调"问题解决"相比，我们应当更为明确地提出如下的主张："求取解答并继续前进。"进而，从更深入的层次看，与"问题解决"相比较，我们应当更为明确地去倡导"帮助学生学会数学地思维"。（对此还可参见 3.1 节）

当然，对于"数学思维"的高度重视事实上也可被看成数学教育的一个长期传统，后者即是指，数学不应被看成单纯的工具，而是对于思维训练有着十分重要的作用。例如，这正如《九十年代的中小学数学》一书中所指出的："许多世纪以来，数学被看作是训练'推理'能力的最佳学科。为什么在中小学有这么多的数学课呢？无论过去还是现在，对这个问题最普遍的回答是：'它教你思考'。"（《国际展望：九十年代的数学教育》，同前，第 78 页）

在此我们应突出强调超出数学并从更为一般的角度进行分析思考的重要性，这也就是指，与单纯强调"帮助学生学会数学地思维"相比较，我们应当更加提倡"通过数学帮助学生学会思维"(或者说,"发展思维")。因为,这正是这方面的基本事实:① 思维具有多种可能的形式,包括数学思维、科学思维、文学思维、艺术思维、哲学思维等,而且,各种思维形式都有其一定的合理性和局限性;② 对于大多数学生而言,将来未必会从事专门的数学研究或是任何与数学直接相关的专业性工作。总之,与唯一强调"学会数学地思维"而言,我们应更加重视如何能够促进学生思维的发展,包括经由数学学习提高思维的品质,以及如何能够通过深入了解(体验、感悟)与相互比较更好地认识各种思维形式的优点与局限性,从而就可根据自己的个性特征与工作需要作出适当的选择。(对此我们还将在第 10 章作出进一步的分析论述)

(2) 以下再对数学教学如何能够很好地承担起自己的"文化使命"作出简要分析。

具体地说,这可被看成我们在此所面临的主要问题:尽管第 4 章中我们已从宏观的角度清楚地指明了数学的文化价值,但是,中小学的数学教学是否也具有一定的"文化承载"? 我们又应如何去进行教学才能更好地发挥数学的文化功能?

在此我们首先从语言的角度作一简单分析:这正是这方面的一个基本事实,即数学学习也是语言的学习,而不同的语言的使用事实上就意味着进入了一种新的文化。例如,正如 3.1 节中所已提及的,符号语言的使用显然有益于我们更为清楚地认识超越直接经验的重要性,从而使我们更加乐于与抽象的事物打交道,包括不断提高思维的精确性与简单性,……。

更为一般地说,这正如科尔等人所指出的:"符号的发展历史把我们引向指导行为发展的一个更为基本的规律……这一规律的核心在于: 儿童在发展中开始使用在先期是由别人使用在他身上的相同的行为方式,这样,这一儿童就获得了由社会所传递给他的行为的社会形式……就其最初的使用而言,符号总是社会交流的一种方式,一种影响别人的方法……。"(M. Cole & Y. Engestrom,"A cultural-historical approach to distributed cognition",载 G. Salomon 主编,*Distributed Cognition: Psychological and Educational Consideration*,Cambridge University Press,1993,第 6、7 页)

事实上,由简单的比较我们可看出数学课上所使用的语言确实在很大程度上不同于其他学科。例如，如果说语文课上所使用的语言在很大程度上可以被看成个性化的，即集中反映了各个主体的个人感受与情感，那么，数学语言就是"非个性化的、客观的、标准化了的"。（depersonalized objectified and standardized discursive style。详见 P. Ernest，"Postmodernism and the subject of Mathematics"，载 M. Walshaw 主编，*Mathematics Education within the Postmodern*，Information Age Publishing，第 30 页）如数学教学中所使用的主词常常是"我们"，而非"你"和"我"。另外，数学中我们主要关注的是对象的客观性质，如平行四边形有什么性质，而非各个主体的主观感受，或是其头脑中所实际呈现的"心理图像"……。总之，正是通过这种潜移默化的影响，我们在不知不觉之中逐渐养成了这样的思维习惯或行为方式，即研究工作应当采取纯客观的、理性的态度，而不应掺杂有任何主观的、情感的成分——正如前面所指出的，这也是"数学理性"的一个重要内涵。

　　以下再通过与语文教学的对照更为深入地揭示数学教学的"文化承载"，包括我们究竟应当如何去进行教学才能很好地发挥数学的文化功能。

　　事实上，正如第 4 章中所提及的，比较是文化研究的一个基本方法。而之所以选择语文教学作为比较对象，则是因为这两者可被看成最为典型地体现了两种不同的文化："科学文化"与"人文文化"。

　　用更为通俗的语言来说，这也就是指，数学课和语文课具有完全不同的文化韵味。对此由以下的"错位"现象就可清楚地看出。

　　在此不妨首先想象这样一个画面：如果在语文课上讲"圆"会是什么样的一种情境？教师在黑板上画了一个大大的圆，然后问学生：看着这个圆你想到了什么？学生表现出了丰富的想象力：一轮红日；十五的月亮；这是世界上最美的图形，我爱死你了；……。从而，这与相应的数学课有很大的不同。

　　再例如，面对"树上有 5 只鸟，猎人开枪打死 2 只，还剩下几只"这样一个问题，如果一个学生回答道："一只也没有剩下，因为它们是一家子，猎人打死的是父母亲，这样 3 个小鸟就一个也活不下去了。"[①]这个学生显然是将数学课误当成了语文课。

―――――――――

① 这一例子是由黄爱华老师向笔者提供的。

当然,在语文课上出现以下情况也会使教师感到十分尴尬:"我们正在学习《太阳》一课,就在我进行总结归纳的时候,一只小手高高地举了起来。是铭——一个喜欢发言却又词不达意、经常会制造点麻烦的孩子。我皱了皱眉,有点无奈地请他站起来说。他结结巴巴地讲:'老师,太阳不……不是圆的……'同学们一听,哈哈大笑起来,说:'我们天天都看到太阳,太阳怎么可能不是圆的呢?'可是铭涨红了脸,固执地坚持:'真的,太阳真的不是圆的。我从书上看来的。'……"(引自周一贯,"小学语文应是儿童语文",《人民教育》,2005 年第 20 期)

综上可见,语文课与数学课确实具有不同的"文化韵味",或者说,语言课具有自己特有的"语文味",数学课具有自己特有的"数学味"。特殊地,这显然是以下一些论述的一个基本立足点:数学教育应当防止用"生活味"去取代数学课所应具有的"数学味";"语文天生多情,天生浪漫,语文教学……有其自身的文化韵味";等等。

但是,究竟什么是语文课和数学课特有的文化韵味呢? 以下是笔者通过实际聆听语文课获得的一个体会:听一堂好的语文课真是一种享受! 而且,即使对于一个外行来说,多听几堂好的语文课也可以大致地体会出究竟什么是语文课所特有的"语文味"。用专业的语言来说,这就是指,语文主要是一种"情知教学":教师将教材中的情感因素充分地发掘出来,从而在课堂上造成了一种强烈的感情氛围,并使学生受到强烈的感染,……。当然,语文课也应让学生学到一定的知识,而这事实上也正是语文教学的特殊性所在,即以情感带动知识的学习。例如,这显然是语文教学经常采用的一些方法,即要求学生用自己的语言(或一句成语)表达自己的感受,或是要求学生对一些想象的情境(不同于书上的情境)作出具体描述。

现在的问题是:数学教学是否也可采取这种"以情感带动知识"的教学方法? 或者说,数学教学是否也可被看成"情知教学"?

显然,由简单的比较我们可得出这样的结论:尽管数学教学并非完全不带情感,数学教学也必须十分重视教学氛围的创造,但其所体现的既是完全不同的一种情感,也是一种完全不同的教学方式,即数学课并非以情带知,而是以知贻情!

具体地说,语文教学中所涉及的是人类最基本的一些感情:爱、善、美,即感受到的是人世间的爱恨和冷暖,领悟到的是自然万物的生命短暂和崇高,欣赏到的是社会历史进程中的神奇和悲欢……。这也就是说,正如种种文学作品首先吸引你的不是相应的语言表达形式,而是文字中的精神滋养,包括对大自然的关爱,对弱小的同情,对未来的希冀,对黑暗的恐惧,等等。但是,数学教学中所涉及的却是一种不同的情感,我们在数学课上希望学生获得的是一种新的精神:它不能被看成与生俱来,而是一种后天养成的理性精神(例如,这是与原始人类所普遍持有的宗教迷信,或者说对于大自然的敬畏心理直接相抵触的);一种新的认识方式:客观的研究(从而,这与所谓的"天人合一"、"天人感应"构成了直接的对立);一种新的追求:超越现象以认识隐藏于背后的本质(是什么,为什么);一种不同的美感:数学美(罗素形容为"冷而严肃的美");一种深层次的快乐:由智力满足带来的快乐,成功以后的快乐;一种新的情感:超越世俗的平和;一种新的性格:善于独立思考,不怕失败,勇于坚持;……。

从而,这是一种完全不同的文化,后者集中地体现了数学课所特有的"数学味"!

为了更清楚地说明问题,在此还可对语文教学与数学教学作进一步比较。

第一,正如上面所提及的,好的语文课往往充满激情,充满感染力:听了这样的课真想马上就做点什么(热血沸腾),……进而,或许是因为长期从事语文教学的原因,语文老师往往比较容易激动,对此相信任何实际组织过教学观摩的人都有深切的体会。但是,数学教学却不是这样的情况,而是更加提倡冷静的理性分析,数学学习似乎更加需要一个安静的环境。这些倾向在数学教师身上具有十分明显的表现。

第二,由于感情属于个人,因此,语文教学明显地带有个性化的倾向:你是怎样想的? 你有什么感受? ……与此相对照,数学所追求的则是普遍性的知识,或者说,一种客观的研究:我们一起来看,平行四边形有什么性质? ……。从而,尽管同一数学概念(如平行线)在不同学生的头脑中很可能具有不同的心理图像(或者说,不同的心理表征),但相应的数学结论却是完全相同的,即是一种客观的知识。如果用更为专门的术语说,这也就是指,数学知识的建构必然包括"去情境、去个人和去时间"。

但是,在数学教学与语文教学之间是否也有共同点?另外,就数学教学而言,我们又可通过与语文教学的对照获得什么启示?

为了对上述问题作出解答,可以首先联系学习氛围的创设来进行分析。具体地说,正如上面所已提及的,创造强烈的感情氛围正是优秀语文课的一个重要特点。与此相对照,数学课当然也应十分重视学习氛围的创设,但又具有很不相同的内涵:这主要是指如何调动学生的学习积极性,从而就能高度集中、全力以赴去从事新的学习活动,……。

当然,后者并非是指数学学习完全不带情感,恰恰相反,在理性精神的背后同样隐藏着火热的激情,但这主要是指这样的一种情感,即希望揭示世界最深刻的奥秘。从而,在这样的意义上,也就可以说,数学教学同样涉及到了人的本性,但其直接涉及的并非"爱"这样的基本情感,而是人类固有的好奇心、上进心(由于后者常常被看成"童心"的重要内涵,从而清楚地表明这也是一种与生俱来的情感)。

由此可见,这正是搞好数学教育的关键之一,即我们应当努力创设这样一种情境,在其中学生的好奇心、上进心得到了充分调动,并不断得到了进一步的强化。

显然,上面的分析也为我们深入地理解以下论述提供了新的分析角度:一个好的数学情境既不等同于课堂游戏,也不等同于生活情境。因为,如果说好的生活情境主要是指一个舒适、自在、轻松的环境,那么,好的数学学习情境就应保持适度的紧张感、适度的压力(当然,所说的压力不应完全源自外部,而主要是指内在的认知冲突)。再者,这显然也是"游戏情境"与"学习情境"的一个重要区别:学习不应有强烈的竞争意识,而应建立在合作之上。

值得指出的是,从上述角度我们可更为清楚地认识"片面强调联系实际",即对于功利性的过度关注所可能造成的负面影响。后者与纯粹的好奇心,以及因此而导致的最纯真的快乐构成了鲜明对照。例如,正如牛顿所说:"我不知道世人怎样看我,我只是一个在海滩上玩耍的男孩,一会儿找到一颗特别光滑的卵石,一会儿找到一只异常美丽的贝壳,就这样使自己娱乐消遣。"考虑到急功近利正是目前中国社会的普遍心态,上述的差异显然也应引起我们的高度重视。

但是,我们究竟如何才能创建好的数学学习情境呢? 为了寻找解答,让我们再次转向语文教学。

具体地说,这正是语文教学的一个有效手段,就是通过朗读创设出好的学习情境,即要求学生带着感情去读,读出感情来! 那么,数学教学中是否也存在某种调动学生好奇心、上进心的普遍有效手段呢?

笔者以为,我们在此应明确肯定"恰当地提出问题"对于数学教学的特殊重要性,这也就是指,以下就是创设好的数学学习情境特别重要的一环: 教师应当善于提出问题,提出具有挑战性、启发性的问题,很好地激发学生的好奇心,从而促使学生积极地去进行学习,深入地去进行思考。

显然,从这样的角度去分析,以下的作法就有一定的合理性: 数学教材的编写应当努力实现"情境的问题化"与"问题的知识化"。如:"《新数学读本》主要是通过知识问题化和问题知识化的设置,促使学生完成对数学知识、数学思维、数学方法的主动建构。"(杭州现代小学数学教育研究中心,"学习方式的转变与知识在教材中的存在方式——《现代小学数学》新读本编写思路",《小学数学教师》,2005 年第 11 期)"由'情境串'引出'问题串',选取密切联系学生生活、生动有趣的素材,构成情境串,引发出一系列的问题,形成问题串,将整个单元的内容串联在一起……。"(山东省教学研究室,《义务教育课程标准实验教科书(数学)》,青岛出版社,2003,后记)当然,这是这方面应当特别重视的一个问题,即我们不应停留于各个具体情境,而应从中引出普遍性的数学问题,从而很好地实现由"生活数学"向"学校数学"的必要过渡。进而,解答的获得不应被看成数学学习活动的终结,而应以此作为研究活动的新起点,包括如何以此为基础积极地去提出新的问题。(对此还可参见 3.1 节)

最后,在笔者看来,这正是数学教学应当向语文教学学习的一个地方,即将文化真正落实到人格,更为一般地说,这也就是指,数学教学中应当更好地发扬数学的文化价值。

当然,在此我们又应明确反对简单的"外插"或是完全的"取代"等不恰当的作法,如认为所需要的就是在数学教学中加上一些专门的说教,或是更多地穿插一些数学史的小故事,特别是数学家的趣闻轶事,等等。再例如,以下显然可被看成体现了又一简单化的认识:"讲到促进学生知识与技能的发展,老师们感到很容易理解,而讲到促进学生的情感、态度和价值观的发展,很多老师却认为是很空泛的。有这样一个例子,我在徐州听了一节课,讲的是去花店买花的问题:我要给妈妈买一束花,该怎么买? 从表面上看,这里是教学加减运算的问题,这是一种知识和技能。但这里面还隐含着另一层含义:给妈妈买一束花,送她作生日礼物,通过学生的讨论交流,引发了对母亲的一种敬爱的感情,这就是课程标准所倡导的情感、态度和价值观。"(孔企平,"新教材新在哪里——新世纪小学数学教科书第二册特点分析",《小学青年教师》,2002年第 5 期)

与此相对照,笔者以为,我们决不应脱离具体数学知识内容的学习泛泛地去空谈"情感、态度和价值观",而是应当更加注重数学的文化价值与具体知识内容(包括思维方法)的相互渗透,真正做到"以知贻情"。

例如,相信读者由以下的论述可更好地体会究竟什么是数学课在这方面能发挥的重要作用:"我从孩子们的日记中看到他们分析事理的能力愈来愈强;从课堂中听到他们使用的词汇愈来愈清晰有理;从他们与同学互动中感觉到容忍与爱心的滋生,一切的一切,让我觉得不只是与他们共同讨论数学而已,重要的是培养一个会做理性批判思考、会主动学习、会容忍异己、会欣赏别人以及有世界观的国民。"(林文生、邬瑞香,《数学教育的艺术与实务》,心理出版社[台北],1999,第 21、22 页)

第三,相对于各个个人而言,我们在此显然应更加重视充分发扬数学的文化价值对于整体性社会文化的重要意义,并应当将此看成广大数学教师所应自觉承担的一个社会责任与历史使命。当然,从更为全面的角度去分析,我们则又应当很好地去认识各个学科在这一方面以及对于学生的健康成长的不同职责。这也就是指,任何一门学科都不可能承担起全部的教育使命,任何简单的整合或取代都不足为取(我们显然也可从这一角度对所谓的"整合课程"以及"两种文化的整合"作出自己的分析)。恰恰相反,只有各个学科各尽其职,包括必要的相互补充,才能为社会的进一步发展与每个学生的健康成长提供必要的基础与足够的空间。

总之,与泛泛地谈论"情感、态度与价值观的培养"相比较,我们应更加强调数学的文化价值,特别是,应当高度重视学生理性精神的养成。当然,又如前面所已指出的,就这方面的具体工作而言,我们还应十分重视这样两点:① 我们既应很好地认识并充分发挥数学在这方面的积极作用(数学的"善"),也应清楚地认识并有效地避免其可能的消极作用(数学的"恶")。(对此可参见4.2节)显然,这也正是跳出数学并从更为广泛的角度进行思考分析的直接结果。② 正如数学思维与具体知识内容的教学之间的辩证关系,我们也应很好地去处理这两者与帮助学生养成理性精神之间的辩证关系。后者即是指,我们既应以充分发挥数学的文化价值作为数学教育更高层次上的目标,同时又应当将此渗透于具体知识与思维方法的教学之中。

　　例如,在笔者看来,从上述角度我们可以更好地理解《全日制义务教育数学课程标准·实验稿》中的以下论述:"以上四个方面的目标是一个密切联系的有机整体,……其中,数学思考、解决问题、情感与态度的发展离不开知识与技能的学习,同时,知识与技能的学习必须以有利于其他目标的实现为前提。"(中华人民共和国教育部,《全日制义务教育数学课程标准·实验稿》,同前,第7页)

　　在此笔者还特别转引香港大学肖文强先生关于"数学教育目标"的以下论述来结束这一部分的论述。具体地说,肖文强先生专门借用了清代著名文学家袁枚所提及的"学"、"才"、"识"这样三个概念来表述自己的这样一个看法:"学、才、识正好借用以概括三项数学教育目的,即(甲) 思维训练、(乙) 实用知识、(丙) 文化素养。"这也就是指,"单是学的传授,仅是狭义的数学教育而已,才、学和识三者兼顾才是广义的数学教育。这种广义的数学教育不把数学仅视作一件实用工具,而是通过数学教学达至更广阔的教育功能,包括数学思维延伸至一般思维,培养正确的学习方法和态度、良好的学风和品德修养,也包括从数学欣赏带来的学习愉悦以及知识的尊重"。肖先生在此还着重引用了袁枚的以下论述:"学如弓弩,才如箭镞,识以领之,方能中鹄。"("数学史与数学教育",《数学传播》[台湾],1992年第9期)显然,这更为清楚地表明了在数学教育"三维目标"之间所存在的辩证关系。

第 6 章

数学教育的性质及其"现代化问题"

正如数学性质的分析,就数学教育的性质而言,应当说也不存在某种单一的、为大多数人一致接受的结论。毋宁说,我们也应明确肯定这方面观点的多样性,并注意分析各种观念对于实际教育教学工作的启示意义。6.1节和6.2节中关于"数学教育基本矛盾"与"数学教育文化相关性"的分析正是上述立场的具体表现。6.3节则不仅直接涉及到了"什么是数学教育的基本哲学"这样一个问题,也从同一角度对新一轮课程改革的若干重要问题进行了分析论述。最后,6.4节明确提出了关于数学教育发展的"时代性原则",并依据这一原则对"数学教育的现代化问题"进行了具体分析。

6.1 数学教育的基本矛盾

现实中我们经常可以听到这样一个论点:数学教育应当很好地体现数学教育的本质。但是,数学教育是否真的具有某种绝对不变的本质? 事实上,正如第5章关于数学教育目标的论述所已清楚表明的,作为人类有组织的社会行为,数学教育(乃至一般教育)应当说具有明显的发展性质。也正因此,与唯一强调数学教育的本质相比较,我们应更为深入地去研究:什么是促成数学教育发展的主要力量或决定性因素? 什么可被看成数学教育的基本矛盾? 我们应如何去处理这些因素或矛盾? 因为,这显然可以被看成这方面的一个基本事实:正如数学的发展,数学教育的发展也是由多种力量或因素促成的,正是它们的共同作用或适当平衡决定了数学教育的现实情况,包括数学教育改革的实际走向。

1. 数学教育的基本矛盾

第 5 章中已经分别提到了关于数学教育目标的"社会性准则"和"数学性准则"。由于这两者可以被看成从不同角度表明了数学教育所应努力实现的目标，因此，这事实上也可被看成一个矛盾的两个侧面。

更为一般地说，我们又可明确地提及数学教育的"教育方面"和"数学方面"：前者是指数学教育应当充分体现教育的社会目标和符合教育的一般性规律；后者则是指数学教育也应很好地体现数学的本质。由于这两者可被看成从不同角度集中地表明了数学教育的性质：前者清楚地表明了数学教育相对于一般教育的共同性，后者则表明了数学教育相对于一般教育的特殊性，因此，它们也可以被看成一个矛盾的两个侧面。

在笔者看来，上述的"教育方面"和"数学方面"的对立统一也可以被看成数学教育的基本矛盾，因为，在从事数学教育的具体分析时，总离不开这样两个方面的思考。另外，由数学教育的历史我们也可看出，能否很好地处理好这一矛盾，或者说，能否做好这样两个方面的适度平衡，也是搞好数学教育的关键，特别是，这更在很大程度上决定了数学教育改革运动的成败。

例如，"新数运动"就可被看成由于片面强调数学教育的"数学性质"，却完全忽视了"教育性质"而导致改革失败的典型例子。具体地说，"新数运动"是 20 世纪 60 年代在世界范围内展开的一场轰轰烈烈的数学教育改革运动。国际竞争特别是军备竞赛为这一运动在欧美各国能以较大的规模和力度得到开展提供了重要的外部条件。另外，数学本身的发展，特别是数学中结构主义学派的工作则又可以被看成为这一运动提供了必要的理论基础。正如这一改革运动的名称所清楚表明的，"新数运动"的基本指导思想就是要以现代的数学思想，特别是以布尔巴基学派为主要代表的结构主义数学观对传统的数学教育进行改造，从而实现数学教育的现代化。这正如《九十年代的中小学数学》这一文件所指出的："这里，一个主要的前提就是要像 20 世纪的数学家所理解的那样，去逐步地向学生揭示数学结构，从而使学生进一步领会、应用和爱好数学。"（《国际展望：九十年代的数学教育》，上海教育出版社，1990，第104 页）

上述的指导思想应当说并没有错。也正因此，人们在当时就曾对这一运动寄予了很大期望。例如，作为"新数运动"的精神领袖之一，法国著名数学家丢东涅对于"新数运动"的前景就曾充满了信心。（对此可参见"我们应该讲授'新'数学吗"，《数学译林》，1980 年第 2 期）但是，随着时间的推移，这一运动却暴露出了众多弊病，并最终以失败而告结束。那么，究竟什么是这一运动失败的原因呢？在笔者看来，这主要是因为"新数运动"只是注意了数学教育的"数学方面"，却完全忽视了数学教育的"教育方面"，即没有能够很好地处理上述的基本矛盾。

例如，这正是"新数运动"的一个明显弊病：在强调尽早引入现代数学概念的同时，却没有能依据教育的规律，对这些概念相对于不同年龄学生的可接受性以及合适的教学方法作出深入分析，这样，相关教学活动的失败就不可避免了。

以下就是所说的"失败的教学"的一个典型例子：

一个数学家的女儿由幼儿园放学回到了家中，父亲问她今天学到了什么？女儿高兴地回答道："我们今天学了'集合'。"数学家觉得对于这样一个高度抽象的概念来说女儿的年龄实在太小了，因此就关切地问道："你懂吗？"女儿肯定地回答道："懂！一点也不难。""这样抽象的概念会这样容易吗？"听了女儿的回答，作为数学家的父亲仍然放心不下，因此又追问道："你们的老师是怎么教你们的？"女儿回答道："女教师首先让班上所有的男孩子站起来，然后告诉大家这就是男孩子的集合；其次，她又让所有的女孩子站起来，并说这是女孩子的集合；接下来，又是白人孩子的集合，黑人孩子的集合，……最后，教师问全班：'大家是否都懂了？'她得到了肯定的答复。"

显然，这个教师所采用的教学方法也没有什么问题，甚至可以说相当不错。因此，父亲决定就用以下的问题作为最后的检验："那么，我们是否可以将世界上所有的匙子或土豆组成一个集合？"迟疑了一会，女儿最终作出了这样的回答："不行！除非它们都能站起来！"

很明显，这里的问题就在于：由于"集合"是一个高度抽象的概念，因此完全超出了幼儿园小孩的接受水平。当然,我们不应因为"新数运动"的失败而认定应当完全拒绝诸如"集合"这样的现代数学概念(包括现代数学思想)在基础数学教学中的渗透。毋宁说,这清楚地表明了加强课程设计科学性的重要性,特别是,我们应依据学生的思维发展水平合理地去确定各个年级和学段的教学内容与教学目标。

除去片面强调数学教育的"数学方面",以至完全忽视了"教育方面"这类错误以外,在实践中也存在相反的倾向,即仅仅注意了数学教育的"教育方面",却未能很好地反映数学的本质。

例如,5.1节中所提及的在"开放性问题"教学中所出现的种种不恰当作法在很大程度上就可被看成这样的例子,后者直接导致了数学家的激烈批评。

更为一般地说,我们显然应特别提及现今经常可以看到的"去数学化"的迹象。例如,这正如张奠宙先生所指出的:"君不见,评论一堂课的优劣,只问教师是否创设了现实情境?学生是否自主探究?气氛是否活跃?是否分小组活动?用了多媒体没有?至于数学内容,反倒可有可无起来。""听课时发下来某些'评课表',居然只有'情境过程'、'认知过程'、'因材施教'、'教学基本功'四个指标。至于数学概念是否清楚,数学论证是否合理,数学思想是否阐明,则处于次要地位,可有可无。"张奠宙先生还强调指出,尽管其中充满了美丽的词语,如"自主"、"探究"、"创新"、"联系实际"、"贴近生活"、"积极主动"、"愉快教育"等,但我们应当始终记住这样一点:"任凭'去数学化'的倾向泛滥,数学教育无异于自杀。"(《张奠宙数学教育随想录》,华东师范大学出版社,2013,第53、197、214页)

当然,作为问题的另一方面,我们又应再次强调这样一点,即应当防止不自觉地将数学推到了至高无上的地位。例如,在笔者看来,盲目地断言"数学是数学教育的本质"就是这样的一种表现,而如果更以这样的认识去指导课程改革,就必然会给我国的数学教育事业造成十分严重的后果。

综上可见,这确实应当被看成数学教育改革运动能否取得成功的关键,即我们能否很好地认识与处理数学教育的"教育方面"与"数学方面"之间的对立统一关系。

正是基于这样的认识，人们提出，数学课程改革的成功需要各种力量，特别是数学教育家与数学家的密切合作。

正如第 5 章中已提及的，后者事实上也可被看成美国数学教育界的相关实践所给予我们的一个重要启示：尽管存在所谓的"数学战争"，数学家与数学教育工作者更在很大程度上可以被看成这一战争的主要对立双方，但在从事"数学课程标准"的修订工作时（其直接结果就是美国数学教师全国理事会［NCTM］于 2000 年颁发的《学校数学的原则与标准》），美国数学教师全国理事会仍然十分注意倾听数学家的意见。具体地说，早在 1996 年的秋天，理事会就向美国一些主要的数学家组织提出了这样的请求，即希望它们能对"数学课程标准"的有关问题作出分析和评论。前者并为此制定了专门的问题表；各个数学家组织对于美国数学教师全国理事会的这一请求也作出了积极反响，如美国数学协会（MAA）就为此成立了专门的工作小组（President Task Force on the NCTM Standards）；后者更针对 NCTM 所提出的问题举行了多次会议并提交了相应报告，提出了很多建设性的意见。（详可见另文"千年之交的美国数学教育"，载郑毓信，《数学教育的现代发展》，江苏教育出版社，1999）

更为一般地说，这也是相关人士逐步形成的一项共识，即应当认真做好数学教育的"教育方面"与"数学方面"的适当平衡，用武鸿熙教授的话来说，这也就是指，"新的改革应当在教学法和数学的强调方面求得更好的均衡。"（对此可参见 5.1 节）

2. 进一步的分析

在明确强调"教育方面"与"数学方面"的对立统一可以被看成数学教育的基本矛盾的同时，我们也应注意防止各种简单化的理解与片面性的认识。

首先，上述的分析不应被理解成对于数学教育"双专业性"的直接肯定，即认为"数学教育"可以简单地被理解成"数学＋教育学"。恰恰相反，我们不仅应当密切联系数学教育的现实情况更为深入地去认识，并恰当处理两者的辩证关系，而且也应明确地肯定数学教育的专业性质，后者也可被看成数学教育特殊性质的集中反映。

例如，从后一角度去分析，所谓的"去数学化"其根本错误就不只是指我们未能从"数学方面"去认识问题,毋宁说,这是对数学教育的专业化发展提出了更高的要求。(对此我们还将在第 10 章中作出进一步的论述)

其次,强调"基本矛盾"也不应被理解成这是数学教育的唯一矛盾,恰恰相反,在某些情况下,其他的因素或方面也可能对数学教育的发展起到特别重要甚至是决定性的作用。

例如,所说的"教育方面"与"数学方面"都可被看成是从数学教育的内部进行分析的,而如果采取更为广泛的视角,显然就可看到更多的方面和因素。事实上,与数学的发展相类似(对此可参见 1.3 节),数学教育的发展同样也应被看成"内在因素"和"外部力量"共同作用的结果。特别是,我们更应清楚地看到整体性文化在这方面的重要影响,或者说,我们应明确肯定数学教育的文化相关性。例如,这显然也应被看成成功实施数学课程改革的一个重要条件,即存在一个有利于持续改革这一长期目标的文化环境。与此相对照,如果一个改革运动始终未能得到社会上大多数民众的普遍支持,那么,无论专业人士与行政部门作了多大努力,这一运动恐怕都很难取得真正的进展。

6.2 节就是关于"数学教育文化相关性"的具体分析。就我们目前的论题而言,这显然更为清楚地表明了这样一点:正如数学性质的分析,就数学教育的性质而言,我们也应采取更为广泛的视角,而不应仅仅着眼于所谓的"教育属性"和"数学属性"。

例如,除去已提及的各个方面或环节以外,所谓的"数学教育的政治学研究"显然也应引起我们的足够重视,后者即是指,我们应当具体地去分析现有的数学教育体制究竟体现了怎样的权力关系? 或者说,集中地体现了哪个(些)集团或阶层的利益? 再者,就现实而言,这也是一个在近期得到迅速发展的研究领域,即"(数学)教育的社会—文化研究",这对于我们更为深入地认识学习和教学活动的本质提供了一个新的视角。对此我们将在第 8 章中作出具体论述。

总之,我们既应明确肯定"教育方面"与"数学方面"的对立统一可以被看成数学教育的基本矛盾,同时也应注意防止各种简单化的理解与片面性的认识。

6.2　文化视角下的数学教育

1. 数学教育的文化相关性

正如以下一些研究所清楚表明的,与数学的文化相关性相类似,我们也应明确肯定数学教育的文化相关性,这也可被看成为我们深入认识"中国数学教育(学)传统"乃至课程改革的一些相关问题提供了直接背景。

具体地说,我们在此所涉及的主要是数学教育的国际比较研究,而这是这些研究最为重要的一个结论:除去各种有意识的努力以外,整体性的社会环境与文化传统对于数学教育也具有十分重要的影响,尽管后者主要是以一种潜移默化的方式发挥作用的,即主要表现为朴素信念或观念的影响。以下围绕美国学者斯丁格勒与其他学者合作完成的两部著作对此作出具体介绍。

(1)《学习的差距》(H. Stevenson & J. Stigler, *The Learning Gap — why our school are failing and what we can learn from Japanese and Chinese Education*, Simon & Schuster, 1992)以中、日、美三国的小学数学教学作为直接的比较对象,所采取的则是社会和文化的视角,即主要从家庭、教师、学校等方面对影响学生数学学习的各种因素进行了具体分析。特别是,其中不仅涉及到了中、日、美三个国家学生的不同生活方式、不同的教学组织形式,以及在教师的培养与工作情况等方面所存在的种种差异,也包括更深层次的一些观念和信念。如不同国家对于决定学生数学学习活动成败的主要因素具有十分不同的看法,在家长的期望值与对学生的支持程度等方面也表现出了重要区别。

以下是书中所指出的在美国、中国与日本社会中所存在的对于学生学习活动具有十分重要影响的一些方面:

在中国和日本,在儿童入学以后,他们的学习活动构成了其全部生活的中心。但就美国学生而言,其在学校内外的生活却表现出了明显距离:美国学生在课后很少从事与学业有关的活动,包括复习与练习等,家长也没有认识到应当在家庭中为学生创造良好的学习环境。

就美国家长对于子女教育的态度而言，在子女入学前后还可发现一个明显的变化：美国家长通常高度重视子女的学前教育。但是，一旦子女进入学校，他们就认为教育的重任现已唯一地落到了教师身上，从而与中国和日本的家长始终对子女在学校中的学习活动予以很大关注与支持构成了鲜明对照。

再者，从更深入的层次看，在此又存在如下的重要区别：美国社会认为学生学习活动的成败主要取决于天赋，人们特别重视如何增强儿童的自信心，认为不应让儿童因经历失败而挫伤自信心（从而，家长也不应对学生施加过大的压力）。而且，正是在这种观念指导下，美国的初等教育普遍采取了"按能力分班教学"（tracking）的作法，而这事实上就是放弃了对学生普遍的高要求。但在美国社会中我们又可看到这样的现象："尽管美国学生在学业成绩的国际测试比较中普遍落后于中国学生和日本学生，美国家长却对儿童的表现与学校的教育情况普遍持肯定的态度。"（第 128 页）

其次，除去对于教材和教法的专门研究，《学习的差距》还涉及到了若干更为一般的因素，如教学的组织形式、教师的培养与工作条件等。

例如，由于认为学生学习活动的成败主要取决于天赋而不是后天的努力，因此，美国的教育就特别重视个体差异，教育也因此而失去了统一的目标与要求。与此相对照，中国和日本的教育则以缩小学生间可能存在的差距作为首要目标，后者集中体现于教育的统一标准。从而，我们在此事实上可看到两种不同的教育哲学："美国学校力图满足每个学生的不同要求；而中国和日本的学校则较少注意学生间存在的个体差异，并主要集中于提高学生的普遍水准。"（第 152 页）

再例如，《学习的差距》不仅通过与中国和日本的对照对美国学校在教学组织方面的低效率提出了尖锐批评，而且认为我们不应对大班教学持简单的否定态度。因为，"如果教师没有过度的负担，学生能高度集中，时间和精力又没有消耗于无效的由一种活动向另一种活动的转移或不相干的活动之中，大班教学就能够有效地实施"。（第 68 页）当然，大班教学并不意味着教师的讲授必然占据大部分的时间。与此相反，教师应在如何调动学生的积极性并启发他们积极地进行思考上花费主要力量，如提出有兴趣和具有刺激性的问题，引导学生积极地去进行探索,给予必要的指导,提倡对同一问题的不同解法,等等。总之,"如果得到很好实施的话,大班教学对每一个学生都是有效的"。(第198页)与此相对照,由于"教师辅导下的学生自学"往往意味着美国学生大多数时间是在没有教师帮助的情况下孤立地进行学习,从而对此就不应予以提倡。

《学习的差距》还进一步指出,大班教学"能同时达到如此的高效率并能满足不同学生的要求是精心准备和必要训练的结果"。(第70页)具体地说,这里所说的"必要训练"是指使学生真正成为班级群体的一员,并按照这一标准很好地规范自己的行为。但是,这又是美国与中国和日本之间的一个重要区别:"美国教师很少指导教室中的必要规范。他们认为应将时间花费在实质的教学上,如阅读、数学的教学等,却忘记了必要规范的掌握对于教学高层次技巧的有效性很可能是关键的因素。"(第92页)

另外,就教师的培养和工作情况而言,《学习的差距》指出,美国社会事实上并不十分重视教师教学水平的提高。因为,在美国社会中教学被看成一种艺术,即在很大程度上取决于个人的天赋,从而就没有在这方面给予职前与在职教师足够的支持。具体地说,在美国的教师培养工作中,专业(如数学)的学习与教学法方面的学习常常是完全分离的。后者主要集中于一般的教育理论,从而因其过于一般而无法对实际的数学教学活动产生具体的指导作用。另外,一旦走上了教学岗位,教师也很少能在如何改进教学这一方面得到进一步的支持或帮助,而被认为已经有了足够的训练,从而能自然而然地成为一个好教师——后者也与中国与日本社会普遍存在的教师间的互动与众多的业务进修机会形成了鲜明对照。另外,与中国和日本的同行相比,美国教师有更大的工作压力,他们不仅需要承担更多的教学时数,而且被要求同时充当家长、咨询者、心理医师等各种角色,从而就没有足够的时间和精力用于改进教学。

《学习的差距》提出,我们在此也可发现更深层次的一种观念差异:在美国与中国社会中对于"什么是一个好教师"有着十分不同的看法,或者说,有两种完全不同的"教师形象(职业标准)":① "熟练的演绎者"(skilled performer)。就像演员或音乐家,他们的主要工作就是有效地和创造性地演绎出指定的角色或乐曲。② 创造者(innovator)。按照这一标准,仅仅演绎出一个标准的课程还不足以被看成一个好教师,甚至更应被看成缺乏创造力的表现。作者提出,正是由于后一种观念的影响,美国教师通常不愿意向有经验的教师学习,但其所谓的"创新"则又往往表现为标新立异。与此相对照,"西方人很难理解创新未必需要全新的表述,也可以表现为深思熟虑的增添、新的解释与巧妙的修改"。(第168页)

(2) 由于《学习的差距》获得了很大成功,斯丁格勒又于1999年与另一数学教育家赫伯特合作出版了一部新著《教学的差距》(J. Stigler & J. Hiebert, *The Teaching Gap — Best Ideas from the World's Teachers for Improving Education in the Classroom*, The Free Press, 1999)。后者在一定程度上可以被看成前者的姐妹篇,但也具有一些新的特点和重点。特别是,这一著作更集中地表明了这样一种认识:与其他各个措施(如缩小班级的规模,建立新的更好地体现奖惩的资金分配制度等)相比较,努力提高教师的教学水准应被看成改进数学教育的关键所在。

具体地说,以下就是这一著作特别强调的一个事实:从总体上说,美、德和日本这三个国家可以被看成有三种不同的数学教学模式,作者更认为通过它们的比较可为美国改进数学教学指明努力的方向——从而,与美国社会先前普遍存在的关于教学是一种天赋这样一个认识相比较,这也代表了观念的重要转变。

尽管相关工作主要是一种实证的研究,但是,《教学的差距》在理论分析上也达到了较高水准,特别是,该书突出地强调了数学教学工作的系统性和文化相关性,从而就从又一侧面更为清楚地表明了数学教育的文化性质。

按照《教学的差距》的分析,以下可被看成数学教学的两个"主要特征"(indicates):"数学知识"和"学生的参与程度"。作者还从这一角度对美德日三个国家的数学教学模式进行了具体分析,即认为这体现了三种不同的教学模式:

德国:"教师主导下的知识发展"(developing advanced procedure)。其中的关键在于:第一,有关的知识(包括技能等)并不是直接给出的,而是有一个发展的过程,包括指明各种算法的合理性与给出必要的解释,等等;第二,教师在教学过程中发挥了主要的作用,或者说,学生正是在教师的引导下发展起了相应的知识或技能。

日本:"教师指导下的主动探究"(structured problem solving)。与德国相比,日本学生在课堂上表现出了更大的主动性:他们通过积极探究发现相应的技能以解决所面临的问题;这些问题是由教师在事先精心设计的,教师并对课程进行了很好的组织。

美国:"机械学习"(learning terms and practicing procedures)。尽管美国的数学课不能说完全没有数学内容,但通常只是由教师直接给出相应定义或指明解决问题的算法,并要学生牢牢记住相关定义并通过反复练习掌握相应的算法。

但是,所说的统一模式又是怎样形成的呢? 正是针对这一问题,《教学的差距》提出,教学事实上应被看成一种文化行为。这也就是说,教学行为主要取决于社会上普遍存在的观(信)念,而并非是与教师培训中所讲授的教学理论相一致的。而且,教学模式的掌握主要也不是正式学习(教师培训)的结果,而是源自教师自身长期的学习经验,即主要是一种不自觉的行为。

《教学的差距》还通过日本与美国的对照比较对决定不同数学教学模式的"文化要素"(cultural script)进行了分析,认为这主要体现于对"数学的性质"以及"学生数学学习过程"的认识。

例如,在美国数学被认为是算法的简单汇集(有 61%的教师认为,对于数学学习来说最为重要的就是掌握相应的技能),数学本身则无任何乐趣可言。进而,数学学习主要是一个积累的过程,并依赖于反复的练习,在这一过程中教师则应努力减少学生的疑虑或错误。也正因此,教师的主要责任就是将知识分解成各个互不相干的"知识点",每个知识点的教学又主要是一个示范与练习的过程,一旦发现学生有困难教师就应立即指明正确的作法,从而尽可能减少学生的疑虑或错误。另外,教师又应努力从数学以外去寻找"兴奋点",以调动学生的学习积极性,包括吸引学生的注意。

与此相对照,在日本数学被认为是各种概念、事实和算法组成的整体(更有 73%的教师认为,数学学习最重要的是学会数学地思维),数学学习的最有效方法是在解决问题的过程中学,包括积极地探究、参与讨论、对各种解法进行比较等。另外，由于学习是一个复杂的过程，从而不可避免地包括错误与反复，数学的内在兴趣则存在于积极探究与成功解决问题的喜悦之中。也正因此，日本的数学教师往往会花费很大力量去选择适当的、具有挑战性的问题，并认真组织课堂讨论，包括给出必要的指导。

综上可见，尽管《教学的差距》并非直接涉及到了整体性文化对于数学教学活动的影响，但由于其清楚地指明了教师所具有的观念或信念对于其教学活动的重要影响，而这又正是文化的主要特征，即其主要表现为一种潜移默化的影响，并往往是以观念或信念的形式得到体现的，因此，上述的分析可以被看成十分清楚地表明了数学教育的文化性质。

最后，这也是《教学的差距》的一个主要内容，即从文化角度对如何改进美国的数学教学，包括有效地实施数学课程改革进行了具体分析。以下是这方面的一些主要结论：

第一，依据教学的系统性和整体性，局部的、零星的改革（如唯一地集中于教材或班级大小的改变等）不可能取得很大成效。恰恰相反，最终发生的往往是这样的情况：新的改革措施逐渐为原有系统所"同化"，而不是整个教学体系的改革。

作者还强调指出："教学作为一种系统在很大程度上超出了教师工作的范围，还包括外部的教学环境、教学目标、教材等教学资源、学生的作用、学校（课程）组织形式等。仅仅改变其中的任何一项看来都很难取得期望的结果。"这也就是说，为了取得改革的成功，需要建立一种新的体制。（第127页）

第二，教学的文化性质清楚地表明了教学改革的艰巨性。因为，这直接涉及到了深层次的观念和信念，包括社会上普遍存在的各种朴素认识，而人们又往往对此缺乏清楚和自觉的认识。

《教学的差距》明确提出，教学的文化性质直接决定了教育改革必然是一个渐进的、积累的过程，而不应期望一下子就能取得突破："由于教学是一个深深地嵌入整体性文化环境之中的系统，任何变化必定是小步骤的，而不可能是急剧的跳跃。"（第132页）作者还专门引用了盖利摩（R. Gallimore）的这样一个论述："文化活动是一种顺应性的历史演变的结果，并经由人们的共同努力

而逐渐成为了一种稳定的日常程序。文化活动的变化一定是缓慢的、渐进的，并必定建立在现存的程序之上。"（第 121 页）

《教学的差距》还针对美国的数学课程改革作出了如下评价：在此可以看到口号的不断更新与大肆炒作，却见不到真正的进展。特别是，尽管广大教师似乎都已认识到了改革的必要性，并自认为知道努力的方向，更有不少人（约70%）认为已经作出了切实的改变，但实际上却只是集中于某些具体的作法，所发生的也只是一些表面的变化。更有甚者，在此还可看到某些消极的变化，如过分地依赖计算器，所谓的"淡化"事实上成了"放弃"，等等。

第三，正是通过比较研究，特别是借鉴日本的经验，《教学的差距》还对美国应当如何实行教育改革提出了以下一些具体的原则和建议：

原则一，应当清楚地认识改革必然是连续的、渐进的、积累的，从而，我们应采取长远的观点，而不应追求短期的效果，并应充分肯定各种细小的变化。

原则二，改革应当始终集中于改进学生的学习这一根本目标。

原则三，关注教学法而不是教师。因为，教师是流动的，教学法则可能得到继承。

原则四，改进具体的教学，即应当很好地解决理论研究脱离教学实践的问题。另外，我们又应明确肯定教学工作的创造性质："由于教学的系统性和文化的性质，因此就是与情境直接相关的。"也正因此，我们在课改中就不应采取简单的"拿来主义"。恰恰相反，"只有通过在各个不同教学环境中的反复尝试与调整，新的思想才可能传播到全国"。（第 134 页）

原则五，努力改进教师的工作条件，从而更好地调动教师的工作积极性。

原则六，建立有效的评价、推广机制。这正是小的进展能够得到推广并逐步得到积累的必要条件。

另外，从文化的角度看，两位作者又明确提出，主要的问题是要建立一个有利于持续的改革这一长期目标的文化环境："这一文化环境应当真正重视教师所知道的、教师的学习和创造，并发展起一个能从教师的思想获益的系统：对此进行评价、调整，并通过不断积累以形成相应的专业基础，予以分享。"（第130 页）

以下是关于如何实施课程改革的一些具体建议：

建议一：建立关于改革渐进性的共识，特别是，应从上到下地统一认识，从而就可从各个方面对改革予以必要的支持，如建立对于小的变化较为敏感的评价体系。

建议二：明确目标，并在各方面切实地予以贯彻，特别是，应当建立与改革相适应的评估体制，从而及时获得必要的反馈以改进工作。

建议三：为教师的学习创造良好的环境。

最后，《教学的差距》又突出地强调了这样一点：为了成功地实施教学改革，所需要的并不是某种具体的教学方法，而应像日本那样大力加强"教研活动"（lesson study），即应当建立相应的"研究—发展机制"（research and develop system）。

尽管上述分析主要是针对美国的数学教育改革作出的，但其基本思想特别是关于教学活动文化性质的分析，对于我国的数学教育改革显然也具有十分重要的启示意义。对此我们将在以下作出具体论述。

2. 文化视角下的中国数学教育

从文化的视角去分析，我们也可更为深入地认识"中国数学教学传统"的具体内涵和主要特征。

（1）上一节的讨论显然表明，数学教育的文化研究涉及到很多的方面，大至社会上普遍存在的观念和信念，小至课堂中的提问方式与教师的备课形式等。但就"中国数学教学传统"的具体研究而言，由于我国现行的数学教育体制，包括学校的组织形式、课程设计、教学方法等，主要都是从国外（包括西方和苏联）引进的，而中国又具有自己独特的文化传统（后者常常被描述为"儒家文化"），因此，我们在此也就必须首先回答这样一个问题：在这两者之间是否存在一定的文化冲突？或者说，从发展的角度看，最终所出现的究竟是我们"同化"了外来的成分，还是我们自身为外来成分所"异化"了？不然的话，所有关于"中国数学教学传统"的讨论都是无意义的。

正如中国历史上曾多次发生过"外来成分"逐渐为中国传统文化所同化的现象，笔者以为，数学教育领域中所发生的主要也是一个同化的过程，而也正是在这样的意义上，我们才能真正谈及"中国数学教学传统"。

　　以下可被看成这方面的一个实例,即"问题解决"在中国的"命运":

　　具体地说,作为国际数学教育界在 20 世纪 80 年代的主要口号,"问题解决"其主要意义在于对传统的数学教育,包括教育目标和教学形式提出了直接的挑战,如认为数学教育应当以培养学生解决问题的能力作为主要的目标,"问题解决"应成为学校数学教育的基本形式,即我们应当围绕"问题解决"来组织学校的数学教学,包括数学基本知识和技能的学习,等等。由于我国的数学教育历来特别重视解题技巧的研究和训练,以致常常被称为"解题大国",因此,"问题解决"这一口号几乎未经任何认真的宣传与推广,很快就被中国数学教育界普遍地接受了。但就实际结果而言,主要地却只是进一步强化了原来的传统,而没有造成任何实质性的变化:数学教育仍然因袭传统的路子,特别是,人们更加热衷于解题技巧的研究,更加坚持"大运动量"的训练。从而,人们在此事实上就是按照中国传统的教育(学)思想,特别是关于教学活动规范性的认识对"问题解决"这一"外来成分"进行了改造,即在中国实际发生的主要是一个"同化"而非"异化"的过程。

　　正因为中国数学教育的历史发展主要是一个外来成分逐渐为固有文化传统所同化的过程,因此,在笔者看来,这应被看成从比较角度研究中国数学教育时所必须遵循的一条原则,即我们不应脱离整体性的文化脉络去看待中国数学教育的各个具体方面或环节。例如,按照这一原则,尽管中国数学教学工作中的某些作法在形式上可能与西方所采用的某些方法十分相似,如中国的"反复记忆"(repetitive memory)和"加强基本功的训练"与西方所谓的"机械记忆"(rote memory)和"机械练习"(drill and practice)等,但两者不应被简单地等同起来。因为,在不同的文化脉络之中它们事实上具有十分不同的内涵和作用。另外,从整体上说,我们又应当十分重视数学教育的文化相关性。例如,从这一立场去分析,即使是一个在西方十分有效的改革措施,我们对此也不能采取简单的"拿来主义"。而必须认真研究其是否真的适合中国的社会—文化环境,或者说,我们应如何对此进行改造以使其更加适应中国的情况。进而,从根本上说,这显然应被看成我国数学课程改革的根本目标,即努力建立符合时代发展与中国国情的数学教育体系。

　　事实上,正如不少西方学者现也已经认识到的,文化隔阂正是导致西方关于东方数学教育的种种误解或不正确看法的重要原因。另外,也正是基于这样的认识,笔者以为,尽管我们应当充分肯定国际上的相关研究对于我们深入总结中国数学教育的成绩与不足之处具有重要的借鉴意义,但是,中国学者无疑又应在这一工作中发挥主要的作用,即应当成为这一研究工作的主体。考虑到现实中一些西方学者包括中国香港的同行已经走到了我们前面,因此,这也就十分清楚地表明了认真作好这一工作的必要性和紧迫性。①

(2)正如前面所指出的,这是文化研究最为重要的一个特点,即其关注的并非社会组织形式、经济体制、政治立场等"显性成分",而主要是观念与信念等"隐性成分"。我们应高度重视一般性文化传统包括哲学思想和传统思维方式等的重要影响。正是从这一角度去分析,笔者以为,我们在此应当特别强调中国数学教育在整体上的这样一个特征,即人们往往特别倾向于各个对立面的适当平衡,而这显然又可被看成集中地体现了朴素辩证思想在中国文化传统中的重要地位,这也就是指,"一阴一阳之谓道。"②

应当指出的是,曾有不少学者从各个不同角度对中国数学教育的具体特征进行过分析,但在笔者看来,这在很大程度上也都可以被看成对于中国数学教育上述特征的直接肯定。如:"与西方对于过程或结果的片面强调不同,东亚各国和地区所采取的是'过程与结果并重的态度'。""西方学者往往注重内在的动力,并认为像考试此类的外部动力对学习是有害的,但在东亚各国和地区则认为两者对于促进学生的学习都是十分必要的,从而事实上采取了'内外并重'的作法。"(F. Leung[梁贯成],"In Search of an East Asian Identity in Mathematics Education — the Legacy of an Old Culture and the Impact of Modern Technology",ICME-9,2000,Japan)"西方人往往将'记忆'与'理解'绝对地对立起来,即认为记忆无助于理解,并认为两者事实上是互相排斥的;

---

① 当然,所说的"主体作用"并不排斥在这方面的国际合作。恰恰相反,对于后者我们应持积极支持的态度。例如,作为这方面的一个成功努力,我们可特别提及由国际数学教育委员会启动的如下专项研究:"不同文化传统下的数学教育:东亚与西方的比较"。(*Mathematics Education in Different Cultural Traditions — A Comparative Study of East Asia and the West*, ed. by F. Leung & K-D. Graf & F. Lopez-Real,Springer,2006)

② 由于后者已经超出了儒家的范围,因此,在笔者看来,这就从一个角度表明将中国传统文化简单地等同于"儒家文化"并不十分恰当。对此还可参见黄毅英等,"'儒家文化圈'学习现象研究之反思",2000。

但在不少中国学者看来,这两者之间存在一种相互促进的辩证关系:理解有助于记忆,记忆能加深理解。"(D. Watkins & J. Biggs 主编, *The Chinese Learner: Cultural, Psychological and Contextual Influence*, CERC & ACER,1996)

当然,除去已提及的各个对立环节以外,我们还可将分析的着眼点进一步扩展到数学教育的其他方面,如合作学习与独立思考、先天能力与后天努力,等等。进而,这是这方面更为重要的一个认识:对于中国数学教育的总结与反思不应停留于经验的水平,而应上升到必要的理论高度。另外,我们既应充分利用西方的现代研究成果,同时也应注意克服或避免后者所可能具有的各种局限性。特别是,由于西方习惯于形而上学的思维方式,因此往往容易采取绝对化的立场,与此相对照,我们则应自觉地应用辩证唯物主义来指导自己的工作。

应当指出的是,在笔者看来,后者事实上也可被看成数学教育改革深入发展的关键,即我们应当努力作好诸多对立面之间的必要平衡。(对此我们还将在下一节中作出具体论述)

(3) 除去西方与香港学者以外,一些内地学者也曾从各个不同方面对东西方数学教育思想的差异进行过具体分析。例如,张奠宙先生就曾围绕以下一些环节对东西方数学教学的不同特征进行过具体分析:考试严厉对考试温和;教师中心对学生建构;注重演练对强调理解;负担过重对课业不足;强调严密对注意趣味;形式演绎对非形式化;重视模仿对注重创造;相对平均对两极分化;弱于自信对善于表达;等等。("中国传统文化与数学教育",数学教育高级研讨会,1998)

上面的分析确有一定的道理。但在笔者看来,相对于所说的各个细节而言,我们应更加重视从整体上去认识东西方数学教育的主要差异。对于后者可概括如下:东方特别强调教育的规范性质,即表现出了明显的社会取向;西方则特别重视学习者的个性发展,即表现出了明显的个体取向。

例如,"没有规矩,不成方圆"这一成语就可被看成最为清楚地表明了中国数学教育乃至一般教育的上述特征。另外,从更为深入的层次去分析,我们又可以提及中国社会普遍存在的如下理念:只要教师教得得法,学生又作出了足够努力,绝大多数学生都能掌握基本的知识与技能。[①]

进而,只有从上述角度去分析,我们才能很好地理解中国数学教学的各个具体特征。以下就是这方面的一个具体分析:

第一,课堂教学相对于具体目标的高效率性。

这首先是指教学上的统一目标:中国的数学教学,每一堂课都具有十分明确的目标,后者主要集中于各个具体的数学知识或技能,整个课程往往也围绕所说的目标得到了较好的组织。

具体地说,中国的数学课程通常包括复习、引入、讲授、练习、总结等五个环节,其中的所有细节,包括时间的分配乃至板书的设计等,也都是围绕所说的目标精心设计的结果。例如,"课堂教学的高效率性"在数学课程的引入方式上就有着十分明显的表现:与"情境设置"相比,中国的数学教师往往更为强调知识内容的内在联系,因为,后一做法不仅可以更快地切入主题,也更好地体现了教学在整体上的一致性。

特殊地,如何能够更有效地去进行教学正是中国教师集体备课的一个主要内容。

第二,数学教学的规范性与启发性。

教育的规范性在很大程度上决定了中国的数学教师在教学活动中始终处于主导的地位,而"讲授"则构成了中国数学教学的基本形式。但是,我们不应将后者简单地理解成知识的简单传递与被动接受。恰恰相反,作为"对立面的必要平衡"这一基本思想的具体体现,中国的教育不仅突出强调了教师在教学中的主导地位,同时也明确肯定了学生在学习过程的主体地位。另外,在实际的教学工作中,教师不仅十分注意教学的启发性,而且也对如何促使学生积极地参与教学活动给予了高度重视。例如,用数学思维的分析带动具体数学知识内容的教学显然可被看成前一方面的一个具体努力。另外,对于"设问的艺术"的高度重视则可以被看成后一方面的典型例子。这也就是指,教师在课堂

---

① 与所说的普遍"达标"相对照,笔者以为,这又不能不说是中国传统教育思想的一个严重弊病,即认为只有少数人能够超出基本知识和技能的掌握并达到更高的境界。后者更被认为主要是一个"悟"的过程,即在很大程度上取决于主体的悟性,这也就是所谓的"师傅引进门,深造靠自己"。显然,这事实上就是将此排除出了教育所应实现的目标。

上的提问应当促进学生更为积极地去进行思考。从而,所说的问题应当集中于过程,而不是唯一地集中于结论的对与错。

我们在此还应特别强调"大班教学"的现实,因为,在这种情况下,加强教学的启发性就可使全体学生而不只是少数学生获得更大的收益。从而,这事实上也就应当被看成实现"课堂教学的高效率性"的一个重要手段。

第三,不同的教学理念。

正如人们已普遍认识到的,中国的数学教学特别强调记忆和练习,这体现了与西方不同的另外一种教学理念。这正如别格斯(J. Biggs)所指出的:"在西方,我们相信探索是第一位的,然后再发展相关的技能;但中国人则认为技能的发展是第一位的,后者通常也包括了反复练习,然后才能谈得上创造。"(D. Watkins & J. Biggs 主编,*The Chinese Learner*:*Cultural, Psychological and Contextual Influence*,同前)特殊地,后者显然也就是通常所谓的"以正合,以奇胜"的一个基本意义。另外,又如以下一些作法所清楚表明的,中国数学教学中对于记忆和练习的强调也与追求深层次的理解有着直接的联系:"温故而知新"、"熟能生巧",等等。这也就是指,我们在此所提倡的并非是死记硬背,而是"记忆"与"理解"之间的辩证关系:理解有助于记忆,记忆可以加深理解;人们所追求的也不仅仅是运算的正确性和速度,而是希望通过反复练习不断深化认识,从而达到真正的理解。

应当强调的是,中国的数学教师通过长期实践在上述方面已积累了丰富的经验。例如,所谓的"变式教学"就可被看成这方面的一个典型例子,因为,后者的一个基本涵义就是通过背景材料(包括表述方法等)的适当变化帮助学生更好地掌握相应的数学知识。另外,这事实上也可被看成"精讲多练"这一教学方法的精髓所在,更对习题(练习)的设计提出了很高要求,即应当有一个不断发展和深化的过程,包括由简单到复杂、由单一到综合,等等。

(4) 上面的分析显然表明,我们应当明确肯定中国数学教育(学)的特色与成绩,任何妄自菲薄的态度都是不正确的。当然,作为问题的另一方面,我们又应清楚地看到已有传统的不足之处,并积极地去从事新的发展。

具体地说,由于中国数学教育所追求的"对立面的必要平衡"并非一种静止的状态,而是动态的过程,因此,在实践的过程中就必然会出现一定的偏差或错误。特别是,在考试的严重压力下中国数学教学法的上述特征更不可避免地会遭到一定的扭曲。从而我们在此应当对中国数学教学法的真谛与其在实际中的表现予以明确区分,或者说,在此最为需要的是"发现问题,正视问题,解决问题,不断进步"。另外,对于中国数学教学的以下现实我们显然也应予以足够的重视:一线教师的教学往往依赖于已往的经验,却没有能从理论高度对此作出必要的总结与反思,从而在实践中也就容易出现各种各样的偏差,乃至"形似而神异"。

例如,以下就是与上面所提及的中国数学教学法的各个主要特征直接相对应的一些弊病,这也就是指,如果缺乏足够自觉性的话,在实践中就很容易出现这样一些偏差。

第一,对于数学教育长期目标的忽视。

由于主要集中于具体的数学知识或技能这样的短期目标,数学教育的长期目标(如学生能力、情感和态度的培养)在教学中就很容易被忽视。更为一般地说,这事实上也可被看成"熟练的演绎者"这一模式所固有的一种局限性。

应当指明,以上关于"数学素养"内涵的分析显然可被看成对于上述局限性的一种纠正。当然,这里的关键仍然在于对立面(在此即是指数学教育的"短时目标"与"长期目标")的必要平衡,而不应由一个极端走向另一极端,如只是唯一地强调"愉快学习"而忽视一定程度的艰苦性,就不可能使学生在数学上达到较高水准包括调动其深层次的学习积极性。

第二,未能给学生的自由创造留下足够的空间。

由于教育的规范性质,在中国的数学课堂上教师始终处于主导的地位。尽管也强调教学的启发性以及学生的积极参与,但教师所希望的又总是能够按照事先设计的方案顺利地进行教学,这样就能促使学生按照教师的思路去进行思考。从而就不仅能够使学生牢固地掌握相应的数学知识和技巧,也能使学生学会教师所希望掌握的数学思维方法。总的来说,这只是一种"大框架下的小自由",未能给学生的主动创造(以及学生之间的互动与交流)留下足够的空间。特别是,如果缺乏足够自觉性的话,就更加可能出现教学处于教师的绝对支配之下,学生的主动性和创造性受到严重压制的局面。例如,如果在教学中过分强调所谓的"小步走"、"循序渐进",就很可能出现这样的情况。①

应当强调的是,上述情况的出现也与整体性的文化传统有着重要的联系。由于中国历来是一个中央集权的国家,因此在教育系统中也就很容易出现如下的"一层卡一层"的现象:大纲(课程标准)"卡"教材——教材的编写必须"以纲为本";教材"卡"教师——教师的教学必须"紧扣教材";教师"卡"学生:学生必须牢固掌握教师所教授的各项知识和技能。这样,作为最终的结果,所有有关的人员,包括教师和学生,其创造性才能都受到了严重的压制。

上述的弊病现在已经得到了普遍的重视,人们也已采取一些措施来克服或防止所说的局限性。例如,这事实上就是中国的数学教师何以特别重视"一题多解"的重要原因。另外,人们对所谓的"开放式问题"也表现出了很大兴趣,并认识到了应当大力提倡"开放式教学",从而为学生的自由创造留下充分的空间。最后,教材由"一纲一本"经由"一纲多本"到"多纲多本"的发展显然也可被看成在更大范围内出现松动的迹象。但由于教育的规范性深深地扎根于中国的文化传统之中,因此我们就不能期望所说的现象在短期内能得到彻底的改变。

第三,对于学生个体差异重视不够。

由于习惯于大班教学和讲授式教学,因此,中国的数学教师在教学中往往对学生的个体差异重视不够。当然,从更为深入的角度看,这事实上可被看成过分强调教育工作规范性质的一个必然后果,也就直接关系到了如下的基本问题:我们究竟应当以何者作为教育工作的基本立足点,即是先天的差异,还是应当努力缩小可能的差距? 正如前面所指出的,这也正是东西方数学教育(乃至一般教育)思想的一个重要区别。

第四,数学应用意识淡薄。

相对于知识的内在联系而言,中国的数学教师对于数学的应用意识普遍重视不够。在这一点上我们也可看到整体性文化环境的重要影响:由于中国学生普遍地较为重视数学学习,因此,大部分教师都感受不到需要通过联系实

---

① 笔者以为,以下情况的出现事实上也与教育的过强规范性有着直接的联系,即对于教学目标的"细分",直至各个所谓的"知识点",却忽视相关内容的整体性把握。这正是布鲁姆的"目标教学法"何以会在中国得到普遍接受与重视的深层原因。

际以调动学生学习数学的积极性。

综上可见,我们所面临的不只是"中国数学教育(学)的清楚界定"这样一个任务,更应是一个建设性的工作。这也就是说,我们应当切实立足教学实践,并应通过认真的总结与反思,包括必要的理论分析与研究,逐步建立新的、更加符合时代要求和国情的中国数学教育。

当然,从更为一般的角度去分析,上述的分析显然更为清楚地表明了这样一点:对于数学教育的性质我们应从多个不同的方面或角度去进行分析,更应注意分析各种观点对于实际工作的启示或指导意义。

6.3　数学教育的基本哲学

正因为数学教育包含多个不同的方面,我们就应将"对立面的适当平衡"看成数学教育(乃至一般教育)的基本哲学。这也就是指,就这方面的具体工作(包括理论研究与实际教学)而言,我们应当始终坚持辩证思维的指导,并切实防止或纠正各种可能的片面性认识与简单化做法。

值得指出的是,这事实上也正是笔者在课改初期所明确提出的一个建议,即我们应当将努力做好各个对立面的必要平衡看成成功实施数学课程改革的关键。特别是,应很好地去处理这样几个方面的辩证关系(详可见另文"中国数学教育深入发展的六件要事",《数学教育通讯》,2001 年第 4 期;此文并已被收入郑毓信,《数学教育:从理论到实践》,上海教育出版社,2001):

"人的情感、态度、价值观和一般能力的培养"与"数学基础知识与技能的教学";

"义务教育的普及性、基础性和发展性"与"20%最好的学生在数学上的提高";

"数学与日常生活的联系"与"数学的形式特性";

"儿童的主动建构"与"教师的指导作用";

"创新精神"与"文化继承";

"以问题解决为主线的教学模式"与"数学知识的内在逻辑";

"学生的个体差异"与"大班教学的现实";等等。

　　另外，正如前面所指出的，由于朴素的辩证思想正是中国文化传统十分重要的一个组成成分，因此，强调辩证思维的指导事实上也可被看成清楚地表明了这样一点：整体性的文化传统也可对数学教育改革发挥积极的促进作用，而未必一定是纯粹的阻碍因素或消极力量。当然，这里的关键恰又在于高度的自觉性，即应当很好地实现由朴素思想向自觉的指导性原则的重要转变。

　　以下从后一角度对在实际工作中究竟应当如何更好地发挥辩证思维的指导作用作出进一步的分析。特别是，笔者以为，这更应被看成我们应坚持的一个基本立场，即我们不应满足于这方面的空泛谈论，而是应当更加重视如何能够针对现实情况很好地发挥辩证思维对于实际工作的指导或促进作用，也即应当始终坚持具体问题具体分析，而不应停留于穿靴戴帽、生搬硬套，乃至在不知不觉之中将辩证思维变成了某种可以不加思考并随意地加以应用的空洞教条。恰恰相反，这方面的工作应当真正有益于人们认识的深化，而不应满足于自欺欺人的官样文章，或是貌似正确而实际上没有任何实质内容的空洞文章。总之，在强调辩证思维指导作用的同时我们也应很好地去处理理论与教学实践之间的辩证关系。

　　为了清楚地说明问题，以下首先针对"学校文化"这一教育热点作出具体分析，然后再从更为一般的角度进一步指明理论与教学实际之间的辩证关系，包括我们如何以辩证思维为指导更为深入地去认识课程改革的若干重大问题。

1. "学校文化"与"学科文化"

　　就教育领域的最新发展而言，"学校文化"的兴起无疑是一个特别重要的现象。这也就是指，无论就课程改革的具体实施，或是一般意义上的教育教学工作而言，我们都不应停留于宏观意义上的"社会文化"与微观意义上的"课堂文化"，而还应当高度重视学校这样一个中间环节。因为，这正是现代教育体制的一个重要特征，即教育的管理权主要在学校。也正因此，如果缺少了这一层面的积极性，不仅各种先进的教育理念或思想都不可能得到落实，更可能出现种种"阳奉阴违"的现象。当然，从相反的角度去分析，这显然也可被看成为以下事实提供了直接的解释："为什么古今中外课改的成功范例往往在学校，而不是别的更大的区域？为什么在中国，同样的高考体制下，仍可以涌现出那么多成功的学校课程教学改革'典型'?"(余慧娟,"年终综述:十年课改的深思与隐忧",《人民教育》,2012 年第 2 期)以下则是另一相关的现象,即众多"草根典型"的涌现。特别是,为什么大多数在当前为人们所津津乐道、参观人流更是"数以百万计"的教学典型(如东庐中学的"讲学稿",洋思中学的"先学后教、当堂训练",杜朗口中学的"预习、展示、反馈",新绛中学的"半天授课制"等),都可被看成一种朴素的努力,而不是课改以来所普遍采用的"专家引领"、"教学观摩"这样一种新的培训模式的直接产物?

当然,在作出上述肯定的同时,我们又应清楚地看到这样一个事实:尽管所说的这些典型都有一个很好的开端,但又往往很快陷入了发展的瓶颈,即很难在原有的基础上取得新的突破。

造成后一现象的原因当然有很多,但在笔者看来,这十分清楚地表明了由"学校文化"深入到"学科文化"的重要性,或者说,我们在此应切实防止与纠正"去专业(数学)化"这样一种倾向。

具体地说,笔者以为,上述这些先进典型的涌现在很大程度上可被看成十分清楚地表明了这样一个真理:与盲目追随各种时髦的口号或理论主张相比较,我们应当更加相信经由长期教学实践已反复得到证实的各种"常识",特别是,只要认准方向踏踏实实地去做,长期坚持地去做,就一定可以作出很好的成绩。尽管所说的"常识"与理论相比可能较为"浅薄",但其作为实践性智慧仍然包含很大的合理成分,而且,这也正是人们在遇到困难时的合理做法,即"复杂的事情简单做,散乱的念头简单想"(星云法师语)。①

当然,这种基于"常识"的发展也有一定的局限性,特别是,这更可被看成"学校文化"建设的一个基本矛盾:由于"学校文化"通常具有跨学科的性质,从而就与课堂教学的学科性构成了直接冲突。这也就是指,如果我们始终停留于"大一统"的"学校文化",却未能很好地创建出各具特色的"学科文化","学校文化"的建设就必然会很快陷入发展的"瓶颈"。

---

① 正是从同一角度去分析,笔者以为,以下的想法就不易过分宣扬,即认为教育中存在所谓的"秘诀"("核心密码"),特别是所谓的"核心技术"。我们更不应随意地去提倡这样一种想法,即认为只需依靠某个个人的努力就可一劳永逸地解决教育的所有问题,因为,这显然是与教学活动的复杂性与创造性质直接相对立的。(详见任小艾、朱哲,"'教育奇人'孟照彬",《人民教育》,2012 年第 8 期)

事实上,这也正是"专业化"的一个基本涵义,即对于"常识"的超越,或者说,只有从专业的角度去进行分析思考,我们才能清楚地认识"常识"的局限性,并很好地实现必要的超越。(对此还可参见第 10 章的相关论述)

由此可见,辩证思维的自觉应用,不仅有助于我们有效地防止或纠正各种可能的片面性,也可帮助我们更好地认识进一步的努力方向。

2. 理论与教学实践之间的辩证关系

这即是指,我们不仅应当注意纠正现实中经常可以看到的在理论研究与教学实践之间存在较大的间隔这样一种现象,而且也应更为深入地认识在两者之间存在的互相依赖、相互促进的辩证关系。

具体地说,正如 1.3 节中已提及的,我们首先应注意纠正这样一种传统的认识,即认为理论比实践具有更为重要的地位,也即所谓的"理论优位"或"理论至上"。

当然,这也是一个密切相关的现象,即任何一个理论研究者都不应认为自己比一线教师更加高明,处处指手画脚,动辄批评指导,而应切实立足实际的教学活动,并应真正做到平等待人,密切合作,共同提高。

应当指出的是,这事实上也正是国际上的普遍发展趋势:"就研究工作而言,仅仅在一些年前仍然充满着居高临下这样一种基调,但现在已经发生了根本性的变化,即已转变成了对于教师的平等性立场这样一种自觉的定位。当前研究者常常强调他们的研究是与教师一起做出的,而不是关于教师的研究;强调走进教室倾听教师并与教师一起思考,而不是告诉教师去做什么;强调支持教师与学习者发展自己的能力,而不是力图去改变他们。"(A. Sfard,"What can be more practical than good research? — On the relations between Research and Practice of Mathematics Education", *Educational Studies in Mathematics*,2005(3),第 401 页)

事实上,这可被看成理论与实践之间辩证关系的一个直接结论,即理论的真理性有待于实践的检验,或者说,只有通过积极的实践与认真的总结与反思,相关理论才可能不断得到改进和发展。应当强调的是,国内外的课改实践事实上也可被看成为上述结论提供了更多的论据。

例如,以下是美国数学教育界通过对开始阶段的新一轮数学课程改革进行总结反思所作出的一些改进：第一，1989 年的"美国数学课程标准"（《学校数学课程和评估的标准》）曾明确列举了一些"应当予以淡化的论题"（topics to receive decreased attention），但是，由于这一表述在现实中往往会引起人们的误解，即将"淡化"错误地理解成了"完全放弃"，因此，这一做法在 2000 年的"数学课程标准"（《数学数学的原则和标准》）中被完全废除了。第二，1989 年的"课程标准"曾明确提出了"离散数学"这样一个论题，但在 2000 年的"课标"中也没有得到保留。这不仅因为离散数学的重要性现已得到了普遍认同，而且也因为在实践中我们也可经常看到这样的现象，即人们常常把"离散数学"看成与传统教学内容完全不相干的一个新的分支。但这是更为合适的一个做法，即应当将"离散数学"的相关内容整合到其他内容之中。

以下是更为直接的一些批判意见。如美国数学教师全国理事会（NCTM）的前主席 F. Allen 就曾评论道：NCTM 在过去 10 年中事实上是把"美国的学校变成了一些尚未经过很好检验的方法的实验室"，而这无疑会造成十分严重的后果，即造成"系统性的错误"。（"Standards to Blame for Rise of 'Fussy Math'"，*Investors Business Daily*，1998，April 3）另外，这事实上也正是人们何以将改革中所提倡的"新数学"称为"雨林数学"（rainforest math）或"模糊数学"（fuzzy math）的主要原因，因为，相关的"课程标准"并没有清楚地指明学生在各个年级与各门数学分支的学习中究竟应当达到什么样的目标。

进而，由以下一些事实可看出，这事实上也正是我国的数学课程改革应特别注意防止或纠正的一些倾向，特别是，各个在课程改革中承担重要指导责任的理论工作者更应高度自律，从而才能很好地承担起自己的历史责任：

其一，这是"数学课程标准研制小组"当时为了制定"数学课程标准"所确定的具体日程（详可见"关于我国数学课程标准研制的初步设想"，《中学数学教学参考》，1999 年第 5 期）：

"1999 年 3 月 11 日至 12 日在北京召开的数学课程标准首次工作会议确定了基本的工作日程。全部研制工作分三个阶段：第一阶段，专题研究阶段（1999 年 3～7 月）。将分五个专题展开。这期间还将召开一系列的座谈会。第二阶段，综合研究阶段（1999 年 8～9 月）。第三阶段，'标准'起草阶段（1999 年 10～11 月）。"

　　以下就是所提到的五个专题：（1）国际数学课程改革最新进展报告；（2）国内数学课程实施现状的评估报告；（3）中小学生心理发展规律及其与数学课程相互关系的研究报告；（4）21世纪初期社会发展及其对数学的需要预测分析报告；（5）现代数学的发展及其对中小学数学课程的影响报告。

　　上述日程的制定当然有多种因素的影响或制约。但在笔者看来，我们在此又无论如何不应回避这样一个事实：由于所说的专题涉及面广，更需要有针对性地开展深入研究，因此，即使在某些方面我们可能已经有了一定基础，但只用几个月的时间无论如何也不可能产生"有震撼力的报告"！

　　为了清楚地说明问题，在此还可转引英国数学教育家欧内斯特关于英国"国家（数学）课程"的如下评论，尽管其批评对象并非中国，但却同样涉及到了问题的要害：

　　"工作组实际并没有打算在研究基础上编制国家课程，更不用说开展经验试验了。事实上，课程委员会数星期内即完成了课程编制。我们看到国家数学课程设置的等级缺乏认识论和心理学理论的实证根据。这些情况和实际背景说明课程发展者严重失职。"（《数学教育哲学》，上海教育出版社，1998，第287页）

　　其二，"数学课程标准"的研制者是否应当阅读数学教育的论文与著作？

　　说实在的，当笔者首次听到"相关人士从不阅读数学教育的论文与著作"这样一个传闻时，实在感到难以置信。然而，这一"传闻"竟然得到了证实，笔者真是感到无言以对，甚至感到一种深深的悲哀：现实中怎么会出现这样的情况？！我们又怎么会允许这样的情况长期存在？！

　　更有甚者，即使我们暂时不去论及当事者对于自己的这一做法所提出的种种辩解，在现实中居然还有人积极地为此进行辩护——在笔者看来，这也就更为清楚地表明了这方面问题的严重性。

　　其三，众所周知，课改初期曾出版过大量关于课程改革的著作与文章，以至任何一个在当时曾经翻阅过相关刊物，或是进过教育书店的人都必定对此留下十分深刻的印象。特别是那些装帧精美，动则10多本，乃至几十本的系列论著，似乎已将教育的所有问题都彻底地解决了。但是，曾几何时，几乎所有这些论文与著作都销声匿迹了，甚至连其作者恐怕都未必愿意别人再去提及它们!

　　当然,作为更为深入的分析,我们在此显然又应特别提及这样一个现象,即在教学方法改革问题上曾一度出现的"形式主义"泛滥。我们决不应单纯地去责怪一线教师"小和尚念歪了经",而是应对相关的理论与"专家引领"作出认真总结与反思,特别是,后者究竟在多大程度上起到了"误导"的作用。当然,就我们目前的论题而言,这显然更为清楚地表明自觉坚持辩证思维指导的重要性。只有这样,才能切实防止与纠正各种片面性的认识与简单化的做法。

　　例如,就数学教学方法的改革与研究而言,以下可以被看成过去 10 多年的课改实践给予我们的重要启示或教训(对此还可参见第 9 章):

　　数学教学决不应只讲"情境设置",却完全不提"去情境";

　　数学教学决不应只讲"动手实践",却完全不提"活动的内化";

　　数学教学决不应只讲"合作学习",却完全不提个人的独立思考,也不关心所说的"合作学习"究竟产生了怎样的效果;

　　数学教学决不应只提"算法的多样化",却完全不提"必要的优化";

　　数学教学决不应只讲"学生自主探究",却完全不提"教师的必要指导";

　　数学教学决不应只讲"过程",却完全不考虑"结果";

　　数学教学应当防止"去数学化",同时也应明确反对"数学至上";等等。

　　总之,无论就各个具体的理论主张,或是整体性的"数学课程标准"而言,我们都应始终坚持这样一个立场,即不应片面地强调理论的指导性作用,而是应当更加重视理论与教学实践之间的辩证关系。

　　例如,这显然是我们在"课程标准"的修订中应特别重视的一个问题:"课标修订得好不好,不能只是研制者说了算,还应有使用者,尤其是广大数学教师的言说。"(许卫兵,"成为高度自觉的教育者:写给后课标时代的数学教师",《小学教学》,2014 年第 3 期)更为一般地说,这也就是指,我们不应简单地去告诉(包括通过某种"国家标准"硬性地去规定)一线教师应当如何如何去做,而是应当更加重视引导一线教师积极地去进行实践。从而使其能通过深入的思考与分析,包括必要的反思与批判,不断改进自己的工作,同时也可为"课程标准"的进一步修订与完善提供重要的基础。

　　当然,从一线教师的角度去分析,这显然十分清楚地表明了这样一点:我们在任何时候都应坚持自己的独立思考,而不应盲目地去追随潮流。特别是,我们应努力做好"理论的实践性解读"与"教学实践的理论性反思",从而切实发挥发挥理论对于实际工作的促进作用,包括很好地实现自己的专业成长。(对此我们还将在第 10 章中作出具体论述)

3. 聚焦数学课程改革

上面的论述显然表明:对立面的适度平衡不应被看成"由于现实的限制而作出的无奈之举",恰恰相反,这应当成为中国数学教育的基本哲学。这也就是指,我们应当明确反对各种极端化的立场与片面性的观点,并应努力实现对立面的适当平衡。

应当强调的是,后者或许也可被看成中国对于国际数学教育事业最为重要的一项贡献。例如,澳大利亚学者克拉克就曾明确指出,以下的"两极对立"可被看成西方乃至国际数学教育界最为基本的一些理论前提,并构成了"现代教育改革的关键因素":教与学、抽象与情境化、教师中心与学生中心、讲(授)与完全不讲(To Tell or Not to Tell),等等。进而,正是以中国数学教育作为直接对照,克拉克提出,这种两极化的思维方式应当被看成对于数学教育工作者的一种束缚,特别是,所谓的"两极对立"更可说是一种虚假的选择。因为,这正是中国数学教育传统的一个重要特征,即更加重视对立面的互补与整合,如"教师权威"与"学生中心"的结合等。也正因此,在克拉克看来,西方应努力改变传统的"两极对立"的思维方式,并从这一角度对数学教育(乃至一般教育)中最为基本的一些理论前提作出认真反思与必要批判,后者可被看成成功创建新的整合性理论与教学实践的实际开端。(详见 David Clarke,"Finding Culture in the Mathematics Classroom:Lessons from Around the World",Address delivered at Beijing Normal University,August,2005)

当然,又如前面已提及的,强调这样一种"基本哲学"也就直接关系到了对于"中国数学教育传统"的很好继承与必要发展。而且,这在很大程度上也可被看成为本书"前言"中所提到的这样一个问题提供了直接解答:"什么可以被看成中国数学教育的哲学基础,或者说,中国的数学教育应当建立在什么样的哲学思想之上?"

以下再依据上述立场从更深层面对我国新一轮数学课程改革作出具体分

析,希望能有助于读者更好地认识这一改革运动的主要特征,特别是有效地防止与纠正各种可能的片面性,包括更为深入地认识辩证思维对于实际教育活动的重要指导意义。

(1) 这是新一轮数学课程改革十分重要的一个特征,即明显地表现出了一般教育思想的影响。后者事实上也可被看成 20 世纪 90 年代以来在世界范围内普遍开展的新一轮数学课程改革运动("课标运动")的一个普遍特点,特别是,对于这样一个思想的突出强调:数学教育应当更好地承担起自己的社会责任,努力创造符合时代要求的数学教育。

就我国的数学课程改革而言,我们还应特别提及"人本主义教育思想"的影响,对此由以下论述就可清楚地看出:"建立旨在促进人的健康发展的新数学课程体系,这是一项十分重要而紧迫的任务。数学教育要从以获取知识为首要目标转变为首先关注人的发展,创造一个有利于学生生动活泼、主动发展的教育环境,提供给学生充分发展的时间和空间。"("国家数学课程标准研制工作研讨会纪要",《中学数学月刊》,1999 年第 12 期)

由于上述立场清楚地体现了这样一个认识,即我们应当将数学教育看成整体性教育的有机组成成分,因此,这也可被看成对于数学教育"教育方面"的突出强调。

当然,我们不应将所说的"教育方面"与"数学方面"绝对地对立起来,即认为突出强调数学教育的"教育方面"一定会导致对于"数学方面"的忽视或歪曲。恰恰相反,正如先前关于数学教育目标的"社会性准则"与"价值性准则"的分析清楚表明的,我们应当同时考虑到这样两个方面,并努力做好它们的适当平衡。也正因此,在笔者看来,这是我们在当前应特别关注的一个问题,即如何才能真正做好由一般性教育思想向数学教育思想的必要转换,包括深入地去分析究竟什么是数学教育在落实整体性教育目标中应发挥的特殊作用。

以"人本主义"与"科学主义"教育思想的长期对立与斗争为背景去进行分析思考,可帮助我们进一步增强自身在这一方面的自觉性,特别是,能更为有效地防止与纠正各种片面性的认识。

具体地说,对于这里所说的"人本主义"(humanism)与"科学主义"(scientism)我们都应作广义的理解。例如,尽管所谓的"主导的课程范式"

(the dominant curriculum paradigm)可以被看成在课程开发这一领域中较为集中地体现了"科学主义"的教育思想,但从历史的角度去分析,我们也将把所谓的"要素主义"(essentialism)同样纳入"科学主义"教育思想的范围。类似地,尽管"人本主义"的教育思想在美国主要是指 20 世纪 70 年代以后发展起来的"(非理性)人本主义"、"概念重建主义"(reconceptualism)以及 80 年代后期出现的"后现代主义教育观",①但是,由于这些思想都与早期的"进步主义教育观"(progressivism)有着十分密切的联系,因此我们也将把后者纳入"人本主义"教育思想的范围。

其次,我们在此应特别强调这样一个事实:"科学主义"的教育思想代表了一个十分广泛的学术思潮。具体地说,由于 17 世纪以来自然科学在其发展的过程中取得了十分辉煌的成就,更在很大程度上改变了人们的生活方式与社会面貌,因此,人们自然也就产生了这样的想法:我们应当以科学为典范去从事一切学科的研究——这就是所谓的"科学化运动"。一些人更因此而将科学推到了至高无上的地位,如盲目地相信科学结论的绝对真理性,对科学理性的绝对推崇,等等,从而就直接导致了所谓的"科学主义"。例如,这正如美国著名课程学家多尔(W. Doll)所指出的:"科学是我们的主要迷恋之一。……它的方法已经主导自身以外的领域——哲学、心理学和教育理论领域。……起源于哥白尼、伽利略,达臻于爱因斯坦、玻尔以及海森堡的现代科学,做到了这一点。它如此出色而有效地实施控制的功能,以至科学在本世纪已从一种学科或程序扩展为一种教条,'它的方法迅速地扩展成为一种形而上学',从而创造了科学主义。"(《后现代课程观》,教育科学出版社,2000,第 2 页)

例如,就美国教育而言,有以博比特(F. Bobbit)和查特斯(W. Charters)为主要代表的"科学的课程编制"。另外,由泰勒所倡导的"目标模式"更可被看成"科学主义精神在课程编制领域的具体化"(单丁,《课程流派研究》,山东教育出版社,1998,第 12 页)。后者不仅直接采用了自然科学的研究方法,更集中地体现了对于普遍适用的模式的追求,以及强调控制、管理、效率等这样一些"科学主义"的基本精神。

---

① 我们是在对"科学主义"持激烈批评态度这一意义上将"后现代主义教育思想"归属于"人本主义"范围的。但在这两者之间事实上也存在重要的区别,对此可参见正文中以下的论述。

正是从同一角度去分析，我们可看出，中国的数学教育传统是与科学主义的教育思想较为一致的。尽管这并非一种完全自觉的行为，但在这两者之间确实存在很多的共同点，对此例如只需与"要素主义"教育思想作一比较就可清楚地看出。而之所以选择后者作为直接的比较对象，则是因为后者主要地也是作为"实践运动而存在的"，即同样不能被看成"科学主义教育思想"指导下的自觉努力。但就"人本主义"与"科学主义"的对立而言，"要素主义"通常也被认为属于"科学主义教育思想"的范围。

具体地说，尽管"要素主义"作为一般性的教育思想已经超出了数学教育的范围，特别是，其所谓的"要素"主要是指一般性的"文化素养"，但在"要素主义"与中国数学教育传统之间我们仍可看到明显的共同点：两者都认为教育主要是一种文化继承的行为，并突出地强调了教育的社会责任，即认为教育的主要责任就是将人类积累起来的知识传递给下一代人，从而促进社会的进步。另外，作为上述认识的一个必然结论，两者也都明确地肯定了教师在教学中的主导作用，包括对于思维训练的高度重视。例如，这正如贝斯特（A. Bestor）所指出的："学校的存在总要教些什么东西。这个东西就是思维的能力。……维护这一点就是维护优良教学的重要性。"显然，这与中国数学教育传统中对于思维训练的突出强调是完全一致的。（单丁，《课程流派研究》，同前，第102 页）

更为一般地说，这可被看成"要素主义"最为基本的一个理念，即认为"实在是由一些不变的、永恒的、先定的规律、过程、原则以及全真、全善、全美的原理所控制的。"进而，就真理观而言，其所采取的也是"符合论"的立场，即认为知识的真理性完全取决于与客观事实是否一致，知识的获得也完全是一个发现与接受而非创造的过程。另外，"要素主义者"还突出强调了个人对社会的遵从、责任和义务。又由于认为社会的进步即是知识的积累和精致化，教育的最终目的则是要促进社会的进步，因此，在要素主义者看来，"有组织的正规的教育的基本功能是将人类学会的最重要的知识编织到每一代人的生活经历中去。"（单丁，《课程流派研究》，同前，第 86、90 页）

事实上，"要素主义"的上述各个基本理念也可被看成"科学主义教育思想"的共同特征。例如，正如上面所提及的，"科学主义"的一个基本涵义就是

"科学至上",即对于科学知识真理性的绝对信任。另外,从更为深入的层次看,又有主客体的绝对分离,特别是对于知识客观性的绝对肯定——显然,从这样的立场出发,强调知识的学习主要是一个传授的过程并认为教师在这一过程具有中心的作用,包括明确强调教育的规范、控制和管理性质等也就十分自然了。

正是从后一角度去分析,"目标模式"的确可以被看成"科学主义精神在课程编制领域的具体化"。正如这一模式的创建者、著名教育学家泰勒所给出的如图 6-1 所示的图式清楚表明的,"目标模式"的主要特征就是对于控制、管理、效率的突出强调:"目标控制着课程,也因而控制着教育过程和学生。"另外,从更深入的层次看,这一模式的提出显然也体现了对于普遍适用的程序或原理的刻意追求。

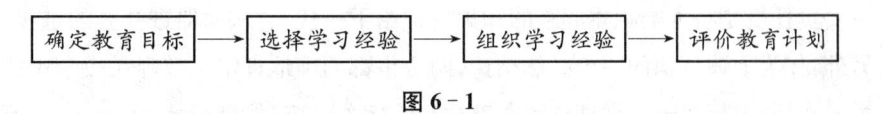

图 6-1

当然,上述的思想并不能被看成同样构成了中国数学教育传统的基本理念。但是,笔者以为,在中国数学教育传统中我们又的确可以看到这些思想的影响或直接对照物。例如,这或许也就是"目标管理"这一教育思想何以会获得中国数学教育工作者普遍认同的主要原因。从而,总的来说,"科学主义教育思想"为我们深入认识中国数学教育传统提供了重要背景,特别是,以此为对照我们可更为清楚地看到后者的局限性与可能导致的偏向。

例如,这是"要素主义"的一个明显不足之处:对于文化继承的过分强调很容易造成对于学生个性发展的忽视甚至是压制。事实上,"要素主义"在美国的实际发展轨迹已在这方面为我们提供了直接的启示。它的"每一次进步都意味着它在对人的个性自由的尊重上前进了一步",从而可被看成克服上述局限性的一种自觉努力。(单丁,《课程流派研究》,同前,第107页)

正因为我国原有的数学教育传统与"科学主义教育思想"较为接近,因此,作为一种改革,新一轮数学课程改革自然就从"科学主义"的直接对立面,即"人本主义教育思想"中吸取了不少重要的思想。对此由"人本主义教育思想"与新一轮数学课程改革相关论述的简单比较就可清楚地看出。

例如，"融合课程"（confluent curriculum）被认为是"人本主义"课程的一种典型形态，而"其实质就是把情意领域（情绪、态度、价值观）和认知领域（理智、知识和能力）加以整合。"进而，以下的五个方面更可以被看成这一课程范式的基本因素和融合原理：① 参与。这要求一致性、权力分享、协商以及共同参与者的联合责任。② 整合。这需要思维、感情和行动的交互作用、相互渗透与整合。③ 关联。这需要教材在情感和理智两个方面与参与者的需要和生活紧密关联并具有重要性。④ 自我。自我是学习的合法对象。⑤ 目标。在人类社会发展完整的人。另外，这也正是美国在 20 世纪 60 至 70 年代兴起的"非理性人本主义"的一个基本论点："以学生为中心。谋求认知与情意的统一、教育与艺术的统一，形成良好人际关系，培养'完整的人'，最终达到'自我实现'。"（单丁，《课程流派研究》，同前，第 175、176、11 页）显然，这些主张是与新一轮数学课程改革的基本理念十分一致的。又由于我国的数学教育传统确实在很大程度上忽视了学生情感的培养（这也是"科学主义教育思想"的通病），因此，从这一角度去分析，上述的转向就有很大的合理性。当然，在作出上述肯定的同时，我们又应十分重视相关教育思想的深入分析，从而就可真正吸取其中的有益成分，并切实防止各种消极的因素。

具体地说，一个首要的问题就是我们应当更为深入地认识"人本主义教育思想"的具体内涵与实质。事实上，除去对于"科学主义教育思想"非人性化倾向的直接反对这一"显性"特征以外，"人本主义"教育思想还具有更为广泛的意义，其本身也有一个发展或演变的过程。后者事实上也就意味着由单纯的批判向建设性工作的重要转变。例如，美国著名课程论专家麦克尼尔（J. McNeil）就曾明确指出："20 世纪 70 年代可以看到两种流行的人本主义课程形式——融合课程与意识课程。进入 80 年代，人本主义者在指向于人的发展来规划课程的同时，开始对公众要求学科成长的压力作出反应。这些反应体现在从害怕集中于学科可能导致非个性化，到运用人本主义的方式在学术领域中创造新的意义。"（单丁，《课程流派研究》，同前，第 11 页）由此可见，就人本主义教育思想的理解和把握而言，我们应当特别重视其中的积极的、建设性的和创新的成分。

例如，由费尼克斯（P. Phenix）所倡导的"超越课程"（a curriculum of

transcendence)就可被看成较为具体地指明了我们究竟应当在学生中培养什么样的情感：希望、创造性、觉悟（开发性）、怀疑与信任（批判精神）、惊奇、敬畏与尊重。（单丁，《课程流派研究》，同前，第 169、170 页）另外，这也可被看成"人本主义课程"的普遍倾向：强调探究、整合、个人的感受、对话、反思。

再例如，就课程的开发而言，我们应特别提及所谓的"实践课程"（practical curriculum）。它集中地体现了课程开发基本理念的重要转变，即我们应当彻底纠正像"主导的课程范式"那样片面强调课程的控制性质的作法。课程不应成为对于学生学习行为和教师教学活动的双重控制，而应将两者都视为课程的"构成要素"。[①] 从而，"教材不仅不应是强制执行的，而且还必须根据每一实践情境的特点进行修改和变更。"（单丁，《课程流派研究》，同前，第 246 页）而教师和学生的需要、兴趣和问题则又应被看成"课程审议"的核心所在。

显然，按照这样的思想，我们不仅应当要求"数学课程标准"为教师和学生的创造性活动留下足够的自由空间，也应彻底改变"课程开发在先，再继之以教师培训"这样一种传统的工作模式。

应当指明的是，对于绝对的控制精神的明确反对事实上也正是"后现代主义"的一个基本立场。例如，德国著名学者哈贝马斯（J. Habermas）就曾明确地提出了关于"技术兴趣"、"实践兴趣"和"解放兴趣"的如下区分："技术兴趣"是通过合规律（规则）的行为而对环境加以控制的人类的基本兴趣，它指向于外在目标，是结果取向的，其核心是"控制"；"实践兴趣"则是建立在对意义的"一致性解释"的基础上，并通过与环境的相互作用而理解环境的人类兴趣，它指向于行为自身的目的，是过程取向的，其核心是"理解"；"解放兴趣"是人类对"解放"和"权力赋予"的基本兴趣，它指向于自我反省和批判意识的追求，进而达到自主和责任心的形成。显然，按照这样的分析，以上所说的"主导的课程范式"（以及一般的"科学主义教育思想"）所指向的就是"技术兴趣"，"实践课程"则已过渡到了"实践兴趣"，我们应当以"解放兴趣"作为更高的追求。[②]

---

① 按照"实践课程"的主要倡导者施瓦布（J. Schwab）的意见，课程包括教师、学生、教材、环境这样四个要素，这四个要素之间持续的相互作用构成了"实践课程"的基本内涵。

② 应当指出，在课程的现代发展中已经可以看到对于"解放兴趣"的自觉追求，对此可参见所谓的"批判教育学"。

　　当然,对于国外的教育思想我们不应采取简单的拿来主义。恰恰相反,学习应是一个理解、判断和创造的过程,特别是,对于各种教育理论我们都应清楚地看到其优点与固有的局限性,从而才有可能吸取其精华并真正地予以超越。

　　例如,美国的相关实践已经表明,这正是"进步主义教育"(前面已经提及,尽管"进步主义"的教育思想出现较早,但其很多基本理念在后来的"人本主义教育思想"中都得到了直接继承)的一个严重弊病,即由于在一定程度上忽视了文化继承,从而造成了教育"令人吃惊的软弱、无效率"。显然,这一教训对于我国的改革实践也具有重要的借鉴意义。

　　另外,这也是我们面对"后现代主义"这一西方的时髦思潮时应采取的基本立场,即不应由一个极端走向另一极端。具体地说,首先,我们应当明确肯定后现代主义对于"科学至上"、"主客体的绝对分离"的批判。特别是,我们应彻底放弃对于"绝对性"、"最终性"的刻意追求,并应充分肯定非理性在认识活动中的重要作用,包括清楚地看到人们的认识活动并非主体对于外部事物和现象的被动反应,而是一个主动建构的过程,并主要是通过社会的互动得以实现的。(对此还可参见 4.2 节)其次,我们又应切实防止教育实践中出现反理性、反科学的倾向,更不应以人与人之间的互动完全取代人与客观实在之间的相互作用。

　　事实上,从总体上说,这也可以被看成"人本主义"乃至一般教育理论现代发展的普遍取向,即表现出了对于两极对立的超越。例如,这正如"要素主义"的主要代表人物之一巴格莱(W. Bagley)所指出的:(要素主义与进步主义之间的矛盾)"可以通过将一些假想的对立配对而展示出来:努力与兴趣;纪律与自由;群体经验与个人经验;教师主动性与学生主动性;按逻辑组织与按心理组织;学科与活动;长期目标与近期目标;等等。这些简单的描述,这些假想的对立组合是误导性的,因为每一个对子中的一方面都代表了一种合理性,一种在教育过程中所需的因素。两种教育理论下的学校主要的不同在于重点放在了某一方面,而不是它的对立面。为此它们都试图找到一种解决办法或二者统一的途径。"(单丁,《课程流派研究》,同前,第 107 页)这也就是指,改进教育的关键不是由一个极端走向另一极端,而是应当切实作好对立面的平衡——就一般教育而言,这即是指"科学主义教育思想"与"人文主义教育思想"的相互渗透与必要整合;就数学教育而言,则就是指"数学方面"与"教育方面",乃至更多环节的必要平衡。

最后,就当前而言,笔者以为,我们应特别重视这样一点:在积极倡导关注人的发展的同时,我们也应高度重视如何能够很好地去处理社会需要与个人发展之间的关系。

事实上,无论就数学教育或是一般教育而言,都具有双重的目标:① 社会目标:培养社会需要的人才;② 个体目标:促进学生的个体发展。由于在过去我们往往只是强调了教育的社会目标而忽视了个体目标,因此,在这样的意义上,现今突出强调学生的发展就有一定的合理性。但是,我们又不应由一个极端走向另一极端,即只是强调了学生的个体发展而完全忽视了教育的社会功能。事实上,在现代社会中也根本不可能有与社会和相应的社会群体完全脱离的个体发展。毋宁说,个体的成长是主体依据外部环境不断调整自我,并逐渐成为相应社会共同体合格一员的过程(对此还可参见第 8 章)。另外,即使所说的纯粹的个人发展是可能的,对此我们显然也不应予以提倡,毋宁说,这是从反面更为清楚地表明了相关立场的错误性及其对于数学(一般)教育所可能造成的严重后果。

从而,总的来说,作为数学课程改革的基本理念,我们不仅应当强调"数学教育要从以获取知识为首要目标转变为首先关注人的发展","转变为首先关注每一个学生的情感、态度、价值观和一般能力的发展",而且也应清楚地看到学生的个体发展是一个社会化的过程,我们更应不断地改变自我以适应社会的需要。

最后,正如前面指出的,就数学教育改革而言,我们应特别重视如何能够真正做好由一般性教育理论或思想向数学教育的具体转化。或者说,后者可被看成我们在当前如何能够做好数学教育的"教育方面"和"数学方面"适当平衡的主要方向。

例如,正如 6.2 节中已提及的,相对于"情感、态度与价值观"的一般性论述而言,我们应更加强调数学教育在这方面应承担的特殊责任。例如,就帮助学生树立数学学习的自信心而言,我们不应盲目地提倡所谓的"愉快学习"。

恰恰相反,我们应当努力增强学生对于数学学习过程中艰苦困难的承受能力,从而使学生通过刻苦学习真切地体会到更高层次上的快乐。当然,这又是这方面更为重要的一个任务,即我们应通过数学教育努力培养学生的理性精神,包括使学生清楚地认识数学对于促进人类社会发展的积极意义和可能的消极作用。

显然,上述的分析事实上更为清楚地表明了这样一点:辩证思维确实应当被看成数学教育乃至一般教育的基本哲学。

(2)以下再依据"数学教育的文化相关性"对新一轮数学课程改革作出进一步的分析。

首先,正如前面已提及的,对于我国的数学教育(学)传统我们决不应采取妄自菲薄的态度,而应明确肯定其中的合理成分。

为了清楚地说明这样一点,在此还可联系西方对于中国(更为一般地说,就是东方)数学教育整体性认识的变化来进行分析。具体地说,这无疑可以被看成对西方传统的妄自尊大的态度的一个具体表现,即对西方的数学教育持完全肯定的态度,对于东方的数学教育则持有强烈的批评态度。如认为东方的数学教育"过分着重学习内容及受考试主导;教学方法保守又过时,教师似乎不懂最新的教学方法,并认为单单掌握学科内容已经足够;教学通常都在大班的情况下进行,而且每班人数偏多,以致难以进行小组活动;教学偏于教师主导,学生甚少积极参与;并且强调背诵及不求甚解,很多时候学生在未完全了解教学内容的情况下,就进行大量练习;教师及学生都因竞争激烈的考试而承受极大压力,学生似乎也不喜欢学习"。(F. Leung[梁贯成],"In Search of an East Asian Identity in Mathematics Education — the Legacy of an Old Culture and the Impact of Modern Technology",同前)

但是,西方的这种传统认识现已有了很大变化,特别是,正如先前提到的数学教育的国际比较已表明的,一些西方同行不仅已经认识到了上述的传统看法主要地都只是一种"误解",而且也认识到了中国(东方)的数学教育确有其一定的合理成分。

在此还可听到一些更为激烈的意见:

"中国千万不要学习美国的数学教育。中国的数学教育在实践上肯定比美国好。事实胜于雄辩。中国好不容易有一项比美国好的数学教育成绩,为什么自己不珍惜、不总结呢?"("陈省身谈数学教育:我们要有自信",《文汇报》,2004 年 11 月 29 日)

显然,从上述角度去分析,这就不能不说是我国新一轮数学课程改革的一个明显不足之处:由于突出强调了改革的必要性,因此未能给予优秀传统的继承足够的重视,而是主要强调了传统数学教育的不足之处。另外,又由于新一轮课程改革主要是吸取了国际上很多新的教育思想或理念,因此,如果我们只是盲目地去追逐潮流而未能对此作出必要的分析与批判,显然也可能导致十分严重的后果,特别是,因此而丧失了自我。例如,在笔者看来,我们事实上应当从这一角度很好地去理解香港大学的梁贯成先生对于内地同行所提出的如下忠告:"面对国际课程改革的趋势,我们面对的一种危险是落后于其他国家,进而在越来越激烈的全球经济竞争中落败。但是,另一种危险是我们简单地跟随国际潮流,结果丢掉了我们自己的优点。在我们的文化中,长期存在的弱点需要巨大的勇气来改变。但是我们需要更大的勇气来抵制那些在'发达'国家中正在发生的变化,并且坚持一些传统价值来保持我们的优点。最为困难的是区别什么应该改变,而什么又不应改变!"("第三届国际数学及科学研究结果对华人地区数学课程改革的启示",《数学教育学报》,2005 年第 1 期)

当然,在纠正妄自菲薄的态度的同时,我们也应反对盲目自大。这也正如梁贯成先生指出的:"我们应该研究东方文化中的优势,这是我国数学教育得以生成的土壤;我们更应该研究东方文化中的不足,这样才能明确我国数学教育的发展方向和内在动力。"(同上)与美国相比,我国的数学教育在一定程度上可以说是"高投入、低产出"。尽管中国学生在国际测试中取得了较好成绩,我们同时也应看到美国的学生和教师在如此不利的情况下能够取得这样的成绩实属不易,从而也就值得我们认真地学习。另外,就现实而言,这显然也是我们应当深入思考的一个问题:随着学生由小学逐步升入初中、高中,随着升学考试压力的不断增加,以上所谈到的中国数学教育(学)的各个优点究竟还有多少仍然得到了保持?

显然,清醒的自我意识,特别是对于自身优点与不足之处的认真总结与反思正是不断前进的必要前提。

其次，正如赫伯特与斯丁格勒在《教学的差距》中所指出的，这也可被看成"数学教育文化相关性"的一个直接结论，即我们应当明确肯定数学课程改革的长期性和渐进性。

具体地说，参照《教学的差距》中关于教学改革的各条原则和具体建议，在此也可针对我国的数学课程改革提出如下一些建议：

建议一：理论研究与教学实践的密切联系、相互促进。特别是，课程改革不应成为"由上至下"的单向运动，而未能很好地发挥教师在这方面的重要作用，并认为唯一重要的就是作好课改基本理念的推广与新教材的辅导工作，借此就可保证新的教育（学）思想得到很好地实施。恰恰相反，在此最为重要的应是上下（包括数学教育理论研究者与一线数学教师）的积极互动与密切合作。

建议二：学术研究与行政力量的必要互补。政府部门的大力支持与必要的管理组织无疑是任何一次改革运动能够取得成功的一个必要条件。但由于学术研究具有学术性、民间性、多元性的特点，因此，它的作用就不可能为政府行为（包括由政府部门组织的专家咨询等）所完全取代，而应成为后者的必要补充。特别是，学术研究不仅可以为相关政策的制定提供重要的理论依据，而且，在政策的实施过程中，它也应从一种较为"客观"的立场提供必要的反馈乃至直接的批评意见。

建议三：建立教育改革持续发展的良好机制。这显然应当被看成教育改革长期性和渐进性的一个必然要求。特别是，尽管新一轮课程改革（包括"数学课程标准"的制定与新教材的编写）可以被看成基础教育改革的突破口，但我们应将眼光放得更远一些，即应当从队伍建设、理论研究等方面为教育改革的持续发展作好切实准备，包括清楚地认识"课程改革并不应被看成改进教育的唯一途径"。（燕国才，"我国教育改革不理想的症结"，《新华文摘》，2006 年第 12 期）

建议四：建立有效的评价体系。当然，这里所说的评价并非仅仅是指对于学生学习成绩（以及教师教学工作）的评估，而且也应包括对于相关的指导性理论乃至"课程标准"与教材编写工作的评价。进而，这应成为这方面工作的一个基本原则：我们应当积极鼓励并充分肯定各种哪怕是很小的有益变化。

建议五：就教学改革而言，我们应始终牢记住这样一个根本性的目标，即促进学生的学习活动，并以此作为评价改革成功最为重要的一个标准，从而切实避免片面追求表面效果、轰动效应等不恰当的作法。另外，尽管我们应将积极开展课外活动看成改进教学的一个重要方面，但显然又不应将"把学生从课堂中解放出来"看成教学改革的主要标志。毋宁说，教学工作应当切实立足课堂教学，并集中于改进课堂教学，从而逐步实现由量变到质变的重大进步。

最后，应当再次强调的是，努力作好各个对立面的必要平衡应当被看成成功实施数学课程改革的关键，显然，这更为清楚地表明了坚持辩证思维这样一个基本哲学的重要性。

6.4 数学教育的"现代化问题"

由于"数学教育的现代化"是现实中经常被听到的一个口号，因此，作为数学教育哲学的研究，有必要对此作出具体分析，包括明确提出关于数学教育发展的这样一个原则："时代性原则"。

1. 数学教育的"时代性原则"

总体上说，社会的进步、数学自身的发展与教育科学研究的深入可以被看成促进数学教育深入发展最为重要的三个因素，这也正是我们明确提出如下的关于数学教育的"时代性原则"的直接背景。

数学教育必须适应时代的进步，努力实现以下三个方面的适应性：

第一，数学教育必须与社会的进步相适应。

这不仅是指数学教育应当充分反映社会进步的要求，培养出社会需要的人才，也是指数学教育应当充分利用现代社会提供的新的物质（技术）和文化条件，后者也正是实现前一目标的重要保证。

第二，数学教育必须与数学的发展相适应。

这不仅是指数学教育内容的必要更新，如引入新的教学内容等，也是指用现代数学思想指导初等数学的教学，还包括数学观的转变。

第三，数学教育必须与教育科学研究的深入相适应。

　　数学教育应当充分吸收教育科学研究的现代成果,这也直接关系到了数学教育能否成为一门真正的科学。

　　依据上述的"时代性原则",我们可以对诸多关于"数学教育现代化"的主张或口号作出具体分析。例如,以下的两个常见解释应说都非十分恰当,因为,它们都只是强调了时代进步的某一侧面:

　　其一,"数学教育的现代化",主要是指如何依据现代数学思想对传统的数学教育进行改造;

　　其二,"数学教育的现代化"就是要以计算机为基础重建数学教育。

　　以下是另一较为相关的论点:"数学教育的现代化就是机械化。"

　　具体地说,后者是由我国著名数学家吴文俊先生在一次讲话中提出的(详可见"数学教育现代化问题",载《21 世纪中国数学教育展望》课题组主编,《21世纪中国数学教育展望》(第一辑),北京师范大学出版社,1993,第 16～27页)。其中,他突出强调了算法学习的重要性,如我们应当尽快离开"四则难题"引进代数方法,尽快离开欧几里得几何引进解析几何。因为四则难题和欧氏几何中的种种难题要靠巧妙的奇招怪招才能作,相应的代数方法则可"机械地"进行,从而就是每个人都可学会的,而且一旦学会了这些算法,原来的奇招怪招就变成不必要、平平淡淡的了。其次,吴文俊先生又强调了这样一个思想:"机械化"正是中国传统数学的主要特色,也正因此,从"数学教育的现代化就是机械化"这一角度去分析,这对于数学的未来发展可被认为具有特别的重要性。

　　吴文俊先生对于数学教学中片面强调"解题的奇招怪招"的批评,以及他对于"算法"重要性的强调显然都是十分正确的。但是,如果因此而认定"机械化"应当被看成"数学教育现代化"的本质或主要内容,则不能不说是一种过于简单的结论。因为,对于后者我们必须从多个不同的角度去分析,即应当全面反映社会的进步、数学本身的发展与教育科学研究的深入。另外,即使从纯粹数学的角度去分析,我们显然也不应唯一地去强调"算法"。因为,数学同时包含有这样三个不同的方面或成分:形式化(逻辑)、直觉与算法,我们更应清楚地看到在这三者之间所存在的辩证关系和交互作用。(对此例如可参见 E. Fischbein 等,"数学活动中形式的、算法的以及直觉的成分之间的交互作用",

载 R. Biehler 主编,《数学教育理论是一门科学》,上海教育出版社,1998,第264~281页)进而,从教育的角度去分析,我们显然又应特别强调这样一点:无论就算法或是具体数学知识的学习而言,我们都应更加重视帮助学生通过数学学会思维,以及整体性"数学素养"的提高。

2. 聚焦"问题解决"

为了清楚地说明问题,以下再依据"时代性原则"对"问题解决"这一国际数学教育界在 20 世纪 80 年代的主要改革口号作出具体分析。笔者以为,这不仅有助于我们更好地认识这一口号的合理性与不足之处,也可被看成理论与教学实践积极互动的又一实例。

正如前面已提及的,"问题解决"是美国数学教育界在 20 世纪 80 年代提出的改革口号,即认为应当以"问题解决"作为学校数学教育的中心。这一思想在当时很快超出美国而对国际数学教育界产生了十分广泛和重要的影响,对此例如由相关思想对于 90 年代以后在世界范围内普遍开展的新一轮数学课程改革运动的重要影响也可清楚地看出。例如,美国 1989 年颁发的"数学课程标准"就将"具有数学地解决问题的能力"明确列为数学教育的五个"具体目标"之一。另外,这也正是中国 2001 年版和 2011 年版"数学课程标准"的一个共同特点,即认为应当围绕"问题解决"(或"解决问题")与其他几个方面对"数学课程目标"作出具体阐述。

但是,究竟什么是"问题解决"这一思想的合理成分? 什么又可被看成这一改革运动的主要局限性? 以下依据数学教育的"时代性原则"对此作出具体分析。

(1) 在此首先应强调对于"问题解决"这一口号的正确理解。由于"问题解决"从 20 世纪 80 年代起成为了美国数学教育界的主要口号,从而在现实中也就可以经常看这样的现象,即各种不同的主张都打上了"问题解决"这样一个旗号,事实上却又往往"名不符实",甚至还可说是"挂狗头卖羊肉"。

严格地说,作为一种具体的数学活动,"问题解决"(problem solving)是指综合地、创造性地运用各种数学知识去解决那种并非单纯练习题式的问题,包括实际问题和源于数学内部的问题。另外,作为数学教育改革运动的具体口号,"问题解决"主要是指这样一个思想: 我们应当以"问题解决"作为学校数学教育的中心,即应当围绕"问题解决"去组织全部的数学教育教学活动,并致力于发展学生解决问题的能力。

(2)尽管"问题解决"这一改革运动有不少缺点或弊病,但相关思想从总体上说具有很大的合理性。特别是,这可被看成数学观现代演变和数学教育研究深入发展的直接产物,并集中地体现了数学教育的时代特征。

第一,数学观的现代演变,特别是,由静态数学观向动态数学观的重要转变。

具体地说,正如第 2 章中所指出的,在很长时期内人们常常把"数学"等同于数学知识(特别是"事实性结论")的汇集。进而,一些具有哲学头脑的数学家或具有较多数学知识的哲学家又往往突出强调了数学的逻辑性质,即认为我们可以把整个数学,也即相关的数学知识,或至少是其中的大部分建成单一的一个公理系统:在其中,由少数几条公理出发,我们可单纯凭借逻辑法则演绎出全部的数学真理。

由于对于所说的公理(与推理规则)的"最终基础"具有不同理解,数学家们因此而形成了多个不同的学派,包括逻辑主义、直觉主义与形式主义等。但从总体上说,他们又都具有这样一个共同的特点,即持有静态的数学观。

从历史的角度看,上述各个学派都提出过自己的基础研究规划,即希望通过相关的研究证明自身立场的正确性。但是,尽管作出了很大的努力,所有这些学派的研究规划都未能取得预期的成功(详可见夏基松、郑毓信,《西方数学哲学》,人民出版社,1986),因此,数学基础研究就整体而言在 20 世纪 40 年代以后进入了一个停滞的时期,数学家们开始寻找新的思想。这正如美国著名数学哲学家普特南所指出的:"我希望我们能对数学真理、数学'对象'和数学的必然性等进行澄清,但我并不认为数学哲学中各种著名的'主义'能够导致这样一点。""我希望能使你们相信,数学哲学中的各种体系无一例外都是不用认真看待的。"(H. Putnam, "Mathematics without Foundations",载 *Mathematics*,*Matter and Method*,Cambridge University Press,1979,第 45、43 页)

新的思想既来自已有工作的反思,也来自外部的重要启示,后者主要指现代的科学哲学研究。与数学基础(哲学)研究的停滞状态相对照,科学哲学自

20 世纪 50 年代起进入了一个异常活跃的时期。其主要特征是由对于科学知识的逻辑分析(这主要体现于逻辑实证主义的科学观,对此可参见另著,《科学哲学十讲》,译林出版社,2013)过渡到了对于科学的动态研究,即认为我们主要地应将科学看成一种人类活动,而不是知识的简单汇集。容易看出,这种动态的科学观与以下关于数学哲学研究的自觉反思是完全一致的:"我们不必去继续寻找基础而徒劳无功,我们也不必因缺乏基础而迷惑徘徊或感到不合逻辑,我们应把数学看成是一般的人类知识的一部分。我们能够试着分析数学究竟是什么,亦即,真实地反映当我们使用、讲授、发现或发明数学时所做的事情。""数学哲学的任务应是阐明数学家们正在做什么。"(赫斯,"复兴数学哲学的一些建议",载《数学译林》,1981 年第 1、2 期)

当然,又如第一部分已清楚指明的,对于真实的数学活动我们也可从多个不同的角度去进行分析,如所谓的"数学活动论"和"数学文化论"等。但应强调的是,由静态数学观向动态数学观的转变必然会导致数学教育思想的重要转变。这也就是指,如果采取动态的数学观念,数学教育显然就不应唯一地强调数学知识的学习,而是应当更加重视帮助学生学会像数学家那样去工作,像数学家那样去思维。

显然,从这一角度分析,数学教育中对于"问题解决"的强调就十分自然了。因为,如果就日常的数学活动进行分析,解决问题(更为准确地说,是解决各种非单纯练习题式的问题)显然可以被看成"数学活动"的一个基本形式。而且,又如以下论述清楚表明的,这在很大程度上也可被看成数学活动的核心:"某类问题对于一般数学进展的深远意义以及它们在研究者个人的工作中所起的重要作用是不可否认的。只要一门科学分支能提出大量的问题,它就充满着生命力;……正是通过这些问题的解决,研究者锻炼其钢铁意志,发现新方法和新观点,达到更为广阔和自由的境界。"(希尔伯特,"数学问题",载中科院自然科学史研究所数学史组、数学研究所数学史组主编,《数学史译文集》,上海科学技术出版社,1981,第 61 页)

进而,从同一立场去分析,我们显然可清楚地看出传统的数学教育的这样一个弊病:学生所学习的数学并非真正的数学。

第二,数学教育研究的深入。这主要指关于数学学习活动的深入研究,特别是相关的认知科学研究。

　　具体地说,数学教育的认知科学研究可以被归属于数学学习心理学的范围,即关于数学学习的心理学研究。这也正是学习心理学现代研究的一个整体发展趋势,即由一般的心理学研究深入到了专门的学科领域,如我们如何以认知科学的现代研究为背景积极地去开展数学学习活动的具体研究。

　　另外,较为笼统地说,这正是认知心理学研究的一个基本立场,即认为心理学的研究不应(像行为主义者所主张的那样)局限于可见行为,而是应当深入到主体内在的思维活动之中,特别是应当深入研究知识的贮存、提取、表达、发展等问题。进而,所谓的"建构主义学习观"又可被看成认知心理学研究的一个主要结论:数学学习并非学生对于外部给予的知识的被动吸收,而是一个以主体已有的知识和经验为基础的主动建构。

　　对于数学学习心理学的现代研究以及建构主义的数学学习观我们将第 8 章中作出具体的论述。在此仅限于指明这样一点,即如果数学学习并非现成知识的被动接受,而是一个以主体已有的知识和经验为基础的主动建构,那么,一个必然的结论就在于:最好的学习方法就是在干中学。就数学学习而言,这也就是指,"学习数学就是做数学"('knowing' mathematics is 'doing' mathematics),即我们应当让学生通过"问题解决"来学习数学。

　　显然,从上述角度去分析,数学学习心理学的现代研究可被看成从另一角度为"以问题解决作为数学教育的中心"提供了重要依据,而这事实上是把学生摆到了与数学家同样的位置之上。

　　第三,时代的要求。

　　这可以被看成人们在这方面的一项共识:能力与知识相比应当更加重要。进而,又如波利亚所指出的:"在数学里,能力指的是什么? 这就是解决问题的才智。"——显然,按照这样的认识,数学教育应特别重视解决问题能力的培养。

　　除去上述的一般性认识以外,"问题解决"这一改革运动还具有更为明显的时代特征,即与数学教育目标的现代发展直接相关。

　　具体地说,正如 5.1 节中指出的,"数学上普遍的高标准"是人类社会由工业社会向信息社会过渡的必然要求。由于信息社会的一个重要特点就是多变化性,因此,从这一角度去分析,我们显然应当把"问题解决"的能力,即综合地、创造性地运用已有数学知识解决新的、不那么熟悉的问题的能力,看成数学教育的一个重要目标。只有这样,人们才能较好地适应多变的工作与生活。

综上可见,由于"问题解决"这一口号正确地反映了社会、数学观和教育科学研究的现代发展,因此就有一定的历史必然性和内在的合理性,事实上这也正是这一思想何以会在新一轮数学课程改革中得到直接继承的主要原因。

(3)人的认识必然具有一定的局限性,理论的正确与否更有待于实践的检验。特别是,只有通过积极的实践与认真的总结与反思,相关的理论才可能不断得到完善和发展,而这事实上也就是认识不断发展和深化的过程。以下联系美国数学教育界的相关实践对"问题解决"这一改革运动作出进一步的介绍分析。

首先,尽管波利亚在20世纪50~60年代所从事的"数学启发法"研究可以被看成为"问题解决"的现代研究奠定了必要的理论基础,但后者无论在理论或实践上都已经取得了重要进展,特别是,只是从80年代开始,"问题解决"才真正成为美国数学教育的中心。而且,与先前普遍存在的理论研究与教学实践严重脱节的情况不同,相关的现象也有了很大改进。这正如美国著名数学教育家基尔帕特里克(J. Kilpatrick)指出的,"在整个教育史中很少有这样的课题能同时引起研究者和实践者如此的关注,'问题解决'正是这样的一个例外"。

以下是新的研究与波利亚相比在理论上取得的重要进展:"问题解决"的现代研究已由唯一关注"数学启发法"(或者说"解题策略")发展到了对于解决问题全部过程更为全面和系统的分析。更为具体地说,如果说80年代初期相关的研究仍然主要停留于波利亚的"数学启发法",以致"数学启发法……几乎已经成为解决问题的同义词",那么,从80年代下半叶起,情况就有了很大变化。特别是,正是通过多年的实践与总结,人们逐渐认识到了"启发法"不应被看成影响解决问题能力的唯一要素,或者说,为了提高解决问题的能力,我们应当注意更多的环节或因素。以下是由"问题解决"现代研究的主要代表人物、美国学者舍费尔德给出的一个新的理论框架:"这一框架……描述了复杂的智力活动的四个不同性质的方面:认识的资源,即解题者已掌握的事实和算法；启发法，即在困难的情况下借以取得进展的'常识性法则'；调节，它所涉及的是解题者运用已有知识的有效性；观念系统，即解题者对于学科的性质和应当如何从事工作的看法。"(A. Schoenfeld, *Mathematical Problem Solving*, Academic Press Inc., 1985,前言。对此我们还将在 7.2 节中作出具体介绍)

应当指出的是，除去积极的数学实践与认真的总结和反思以外，外部的促进也是导致理论发展的又一重要原因：在"问题解决"的现代研究中，人们广泛地吸取了认知科学、人工智能及社会—文化研究等方面的积极成果。事实上，如果把"问题解决"看成一种常规的数学活动，那么，相应的认知科学和社会—文化研究可以被看作从微观和宏观的角度分别揭示了这种活动的内在机制和外部条件，从而直接促进了"问题解决"现代研究的不断深入。

总之，上述的事实更为清楚地表明了这样一点：数学教育的发展取决于多方面因素的共同作用，特别是，数学教育必须与教育科学研究乃至一般性理论研究的现代发展相适应，充分吸取其中的积极成果。

其次，这同样可以被看成积极的教学实践与认真总结和反思的又一重要成果，即人们更为深入地认识到了"问题解决"这一改革运动的局限性。从而，这事实上可以被看成从另一角度更为清楚地表明了这样一点：为了促进课程改革的深入发展，我们必须通过积极的教学实践与认真的总结和反思去发现问题、解决问题，并由此取得新的进步，而不应满足于已有的成绩，故步自封。

以下是"问题解决"这一改革运动的一些主要局限性：

第一，"问题解决"与"问题提出"。

正如前面已指出的，数学观的现代演变，即由静态数学观向动态数学观的转变具有十分重要的教育涵义，特别是，这清楚地表明数学教学不应唯一地强调数学活动的最终产物，而应更加注重"数学活动"本身。但是，作为进一步的思考，我们显然应提出这样的问题："数学活动"是否就是指"问题解决"，还是包含更多的内容？

更为具体地说，尽管相关立场在诸多关于新一轮数学教育改革的指导性文件中都得到了明确肯定，即认为"问题解决明显地被看成是数学家的主要活动"(对此例如可参见 T. Romberg, "Classroom Instruction that Fosters Mathematical Thinking and Problem Solving: Connections between Theory and Practice"，载 A. Schoenfeld 主编，*Mathematical Thinking and Problem Solving*，Lawrence Erlbaum Associates，1994，第 294 页)，但是，如果联系实际数学活动进行分析的话，我们则可以立即看出这一口号的局限性。例如，一个明显的问题在于：我们应当如何看待"问题解决"与"问题提出"的关系？特别是，那些有待于解决的问题究竟是从何而来的？

事实上，这也是人们在这方面一致认同的一个观点，即"提出问题的能力"应当被看成创造性才能更为重要的一个组成成分。另外，从数学教育的角度看，这显然也可被看成传统的"传授—接受"式教学思想的一个具体表现，即学生总是被要求去解决由其他人(教师、教材编写者、考题设计者等)提出的问题。(对此还可参见 3.1 节)

鉴于上述原因，"问题提出"近年来在数学教育界获得人们越来越多的重视也就十分自然了。(对此例如可参见 E. Silver，"On Mathematical Problem Posing"，Proceedings of the 17th International Conference，1993，Vol. I，第 66～85 页)在此我们还应清楚地看到"问题解决"与"问题提出"之间所存在的相互制约、互相依赖的辩证关系。例如，正如波利亚指出的，在解决问题的过程中，我们常常需要引进所谓的"辅助问题"，而这事实上属于"问题提出"的范围："如果你不能解决所提出的问题，可先解决一个与此有关的问题。你能不能想出一个更容易着手的有关问题？ 一个更普遍的问题？ 一个更特殊的问题？ 一个类比的问题？"(《怎样解题》，科学出版社，1982，第 XIV 页)也正因此，在现今的研究中，人们常常对"问题解决"作广义的理解，即把"问题提出"直接纳入"问题解决"的范围。

另外，这也是人们在现今的又一共识：除去"问题的提出与解决"以外，"概念的生成、分析与组织"也是"数学活动"的一个基本形式，从而，我们在教学中也应当对此予以足够的重视。

第二，"问题解决"与"数学地思维"。

正如 5.2 节已提及的，这也是人们通过教学实践的总结得出的又一结论，即与单纯强调"问题解决"相比较，我们应当更加强调"数学地思维"，也即应当把"帮助学生学会数学地思维"看成数学教育的一个主要目标。例如，从上述角度去分析，我们显然可更为清楚地认识到片面强调"问题解决"的局限性。

进而,应当明确提倡这样一个主张:"求取解答并继续前进",包括如何以已解决的问题为基础去提出新的值得研究的问题。

当然,从更为深入的角度去分析,这又直接涉及到了这样一个十分重要的思想,即数学不应被看成单纯的工具,而是对于思维的训练具有特别重要的作用,更直接涉及到了数学的文化价值,特别是"理性精神"的养成。显然,从同一角度去分析,我们可以清楚地认识到这样一点:我们应当超出数学,从更为一般的角度去认识数学思维包括数学思想与数学思想方法的普遍意义——就我们目前的论题而言,这也就是指,与"帮助学生学会数学地思维"相比较,我们应更加强调"通过数学帮助学生学会思维"。

第三,"问题解决"与数学教学。

以下再转向与数学教学直接相关的另外一些问题。

首先应当指出,就"问题解决"的专门教学而言,现已表现出了一定的重点转移。例如,在谈及自己所开设的"问题解决"课程时,舍费尔德就曾明确提及,其早期的课程主要集中于"数学启发法"。"现今的课程则更加关注一些基本的思想,如数学推理和证明的重要性,以及持续的数学探索(这时'问题'已不只是有待于解决的任务,而是主要被用作更为深入的研究的出发点)。"这也就是指,新课程的主要目的是帮助学生获得"什么是做数学"的直接体验。(A. Schoenfeld 主编,*Mathematical Thinking and Problem Solving*,同前,第43、44 页)显然,这一变化是与上面的分析完全一致的。

其次,与"问题解决"的专门课程相比,以下的问题显然更为重要:我们是否应当以"问题解决"为中心去组织全部的数学教学? 或者说,是否全部的数学课程都应采取"问题解决"这样一种形式?

具体地说,尽管人们在上述方向进行了积极的教学实践,更可说取得了一定成果,但是,相关的教学实践也突现了这样一个问题,即我们究竟应当如何去处理"问题解决"与数学基本知识和基本技能教学之间的关系。例如,正是出于这样的考虑,伦伯格提出了关于课程设计的如下五条原则:① 应当清楚地指明我们希望学生掌握的若干个概念领域(conceptual domain);② 这些领域应当被分解成若干个课程单元,每个单元各有一个主题,并用 2 至 3 个星期来学习;③ 对学生来说,这些概念领域应当由一定的"问题情境"自然而然地引出;④ 各单元中的活动安排应当与学生的思维活动相适应;⑤ 课程单元应当根据学生的知识情况及教学环境不断地加以调整。(T. Romberg, "Classroom Instruction that Fosters Mathematical Thinking and Problem Solving: Connections between Theory and Practice",同前,第 300~302 页)进而,人们在此已逐步形成了这样的共识:"数学教育应当'过程'与'结果'并重。"(对此还可参见 3.3 节)由于后者事实上也可被看成对过去这些年"问题解决"的教学实践进行自觉反思所得出的一个主要结论,因此,这在一定程度上表明先前的做法确有一定的局限性。

事实上,我们在此应对"基本的教育思想"和"数学教学的基本形式"作出明确区分。这也就是指,强调提高学生解决问题的能力并不意味着数学课程必须唯一地采取"问题解决"这样一种形式。另外,如果将着眼点由狭义的"问题解决"转移到"数学地思维",那么,我们显然应当更加注重数学思维在日常数学教学活动中的渗透。(对此还可参见 5.2 节)

当然,强调数学思维在具体数学知识教学中的渗透并不意味着又重新回到了"传授—接受"这一传统模式,特别是,数学基本知识的学习在很多情况下也可采取"问题解决"这一形式,从而让学生在其中发挥更积极的作用。但这的确又是笔者在这方面的一个基本观点:数学思维在大多数情况下并不能通过单纯的解题活动自发地得以形成。例如,后者显然可被看成中国古代数学的发展历史给予我们的一个重要教益。另外,从认识论的角度看,这也正是建构主义的现代发展,即"社会建构主义"的一个主要论点:数学学习不应被看成纯粹的个人行为,而是在一定社会环境之中的社会建构,特别是,教师的必要示范与启发更应被看成"良好的学习环境"最为重要的一个组成成分。

在此还可特别提及美国著名教育心理学家奥苏贝尔(D. Ausubel)关于"讲授式教学"与"意义学习"的以下分析:决定"意义学习"的主要因素并不在于我们所采取的是什么样的教学形式。因为,以教师的讲授为基础的学习(奥苏贝尔称为"接受学习")未必是"无意义的"(按奥苏贝尔的话说,就是"机械的"),反之,发现法也未必是"有意义的"。(详可见"奥苏贝尔的教学论思想",载吴文侃主编,《当代国外教学论流派》,福建教育出版社,1990,第 205~235页)显然,这更加清楚地表明了这样一点:强调学生在学习过程中的主体地位,不应简单地被理解为在数学教学中必须采取"问题解决"这样一种形式。

综上可见,我们既应明确肯定"问题解决"这一数学教育改革运动具有一定的合理性,同时又应通过积极的教学实践与认真的总结不断发展我们的认识和相应的理论。显然,事实上这也正是我们在新一轮数学教育改革中所应采取的基本立场。

3. 努力创造信息时代的数学教育

以下再对我们在当前究竟应当如何去理解"数学教育的现代化"作出进一步的分析。

具体地说,与先前所提到的各种观念相比,笔者以为,就当前而言,数学教育的现代化主要地应被理解成"努力创造信息时代的数学教育"。由于第 5 章中已对这一论点进行了具体论述,以下就依据"时代性原则"对先前未曾提及的其他一些方面作出进一步的分析说明。

(1) 总的来说,努力创造信息时代的数学教育应被看成人类社会由工业社会向信息社会过渡的必然要求。在此笔者愿特别强调这样两点:

第一,我们应当清楚地认识现代的物质(技术)和文化条件,特别是计算机技术的迅速发展与普及为数学教育的进一步发展所提供的有利条件。

具体地说,计算机技术的发展已对人类的全部生活,包括物质生活和文化生活产生了十分巨大的影响,以致被称为"改变了世界的机器"。就我们目前的论题而言,除去前面已论及的"数学化"倾向的进一步加强并因此使得"数学上普遍的高标准"成为必然,以及因此而导致数学的重要变化,从而对于数学教育当然也有间接的影响这样两点以外,我们又应特别强调这样一个事实:计算机技术的发展也为数学教育开拓了新的前景。① 计算机技术的迅速发展,使得人们有可能彻底摆脱片面强调计算技能的传统数学教学思想,并真正集中于学生解决问题能力的培养与数学思维水平的提高,特别是,计算能力低下将不再成为部分学生进一步学习的障碍。② 借助于计算机(和计算器),人们有可能克服传统计算方法的局限性并使得社会生活中的实际问题真正成为数学教学的组成部分,这对于提高学生的数学能力,包括树立正确的数学观念、态度等,显然都十分有利。③ 计算机(器)技术的迅速发展也为数学教学提供了新的有效手段。例如,图像计算器和计算机的应用就为函数的教学和空间想象力的培养提供了十分有效的手段。④ 计算机的广泛应用也为学生提供了一个更为有效的学习环境。例如,借助于合适的程序,学生就可相对独立地去从事数学的学习和探索,而不必过分地依赖教师的帮助和指导。

综上可见,计算机技术的迅速发展不仅为传统数学教育教学思想的实施提供了新的工具,更为数学教育改革开拓了新的广阔前景。这正如《九十年代的中小学数学》中所指出的:"在数学教育史上从来没有哪项发展像微机那样为教育工作者展示了如此广阔的新的可能性。"(《国际展望:九十年代的数学教育》,上海教育出版社,1990,第 117 页)

当然,又如前面所指出的,我们不应将"数学教育的现代化"简单地等同于"以计算机为基础对数学教育进行重建"。毋宁说,这仍然是一个有待于深入研究的课题,即我们应当如何应用计算机(和计算器)来改进数学教学?

事实上,我们在此也可看到理论研究与教学实践的积极互动。具体地说,如果说在先前人们较为强调现代技术对于数学教学的革命性作用,即认为现代技术特别是计算机技术的迅速发展和广泛应用必然会造成数学教学与学习活动的革命性变化,那么,人们在现今就应说普遍采取了更为现实和理性的态度,对此由网络与远程教学等方面的发展就可清楚地看出。

具体地说,技术的发展确实可以被看成为我们改进教学提供了新的可能性,如网络的出现显然为学生的学习与教师教学提供了更为丰富的资源,"远程教学"则更具有超越地域局限性的明显优点。然而,与盲目的乐观情绪不同,人们现已更为清楚地认识到了深入思考诸多相关问题的重要性,如我们究竟应当如何很好地去利用网络中所提供的大量信息,而不是盲目地沉溺于广阔的"信息海洋",以至完全放弃了自己的独立思考?"远程教学"又能否成为教学的常态,还是只适用于某些特殊的场合与时间? 等等。更为一般地说,面对任何一种技术在数学教学中的应用,我们显然都应通过积极的教学实践与深入的理论研究很好地去认识它的优点与局限性,从而切实防止各种片面性的认识与简单化的做法。

总之,就现代技术在数学教学中的应用而言,人们在现今可以说已经表现出了更大的自觉性。例如,在笔者看来,这事实上可以被看成国际数学教育委员会(ICMI)所组织的以下专题研究(专题 17)的主要意义所在:"技术的再思考"(Technology Revisit)。

第二,依据数学教育的文化相关性,我们显然也应注意分析整体性文化传统乃至社会环境对于数学教育的重要影响,从而更有针对性地去进行工作,包括更为清楚地认识究竟什么应是数学教育深入发展的努力方向。

具体地说,所说的影响既有积极的一面,也有消极的一面。例如,社会上因对教育现状的不满而引发的普遍的"危机感"显然就十分有利于教育包括数学教育的改革和深入发展。这正如美国数学协会(MAA)前任主席斯蒂恩(L. Steen)在离任时所指出的:"现在我们所面临的是对于教育前所未有的普遍关注,这既令人鼓掌,同时也使人感到很大的压力。"("Activities of CPMU", *UME Trend*,1992,Jan.)另外,又如以下的统计数字所清楚地表明的,即使在今天功利主义思想在中国仍然具有十分广泛的社会基础,更直接导致了所谓的"考试文化",而这对于数学教育事业的深入发展显然十分不利。(引自"社会对数学教育看法的调查与分析",载《21世纪中国数学教育展望》课题组主编,《21世纪中国数学教育展望》(第一辑),同前,第250页)

你期望自己的孩子学好数学的主要原因(至多选三项)

项　目	升学考试考数学	日常生活需要数学	选择好工作需要数学	日常生活不需要数学	将来参加的工作不需要数学
百分比	76.3%	92.1%	51.1%	1.7%	0.8%

你认为数学课重要的主要原因(至多选两项)

项　目	在工作劳动中必不可少	在生活中必不可少	对个人修养必不可少	升学考试必不可少	招工考试必不可少
百分比	87.9%	86.0%	14.8%	73.0%	35.8%

当然,从更为深入的层面去分析,这事实上也应被看成中国传统文化的一个主要弊病:"中国教育和中国文化的问题一样,是弱智化。搞坏的原因是什么? 是我们的教育评价目标就是'成王败寇'四个字,急功近利,见利忘义,忘掉了教育的根本目的。""这种成王败寇的评价标准的结果是不把学生当人,只想望子成龙、望子成才、望子成器。……就是你要成怪兽,你要成木头,你要成东西,就是不要成人。现在口口声声以人为本,最应该以人为本的是教育,可是在中国,最应该以人为本的领域最不把人当人。"(易中天,"我们的教育",

《扬子晚报》,2014 年 10 月 29 日)

在此我们可对建国以来所形成的一些"新传统"作一简要分析。

具体地说,建国以来所形成的"数学教育教学传统"应当说有不少可贵的地方,特别是,"基础实"、"训练严"等这样一些优点,后者并已由所谓的"双第一"(这是指中国队在历届国际奥林匹克中学生数学竞赛,以及中国学生在各项国际性教育评估中所取得的良好成绩)得到了直接证明。但在肯定这些成绩的同时,我们又应清醒地看到存在的问题与不足之处。

例如,从学生的角度看,这就是一些明显的问题:① 尽管中国学生常规计算能力较强,但应用能力薄弱。② 与数学知识的掌握相比较,创造性能力的培养显然更为重要,但也正是在这一点,我国的数学教育也暴露出了严重弊病。这正如美国著名数学家斯蒂恩在给笔者的信中所指出的,中国与美国学生相比一个重要的差异就在于:中国学生比较适应适用于特定问题的特定解法的"算法"的学习,而美国学生则较善于解决开放性的、含糊的、具有现实意义的,并需要更多创造性的非常规问题。

另外,从教师的角度去分析,我们显然也可看到一些明显的局限性,特别是,我们的教学研究往往集中于教学方法的研究,而且,这在很多情况下又只是纯粹的经验总结,却未能上升到应有的理论高度。

当然,又如 6.2 节中已指出的,作为问题的另一方面,中国的数学教学传统也有很多优点和特色,我们对此应当很好地予以继承和发扬,即应当将此看成中国数学教育现代化进程中应高度重视的一个方面。

总之,就中国数学教育的深入发展而言,我们所面临的不仅是由工业社会向信息社会过渡所造成的新的更高要求和不同的环境,也包括如何能够很好地去处理现代化与文化传统之间的关系。特别是,我们应找出适合中国数学教育发展的最佳途径,并应当努力创建出既符合时代需要,又适合中国国情的数学教育。

(2)为了清楚地指明数学的现代发展对于数学教育的重要意义,我们仍将首先集中分析计算机技术的发展对于数学本身所造成的重要变化。因为,正如前面已提及的,这必然地也会对数学教育的未来走向产生实质性的影响。

第一,正如计算机为数学教育提供了新的有效手段,这也为数学研究提供了新的工具。对此由所谓的"计算机辅助数学研究"就可清楚地看出。著名数学家阿蒂亚(M. Atiyah)曾这样分析道："计算机第一位和最明显的用途简单地可称之为'吃数字'。高速机器极其适合进行极为大量的重复计算，使得那些本来因太复杂而无法处理的问题可以迅速地得到直接的数值答案。"当然，计算机对于数学研究的作用又不只限于计算："计算机的一大优点是能图示信息，这一优点刚刚才开始受到数学家的青睐。许多复杂的数学问题包含几何特征，图示为探索现象提供了一种极其有效的新工具。"再者，"四色定理"的证明则又可以被看成"机器证明"的典型例子。从而，"概括起来，计算机在数学家研究的一切阶段为他们提供了极为实用的帮助"。(《国际展望：九十年代的数学教育》，同前，第 34、35 页)

第二，计算机的使用也导致了数学中不少新的研究分支或方向。例如，由于计算机的使用使得大量过去无法实现的计算成为可能，这就使得一些传统的研究问题得以复活，并直接导致了一些新的研究分支，如"计算数论"、"计算几何学"等。另外，也有一些问题因为计算机的使用变得特别重要。例如，尽管人们早在两千多年前就已引进了"算法"这样一个概念，后者却因为计算机的使用在现今获得了人们的更大重视，相关的研究也获得了新的内容："近年来，由于计算机的引进，算法又唤起了人们的极大兴趣。……对许多同类问题已经开发了很多计算机算法。某些情况下，可用多种算法解决同一问题，诸如将名字按字典顺序排列或求一个矩阵的逆矩阵。此时，人们选择的算法，不仅要解决问题，而且还要是符合要求的好几种算法中'最佳'的一个。有些算法虽节约了运行时间，但可能浪费了内存空间，或者是反过来的情况，这就需要找出与一个或多个参数有关的最优的或至少是有效的算法，由此开辟了复杂度理论的研究。"(《国际展望：九十年代的数学教育》，同前，第 8、9 页)

在此我们还应特别提及所谓的"离散数学"。这正如《九十年代的中小学数学》中所指出的："计算机本质上是离散的机器，而且描述计算机功能所需的数学以及发展计算机软件所用到的数学也是离散的。其结果，对离散数学——布尔代数、差分方程、图论……的兴趣在近些年来已经有了巨大的增长。"(《国际展望：九十年代的数学教育》，同前，第 118 页)

最后，计算机的使用也导致了数学观的重要变化，对此我们也可在多个不同的层面清楚地看到。例如,计算机的使用正在改变人们关于什么是数学问题的"满意解"的认识:计算机出现以前,数学家努力把问题的解处理成某种优雅的代数形式,包括熟知的代数和三角展开等具体形式;今天,应用数学中问题的令人满意的解则往往是指找到一个可以产生人们有兴趣的一切数值的计算机算法。另外,更为重要的是,计算机的使用也引起了人们关于数学本质的新的思考:正如5.1节所提及的,一些自称为"实验数学家"的新潮数学家正在努力创建一种新的做数学的方法,即主要通过计算机实验作出新的发现。又由于后者与传统的研究方法有很大的不同,因此,在这些数学家看来,计算机的使用正在改变数学的性质:"由于计算机的出现,今日数学已不仅是一门科学,还是一种普适性的技术……"(详可见"今日数学及其应用",《自然辩证法研究》,1994年第1期)考虑到普遍的"数学化"趋势,后一说法显然不无道理。

其次,除去外部的促进以外,我们也应看到由于自身研究的深入所造成的数学的变化。

例如,从教育的角度看,这方面最为重要的发展就是若干新的、具有更大概括性的概念和理论的建立,因为,这必将直接导致对于传统题材的新的认识和理解。再者,除去这种"深度"上的变化以外,我们显然也应注意数学在"广度"上的发展,即新的研究方向的开拓,因为,这两者都必将对数学教育的未来发展产生十分重要的影响。

最后,正如前面所指出的,我们又应高度重视数学观念的现代演变,特别是由静态的、机械反映论的、绝对主义的数学观向动态的、模式论的、经验和拟经验的数学观的转变,对于数学教育的重要意义。当然,从更为深入的层次看,我们又应明确肯定数学的多元性和辩证性质,并应注意分析各种观念的教学涵义。

例如,正如3.2节中所指出的,从上述角度去分析,我们可以看出现行师资培养工作(包括职前教育与在职教育)的一个明显不足,即人们往往比较重视数学知识的学习和更新,以及如何用现代数学思想把握初等数学的相关内容等,却未能对观念的更新予以同样的重视。

(3)就教育科学研究的深入而言,应当首先提及学习理论的现代发展,因为,后者为我们更为深入地认识数学学习与教学活动的本质提供了直接基础。由于这正是第三部分的直接主题,在此仅限于指明这样一点:学习理论的现代发展不仅是指认知学习理论这样的微观研究,也包括更为宏观意义上的社会—文化研究。例如,这正如基尔帕特里克在对数学教育研究的历史发展进行总结时所指出的:"研究者们现在开始认真地看待数学教育的社会和文化方面了。"(J. Kilpatrick,"A History of Research in Mathematics Education",载 D. Grouws 主编,*Handbook of Research on Mathematics Teaching and Learning*,Macmillan,1992,第 30 页)

进而,正如前面已指出的,这又应被看成后一方面研究最为重要的一个结论,即更为清楚地表明了数学教育的文化性质,包括我们应以努力创建既符合时代需要,又适合中国国情的数学教育作为自己的工作目标。

(4) 综上可见,我们确应从社会的进步、数学的发展与教育理论研究的深入这样三个方面更好地去理解与把握数学教育的现代化问题,包括明确提出创建信息时代的数学教育这样一个努力目标。

进而,在笔者看来,我们事实上也可从同一角度去理解《人人算数》这一对于美国新一轮数学教育改革运动具有重要指导意义的纲领性文件中所提出的以下 7 个观念转变的重要性,因为,后者在很大程度上也可被看成中国数学教育在成功实现现代化的道路上应特别注意的一些问题:

第一,学校数学教育的目标应当由"双重目标"——对大多数学生的低标准和少数学生的高标准——过渡到对所有学生普遍的高标准。

第二,数学教学由建立在"知识的传授"与"例题—练习"之上的"权威型模式"转变到以"对学生的鼓励"和"积极的探究"为特色的以学生为中心的教学方法。

第三,要使公众从对数学的态度由漠不关心或敌意转变到确认数学在现代社会中的重要作用。

第四,数学教学应由单纯追求运算技能转变到培养多方面的数学能力。

第五,数学教学应由强调为进一步学习作准备转变到更多地强调与学生当前和未来的需要有关的题材。

第六,数学教学由原来的强调一张纸、一支笔的演算转变到全面使用计算机和计算器。

第七，要使人们的数学观由把数学看成任意规则的不变汇集转变到把数学看成处于积极发展之中的模式的科学。

当然，又如前面已提及的，我们应当针对中国国情对此作出必要调整和发展，并应更加重视辩证思维的自觉指导。

第三部分

数学学习观与数学教学观

学习理论的现代研究可以被看成为我们深入认识数学学习与教学活动的本质或特征性质提供了直接基础，这既包括微观意义上的认知科学研究，也包括宏观的社会—文化研究。当然，相对于一般意义上的学习与教学活动而言，我们又应更加注意数学学习与教学活动的特殊性。在第 7 章和第 8 章中我们将分别围绕"认知学习理论"与"社会—文化视角"对此作出具体论述。

第 7 章

认知心理学、建构主义与数学教育

就学习理论的现代研究而言,应当首先提及由行为主义向认知心理学(更为一般地说,就是认知科学)的过渡或转变,因为,正是后一方面的研究为 20 世纪 90 年代以来在教育领域中具有很大影响的建构主义的学习观和教学观提供了直接基础。本章将对此作出具体论述。应当强调的是,由于认知心理学与建构主义分别属于心理学研究和认识论分析的范围,即具有不同的性质,因此,我们应特别重视它们的联系和区别,本章的开始部分将对此作出具体论述。

7.1 研究的基本立场

相对于数学学习而言,数学教学的研究在我国具有更长的历史,后者主要集中于教材的分析与教学方法的研究。例如,在有关的刊物和书籍中,我们所看到的往往是各种各样的教案,却很少能够看到相应的学例。同样地,在数学教学中我们所关注的往往也只是如何能够帮助学生学会数学地思维,却很少关注学生在数学学习过程中的真实思维活动。

在这一点上我们也可看到国内外研究工作的一个重要区别:与中国的上述传统不同,国外的教育(学)研究应当说更加重视对于学生在学习过程中真实思维活动的深入了解。例如,在对美国数学教育的现状和前景进行分析时,戴维斯教授曾提出过 15 个有待进一步研究与解决的问题(他称为"数学教育研究和发展所面临的最重要挑战"),而其中的第 1 条就是"深入了解学生真实的思维活动"。另外,上述思想在现实中也得到了较好贯彻。例如,就"问题解决"的现代研究而言,人们就采用了各种方法,包括应用现代技术以很好地了解学生在解题过程中的真实思维活动。如组织学生以"对子"或小组的形式进行解题,或是训练学生"出声地思维",同时对整个过程进行录音或录像,这样就可获得较为详细的"解题记录",再辅以必要的口头调查,研究者就可通过所有这些资料的综合分析较为准确地把握学生的真实思维活动。研究者在这一方面更可说付出了很大的精力与时间。如舍费尔德教授就曾提及,为了对1小时的解题记录作出分析,他和他的研究团队曾耗费了近100小时。

就国内外的上述差异而言,国外的做法应当说更加可取。因为,如果我们并不真正了解学生在数学学习过程中的真实思维活动,那么,相关的教学理论(包括教材编写)显然就不能被看成具有坚实的基础。或者说,这充其量也只是一种经验之谈,却未能上升到应有的理论高度,我们更不能期望通过这种方式能很好地实现理论研究与实际教学活动的相互促进与同步增长。

由此可见,这就应被看成数学教学和学习活动研究的一个基本立场,即应当切实立足于学生在数学学习过程中真实思维活动的深入了解,或者说,数学教学理论应奠基于数学学习活动的深入研究。

其次,正如上面提及的,这事实上也应被看成我们在这方面应坚持的又一基本立场,即很好地处理在心理学研究和认识论分析之间的辩证关系:心理学研究可以被看成为相关的认识论分析提供了必要的素材,但我们同时又应努力超越心理学等方面的实证性研究,并从认识论的高度对什么是学习活动的本质作出更为深入的分析。

事实上,这也正是学习心理学研究的一个普遍不足之处,即人们往往只是注意了心理学方面的实证性研究,却未能从认识论高度对此作出进一步的分析。例如,在对心理学的现代发展进行概述时,很多著作都停留于对于各个主要流派或代表性人物的分别介绍,却未能对这些学派或个人的主要思想倾向,包括其在认识论问题上的基本立场作出应有的分析和评论。另外,更为重要的是,人们往往也未能从整体上对"什么是学习活动的本质"作出具体分析,从而就未能上升到应有的理论高度。

当然,无论就数学学习(教学)活动的实证性研究或是相关的认识论分析而言,我们又应当很好地去处理特殊和一般之间的辩证关系。这也就是指,我们首先应明确肯定一般性的学习理论与认识理论对于数学学习活动的深入研究具有重要的指导意义或促进作用。其次，在作出上述肯定的同时，我们又应清楚地看到，数学学习心理学如有独立存在的必要，就应更加突出数学学习活动的特殊性。从而，我们在此应当明确反对这样一种作法，即将"数学学习心理学"简单地等同于"一般的学习理论＋数学学习的实例"。恰恰相反，我们应当更加重视对于数学学习过程中学生真实思维活动的直接研究，即应当以一般学习理论为指导积极地去开展新的独立研究。从而更为深入地揭示数学学习活动的特殊性质，包括以此为基础对数学学习活动（和教学活动）的本质或特殊性质作出具体分析。应当指出的是，这事实上也正是数学学习心理学现代研究的实际发展途径，即由一般性的研究逐步转向了以认知学习理论为指导对数学学习活动作出更为深入的研究。对此例如由以下一系列著作的名称就可清楚地看出：《数学学习：数学教育的认知科学研究》（R. Davis，1984），《认知科学与数学教育》（A. Schoenfeld 主编，1987），《数学与认知》（P. Nesher ＆ J. Kilpatrick 主编，ICMI Study Series，1990）。

最后，还应提及的是，正如对于"什么是数学"的问题不存在某种单一和绝对的解答，就数学学习活动的本质或特征性质而言，应当说也存在多种不同的解答。对此例如从学习理论的现代发展，特别是从所谓的"认知科学研究"与"社会—文化研究"这样两个不同的方面就可清楚地看出。从而，我们在此也应当采取多元的观点，并应注意不同方面的相互渗透与必要整合，包括深入研究各种理论主张对于实际教学工作的指导意义或促进作用。

7.2　从行为主义到认知心理学

1. 行为主义及其批判

就西方特别是美国的心理学研究而言，行为主义应当说曾长期占据主导的地位。具体地说，行为主义的兴起在很大程度上可被看成 18、19 世纪在西方盛行的"科学化运动"的直接产物（对此可参见 6.3 节）。特别是，"以科学为典范去从事一切学科的研究"更直接导致了行为主义者的如下基本立场：由于内在的思维活动或心理过程不可能被直接观察到，因此，为了使心理学研究真正达到科学的水平,我们就完全不应涉及内在的思维活动或心理过程,而是应当将心理学的研究局限于可见的行为。这事实上也正是"行为主义"这一名称的直接来源。

当然,对于任何事物或现象的描述和研究都必须借助一定的理论框架或概念系统,而这直接涉及到了行为主义的第二个主要特征:正是所谓的"刺激—反应联结"为行为主义者对于可见行为的描述提供了基本的理论框架。

例如,以下就是行为主义心理学实验的一个基本模式,即将被试置于某种特定的刺激环境之中并研究由此而引发的反应。实验中我们应特别注意与"刺激"的变化相对应的"反应"的变化,即应当通过严格的定量分析弄清控制行为的条件。当然,由于各个个体之间必然存在一定的差异,因此,心理学实验在严格的意义上不具有可重复性。但是,行为主义认为,只要将研究的对象由个体扩展到随机抽取的一组对象,并采用科学的统计方法,因个体差异所造成的影响就可忽略不计。

应当指明,"刺激—反应联结"的核心地位事实上也反映了行为主义心理学的如下定位:心理学的研究应是描述性而非解释性的。这正如行为主义的主要倡导者之一、美国心理学家华生(J. Watson)所指出的,我们应当抛弃历史上遗留下来的所有含有主观成分的概念,并用行为主义的概念对此进行改造,如以"辨别反应"代替"感觉",以"内脏反应"代替"情感",并将思维看成"无声的语言",等等。另外,美国著名心理学家斯金纳(B. Skinner)也曾明确指出:"以行为为其函数的外部变量为我们提供了一种可以叫做函数的或原因的分析。我们对某个有机体的行为进行预测和控制,这种行为是'因变量',即我们打算找出其原因的那种结果。而我们的'自变量'——行为的原因乃是各种外部条件,行为就是这种外部条件的函数。"(引自吴文侃主编,《当代国外教学论流派》,福建教育出版社,1990,第 150 页)这也就是说,我们应将有机体的行为与相应的外部条件之间的关系看成纯粹的函数关系,而完全不用关心所说的"刺激"与"反应"之间在有机体内部究竟发生了什么。

行为主义对于"刺激—反应联结"的强调并非偶然,而是有一定的历史和社会背景的。具体地说,后者主要是指由巴甫洛夫基于动物实验所创建的

"条件—反应学说"及其获得的巨大成功。又由于达尔文的进化论似乎已经表明在动物与人类之间存在明确的连续性,因此,在行为主义者看来,所说的"刺激—反应联结"为我们深入研究人类行为提供了合理的理论框架。

由此可见,这正是行为主义心理学研究的又一重要理论前提,即认为在动物与人类的行为之间不存在重要的质的区别。

最后,也正由于唯一局限于"刺激—反应联结",因此,行为主义的心理学研究又明显地表现出了"还原论"(reductionism)的倾向,即认为任何复杂的行为都可被还原(归结)成简单行为的简单组合。

例如,在行为主义者看来,所谓的"选择性反应"可被看成以下几种行为的简单组合:"对刺激物的辨别"、"选择适当的反应"和"作出反应",在此并存在如下的定量关系:

"选择性反应的时间"＝"辨别的时间"＋"选择的时间"＋"反应的时间"。

以下再对行为主义的学习理论作一简要介绍。

(1) 就行为主义学习理论的建立而言,美国心理学家桑代克(E. Thorndike)和斯金纳作出了特别重要的贡献。具体地说,对于教育问题的高度关注正是这两位学者的共同特征,而又正是他们的工作为现代意义上的教学理论(更为一般地说,就是教法设计理论)奠定了必要的理论基础。

桑代克的学习理论最初是通过一系列的动物实验发展起来的。例如,他设计的最为成功的实验之一就是"猫开门"的实验:正是通过多次尝试、不断减少无效劳动和不断舍弃错误的动作,猫最终学会了如何去开启笼门。进而,尽管他也认识到在动物的学习和人类的学习之间存在重要的区别,特别是,前者并非自觉的行为,但桑代克同时又认为这仅仅是简单与复杂的区别,两者的本质则是相同的。这样,他最终就发展起了以"刺激—反应联结"和"试误"为主要特色的一般性学习理论:学习就是形成一定的"刺激—反应联结"。后者主要是通过试误得以建立的:在重复的尝试中,错误的反应逐渐被摒除,正确的反应则不断得到强化,直至最终形成了固定的"刺激—反应联结"。

就"刺激—反应联结"的强化或削弱而言,桑代克提出了一些具体规律,其中最著名的就是所谓的"练习律"和"效果律":前者是指"刺激—反应联结"因重复而加强,因荒废而削弱;后者则是指,如果"刺激—反应联结"的结果受到奖励,这种联结就会加强,反之,如果"刺激—反应联结"的结果受到惩罚,这种联结就会削弱。

上述的规律显然具有重要的教育涵义,特别是,在不少数学教育家看来,正是桑代克的理论为数学教育中片面强调"机械练习"(drill and practice)提供了必要的理论基础。例如,这正如舍费尔德教授所指出的:"从教学法的角度看,他们的理论导致了'机械练习'这样一种教学模式,这对于美国的数学教育具有十分重大的影响。自桑代克的著作的出版(指《算术的心理学》,这一著作出版于 1922 年——注)直至(20 世纪)50 年代,机械练习一直是最重要的教学方法。……即使就现代计算机辅助教学(CAI)的设计而言,其仍然具有很大的影响。"(A. Schoenfeld,"Cognitive Science and Mathematics Education:An Overview",载 A. Schoenfeld 主编,*Cognitive Science and Mathematics Education*,Lawrence Erlbaum Associate,Inc. ,1987,第 2、3 页)

与桑代克相比,斯金纳的独到之处在于更加突出地强调了"强化"这样一个概念。具体地说,斯金纳首先提出了关于"回答性行为"与"操作性行为"的如下区分:前者是与确定的刺激物直接相联系的,即由已知的刺激物所引起;后者则非如此,即似乎可以被看成有机体的自发反应,而与任何已知的、能观察到的刺激都没有关系。显然,按照这样的区分,学习所涉及的主要是操作性行为,学习心理学的研究也应集中于操作性行为的条件作用,即应当深入地研究控制操作性行为的条件。

其次,由于认为操作性行为和任何已知的刺激物并无直接的联系,因此,斯金纳提出,单纯的练习并不足以保证行为的重复出现。恰恰相反,操作性条件作用的形成主要取决于强化,后者并与行为的结果直接相联系:操作性条件行为可被看成借以获得"(正)强化刺激物"或摆脱"负强化刺激物"的一种手段。

综上可见,这就是斯金纳与早期的行为主义者的一个重要区别:为了理解大多数的行为,我们不能局限于传统的"刺激—反应"模式,而应注意分析"刺激物"、"反应"与"反应所造成的后果"这三者之间的关系,这也就是指,我们应当引入"刺激—反应—反馈"这样一种新的分析模式。当然,斯金纳所说的"强化"也可被看成对于桑代克的"效果律"的一种发展和改进。

最后,斯金纳提出,教学的主要任务就是要使学生形成种种正确的行为反应,这也就是说,教师的主要职责并非知识的传授,而是如何促成学生养成正确的行为,即应当通过环境的控制提高某些行为发生的可能性或概率。斯金纳这样写道:"'教'学生,意思就是诱导学生从事新形式的行为,而且是在特殊场合下的特殊形式的行为。"进而,实现上述目标的关键又在于适当的强化,这也就是指,第一,通过提供"正强化物"或移去"负强化物"以使相应的行为在长时间内保持于一定的水平;第二,通过强化的列联,我们就可塑造出较为复杂的行为。显然,后者也表现出了还原论的倾向。这正如斯金纳所指出的:"把强化的列联按所需行为的方向逐次改变,就可能通过塑造过程的一些连续阶段得到极复杂的行为。"(吴文侃主编,《当代国外教学论流派》,同前,第150页)

由以下的分析我们可看出斯金纳理论对于教育的重要影响。首先,惩罚不能被看成促进学生学习的有效手段,而只是一种"负强化物",即只能产生消极的后果。也正因此,教学中就应尽可能地提供"正强化物"和减少"负强化物"。其次,所谓的"程序教学"和"教学机器"的设计则与"强化列联"的思想有着直接的联系:前者的主要特征是尽可能小的前进步子与即时强化。另外,由于强化列联往往达到了巨大的数量(例如,按照斯金纳的估计,为了掌握基本的算术,大约需要 50 000 个左右的"强化列联"),更由于在实际教学中我们所采取的往往是班级教学而非个别教学这样一种形式,因此,所说的"即时强化"就不可能依靠教师得到很好的实现。毋宁说,只有利用机械装置和电动装置我们才能有效地实现"程序教学"——这也就是所谓的"教学机器"。应当指出的是,斯金纳的这些思想即使在今天仍然具有广泛的影响。例如,"程序教学"的思想在计算机辅助教学技术的设计中也具有广泛的应用。

由于斯金纳的学习理论在 20 世纪 50、60 年代在西方教育界中一直占据支配地位,因此,事实上这也可被看成行为主义学习理论的核心:学习就是行为的改变,这主要是一种受控的行为。

(2)尽管行为主义在心理学领域曾长期占据主导地位,但这一领域中也始终存在对其基本立场的直接批判。

　　这首先就是指对于"还原论"的批评：复杂的行为能否被还原（归结）成简单行为的简单组合？

　　具体地说，上述思考正是行为主义与格式塔（完形）心理学长期对立的焦点：由于突出地强调了认知活动的整体性，因此，格式塔学派的心理学家坚持认为，知觉不能被等同于感觉的总和，思维也不应被等同于观念的简单联结，而是具有一定的整体性结构。格式塔学派的心理学家并从这一角度对行为主义的"还原论"倾向提出了尖锐批评。

　　例如，以下就是格式塔学派的心理学家经常引用的一类实例。当我们看到图 7-1 所示的"双关图"时，开始通常会感到疑惑："这是一张男人脸吗？"

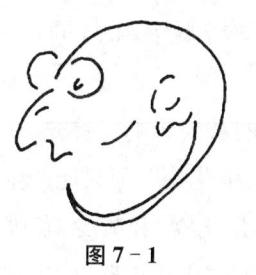

图 7-1

"对！"于是就带着这一预期去搜寻，找到了眼、鼻、嘴、耳朵等。而对鼻子上、眼睛下的短线，以及嘴和耳朵间的横线视而不见。然而，如果有人提示说这是带着长尾巴的老鼠，这时整个的知觉就会发生很大变化。例如，刚才提到的那条短线会被注意并被理解为老鼠的眼睛，那条横曲线则被理解成老鼠的下腹，等等。从而，正是整体性的认识决定了对于局部的感知，特别是，由于这事实上包含有一个选择和意义赋予的过程，因此，知觉不能被等同于感觉的总和。

　　作为认识活动的进一步分析，格式塔的心理学家们明确地指出：认识，即对于对象整体性结构的把握，主要是一个顿悟的过程，也即是对环境整体和关系作了仔细了解后的"豁然开朗"。[①]

　　尽管格式塔学派的理论也具有明显的不足之处和局限性，但现今的普遍看法是：格式塔学派关于认识活动整体性质的断言是很有道理的。更为一般地说，事实上这也可被看成科学现代发展的一个直接结论，即从各个方面更为清楚地揭示了还原论立场的错误性。例如，这正是"系统论"这一新兴学科的核心观念："整体大于局部的和"，这也就是说，复杂的知识和技能不能被等同

---

① 创造心理学的研究可以被看成为格式塔学派的上述结论提供了不少有力的例证。对此例如可见韦特海默（M. Wertheimer）的 *Productive Thinking*（Enlarged Edition, Greenwood Press, 1959）或 A. Koestler 的 *The Art of Creation*（Pan Books Ltd. ,1969）。

于各个部分的简单组合,而是主要表现于各个部分的相互关系。

显然,从上述角度去分析,我们的教学不应局限于各个具体的知识或技能,而应更加重视如何能够帮助学生建立整体性的认识。

其次,这是对于行为主义基本立场的又一批判:在动物与人类的行为之间是否存在重要的质的区别?

例如,以下是美国著名科学教育家诺瓦克(J. Novak)的一个亲身体验:在研究生学习期间,他曾选修了不少关于学习心理学的课程,"我们选用当时很流行的书,……但所有理论皆属于行为理论,……我的结论是大多数被提及的学习理论均与鸽子、老鼠、猫等动物有关。这些动物均是实验研究的对象……我与任课教授激烈争辩,提出这些理论对人类的学习并无意义。而他的回应却是他已采用此领域中最流行的教科书。我怀疑难道大多数有智慧的人会赞同这种无理之事吗?……"(诺瓦克等,《促进理解之数学教学——人本建构取向观点》,心理出版社[台湾],1998,第7页)

当然,诺瓦克所说的时代已经过去,这更可被看成人们现今在这一问题上的共识:对于人类行为可以区分出两种不同的类型,即所谓的"低级行为"与"高级行为"。尽管前者是人类与动物共有的,后者却是人类特有的,从而清楚地表明了在动物与人类的行为之间所存在的重要的质的区别。

例如,著名数学教育家斯根普就曾提出,人类有多种不同的学习方式,有一些是我们与动物共有的,另一些则是人类特有的。具体地说,斯根普提出了关于"习惯性学习"(habit learning)和"智慧性学习"(intelligent learning)的区分。在"习惯性学习"中,一些行为在造成某些结果之后得到了强化,从而,就这类学习而言,学习发生在行动之后,我们所学到的完全是对于外部刺激的固定反应。与此相对照,"适应性"则可被看成"智慧性学习"的主要特征,这也就是指,在这类学习中,我们的行动是由目标而非刺激物所决定的:我们应用可变的行动计划适应不同的新的环境。而所说的"计划的可变性"则是指,计划是先于行动得到建立的,并可在行动中随时予以调整。更有甚者,在将计划付诸实施之前,我们可以设计出多个计划,并从中选择出最佳者予以实行。从而,"智慧性学习"不是发生在行动之后,而是先于行动,这就使得我们有可能在各种不同的环境达到各种不同的目标。斯根普认为,上述两种学习方式对于人类都是可用的,也都是有用的:两者适用于不同的对象。然而,由于"智慧性学习"主要依赖于由实际经验抽取出概念和借助于语言对此进行操作的能力,因此,这就是人类特有的学习方式,并构成了人类优于其他动物的主要原因。斯根普还曾具体提及,数学学习是 95% 的"智慧性学习"辅以 5% 的"习惯性学习"——显然,这事实上十分清楚地表明了数学学习对于人类智慧发展的特殊意义。(详可见 R. Skemp, *The Psychology of Learning Mathematics*, enlarged edition, Lawrence Erlbaum Associates Inc., 1987, 第8、10章)

综上可见,这就是行为主义基本立场的又一严重弊病,即其所采用的基本理论框架,即所谓的"刺激—反应联结",充其量只能被用于低级智力行为,或者说低级心理活动的研究,而不足以揭示高级智力活动或高级心理活动的本质。(对此还可参见 L. Vygotsky, *Mind in Society*, Harvard University Press, 1978, 第 V 章)

显然,上述的分析事实上清楚地表明了行为主义学习理论的这样一个局限性:这充其量只能被用以指导简单技能的学习。

第三,为了对行为主义作出全面评价,我们显然又应十分关注这样一个问题:心理学的研究是否应当局限于可见行为,即完全不应涉及内在的心理过程?

具体地说,对于上述问题我们又可作出如下的细分:(1)心理学的研究是否需要涉及内在的心理过程,或者说,我们是否可用可见行为的研究来把握内在的心理活动?(2)如果说内在心理活动的研究不可取代,这种研究又如何才能达到科学的水平?特别是,什么是这种研究合适的概念框架?

容易想到,以上关于"还原论"的批判以及"两类行为"的区分已从一个侧面清楚地表明了深入研究内在心理活动的必要性。也正因此,有不少心理学家曾试图对"刺激—反应联结"这一基本公式作出必要的改进。如美国心理学家托尔曼(E. Tolman)就明确地提出了"中间变量"的概念,即认为应当把"刺激—反应联结"(S-R 联结)改造成"S-O-R 联结"——其中的"O"就是所谓的"中间变量",代表有机体的内部变化。托尔曼指出,尽管中间变量不能被直接看到,但它对于可见行为却具有决定性的作用,即是引起行为的关键。也正因此,除"刺激"和"反应"之外,我们在行为的研究中应十分重视所说的"中间变量"。例如,就学习行为的研究而言,托尔曼指出,我们应引进"认知"和"目的"这样两个"中间变量"。因为,学习作为整体性的行为显然具有明确的目的性和认知性质:学习就是期待(目标、目的)的获得,就是对环境的认知。容易看出,托尔曼对于"刺激—反应联结"的上述改变事实上是对行为主义基本立场的直接否定。

另外,从更为一般的角度去分析,我们显然又可提及这样一个常识:两个外表上相似的事物或现象完全可能具有不同的本质;反之,本质上相同或相近的两个事物或现象也完全可能具有十分不同的外部表现。

例如,就数学学习而言,我们可举出"死记硬背"和"理解记忆",以及"机械性行为"与"自动化行为"这样两个实例:尽管它们外表上十分相似,但内在的心理过程却具有重要的质的区别。

具体地说,假想教师正在进行长方形面积公式的教学:"面积＝长×宽。"有一位学生当时因故未能到校,当这个学生后来向教师请教所教的内容时,教师告诉他:"为了求取长方形的面积,只需把它的长和宽相乘就可以了。"显然,如果这个学生牢牢地记住了这一公式,那么,作练习题时他就可以得到正确的解答。但是,后者并不能被等同于理解基础上的记忆,相应的解题活动也只能说是一种"机械性行为"。

再例如,尽管这的确应当被看成数学教学的一个重要目标,即促使学生在理解的基础上牢固地掌握各种算法,如简单的加减乘除等,我们也应通过足够多的练习使得相关算法的实行对于学生而言成为一种无须任何注意的"自动化行为",但是,后者显然又不应被等同于"机械性行为"。两者的区别在于:在后一种情况下我们只是按照指定的法则去对无意义的符号进行机械的操作,既不知道为什么要这样作,也不知道这种操作有任何的实际意义;与此相反,就所说的"自动化行为"而言,操作者在需要时能随时告诉你这样做的理由和目的,他也能根据情境的不同作出必要的调整。

事实上,即使就日常生活而言,我们也可看到不少类似的例子。例如,初学驾驶的人在换挡时总要先默想一下,甚至手忙脚乱地弄得引擎熄火。但是,对于老资格的驾驶员来说,换挡已无须任何特别的注意,因为,这事实上已包含了由自觉行为向"自动化行为"的转化,而不应被看成纯粹的机械性行为。

显然,以上的分析更为清楚地表明了深入研究内在心理活动的必要性。

再者,就如何开展内在心理活动的研究而言,在此仅限于指明这样一点:正是信息时代科学的整体性发展,尤其是心理学、人工智能和神经科学的相互促进和互相渗透,为我们深入探究内在的心理活动提供了重要的外部条件,特别是,正是计算机技术的发展为相关的心理学研究提供了必要的概念框架。另外,同样重要的是,又正是人工智能的研究为所说的研究提供了必要的检验手段。

综上可见,行为主义在现代的衰落就不可避免了。

2. 认知心理学的相关研究

普遍的看法是:自 20 世纪六七十年代以来认知心理学逐渐取代行为主义在心理学领域中占据了主导地位。进而,又只需与行为主义进行对照比较,我们就可大致地了解认知心理学研究的这样一个基本立场:心理学的研究不应局限于外部的可见行为,而应深入研究主体内在的思维活动,思维活动主要又可被看成人脑对于信息进行加工的过程。从而我们可以通过与计算机的类比来解释人们的心理活动,包括信息的获得、贮存、提取、应用等——也正因此,认知心理学常常被称为"信息加工心理学",这也就是指,其中所使用的是"计算机的语言"。

例如,正是在这样的意义上,美国著名认知心理学家奈瑟(U. Neisser)在《认知心理学》(*Cognitive Psychology*,1967——这正是"认知心理学"这一名称在历史上的首次出现)一书中写道:"可以把这本书称作'刺激信息及其变换'。'认识'——这是各种过程的概括名称,借助于这些过程,感觉信息被变换、简约、加强、保持、提取和利用。甚至当这些过程在缺乏有关刺激而展开的情况下,像想象或幻觉的情况,认识也与这些过程有关联。"

另外,由于认识到了在动物与人类行为之间存在重要的质的区别,因此,认知心理学的研究就主要集中于"问题解决"等这样一些高级智力活动或高级心理活动。例如,"数学问题解决"可被看成数学领域中认知心理学研究的一个主要内容。另外,由于"概念的形成、分析与组织(和应用)"也是数学活动的又一基本形式，因此，概念学习过程中的思维活动获得了人们的普遍重视。

最后，从认识论的角度看，这又可被看成认知心理学研究最为重要的两个结论：第一，应当明确肯定认识活动以及知识的整体性质；第二，主体已有的知识和经验在新的认识活动中发挥了十分重要的作用，这也就是说，主体不应被看成在认识活动中处于完全被动的地位，而是发挥了十分重要的能动作用。显然，上述结论也可被看成对于还原论与机械反映论的明确反对。

相对于行为主义而言，认知心理学在很多方面取得了新的重要进展。以下围绕数学认知心理学的研究对这方面的一些主要成果作出简要介绍。

（1）图式与认知结构

所谓"图式"（schema），是指人脑中得到较好组织的整体性信息结构或知识单元，即已有知识的一种整合，其主要功能是为我们获取新的知识并达到真正理解提供必要的工具。

由此可见，"图式"的概念集中反映了知识的整体性与认识活动的能动性。应当指出的是，我们也可从同一角度去理解认知科学研究中曾提出过的另外一些概念，这也就是指，就上述的特征而言，它们可以被看成是基本一致的："数据结构"（data structure；H. Simon）、"框架"（frame；M. Minsky）、"script"（R. Schank）、"模型"（model；S. Papert）、"强有力的思想"（powerful idea；S. Papert）、"同化范式"（assimilation paradigm；R. Davis）等。对此我们在以下也将不做明确区分，而是统一地采用"图式"以及更为一般的"认知结构"这样两个术语。

以下是斯根普以概念的相互关系为例对"图式"这一概念所做的说明："概念的结构称为图式。除去其中所包括的各个个别概念单独具有的性质以外，图式的新的功能在于：这是已有知识的整合，并为将来的学习活动提供了工具，使真正的理解成为可能。""个别的概念一定要融入与其他概念合成的概念结构中才有效用。除了所谓最基本的初级概念之外，每一个概念都是由若干较低阶层的概念合并发展得来的，而这个概念其后又与其他概念结合发展出了更高阶的概念。因此每个概念都是发展过程中的一个阶段。"（R. Skemp，

The Psychology of Mathematics Learning，同前，第 24、22 页）

如图 7－2 就是斯根普所说的"层次关系"的一个实例。

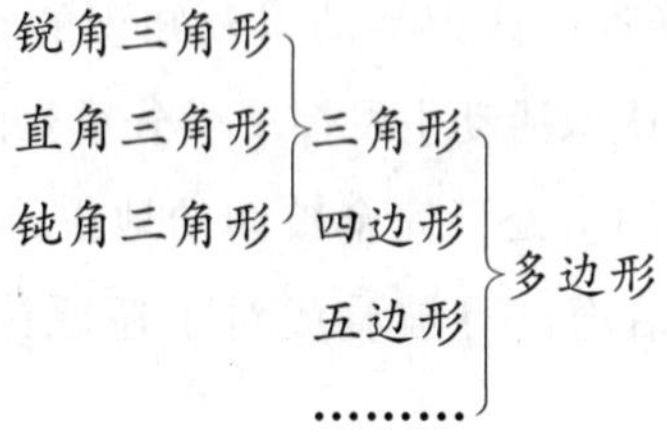

```
锐角三角形 ┐
直角三角形 ├ 三角形 ┐
钝角三角形 │ 四边形 ├ 多边形
          │ 五边形 │
          └ ……… ┘
```

图 7－2

当然，除去由较低层次向较高层次的发展（"弱抽象"）以外，图式的建构也包含有相反方向上的发展，即如何引入较低层次的概念为较高层次的概念提供实例。也正因此，图式可被看成抽象化与具体化的一个综合，特别是，就高度抽象的数学概念的把握而言，我们更应清楚地看到范例的作用。例如，当被问及关于抽象概念的某个问题时（如"多边形的外角和是否总等于 360°？"），人们往往就会通过范例（三角形、四边形等）的考察来作出解答。另外，与范例的比较显然也是人们借以判断某一抽象概念是否适用于某个对象的主要方法。

进而，以下的事实可被看成十分清楚地表明了"概念结构"的复杂性：首先，"由于对象在每一层次中可能有不同的归类方法，因此就会导致不同的发展阶段。"（R. Skemp，*The Psychology of Mathematics Learning*，同前，第 22页）其次，除去"层次性"以外，概念之间也存在有另外一些关系，我们也可具体地去谈及"概念网络"中的"纵向联系"和"横向联系"。

例如，以下就是数学中经常用到的两种关系：大于和相等，它们都可以被看成数量间所存在的"横向联系"的具体例子。

综上可见，概念结构是十分复杂和庞大的。应当提及的是，所说的联系事实上又不仅存在于各个不同的概念之间，而且也存在于各个不同的概念结构之间。也正因此，人们常常采用"认知结构"这样一个概念来表示已有的知识和经验在更大范围的整合或组织。

最后,还应强调的是,借助于"图式"与"认知结构"这样两个概念我们可以很好地理解主体已有的知识与经验在新的认识活动中的作用:正是图式和认知结构为新的认识活动提供了必要的基础和概念框架。对此例如由美国著名数学教育家戴维斯关于图式基本性质的如下总结就可清楚地看出(详见 R. Davis, *Learning Mathematics: The Cognitive Science Approach to Mathematics Education*, Routledge, 1984, 第 125、127 页):

第一,图式源于成功的经验,即曾成功地被用于对先前的经验和知识进行组织(整合),并曾导致成功的实践。

第二,图式的激活可以凭借某些十分简单的、特殊的"提示"得以实现,也可能由于所面临的情境是十分类似的。

第三,图式为新的认识活动提供了必要的理论框架(正因为此,戴维斯采用了"同化范式"这样一个名称)。特别是,对于解题活动来说,导致解题成功的重要信息更多地来自得到激活的图式而非问题本身。

第四,图式具有很大的"顽固性"。这就是指,图式一旦形成就不可能简单地将其"抹去"。恰恰相反,人们常常表现出对于图式的"执着",而根本不去顾及它是否适用于所面临的场合,从而往往也就会成为认识的障碍。

第五,图式的创造和应用具有一定的"规律性"。例如,我们在此常常可以看到所谓的"过度的推广(一般化)"。

除去上述的一般性分析以外,戴维斯教授还曾以"语言理解"为例对图式在人们认识活动中的重要作用作了具体分析(戴维斯在此采用了不少直接建立于"人机类比"的术语,如"frame"、"slot"、"default"、"information processing"等。为了理解的方便,笔者对此采用现今人们普遍使用的语言进行了转述):

第一,通过阅读一个语句或一段文字在阅读者记忆中激活了某个或某些已有的图式;

第二,阅读者将词语吸收("同化")到所说的图式之中,从而达到对于这一语句或这段文字意义的理解;

第三,除去由上述方式获得的信息外,其他信息来自图式本身,后者体现了这类情境的普遍特征;

第四,如果不能由外部的文字输入或内在的图式获得必要的信息,这时读者就不能达到真正的理解,从而也就不可能作出适当的反应,如不能对相关问题作出解答;

第五,这一过程也包括有对所激活的图式是否适当,以及是否达到了真正的理解的评价;

第六,从这一时刻起,几乎所有从属性的思维活动,包括计划、交流、行动等,都是由通过将这一特例吸收到一般性的图式之中所获得的整体性信息决定的,人们也根本不再注意这些信息的来源。(详见 R. Davis, *Learning Mathematics*: *The Cognitive Science Approach to Mathematics Education*,同前,第 47 页)

(2)"同化"与"顺应"

上面的论述已经涉及到了认知心理学研究另外两个十分重要的概念:"同化"与"顺应"。

首先,正如上面的论述已提及的,我们可借助"同化"这样一个概念具体地去指明"理解"的涵义:"理解就意味着被纳入(同化)到适当的图式之中。"(R. Skemp, *The Psychology of Mathematics Learning*,同前,第 167 页)另外,我们也可从同一角度清楚地去指明在"意义学习"和"机械学习"之间所存在的重要区别:"意义学习"是指在新的学习材料与学习者已有的认知结构之间建立起了实质性的、非人为的联系;"机械学习"则没有能够建构起这样的联系。

正如 6.4 节中所提及的,我们应特别重视美国著名认知心理学家奥苏贝尔关于"意义学习"与"发现学习"的区分,即我们不应认为"接受学习"一定是机械的(无意义的),"发现学习"则一定有意义,因为,这事实上是把两个不同的范畴,即"接受—发现"与"机械—意义"混淆了起来。恰恰相反,"发现学习"未必一定有意义,"接受学习"也完全可以是有意义的,关键在于我们能否在新的学习材料与已有的认知结构之间建立实质性的、非人为的联系。

奥苏贝尔还曾围绕学习材料和学生"意义学习"的条件进行了分析。他指出,意义学习的第一个条件是:所学习的新知识应当具有潜在的意义。这也就是指，新材料的关键内容应能与学生已有认知结构中的有关知识建立实质性的、非人为的联系。第二个条件是：主体应当具有积极主动进行意义学习的"心向"。这也就是指，在学习过程中，学生应能积极主动地从原有的知识结构中提取适当的图式来"同化"新的材料。从而并非对于新的知识完全被动地接受，而是一个包括有自我评价和批判的复杂过程，即如何能对新旧知识之间的复杂关系（派生关系、扩展关系、概括性关系、修饰或支持性关系等）作出精确的判断和分析，如何能对新旧知识的分歧和矛盾作出适当调整，包括如何对新知识作出转化（编码）以与学习者已有的词汇、经验背景和原有知识的组织特征保持一致，等等。

总之，新的材料就是通过与学习者已有的认知结构中相关知识和经验的相互联系和作用获得了明确和稳定的意义（奥苏贝尔称为知识的"心理意义"），即由"有潜在意义的学习材料"转化成了主体知识结构中的有机成分。

奥苏贝尔还明确指出，学习者已有的认知结构对于新的知识材料的"同化"可能在两个方向发挥作用，后者分别对应于所谓的"学习阶段"和"保持阶段"。在学习阶段，新的知识材料通过被同化获得了明确的（心理）意义。另外，如果在保持阶段未能采取有效的措施，如练习、复习等，以使新获得的知识获得巩固，那么，由于认知组织和记忆遵循所谓的"经济性原则"，这时就会发生"遗忘性同化"，即新获得的知识会逐渐演变成同化它的原有知识：许多细节逐渐被遗忘，新旧知识之间的可分离性也会不断减小，直至最终完全不能回忆出来。

其次，从学习的角度看，我们应特别强调这样一点：新的认识活动不仅是指如何将新的材料吸收到主体已有的认知结构之中，而且也是指认知结构本身的扩展与变化，包括适当的重组，这也就是所谓的"顺应"。

应当强调的是，知识结构的不断重组或重构是数学思维发展最为重要的一个特点。例如，著名哲学家、儿童发展心理学家皮亚杰曾明确指出："全部数学都可以按照结构的建构来考虑，而这种建构始终是完全开放的……这种结构或者正在形成'更强'的结构，或者在由'更强的'结构来予以结构化。"（皮亚杰著，王宪钿等译，《发生认识论原理》，商务印书馆，1981，第79页）当然，除去

"更高层次上的抽象"以外，所说的"重组或重构"往往也意味着视角的重要变化。例如，以下就是"代数（算术）思维"的一个基本形式：有不少概念在最初是作为一个过程得到引进的，最终则又转变成了一个对象，这也就是所谓的"凝聚"。[①] 再者，我们有时还必须用一种不相容的观点去取代原先的认识。例如，随着分数与负数的引进，我们必须彻底纠正原先已建立的"乘法总是使数变大"、"减法总是从较大的数减去较小的数"等这样一些认识。

显然，依据上述的分析我们也可更为深入地认识"意义学习"相对于"机械学习"的优越性。这正如斯根普所指出的，"意义学习"（他称为"图式的学习"[schematic learning]）有这样三个明显的优越性：① 借助于图式我们可以更为有效地进行学习；② 通过不断地应用，原有的知识和经验进一步得到了巩固；③ 由于新的认识活动同时也意味着已有图式的扩展和更新，从而就为今后的学习提供了更好的基础。与此相对照，"机械学习"由于并没有能将新的信息与已有的知识和经验有机地联系起来，即没有能够将此纳入到整体性的知识网络之中，因此，即使我们能够单纯凭借死记硬背暂时地学到某些东西，这些东西既不可能得到长期记忆，更不可能被用于新的场合。

应当提及的是，在明确强调"意义学习"优越性的同时，斯根普认为它也有一定的缺陷或不足之处：首先，就简单技能的掌握而言，"意义学习"可能比"机械学习"需要更多的时间；其次，由于图式在新的学习活动中发挥了十分重要的作用，因此，不恰当图式的应用可能给认识活动造成严重的消极影响。特别是，正如前面已提及的，由于人们常常表现出对于已有图式的"执着"，而根本不去顾及这是否适用于所面临的场合，因此，很可能成为认识的障碍。

最后，从教学的角度看，我们显然也可立即引出这样的结论：① 为了使学生积极主动地去从事意义学习（即建立奥苏贝尔所说的"心向"），教师应当帮助学生清楚地认识"意义学习"的优越性和"机械学习"的局限性。② 为了有效地进行学习，必须对图式的适当性作出及时的评价和必要的调整。这也就

---

① 详可见郑毓信，《数学思维与数学方法论》，四川教育出版社，2001，第5.2节。

是说,决定认识活动有效性的一个重要因素在于主体能否对自身所从事的认识活动,包括认知结构具有清醒的自我意识并能及时作出自我评价和必要的调整。(对此我们还将在下面联系"问题解决"作出进一步的分析)

③ 与各种具体的知识内容相比较,整体性认知结构的建立与不断改进更为重要。

(3)"问题解决"的现代研究

6.2节中已经提及,在严格的意义上,"问题解决"是指综合地、创造性地应用已有的知识解决那种非单纯练习题式的问题——由于这时并无现成的解题程序可以应用,因此,从信息加工的角度看,这主要应当被看成"受控的信息过程",而不是"自动的信息过程"。

从历史的角度看,前面提到的格式塔学派对于"问题解决"的研究作出了重要贡献。特别是,由于突出地强调了对于问题内在结构关系("完形")的整体性把握,因此,在格式塔学派看来,解决问题的过程就是"完形"的重组,即从不完整的、不合适的结构转变为完整的、前后一致的结构,从结构上不理解或觉得有问题转变为真正掌握和实现结构的要求。当然,格式塔学派的理论也具有明显的局限性。例如,按照他们的理论,上述的转变被归结为"顿悟",后者主要与由问题情境结构的麻烦所引起的紧张与压力有关,这当然是一种绝对化的观点。

由于现代的认知心理学研究突出地强调了主体已有的知识和经验,特别是整体性认知结构(图式)在新的认识活动中的作用,因此,这显然可被看成对于格式塔理论中合理成分的直接继承。进而,他们通过抛弃后者的错误成分取得了新的重要进展,对此例如由以下关于"问题空间"的概念可清楚地看出:

所谓"问题空间"(也称"状态空间"),是指任务范围的内部心理表征,包括对目标、现有状态与目标状态的差别、可以执行哪些操作等的理解。例如,一个算术题可能包括加法和乘法,那么,相应的数字和运算符号就构成了任务范围。解题者则需依据已有的知识和经验去理解这些数字和运算符号,即从记忆中提取关于数的大小、运算符号所代表的操作以及相应的操作规则等信息,从而形成关于问题的现有状态、目标状态、可以采用的操作以及实行有关操作后可能达到的种种中间状态的整体性认识——这也就是"问题空间"。

由于"问题空间"的建构直接依赖于主体已有的知识和经验,因此,这清楚地表明解题活动与主体已有的知识和经验密切相关。进而,按照认知心理学家的观点,解决问题的过程又可被看成"问题空间"的不断转换:解题者通过阅读问题和理解建构起了最初的"问题空间";然后,随着"问题空间"与来自外部和长时记忆的信息的"接触",它不断发生新的变化,如变得更为丰富、更为精致等;最后,问题的最终解决则取决于解题者能否成功地建构起关于所面临问题的一个合适的内在表征。

显然,按照这样的分析,解决问题的关键在于解题者所建构的"问题空间"的质量。例如,如果一个解题者建构的"问题空间"不够精确或不够充分,相应的解题活动就较为困难,甚至不可能获得成功。也正因此,如何能够建构起适当的"问题空间"这一论题获得了认知心理学家的高度重视。

例如,人们在此广泛地采用了"成功的解题者"(专家)与"不成功的解题者"(新手)的对照研究,即希望通过两者的对比揭示出决定人们解决问题能力的一些主要因素。例如,研究表明:与具体的操作活动(如计算等)相比较,成功的解题者更加注意问题的表征和重新表征(即"问题空间"的建构和重建),如在实际从事定量分析前,成功的解题者往往首先建构起了关于所面临问题的定性的内在表征,在解题的过程中又常常采用更为抽象的形式去取代原来的"问题空间"。与此相反,不成功的解题者往往在问题的内在表征尚不足以解决问题的情况下就着手去进行繁琐的计算(甚至没有很好地去思考所从事的计算是否有利于问题的解决),他们所建构的"问题空间"也常常局限于问题的表面特征而未能揭示它的本质。(对此例如可参见西蒙[司马贺],《人类的认知——思维的信息加工理论》,科学出版社,1986,第124~136页)

显然,由所说的"定性分析"和"抽象分析",我们可更为清楚地认识主体已有的知识和经验在解题活动中的重要作用。解题活动往往包含有"归类"("模式识别")这样一个过程,即如何能将所面临的问题与主体已有的经验和知识联系起来加以考察——如果应用"图式"这样一个术语,这也就是指,成功的

"归类"无非就是指将新的问题纳入到了适当的图式之中,后者也就主要依赖于对新的问题与记忆中各个范例或一般模式的比较。另外,通过归类所得出的"问题空间"则又可以被看成外部输入的新信息和来自已有图式的信息的一种综合。当然,就"数学问题解决"而言,后者往往还包含有"事实性知识和程序性知识的必要综合"。这也就是指,通过将新的问题纳入到适当的图式之中,我们就可立即回忆起相应的程序性知识,即应当如何"一步一步地"去求解所面临的问题。

应当指出的是,也正是通过"数学问题解决"的深入研究,人们逐步实现了"对于波利亚的超越",即获得了关于如何提高解决问题能力更为深入的认识。当然,又如6.4节中已提及的,上述发展也与相关的教学实践及其总结与反思有着重要的联系。

具体地说,与波利亚主要集中于"数学启发法"的研究不同,人们现已认识到了"问题解决"还涉及到了更多的环节或因素,特别是,我们应充分肯定"元认知"与"观(信)念"在这一过程中的重要作用。

首先,由于启发性知识并不能保证相应的解题活动一定能够获得成功,因此,"自我评价与调整"在这方面具有十分重要的作用。这也就是指,在求解问题时,我们不仅应当首先对解题活动作出整体的规划,而且也应对解题活动的实际进展情况保持清醒的自我意识,并能通过自我评价及时作出必要的调整。

由于所说的"评价和调整"以目前所从事的解题活动作为直接的对象,因此,与后者相比属于更高的层次,人们因此常常将其称为"元认知"(meta-cognition)。简言之,对于"认知活动"与"元认知"的明确区分正是"问题解决"现代研究最为重要的成果之一,即认识到了元认知水平的高低也是决定人们解决问题能力的又一重要因素。

应当提及的是,除去"问题解决"的现代研究以外,人工智能的设计也可被看成从另一角度为上述结论提供了有力的旁证。例如,正是基于如何设计出能有效地解决问题的"解题机"的实践,人工智能的专家们逐步认识到了"控制"(control)的重要性。后者是指对于计算机目前正在执行的程序的有效性的及时评价和必要调整,而这显然是与上述的"元认知"直接相对应的。

事实上,在"问题解决"的现代研究中有些学者直接采用了"控制"这样一个术语,从而十分清楚地表明了人工智能研究的影响。

其次,研究表明,解题者所具有的各种观念和信念,对于解题活动也具有十分重要的影响。

例如,以下是中国学生中普遍存在的一个观(信)念:"每个问题中给出的条件对于这一问题的求解一定是'恰好的'。"这也就是说,为了求解这一问题,你必须用到问题中所给出的每一个条件(从而,如果你已经获得了解答,却没有用到全部的条件,你的解答就一定是错误的)。另外,如果真正用到了每一个条件,也一定可以解决这一问题(从而,如果你遇到了困难,就应仔细地检查一下是否真正用到了每一个条件)。

然后,由以下的事实我们可看出上述观念对于学生的解题活动具有严重的消极影响:综合的统计分析表明,对所有各个年级的学生来说,"问题中有无关的数据对问题解决(都)很不利","而且年级愈高影响愈大"。(刘远图,"关于'问题解决'的实验及统计研究",《数学素质教育设计》,江苏教育出版社,1996,第103页)

总之,为了提高解决问题的能力,我们不仅应当高度重视"事实性知识"和"程序性知识",而且也应很好地学习解题策略,更应努力提高元认知的水平,并建立正确的观念和信念。(对此还可参见郑毓信,《问题解决与数学教育》,江苏教育出版社,1994)

最后,还应强调的是,也正是通过"元认知"等概念的引入认知心理学家逐步发展起了关于人类行为更为复杂的一些模型。

具体地说,这正是认知心理学研究这方面的一个主要结论:人类行为不能被看成对于外部刺激纯粹被动的反映,恰恰相反,主体已有的认知结构在这一过程中也发挥了十分重要的作用。特别是,我们更应清楚地看到所谓的"期待"和"执行控制"这样两个因素的重要作用:前者起到了定向作用,包括对于外部信息的选择和组织;后者则主要起评价和调节的作用,包括在必要时作出适当的调整。由于它们发出的信号具有激化或改变信息流的功能,从而就在很大程度上支配了"刺激—反应"的进程。

显然,按照这样的分析,与传统的"刺激—反应模式"相比,由美国著名心理学家加涅(R. Gagne)给出的关于人类行为的如图 7-3 所示的模型更为合理。

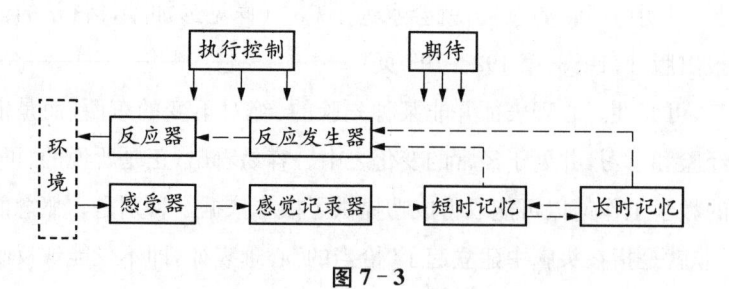

图 7-3

特别是,由此我们可清楚地认识思维活动的层次性:相对于外部信息的接受和主体的适当反应而言,"期待"和"执行控制"属于更高的层次——如果借用人工智能的术语,后者可被认为构成了所谓的"指导系统"(director system),而这又可被看成人类智慧的集中表现,即具有高度发展的"指导系统"。

(4)"概念定义"与"概念意象"

认知心理学的研究表明,数学概念的心理对应物("心理表征")在大多数情况下并非相应的形式定义,而是一种由多个成分组成的复合体,包括心智图像、对其性质的认识与有关过程的记忆等,这就是所谓的"概念意象"(concept image)。

与概念定义的单一性、统一性与稳定性相对照,概念意象具有完全不同的性质。

第一,丰富性。这不仅是指个体关于某一概念的心理表征往往包含多种不同的成分,也是指可能以多种不同的形式得到表现。例如,所说的心智图像既可以是一种直观形象,也可能是语言的或符号的,或是这几种形式的混合。再者,个体关于某一概念的心理表征往往又包含有对其某个特例的记忆,后者是与他在过去的某项具体经验和感受直接相联系的。

第二,个体性。概念的心理表征从属于各个具体个人,并在很大程度上是因人而异的。例如,这事实上可被看成彭加莱关于"逻辑型"和"直觉型"数学家区分的一个重要内涵:在直觉型数学家的心理表征中,直观形象占据特别重要的地位;对于逻辑型的数学家来说则并非这样的情况。例如,维尔斯特拉斯习惯于把一切都归结为级数及其解析变换,翻阅他的全部著作,你找不到一张插图。与此相对照,黎曼则常常求助于几何学,他的每一个概念都是一幅图像,人们一旦明白了它的意义,就会永远不忘。(详见彭加莱,《科学的价值》,光明日报出版社,1988,第192~195页)

第三,可变性。心理表征并非某种先验的、绝对不变的东西,而是依赖于后天的经验和学习,并处于经常的变化之中。容易看出,正是所说的"可变性"为相关的教学工作何以可能取得成功提供了根本依据。特别是,"概念的正确理解"无非就是指在头脑中建立起了"恰当的"心理表征,即不仅能够反映概念的本质,对于其在当前的应用(包括新的学习活动或"问题解决")也较为适用。

人们还对数学家与数学上不那么成熟的学生的心理表征进行了对照比较。

具体地说,尽管各个数学家关于同一数学概念的心理表征并不完全相同,对此我们更可作出"逻辑型"和"直觉型"的大致区分,但从整体上说,数学家们关于抽象数学概念的心理表征具有一些明显的共同点:① 心理表征的整合性和统一性。这就是指,在数学家那里,心理表征的各个成分是高度统一、相互一致的。特别是,在相应的直观形象或关于某个实例的具体经验与概念的形式定义之间,我们往往可以看到一种相互依赖、互相促进的密切联系:由于上升到了理论高度,即建立在对于概念本质的正确理解之上,因此,所说的直观形象和特殊经验就是"精致化了的"直观和经验,也即由于相应的形式定义变得更为精确、更为深刻。而所说的形式定义也由于直观形象和直觉经验的补充变得丰富和生动,而不再是一种空洞的定义。② 在所说的各个成分之间也具有较大的可转移性(灵活性),如由形式定义转移到直观形象,以及由直观形象转移到形式定义,等等。更为一般地说,事实上这也正是数学家们何以能在解题活动(更为一般地说,就是数学研究)中取得成功的重要原因。

与此相对照,就学生关于抽象数学概念的心理表征而言,我们则可看到以下特点:① 分散性和不一致性。在学生关于数学概念的心理表征中,各种成分往往没有构成一个有机的整体,以至在很大程度上可被看成同一概念的不同心理表征,在它们之间更常常存在一定的矛盾或冲突,如新引入的形式定义常常与学生先前已建立的朴素认识直接相冲突。② 僵滞性。例如,在解题活动(数学学习)中,学生往往不善于在心理表征的不同侧面(或者说,不同的心理表征)之间作出转换,从而与数学家心理表征的灵活性构成了鲜明对照。

上述的研究显然具有重要的教育涵义,特别是,我们应当努力帮助学生建立抽象数学概念的适当心理表征。例如,正如上面的分析已表明的,这是教学中应当切实避免的一个现象,即未能很好地利用学生已有的知识和经验,更未能帮助学生很好地实现对于概念的形式定义与其原有的直观形象和经验的必要整合。从而,新的形式定义的学习事实上只是在学生原有的心理表征中加入了一个新的成分,或者说,这两者在学生头脑中构成了互不相关的两个成分。进而,又由于在学生已有的朴素观念与相应的形式定义之间常常存在一定的冲突或矛盾,从而,最终所出现的很可能是错误观念对于形式定义的排斥或改造,如由于坚持朴素直觉而导致了对于形式定义的错误"转译"。

进而,这又是如何实现所说的整合最为重要的一个环节,即我们应当努力帮助学生对于自身所具有的概念意象具有清醒的自我意识,从而不仅能够清楚地意识到其中存在的不一致性,更能通过必要的观念冲突实现适当的更新(图7-4)。

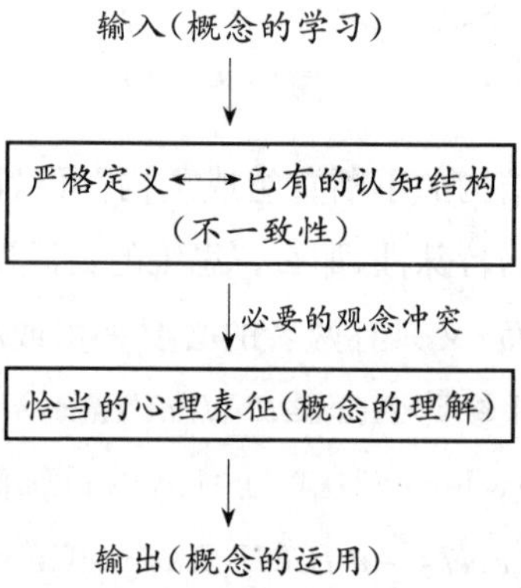

输入(概念的学习)

┌─────────────────────┐
│ 严格定义 ⟷ 已有的认知结构 │
│   (不一致性)   │
└─────────────────────┘

必要的观念冲突

┌─────────────────────┐
│ 恰当的心理表征(概念的理解) │
└─────────────────────┘

输出(概念的运用)

图 7-4

在此我们还应特别强调思维的灵活性对于数学的特殊重要性,即我们应当善于根据情况与需要在心理表征的不同方面或思维的不同成分之间作出必要转换。

事实上,这也正是这方面研究工作的一个重要发展,即由所谓的"单一表征理论"逐步过渡到了"多元表征理论"。以下又正是后一理论的核心观点,即我们应当明确肯定概念心理表征的各个方面对于概念的正确理解都具有重要的作用,而且,与片面强调其中的任一成分相对照,我们又应更加重视这些成分的相互联结与必要整合。

例如,我们显然可从后一角度去理解美国学者莱许等人的以下论述(图7-5):"实物操作只是数学概念发展的一个方面,其他的表述方式——如图像、书面语言、符号语言、现实情境等——同样也发挥了十分重要的作用。"(R. Lesh & M. Laudan & E. Hamilton, "Conceptual Models in Applied Mathematical Problem Solving",载 R. Lesh & M. Laudan 主编,*Acquisition of Mathematical Concepts and Process*,Academic Press,1983)

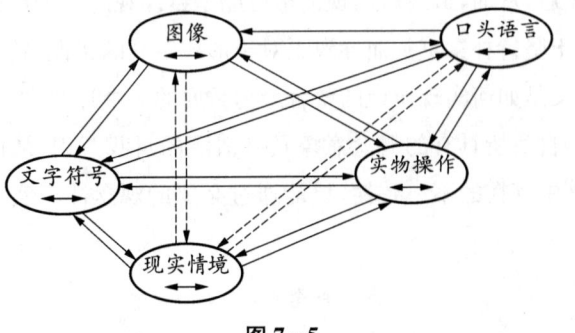

图 7-5

最后,如果说"认知结构的不断重组或重构"可以被看成从"垂直的"方面清楚地表明了数学思维的特殊性,那么,"思维的灵活性"显然表明数学思维的发展也具有"水平的"方面,又只有两者的必要平衡或相互补充才构成了数学思维的精髓。(对此还可参见 Atique, "What can we learn from educational research at the university level?",载 D. Holton 等主编,*The Teaching and learning at University Level:An ICMI Study*,Kluwer,2004)

综上可见,认知心理学相对于行为主义而言确实取得了重要进步,从而更为清楚地表明了这样一点:心理学可以而且应当深入研究内在的心理活动。

另外,从教育的角度看,认知心理学的研究则又不仅清楚地表明了深入研究学生在学习过程中真实思维活动的重要性(与可能性),而且也为人们深入地认识学习活动的本质提供了直接基础,这就是"建构主义的学习观"。

7.3　建构主义的学习观与教学观

1. 建构主义在教育领域中的兴起

由于皮亚杰早在 20 世纪 50~60 年代就已明确提出了这样的观点：认识是主体以已有知识和经验为基础的主动建构，后者并可借助"同化"与"顺应"这样两个概念得到具体描述，因此，人们常常将皮亚杰说成现代建构主义观点的直接先驱。但是，由于传统教育思想的束缚以及行为主义的长期统治，就教育领域中的总体情况而言，建构主义在很长时间内未能得到应有的重视。而只是在 20 世纪 80 年代以后才逐渐获得了教育界人士的普遍重视，这与认知心理学逐步取代行为主义在心理学领域占据了主导地位有直接的关系。认知心理学的研究显然表明：认识并非头脑对于客观实在的简单的、被动的反映（镜面式反映），而是主体以已有知识和经验为基础的主动建构过程。例如，正如前面已指出的，这是认知心理学研究的一个基本立场：人类的认识活动可以看成头脑对于信息的加工过程，包括信息的选择、编码和存入记忆等。进而，这正是这方面的一个基本事实：信息并非全部来自外部，也包含由长期记忆和短时记忆所提取的相关信息，另外，所说的"加工"显然也十分清楚地表明了主体已有的知识和经验（认知结构）在认识过程中的重要作用。[1]

也正因此，尽管大多数教育工作者只是迟至 20 世纪 80 年代才第一次听到了"建构主义"这样一个名称，但不到 10 年的时间美英等发达国家的教育界已经成了建构主义的一统天下："在今天，关心数学教育的大多数心理学家多少都可以被看成一个建构主义者。"（G. Vergnaud，"Epistemology and Psychology of Mathematics Education"，载 P. Nesher & J. Kilpatrick 主编，*Mathematics and Cognition*，ICMI Study Series，Cambridge University Press，1990，第 22 页）

以下是教育界人士所普遍接受的建构主义观念的核心：学习并非学生对

---

[1]　正因为此，我们可大致地论及由"行为主义"经由"认知主义"向"建构主义"的发展。但应强调的是：由于前两者主要都是表明了我们应当如何去从事心理学研究，而不包括关于认识活动本质的具体分析，因此，我们不应将它们与"建构主义"一起说成"三种平行的理论"。

于教师所授予的知识的被动接受,而是依据已有知识和经验所作的主动建构。

(1)由于"建构说"正是对于"授予说"的直接否定,从而具有重要的教育涵义。以下首先指明一些特殊的方面:

第一,对于学生个体特殊性的高度重视。

按照建构主义的观点,学习是学生依据已有的知识和经验进行的主动建构。又由于各个学生因其个人经历与社会环境的不同必然具有不同的知识和经验,因此,从建构主义的立场看,我们应特别重视学生认知活动的个体特殊性,并应从认知风格、学习态度、学习信念与学习动机等方面对此作出具体分析。例如,基于这样的认识,我们不仅应当承认学生的学习活动必然有一定的"时间差",而且也会有一定的"路径差"。一些学者更因此而断言:每个人都是以自己的特殊方式(idiosyncratic ways)认识世界的,从而,"100个学生就是100个主体,并有100种不同的建构"。

第二,对于错误的不同态度。

由于学习并非一种机械的、高度统一的过程,因此,从建构主义的立场出发,对于学生在学习过程中所发生的错误,特别是所谓的"规律性错误"我们应采取更为理解的态度,而不应简单地予以否定,即应当努力发现其中的合理成分和积极因素。另外,我们又不应期望单纯依靠正面示范与反复练习就能有效地纠正学生的错误,毋宁说,这主要是一个自我否定的过程,并以主体内在的观念冲突作为必要的前提。例如,正是基于这样的立场,一些学者提出,我们事实上不应将学生在学习过程中产生的各种不同于"标准观念(作法)"的想法(作法)称为"错误观念(作法)",而应正名为"替代观念(作法)"(alternative conception)。

第三,关于"理解"的不同解释。

数学教师无疑应当帮助学生实现"理解学习",但究竟什么是这里所说的"理解"的具体涵义?按照建构主义的观点,这应被看成一个"意义赋予"(sense making)的过程,即如何能将新的学习内容与主体已有的知识和经验联系起来(更为准确地说,就是纳入到学习者已有的认知框架之中),从而使之获得确定的意义。与传统的关于"理解就是对于概念或结论本质的正确把握"这一论点相比较,我们在此可以看到着眼点的重要转变,即由唯一强调知识的

"客观意义"(这往往体现于教材中的"标准定义")转而更加重视主体内在的思维过程。

综上可见,建构主义确有一定的合理性和现实意义。以下则是更为一般的分析:"建构主义的特殊力量就在于使我们对教学过程作出批判性和具有想象力的思考。相信建构主义的前提,这就使得我们不再单纯地去寻找解答,而是拥有了可以借以对教学方法的可能选择作出判断的有力准则。"(N. Noddings, "Constructivism in Mathematics Education", 载 R. Davis & C. Maher & N. Noddings 主编, *Constructivist Views on the Teaching and Learning of Mathematics*, NCTM, 1990, 第 18 页) 这也就是说,教育领域中建构主义的主要意义在于: 它为人们对于传统教学思想的自觉反思和深入批判提供了重要的思想武器。

(2) 正是基于上述的认识,人们提出,建构主义可被看成"对于传统教法设计理论的严重挑战"。

所谓"教法设计"(instructional design),笼统地说,是指如何通过目标分析设计出一定的教学程序和方法以保证相应目标的实现。容易看出,教法设计正是一定的教学理论或教学思想的集中体现,而其最终基础则又直接涉及到了关于学习活动和知识本质的认识。由于传统的教法设计理论主要是以行为主义心理学,特别是斯金纳的学习理论为基础发展起来的,因此,人们现今对此普遍地持有批判的态度。

具体地说,在一些学者看来,以下可被看成传统教法设计理论最为基本的一些理论前提(详见 W. Winn, "A Constructivist Critique of the Assumptions of Instructional Design", 载 T. Duffy & J. Lowyck & D. Jonassen 主编, *Designing Environments for Constructive Learning*, Springer-Verlag, 1993):

第一,关于知识的客观主义(objectivism)观点。

事实上,这也正是传统教学思想的一个基本前提,即认为教学就是纯客观的知识的传递。这种客观主义的知识观构成了"目标分析"的直接基础,后者则又可以被看成传统的教法设计理论的实际出发点。

第二,关于知识的还原主义。

这即是指,知识可以被"还原"(归结)为一些简单的单项知识,我们可以通过这些单项知识的简单组合获得较高层次的知识。正如 7.1 节中所指出的，这种还原主义的立场也可被看成行为主义唯一局限于"刺激—反应联结"的一个必然结论。

第三，关于教学活动的决定论观点（determinism）。

按照这一观点，教学是一种严格按照事先指定的步骤进行的固定程序，相应的教学结果也是完全可以预期的，即有很大的可重复性。容易看出，这种决定论的观点也与行为主义者主要着眼于建立"刺激—反应联结"这一立场有着直接的联系。

第四，教法的控制性质（controllability）。

这集中地体现于"教学主要是一个'强化'的过程"这样一个认识，即认为教学主要是通过"强化"以帮助学生建立适当的"刺激—反应联结"。容易看出，这一认识不仅清楚地表明了传统教法设计的规范性质，也使学生在教学活动中处于完全被动的地位。更为一般地说，这事实上也可被看成"环境决定论"的一个直接反映，后者正是行为主义的又一重要特征。

由于行为主义的学习理论在某些较低的层次，特别是对于技能的培养有一定的启示作用，更由于传统的教育（工业社会的教育）在很大程度上是以培养大批具有健壮体格、灵巧双手和简单技能，从而能胜任简单机械劳动的未来劳动力作为主要目标，因此，奠基于行为主义的传统教法设计理论曾在很长时期内在教育领域中占据主导的地位。但是，正如前面已提及的，即使在当时已有不少学者从各种不同角度对传统教法设计的理论基础提出了深刻批判。例如，从知觉的整体性出发，格式塔心理学家们早就对关于知识的还原主义立场提出了尖锐批评，而这在很大程度上也可被看成对于知识整体性的直接肯定。另外，由于关于教学活动的决定论观点完全抹杀了学生的个体差异（或者说，所说的个体差异被局限于学生在准备知识掌握程度上的不同），因此，这一观点在教育界中也遭到了普遍批评。再者，这显然也可被看成现代教育工作者的一项共识，即在教学活动中我们不应使学生处于完全被动的地位，而应充分发挥他们的积极性和主动性。

以上的批评显然具有很大的合理性，但从整体上说，这种早期的批评所导致的又主要是修补性的工作，即如何能对传统的教法设计理论作出必要的修正或改进。与此相对照,现今所出现的则是对于传统教法设计理论基础的彻底否定,后者主要源自学习心理学的现代研究,特别是建构主义的挑战:

第一,建构主义关于"学习是学习者以已有知识和经验为基础的主动建构"这一论点显然是与传统教法设计的控制性质直接相对立的。因为,按照这一观念,学习活动在很大程度上取决于主体已有的知识和经验,从而就不应被看成是由"外部"完全决定的。

第二,由于建构主义突出强调了学习者的个体差异,学习活动的建构性质已清楚地表明了学习活动的动态性质,因此,这也就构成了对于传统教法设计理论决定论观点的直接否定。

第三,按照建构主义的观点,理解主要应被看成学习者在特定环境下的"意义赋予",即如何能在新的学习内容与主体已有的知识和经验之间建立适当的联系——显然,这不仅清楚地表明了知识的整体性,也是对于传统教法设计理论关于知识的客观主义观点的直接否定,这也就是指,知识应当被看成主体建构的产物。

综上可见,建构主义是对传统教法设计理论基础的直接否定,而这又正是我们在当前所面临的一个紧迫任务,即对于教法设计的"重新认识(reconceptualization)",或者说,我们可以具体地去谈及"教法设计中的范式转变"或"教法设计理论基础的根本性变革"。

2. 建构主义的历史发展

在明确肯定建构主义的积极意义的同时,我们也应清楚地看到这一理论的局限性。特别是,由于建构主义很短时间内就在教育领域中占据了主导地位,因此,现实中我们经常可以看到一些片面性的理解或不恰当的误读,如"建构主义通常与过度的学生中心说联系在一起。""有关'建构主义'理论的一个通常的误解是,教师不应该直接告诉学生任何事情,相反,应该让学生自己建构知识。"等等。

事实上,正如前面提及的,这也是心理学研究的一个普遍弊病,即人们往往只是注意了这方面的实证性研究,却未能从认识论高度对此作出进一步的分析。就建构主义的理解而言,这也就是指,我们不应唯一关注建构主义的教学涵义,而也应当从理论高度对其核心观点作出更为深入的剖析。

例如,只需稍作思考,我们就可对前面所提到的三个方面提出一定的质疑:

第一,尽管我们应当充分肯定学习活动的个体特殊性,但这是否就意味着学习活动根本不具有任何的规律性? 进而,在教学中我们又应如何去处理大班教学与学生个体特殊性这两者之间的矛盾?

第二,尽管我们对于学生的错误应当采取更为理解的态度,但是,对于学生在学习过程中所出现的各种观念及其所采用的各种方法,我们是否应当作出"正确"与"错误"("好"与"坏")的区分? 进而,我们又是否应当明确肯定教学活动的规范性质,即是否应当十分重视对于学生错误的纠正或必要的优化?

第三,就知识的理解而言,如果只是强调了"纯主观"的解释,如认为"理解就是意义赋予",那么,数学的概念与命题是否还应被看成具有确定的客观意义? 我们又是否应当积极提倡对于概念与结论本质的正确理解?

以下则是两个更为重要的问题,而且,也正是因为具有不同的看法,建构主义内部分化出了一些不同的流派或观点,由此我们也可大致地分辨出建构主义历史发展的一条主要线索:

第一,我们究竟应当如何去看待"主体的主动建构"与"认识的客观基础",即知识的主观性与客观性之间的关系?

第二,所说的建构活动究竟是纯粹的个人行为,还是社会性的共同建构?

以下就围绕这样两个问题对建构主义的历史发展作出概述。

(1) 就建构主义在教育领域中的兴起而言,所谓的"极端建构主义"(radical constructivism)发挥了特别重要的作用。正是后者为建构主义在教育领域中的广泛传播起到了开路先锋的作用,更在一段时期内造成了这样的影响:"只有极端建构主义才是好的建构主义。"

具体地说,极端建构主义的主要特征就是在各个相关的理论问题上都采取了极为极端的立场,包括将建构主义观点由认识论扩展到了本体论,并从后一立场对知识的本质进行了具体分析。

例如,作为极端建构主义在教育领域中的主要代表人物之一,冯·格拉塞斯费尔德就曾明确指出:"建构主义的立场,如果认真对待的话,是与知识、真理和客观性等传统概念直接相冲突的,它们要求从根本上重建个人关于实在的观念。"（von Glasersfeld,"An Exposition of Constructivism：Why Some like it Radical?",载 R. Davis & C. Maher & N. Noddings 主编,*Constructivist Views on the Teaching and Learning of Mathematics*,同前,第187页)后者即是指：① 我们完全不应去涉及客观世界是否存在这样一个"形而上学"的问题,而应局限于经验知识范围。② 认知是一个组织个人经验世界的适应过程,这也就是指,我们应当用"适应"(fit)这一概念去完全取代传统的"匹配"(match)的概念,即采取直接的工具主义立场。

冯·格拉塞斯费尔德的上述立场显然十分极端,即与人们广泛接受的实在论与反映论的立场直接相抵触。事实上这也正是冯·格拉塞斯费尔德何以将自己所倡导的这一立场称为"极端建构主义"的主要原因："极端建构主义之所以是极端的,是因为对于固有认识的反对并发展起了这样的一种知识论,在其中,知识并不是对于一个'客观的'本体意义上的实在的反映,而仅仅涉及到了对由我们的经验所构成的世界的整理和组织。极端建构主义一劳永逸地消除了'形而上的实在论'。"（von Glasersfeld, *Construction of Knowledge*, Intersystems Publications,1987,第 109 页)

然而,也正由于极端建构主义对传统的哲学问题与基本立场采取了彻底否定(或者说"消解")的态度,因此,从一开始起就有不少学者对此提出了尖锐批评。如美国著名数学教育家基尔帕特里克就曾明确指出："极端建构主义是很极端,因为它拒绝大多数经验主义所支持的形而上学的现实主义,它要求它的拥护者放弃知道真实世界的努力。"（J. Kilpatrick,"What Constructivism might be in mathematics education",载 J. Bergeron & N. Herscovics & C. Kieran 主编,*Proceedings of the 11th International Conference of PME*, University of Montreal,第 4 页)更有不少学者认为,我们应当以"经验主义的知识论"为基础发展起另外一种建构主义的理论,即所谓的"温和建构主义"(moderated constructivism)。例如,后者事实上可被看成以下诸多主张的共同特征,如"朴素建构主义"、"经验导向的建构主义"、"简单建构主义",等等。

（2）如果说建构主义的发展初期主要贯穿着"极端建构主义"与"温和建构主义"的斗争,那么,随着时间的推移,"个人建构主义"与"社会建构主义"的对立逐渐占据了主要地位。两者的分歧则主要集中于这样一个问题：建构究竟应当被看成纯粹的个人行为,还是一种社会行为?

具体地说,对于认识活动个体性质的绝对肯定可被看成"个人建构主义"的主要特征,即认为认识完全是一种个人行为,任何外部的干涉都只能起到消极的干扰作用——按照某些更为极端的观点,我们甚至还应完全否定不同个体具有相同知识的可能性。这正如戈尔丁所指出的:"极端建构主义是这样的一种认识论,它所强调的是,……除非确有某种心灵感应,任何个人都不可能具有关于其他人的经验世界的直接知识,我们只能建构出自己的关于他人知识和经验的模型,从而,我们就决不能断言一个人自身所拥的知识是与另一个人的知识'完全相同的'。"(G. Goldin, "Epistemology, Constructivism, and Discovery Learning Mathematics",载 R. Davis & C. Maher & N. Noddings 主编,*Constructivist Views on the Teaching and Learning of Mathematics*,同前,第 34、35 页)

由于"个人建构主义"与西方文化中根深蒂固的个人主义思想十分一致,因此,这种观念在欧美各国具有十分广泛的影响。

与"个人建构主义"直接相对立,"社会建构主义"(social constructivism)的核心观念是对于认识活动社会性质的直接肯定。

例如,在一种较为激进的形式下,认识被认为完全是一种社会行为,即是通过社会性的相互作用产生出了所谓的"社会(文化)意义"(cultural meaning),个人的认知则是对于后者的分享——也正因此,离开了相应的社会共同体就根本无意义可言,或者说,相对独立意义上的个人意义建构完全不可能。

显然,按照上述的观点,认识的主体并非各个单独的个体,而是由各个主体组成的社会共同体(群体)。例如,主要地也正是在这样的意义上,人们提出了"分配认知"(distributed cognition)的概念:① 我们应把认知看成一种分工合作的活动。② 从历史的角度看,所形成的共同认识也可被看成超越各个个体获得了独立的存在,这也就是所谓的"文化传统"。后者对于新的一代来说构成了知识的重要来源(同时也具有重要的约束作用),这就是指,个人的认知主要应被看成一种"分享"(share),即社会经验的"内化"。

容易看出,就对于认识活动社会性质的明确肯定而言,"社会建构主义"相对于"个人建构主义"而言更为合理。但从理论的角度看,"社会建构主义"(特别是在上述的极端形式下)也有一定的理论困难或不足之处。例如,由于完全否定了认识的个体差异,因此,这一理论无法逃脱以下的困难处境:"如果说正是外部的交流产生并直接决定了内在的思维,那么,我们又应如何去看待在学生对命题、论证等的解释中所表现出的差异呢? ……如果说教室中的相互作用决定了学生经验的一致性,那么,基于学生的个体差异及其多样性之上的可能发展就将不复存在。"(J. Confrey, "The relationship between radical constructivism and social constructivism", paper presented at the State of the Art Conference on Alternative Epistemologies in Education with Special Reference to Mathematics and Teacher Education, Athens, Georgia, 1992,第27页)

也正因此,与所说的激进形式相对照,人们往往更加倾向于如下的较为温和的观点:我们应当同时肯定认识活动的个体建构性与社会性质,这也就是指,个体的认识活动是在一定的社会环境中实现的,并必然地有一个交流、反思、改进、协调的过程。也正因此,我们就应明确肯定群体对于个体认知活动的重要影响,后者在很大程度上也应被看成一个规范化的过程。进而,所谓的"意义赋予"在很大程度上也应被看成一种文化继承的行为,这就是指,经由个体的建构所产生的"个体意义"(personal sense)事实上也包含有对于相应的"社会(文化)意义"的理解和继承。

总之,认识不仅是指个体与外在世界的相互作用,而是包含有"个体"、"群体(社会环境)"与"外部世界"这样三个要素的共同作用,特别是,我们更应清楚地看到"社会因素"对于个体认识活动的重要影响。

最后,还应指出的是,如果说由"个人建构主义"向"社会建构主义"的转变可被看成建构主义后期发展的主要特征,那么,"社会—文化研究"在整体上的兴起就可被看成为此提供了重要的外部动力与促进因素。例如,上面所提到的"社会建构主义"的各个主要特征有不少就源自学习活动的"社会—文化研究"。而且,在不少教育界人士看来,这也正是学习理论的又一次新的革命:在经历了先前的由"外"到"内"的转变以后,现又重新转向了"外",转向了人与情境的互动,后者也为我们更为深入地认识学习活动的本质提供了一个新的不同视角。

显然,从上述的角度去理解,教育领域中出现以下现象也就无足为奇了:在经历了 20 世纪 90 年代的"黄金时代"以后,建构主义在当前可以说已经进入了发展的低谷,甚至更可说在一定程度上完全淡出了人们的视野。但在笔者看来,无论是当年的刻意推崇,还是现今的"打入冷宫",都是缺乏自觉性的表现。毋宁说,我们在任何时候都应坚持自己的独立思考:建构主义对于我们改进教学究竟有哪些新的启示? 我们应如何超越其局限性以取得新的发展或进步?

以下就对此作出具体分析,特别是,我们如何能够针对数学学习的特殊性更好地去理解数学学习和教学活动的本质或特殊性质。

3. 建构主义的数学学习观

由以下关于"建构主义学习观"的概述可以看出,尽管人们在现今似乎已经完全放弃了"建构主义"这样一个名称,但其基本思想已经为大多数人所接受,即事实上已经成为了现代学习观的重要组成成分:

(1)知识不能简单地由教师或其他人传授给学生,而只能由每个学生依据自身已有的知识和经验主动地加以建构。

事实上,正如人们所熟知的,学生对于教师所讲授的知识必定有一个理解或消化的过程,而这主要是指如何能将此"纳入到适当的图式之中",从而获得确定的意义。这也就是说,学习者必须依据自身已有的知识和经验(认知结构)对新的学习内容作出恰当的解释,并应在两者之间建立实质性的、非任意的联系。只有这样,新的学习内容对于主体而言才能真正成为有意义的。

从而,我们在教学中应始终牢记这样一点:学生所学到的往往并非教师所教的(或者说,教师希望他们学到的),我们更不能以主观的分析或解读去代替学生真实的思维活动。

例如,由以下的常见事实我们可清楚地看出在教师与学生的观念之间存在的巨大差距:尽管教师在课堂上讲得津津有味,学生对此却毫无兴趣;无论教师如何强调数学学习的意义,但学生却仍然认为相应的学习活动毫无意义。

进而,也正因为学生已有的知识和经验在新的学习活动中发挥了十分重要的作用,我们就不应将学生看成一张可以任意地被涂上各种颜色的白纸,或是一个空的、可以任意地被装进各种东西的容器。恰恰相反,我们应当注意研究学生已有的知识和经验在新的学习活动中的作用。进而,也正由于任何真正的认识都是以主体已有的知识和经验为基础的主动建构,因此,尽管学生的相关思想可能是错误的或幼稚的,但仍然应当被看成具有一定的合理性,并构成了新的认识活动的直接基础——我们对此不应采取简单否定的态度,而应作出认真努力去理解它们的性质、产生等,从而也才有可能采取适当措施帮助学生纠正错误并作出必要的改进。

(2) 相对于一般的认识活动而言,这正是学习特别是数学学习活动最为重要的一个特征:这主要是一个"顺应"的过程,即认知框架的不断扩展或重组,后者也就是新的学习活动与主体原有的认知结构相互作用的结果。

正因为此,学习不应被看成知识和技能的单纯积累,而是必然包含有一定的质变,我们更可对此区分出一定的阶段。事实上,正如皮亚杰所指出的,各个个体的认识发展在一定意义上可被看成人类认识的整体性发展在较小范围的重演或缩影,特别是,其中必定包含有对于错误或不恰当观念的纠正和更新,更表现出一定的阶段性。

我们也应清楚地看到在"学生的发展水平"与"新的学习活动"之间的辩证关系。首先,以上关于认识活动社会性质的分析显然表明:学生的智力发展不是由其生理成熟程度唯一决定的,恰恰相反,我们应当明确肯定学习活动对于学生智力发展的重要作用。例如,按照前苏联著名心理学家维科斯基的观点,正是学习活动直接促成了学生智力由"潜在发展水平"向"实际发展水平"的过渡。当然,作为问题的另一方面,我们又不应无限制地去夸大学习对于智力发展的作用。而这事实上也可被看成维科斯基所提出的"边缘发展区"这一概念的一个直接结论,后者即是指,所谓的"潜在发展水平"不仅具体指明了学生智力的可能发展,也表明了这一发展的实际界限。

其次,考虑到认知结构与新的认识活动之间的关系,特别是,正是主体已有的认知结构为新的认识活动提供了必要的认识框架,而新的认识活动则又往往会导致认知结构的分化、扩展和重组,我们显然又应断言:"发展一定大于学习。"

最后,应当强调的是,所说的"顺应"(即"认知结构的变革或重组")同样也应被看成主体的一种主动建构。首先,主体的自我反省,特别是内在的观念冲突正是认知结构更新的必要前提。这既是指对于已有工作的不满,如在解决问题的过程中出现了错误,也可能是由于新的学习内容未能很好地得到消化,从而与已有的知识或经验构成了直接的冲突——显然,这种对于目前处境的自我反省或观念冲突将促使人们积极地去进行新的思考或探索。其次,新的认知结构对于老的认知结构的取代又往往是比较的结果。如果新的"框架"具有明显的优越性,它就将最终取代原有的认知结构。然而,由于所说的比较最终又只能由各个主体相对独立地去完成(正因为此,相对于不同的个体而言,各种思维方法或认知策略等就无绝对的"优劣"可言,特别是,这更不能被看成一种"即时理性"),因此,这从另一角度更为清楚地表明了这一过程的建构性质。特别是,认识的发展并非是一次就能得以完成的简单过程,往往需要经过多次的反复和深化。

(3) 学生学习活动的特殊性还在于:这主要是在学校这样一个特定的环境之中,并在教师的直接指导下进行的,而且,就其本质而言,又主要是一种文化继承的行为。

也正因此,我们不应将学习看成孤立的个人行为,而应明确学习活动的社会性质,即是一种高度组织化了的社会行为。更加重要的是,我们又不能认为各种合理的思维方式(或较高的智力发展水平)可以单纯凭借个人的自学或主动探究就能自然而然地得以形成。恰恰相反,我们应当明确肯定教学活动的规范性质,这也就是指,适当的社会环境不仅应当被看成学习的必要条件,也在很大程度上决定了个体的智力发展方向。

当然,对于以上所说的"社会作用"我们又不应仅仅理解成教师对于学生学习活动的必要指导,而且也应看到学生间的相互作用。例如,正是基于这样一个认识,"合作学习"这一新的学习形式近年来在教育界中得到了大力提倡。特别是,人们普遍地认为,同学间的积极互动十分有益于提高学生的表述能力、调控能力、论证能力和评价能力。

更为一般地说,人们因此而提出了"学习共同体"这样一个概念,即认为学习活动应当被看成由教师和学生所组成的共同体的共同行为。显然,从这一立场去分析,我们应当对前面所提到的"应将学生看成一个个不同的主体"这一断言作出如下的补充或修正："这些主体并和教师一起组成了学习共同体。"这也就是指,学习并非孤立的个人行为,而是学习共同体的共同行为。

当然,又如前面已提及的,在明确肯定教学活动规范性的同时,我们又不应完全抹杀在各个个体之间所必然存在的特殊性或差异性,更不能因此而否认学生在学习活动中的主体地位。学习最终必须通过各个个体相对独立的建构活动才能得以完成,我们也应清楚地看到在"社会(文化)意义"与"个体意义"之间所存在的重要联系和区别。

进而,为了真正实现学生在学习过程中的主体地位,我们显然也不应将教学活动的规范作用建立在权力和权威等"非理性因素"之上,而应使之成为学生自觉的理性行为。对此我们还将在第 8 章中作出具体论述。

最后,还应强调的是,除去"学习共同体"的相互作用以外,我们还应从更为广泛的角度去理解学习活动的社会性质,特别是,应当清楚地看到整体性的社会环境和文化传统对于个人学习活动的重要影响。例如,正如第 5 章中所提及的,后者正是国际性教育比较研究的一个主要结论。另外,这事实上也可被看成学习心理学现代发展的一个重要内容,即将研究的着眼点由"作为个体的学生"转移到了"处于一定社会环境之中的个体"。后者即是指,"我们必须以社会的相互作用为背景并通过具体环境的考察去对教室中的学习活动作出分析。"(N. Balacheff,"Future Perspectives for Research in the Psychology of Mathematics Education",载 P. Nesher & J. Kilpatrick 主编,*Mathematics and Cognition*,同前,第 141 页)对此我们还将在第 8 章中作出进一步的论述。

4. 建构主义之反思

上面的分析显然也可被看成为我们如何能够超越建构主义的局限性指明了努力的方向,特别是,我们应高度重视如何能从外部吸取各种新的有益思想,从而很好地实现各种理论思想的相互渗透与必要整合。

当然,为了很好地实现上述目标,我们又应十分重视从理论高度对建构主义本身作出必要的总结和反思。这事实上也正是建构主义在经历了近 30 年的发展以后所出现的一个新的变化:如果说建构主义在其发展早期所发挥的主要是批判性的作用,即为我们深入批判传统的教学思想("被动接受说")和教法设计理论提供了重要的思想武器,那么,一些学者现在已经将注意力转移到了"建构主义基本原理的理性重建",也即希望能够更好地发挥"建构主义"的建设性作用。

例如,在这些学者看来,以下就是建构主义对于改进教学和相关研究最为重要的启示:

第一,应当高度重视学生思维与能力的发展。"建构主义,比迄今为止的其他任何理论,都要强调发展和成长的重要性。"

第二,应当更为清楚地认识"活动(动作)"对于思维发展的重要性:"数学概念在根本上扎根于行动和活动之中。"(康弗里等,"关于数学教育心理学对数学教育中建构主义 30 年发展的反思",载古铁雷斯、伯拉主编,《数学教育心理学研究手册:过去、现在与未来》,广西师范大学出版社,2009,第 374、363页)

第三,相对纯粹的个人行为而言,我们又应更加重视个体与群体、个体与环境之间的互动。

值得指出的是,这事实上也正是我们面对任何一种理论主张所应采取的态度,即不应当盲目地去追随潮流,而应当通过自己的独立思考与积极的教学实践和总结反思深入认识相关理论对于我们改进教学的启示意义,以及其固有的局限性,从而切实地加以防止或纠正可能出现的偏差。

例如,在笔者看来,我们只有通过数学对象的本体论分析才能更好地理解建构主义对于深入理解数学学习活动本质的特殊重要性。

具体地说,正如 2.2 节中所指出的,任何一个数学对象都不是客观世界中的真实存在,而只是抽象思维的产物,而且,对此我们事实上又可区分这样两个不同的阶段或过程:(1)由纯粹的"心智建构"转化成"心智对象"——对此即使是创造者本人也只能客观地加以研究,而不能随意地加以改变;(2)个人的创造又只有为相应的数学共同体一致接受才能最终成为"客观的数学对象"。再者,如果说上述的转变可被看成一个"外化"的过程,特别是,正是数学活动的形式特性与社会性质直接促成了数学对象由"心智建构"向相对独立的"心智对象"的转变,那么,这就是新的学习者能否很好地实现"理解学习"的一个必要前提和关键因素:学习者必须在头脑中重新建构起相应的对象,即使得"外化"了的东西(由于数学对象并非物质世界中的真实存在,因此,对此而言，"文化物"(cultural artifact)就是较为合适的一个名称)重新转化为思维的内在成分。如果未能很好地实现所说的"内化"，就根本谈不上任何真正的认识。

当然，又如上面已提及的，这里所说的"重新建构"或"内化"并非是指在头脑中机械地去重复相关的定义和推理过程，而主要是一个"意义赋予"的过程，即应当将新的概念(和知识)纳入到主体已有的认知框架之中，从而使之成为可以理解的和真正有意义的。显然，这更为清楚地表明了数学学习活动的建构性质，特别是，由于这必须由各个主体相对独立地完成，因此，我们就应明确肯定数学建构活动的个体性质。

当然，这也是数学学习活动的又一重要特征：各个主体所建立的认识必然有一个不断调整的过程，即我们必须通过表述、交流、批评与反思对此作出必要的改进。特别是，正如5.2节中已提及的，无论就数学思维或是"理性精神"而言，它们都不能被看成与生俱来的，而是后天学习的结果。从而，作为数学建构个体性质的必要补充，我们也应明确地肯定数学建构活动的社会性质。以下则更应被看成数学学习活动的本质：这主要是一个文化继承的过程，并是在教师的直接指导下完成的，即主要表现为不断的优化。

显然，依据上述关于数学学习活动基本性质的分析，我们也可对教师在数学教学活动中所应发挥的作用做出具体分析。这就是下一节的具体内容。

5. 建构主义的数学教学观

就建构主义对于传统教育(学)观的冲击而言，一个最为突出的方面显然在于：我们究竟应当如何去认识教师的作用？特别是，强调知识的建构性是否就意味着对于教师作用的彻底否定？建构主义的学习观又是否意味着我们应当将"学生的主动探究(发现)"看成唯一合理的学习方法？将"合作学习"看成解决各种教学问题的灵丹妙药？

正如前面已提及的，一段时期内在教育领域中我们确实可以看到各种较为激进的观点与片面性的论点。但就当前而言，这已经成为大多数人的共识：我们应当同时肯定学习活动的建构性质与教师在教学活动中的主导作用，特别是，无论采取什么样的教学方法，包括学生主动探究、合作学习等，教师在学习过程中的指导作用都不可或缺。

以下对教师在数学教学活动中应发挥的作用做出具体分析：

（1）教师应当成为学生学习活动的促进者。

由于学习是学习者的主动建构，而非客观知识的被动接受，因此，从这一角度去分析，教师不应被看成"知识的授予者"（更不用说"知识的贩卖者"），而应成为学生学习活动的促进者，即应当努力调动学生的学习积极性。

例如，就"问题解决"的教学而言，教师不应简单地去给出问题，并通过各种方法施加压力迫使学生为教师而解题，而应努力使学生感到相应的学习活动是有意义的。如相关内容是与他们的实际生活直接相联系的，是有趣的，而且，这一学习任务也是他们可以胜任的。

另外，在全部的教学过程中，特别是在学生遇到困难和挫折时，教师应给予必要的支持和鼓励。在学生取得进展时不仅应当给予适当表扬，也应通过指明新的努力方向促使他们始终保持前进的动力。

（2）除去"促进者"这样一个定位以外，教师在教学中还应发挥"组织者"和"引领者"的作用。

例如，从前一角度我们显然可更为深入地认识教学方法与教师教学能力之间的关系：与对于某些教学方法或教学模式的片面强调相对照，我们应当更加提倡教学方法和模式的多元性，即应当深入地认识各种教学方法和模式的优点与局限性。从而依据具体的教学内容、教学对象与教学环境（以及教师本人的个性特征）恰当地加以选择和应用，包括在各种不同的教学方法之间作出必要的转换。（对此我们还将在第四部分中作出进一步的分析论述）

更为一般地说，"教无定法"，这也就是指，我们应根据具体情况很好地发挥"组织者"的作用。

当然，从更大的范围说，这也应被看成教师的一个重要责任，即为学生的学习创造良好的环境，包括努力培养出一个好的"学习共同体"。

以下就是好的"学习共同体"应具有的一些特点：其中每个人包括所谓的"差生"都能得到应有的尊重和理解，而不是受到轻视或压制。也正因此，首先，我们在教学中不仅应当强调每个成员的积极参与，而且也应高度重视如何能够促成整个班组在这方面形成一定的规范。其次，我们不仅应当强调共同体不同成员间的积极合作与合理分工，也应十分重视对于任务与最终成果的共享,从而切实避免只有少数学生能由"合作学习"获得较大收益这样一种现象。最后,判断真理的依据既不应是教师,也不应是任何的权威,而应是"理性"。从而,共同体的各个成员都应当保持头脑的开放性,即应当大力提倡不同思想、不同见解的充分交流,乐于进行自我批评,善于接受各种合理的新思想,等等。

再者,所谓的"导向作用"可被看成最为清楚地表明了教师在教学活动中的引导作用。

具体地说,对于教师在教学活动中的导向作用的明确肯定显然可被看成"数学学习主要是一个文化继承的过程,并表现为思维的不断优化"这样一个认识的一个必然结论。另外,这同样也可被看成相关的教学实践给予我们的一个直接启示:在大多数情况下学生(即使通过"相互合作")并不能清楚地意识到已建立的知识或已有经验的局限性,更不能自觉地去设定学习的目标,包括自发地形成更为合理的思维方法或建构起系统的理论知识。再者,即使后者并非绝无可能,也必定是一个十分漫长和事倍功半的过程。

值得指出的是,后者事实上也可被看成"学生主动探究"的主要局限性所在,从而,我们不应将学生的主动探究与教师的必要指导绝对地对立起来。例如,所谓的"探究学习"在 20 世纪 60 年代的美国曾得到大力提倡,但最终却是一次失败的努力。进而,尽管存在多种"外部"的原因,如资源缺乏、教师的培训工作没有能跟上,等等,但基本立场的错误无疑又应被看成所说的失败最为重要的一个原因,即认为学生无须通过系统的学习,也即无须对于已有文化的认真继承就可相对独立地做出各个重要的数学发现并建立起相应的系统理论。

当然,对于教师的导向作用我们又不应简单地理解成单纯凭助权威或权力强制性地去实现统一,毋宁说,教师在教学中应当很好地发挥"启发者"、"质疑者"和"示范者"的作用。

例如,当学生遇到困难时,教师不应成为自天而降的"救世主",而应成为一个有益的启发者,即应当通过适当的提问或提供案例启发学生的思考,从而找到摆脱困境的方法。在学生取得独立进展时,教师又应给予及时的反馈,从而使其对自己的工作能作出正确的评价并明确进一步前进的方向。在发现错误时,教师也不应采取简单否定的态度并期望通过直接指明正确的作法就可使学生的错误迅速得到纠正,而应通过适当的质疑(包括提供适当的反例)使之真正成为学生的自觉行为。

在此我们还应特别强调教师适当示范的重要性:① 认知心理学的现代研究清楚地表明:对于已有知识(包括理论、方法等)和观念的错误性或局限性的认识并不足以造成相应的变化。如果没有适当的替代物,人们就仍然可能对已得到揭示的错误或不足之处持容忍的态度,而这事实上也正是教师"示范"的一个重要作用,即提供必要的"对照物"或"替代物"。② 由于"传统"主要体现于各个典型的事例(对此可参见 3.2 节),更由于数学学习主要应被看成一个文化继承的过程,因此,我们在教学中应当对教师的适当示范予以特别的重视。或者说,上述的分析事实上可被看成为我们在教学中应当如何去选择"范例"提供了基本的标准。(对此还可参见第 10 章的相关论述)

应当指出的是,依据上述的分析,我们显然也可更好地去认识"合作学习"的局限性。特别是,相对于一般性的分析而言,我们应更加重视数学学习的特殊性,后者即是指,就数学教学而言,我们在此应更为明确地去提倡"数学地交流和互动"。而以下则可以被看成是这方面最为重要的一些措施:多样化与必要比较——教师应通过适当的提问和举例以促进学生的反思,使学生清楚地认识到已有的方法和结论的不足之处,并使得相应的"优化"真正成为学生的自觉行为。

综上可见,这就是一个十分形象的比喻:教师在教学中应当发挥"教练"的作用。这也就是指,教师应像体育教练那样善于调动队员的积极性,有效地做好组织工作,并应为各个队员指明努力的方向,包括一定的示范,等等。另外,特别重要的是,我们又应始终牢记这样一点:正如教练所做的一切都是为了帮助他的队员更好地掌握相应的"技能",数学教师全部工作的意义也就在于努力促进每个学生在数学上的发展,努力提高他们的数学素养。

(3)从建构主义的立场出发,我们还应特别强调以下几项工作:

第一,对于学生情况的深入了解。

由于建构主义突出地强调了学生已有的知识和经验在新的学习活动中的重要作用,因此,我们自然就应将深入了解学生的真实情况看成教学工作的实际出发点。例如,我们显然应从这一角度更好地去理解美国著名认知教育心理学家奥苏贝尔的以下论述:"如果我不得不将教育心理学还原为一条原理的话,我将会说,影响学习的最重要因素是学生已经知道了什么,我们应当根据学生原有的知识状况去进行教学。"(引自吴文侃主编,《当代国外教学论流派》,福建教育出版社,1990,第 207 页)另外,这显然也正是国内诸多名师所一贯强调的一个作法,即教师应当既备课,又"备人"。

应当强调的是,对于学生情况的了解事实上也是一个建构的过程,从而,我们在此应当始终牢记这样一点:我们决不应以自己的主观分析去代替学生的真实情况。

再者,由于对于所处环境的具体分析同样也应被看成教师搞好教学的又一重要前提,所谓的"备课"在很大程度上意味着相关教学内容的"理性重建",因此,教师在此事实上面临着一个"三重的"建构任务。显然,这更为清楚地表明了数学教学活动的创造性质:我们应当根据具体的教学对象、教学内容和教学环境创造性地去进行教学。

第二,帮助学生获得必要的经验和预备知识。

由于主体已有的知识和经验为新的学习活动提供了必要基础,因此,在从事新的教学活动前,教师应努力帮助学生获得必要的经验和预备知识。

例如,就抽象概念的学习而言,我们应十分重视如何能够帮助学生获得必要的直观经验,如使相应概念与学生的日常生活发生较为直接的联系,或是为此提供适当的实例。更为一般地说,教师应针对具体教学内容努力创设一个较好的"题材环境"(subject environment)。

第三,善于在学生头脑中引发观念的不平衡或直接的观念冲突。

由于打破原有的平衡状态正是思维优化的必要前提,即只有通过不平衡或冲突我们才能达到新的、更高层次上的平衡,因此,教师在教学中应十分重视如何能在学生头脑中引发所说的不平衡。如设计出这样的环境,其中学生已有的知识和能力不足以解决所面临的问题,从而深切地感受到新的学习活动的必要性。或是帮助学生清楚地认识到自身已建立的观念包含一定的内在冲突,从而使学生自觉地去实现观念的必要更新,即通过自觉的反思与积极调整实现新的、更高水平上的平衡。

显然,上述的分析更为清楚地表明了教师在教学活动中发挥主导作用的重要性。但是,由于所说的"观念的不平衡"完全是就学生而言的,新的、更高水平上的平衡也只能依靠学生自身的努力才能实现,因此,强调教师在教学活动中的主导作用不应被看成是与学生在学习活动中的主体地位直接相冲突的。毋宁说,我们应更好地认识与处理这两者之间的辩证关系。

第四,高度重视学生错误的诊断与纠正。

这事实上也应被看成以上所说的"更高水平上的平衡"的一个重要涵义,即对于已有错误的纠正。

就这方面的具体工作而言,我们又应再次强调这样几点:① 对于学生的错误(特别是"规律性错误")我们应当持更加理解的态度,即应当看到学生的错误往往有其一定的合理性。② 错误的纠正并非易事,而往往有一个较长的过程,甚至还可能出现一定的反复。因为,作为整体性认知结构的有机组成成分,任何已建立的认识都不能轻易地被"抹去",而会长期地存在于人们的头脑之中。③ 学生的错误不可能单纯依靠正面的示范与反复练习得到有效的纠正,而只能是一个自我否定的过程。又由于后者以主体的自我反省,特别是内在的观念冲突作为必要的前提,因此,为了有效地帮助学生纠正错误,教师应注意提供适当的外部环境以促进学生的自我反省并引起学生必要的观念冲突。容易想到,后者事实上也正是适当的提问和反例的一个重要作用。另外,相对于简单的示范,我们又应更加重视必要的对照比较。

第五,高度重视学生在认识上的特殊性。

由于任何真正的认识活动都是主体的主动建构,因此,即使就同一题材内容的学习而言,不同的个体也完全可能由于知识背景和思维方法等方面的差异呈现出不同的思维过程,即表现出明显的差异或个体特殊性。

显然,这事实上也为我们应当如何去了解学生的真实思维活动提出了更高的要求,即不应停留于共性的认识,而应当更为深入地去了解各个学生的特殊性。另外,同样重要的是,我们在教学中也不应刻意地去追求某种绝对的统一性。毋宁说,合理的教学方法在很大程度上是"个体化的",这也就是指,我们应当允许每个学生有自己的"学习节奏"。在各种思想方法或认知策略之间并无绝对的"好、坏"可言,毋宁说,这种区分在一定程度上是因人而异的,相应的发展更可能具有一定的"时间差"。

第六,努力培养学生的自觉意识和元认知能力。

这可被看成为教学工作树立了更高层次的一个目标。一切的认识最终都必须通过主体相对独立的建构活动才能得以完成,而且,任一学生最终又都必将离开学校走向社会,从而必须学会主要依靠自身的努力,特别是通过终身学习更好地适应社会的要求。

也正因此,这应成为教师引导工作十分重要的一个方面,即努力提高学生的元认知能力,并使得学习真正成为学生的自觉行为。

例如,从上述的角度去分析,相对于教师的直接指导而言,我们显然应更加重视如何帮助学生对于自己所从事的活动建立良好的自我意识,并及时作出自我评价与必要的改进。

第七,对于自身数学观和教学观的自觉反省与必要更新。

这事实上可被看成上述各个论点的一个共同要求,因为,所有这些工作在很大程度上都涉及到了教师观念的必要更新。特别是,我们应由传统的"被动接受"的学习观转移到建构主义的数学学习观,即应当清楚地认识学习是学生的主动建构,而不是对于教师所授予的知识的被动接受。

显然,从这一角度去分析,知识(包括专业知识和教学法方面的知识)的学习不应被看成教师培训工作的唯一要素,特别是,我们应清楚地认识到观念的必要更新对于课程改革的特殊重要性。如果我们的教师所持有的始终是某些落后的、陈旧的数学学习观念和教学观念,一切的改革措施就都不可能真正得到落实,课程改革自然也不可能获得成功。

当然,正如学生观念的必要更新,我们也应特别重视如何能够促进教师对于自身观念(包括数学观和教与学的观念)的自觉反省与必要更新。

(4) 从更为广泛的角度去分析,特别是考虑到教育的社会性质,这显然也应被看成教师工作的一个重要定位,即应当很好地发挥整体性教育体制与教育对象之间的中介作用。

具体地说,这正是现代教育与古代教育的一个重要区别:现代教育是一种具有明确目标和高度组织化了的社会行为,教师则是其中的一个环节或方面。我们应当明确肯定教师在全部教育工作中的特殊重要性,因为,所说的目标最终都必须通过教师的教学活动才能真正得到落实。

显然,从上述角度去分析,类似于"学习共同体"的概念,我们也可明确提出"教育共同体"这样一个概念:除教师以外,其中还包括教育的理论研究者、教育政策的制定者、教育的行政管理人员、考核的设计人员,等等。进而,对于教学工作的社会性质我们又可具体地表述成:在现代社会中每个教师都是作为"教育共同体"的一员从事教学活动的,特别是,教师的教学必定处于一定教育体制的约束之下(这集中体现于教学大纲、教材与一定的考核方法),也就是在整体性教育体制与教育对象之间发挥了重要的中介作用。

在此还可以数学课程改革为例作出更为具体的分析。具体地说,数学课程改革显然也应被看成各个相关方面的一个共同事业:数学家应就数学课程内容的适当性、必要性提出意见;理论研究者则应具体确定数学课程的知识内容与发展方向;课程发展专家应当制订出数学课程的具体设置方案;考核设计人员则应积极地去探索与新课程相适应的评估方法;……最后,所有这些努力又都必须通过教师的教学才能得以落实或较好地实现。

由此可见,课程改革想要真正获得成功,一个特别重要的环节就是应使广大教师对于改革的方向与内容等都有较好的了解,并能成为改革运动的自觉参与者。与此相对照,以下则不能不说是多次教育改革运动给予我们的一个重要启示或教训:课程改革不应成为"由上而下"的强制运动,而应真正做到上下结合、上下互动。特别是,广大教师更应在课程改革的各个环节发挥重要的作用,包括"课程标准"的制订与教材的编写,等等。

再者,正如同伴间的合作对于学生学习具有十分积极的作用,教师间的充分交流与相互支持对于改进教学,包括课程改革也具有特别的重要性。这正如教育专家富伦(M. Fullan)所指出的,课程改革若要成功,必先要使改革成为教师间相互讨论的议题。只有通过彼此间的沟通和交流,各个教师才能更好地掌握改革的方向和内容,也只有通过相互间的合作和支持,各个教师才能获得必要的力量和信心。显然,这更为清楚地表明了教学工作的社会性质。

最后,应当强调的是,以上关于教师中介作用的分析不应被看成对于教学工作创造性质的否定。毋宁说,这更为清楚地表明了后者的具体内涵:正如教学内容、教学环境和教学对象的分析,对于总体性教育目标和教育思想的把握也是一个建构的过程。由此可见，这就是对于教师工作更为恰当的一个概括：我们应根据具体的教学内容、教学环境和教学对象，自觉、能动地去贯彻与落实总体性的教育目标和各种教育教学思想。

对于教学工作的社会性质我们还将在第 8 章中围绕所谓的"社会—文化视角"作出进一步的论述。

第 8 章

"社会—文化视角"下的学习观与教学观

与前面提到的"数学和数学教育的文化研究"相比较,本章所论及的"社会—文化视角"应当说具有一些不同的涵义:这不仅更加突出了"权力"、"身份"等社会学的概念,而且也已超出宏观分析的范围深入到了课堂之中,即更加关注课堂上具体的教学活动和师生关系。具体地说,8.1 节和 8.2 节中关于"情境学习理论"和"知识就是权力"的论述可被看成集中地体现了"身份"、"权力"等概念在这方面研究工作中的核心地位。与此相对照,8.3 节和 8.4 节中关于"课堂研究"的介绍则具体地体现了由宏观研究向微观研究的转变。当然,这又是所有这些论述的共同作用,即为我们更为深入地认识数学学习和教学活动的本质或特征性质提供了新的有益视角。在 8.5 节中我们还将从更为一般的角度对此作出具体分析。

8.1 "情境学习理论"与学习的本质

1. 由行为主义、认知心理学到"情境学习理论"

第 7 章中提到,这是学习理论特别是学习心理学研究在 20 世纪 60、70 年代经历的一个重要变化,即认知心理学逐渐取代行为主义在这一领域中占据了主导地位。从 20 世纪 90 年代开始,这一领域又出现了一些新的变化——按照华东师范大学高文教授的分析,以下就是新的发展的主要特征:第一,人的学习已经成为一个跨学科研究的对象;第二,基础研究、应用研究与开发研究相结合;第三,学习理论流派纷呈。("《21 世纪人类学习的革命》译丛总序",载乔纳森、兰德主编,《学习环境的理论基础》,华东师范大学出版社,

2002,第 4 页)一些学者更突出强调了这一发展的重要意义。例如,美国学者乔纳森(D. Jonassen)和兰德(S. Land)就曾明确提出:"我们深信,过去的十年见证了在历史中学习理论发生的最本质与革命的变化。……我们已经进入学习理论的新世纪。"(乔纳森、兰德主编,《学习环境的理论基础》,同前,第 3 页)

的确,任何人只需稍加留意,就一定会对 20 世纪 90 年代以来在学习领域中出现的众多理论留下深刻印象,如"情境学习"、"分配认知"、"生态心理学"、"社会共享认知"等。进而,多个学科的交叉与相互渗透则又可以被看成为诸多新理论的建立提供了重要的外部条件和理论背景。例如,以下就是人们经常提到的一些学科:社会学、人类文化学、政治学、认识论、知识论等(也正因此,这里所说的"学习理论"不应被看成唯一属于心理学研究的范围)。

当然,相对所说的多样性而言,我们又应更加重视诸多新的学习理论的共同点。这正如乔纳森与兰德所指出的:"在学习理论相对短暂的历史上(一百多年),从来没有这么多的理论基础分享着如此多的假设和共同基础,也从来没有关于知识与学习的不同理论在理念与方法上如此地一致。"后者即是指,这些理论"大多数是以学生为中心的、关注学习活动的和注重学习情境脉络重要性的"。(乔纳森、兰德主编,《学习环境的理论基础》,同前,第 3、113 页)

应当指出,上述的发展特别是对于认知活动情境相关性的突出强调,在很大程度上可被看成对于认知心理学不足之处的一种自觉纠正。例如,这正如威尔逊(B. Wilson)所指出的:"情境认知是不同于信息加工的另一理论。它试图纠正认知的符号计算方法的一些不足,特别是信息加工依靠储存中的规则和信息的描述,集中于有意识的推理和思维,忽视了文化的和物理的情境脉络。"这也就是指,"情境认知的突出特点是把个人认知放在更大的物理和社会的情境脉络中。"(威尔逊,"理论与实践境脉之中的情境认知",载乔纳森、兰德主编,《学习环境的理论基础》,同前,第 62、63 页)

也正在这样的意义上,我们可以论及由认知心理学向"情境学习理论"的发展,即把对于认知活动情境相关性的突出强调看成学习理论现代发展最为重要的一个特征。

对于学习理论的上述发展我们也可做出如下的概括:

（1）由"外"转向"内"，又重新转向"外"。

由于行为主义主张心理学的研究应当局限于外部的可见行为，认知心理学则将研究的重点转向了内在的思维活动，即人脑中对于信息的接收、加工、贮存和提取，因此，对于由行为主义向认知心理学的发展我们就可形容为"由'外'转向了'内'"。又由于"情境学习理论"主要关注人在特定情境中的活动、人与环境的相互协调，因此，在这样的意义上，我们就可以说，在经历了先前的由"外"向"内"的转变以后，学习理论现又重新转向了"外"，转向了人的活动。例如，正是在这样的意义上，威尔逊写道："行为主义与情境认知的联系是明显的。""情境认知处于心理学的边缘，就像行为主义一样，两者都避而不谈心智构念，而是重视行为和行为的情境脉络或环境。"（威尔逊，"理论与实践境脉之中的情境认知"，同前，第56、57页）

当然，在行为主义与"情境学习理论"之间也存在重要的区别，特别是，从学习的角度看，行为主义者唯一强调的是通过外部的"强化"促成相应的行为，从而事实上就是将学生置于了完全被动的地位。与此相对照，"情境学习理论"则突出强调了个体与环境之间的互动和相互协调："情境和人们所从事的活动是真正重要的。我们不能只看到情境，或者环境，也不能只看到个人：这样就破坏了恰恰是重要的现象。毕竟，真正重要的是人和环境的相互协调。"（D. Norman，"Cognition in the head and in the world：An introduction to the special issue on situated action"，*Cognitive Science*，1993，17（1），1～6）例如，这事实上也就是扬（M. Young）等人在对所谓的"生态心理学"作出论述时特别强调的一点，即个体与环境之间关系的动态性质与复杂性："从生态心理学家的观点看，分析的单位是行动者—环境交互。问题解决……是意图驱动行动者与信息丰富的环境交互作用的结果。对于这个系统而言，数学的、线性的模式是不完整的。"（扬等，"行动者作为探测者：从感知—行动系统看学习的生态心理观"，载乔纳森、兰德主编，《学习环境的理论基础》，同前，第135、136页）

（2）除去基本立场的不同，"情境学习理论"也发展起了一个新的、与行为主义和认知心理学都不相同的理论框架。

具体地说，如果说"刺激—反应联结"（与"强化"）以及"信息的接受、加工、贮存与提取"，可以分别被看成行为主义与认知心理学的核心概念，那么，"情境学习理论"就为我们深入认识学习活动提供了诸多新的概念。

例如，正如上面提及的，"生态心理学"（ecological psychology）突出强调了个体（行动者）与环境之间的互动，并因此引进了"（环境的）给予"、"（个体的）效能"与"感知—行动系统"等新的概念。另外，除去"情境认知"这样一个概念以外，所谓的"分配认知"在"情境学习理论"中也得到了广泛应用，而这事实上涉及到了个体与群体，以及整体性文化传统之间的关系。

与行为主义和认知心理学相比，"情境学习理论"也可说有着不同的研究问题或研究重点。例如，对于中介工具（特别是语言）的高度重视就是情境认知研究的一个普遍特点。这正如乔纳森所指出的："认知心理学传统上只注重心智表征，而忽视制品或中介工具和符号，……社会文化理论并不认为人类行动中没有心理因素，而是认为心理是以中介制品和文化的、组织的、历史的情境脉络为条件的。""活动系统的要素相互之间不直接作用于对方。它们的互动是由符号和工具中介的。符号和工具提供了客体之间的直接或间接交流。对交流进行历时的分析提供了活动系统如何存在和为什么这样存在的重要历史信息。……中介者描述了对活动加以限制的模式和方法的种类。"（乔纳森，"重温活动理论：作为设计以学生为中心的框架"，载乔纳森、兰德主编，《学习环境的理论基础》，同前，第 100、104 页）

以下则是更为一般的分析："学习环境设计的情境认知方法更注意语言、个体和群体的活动、文化教育的意义和差异、工具，以及所有这些因素的互动。"（威尔逊，"理论与实践境脉中的情境认知"，同前，第 66 页）

2. 从"情境学习理论"看学习的本质

第 7 章中已经提到，尽管我们应对具体的心理学研究与相应的认识论分析作出明确区分，但同时也应清楚地看到两者之间所存在的重要联系。特别是，正是认知心理学的研究为建构主义在 20 世纪 80 年代的兴起提供了直接的背景和必要的基础。以上论述对于一般性的学习研究显然也是有效的，那么，什么又是与"情境学习理论"直接相对应的认识理论呢？

在此可以首先提及乔纳森和兰德的如下分析："根据本书所描述的理论，在有关学习的思考中至少应该有三个基本转变。第一，学习是意义制定过程，而不是知识的传递。第二,当代学习理论越来越关注意义制定过程的社会本质。学习就本质而言是一个社会对话过程。第三,假设的第三个基本变化与意义制定的地点有关。知识不仅存在于个体和社会协商的心智中,而且存在于个体间的话语、约束他们的社会关系、他们应用并制造的物理人工品以及他们用于制造这些人工品的理论、模型和方法之中。知识和认知活动分布于知识存在的文化与历史之中,知识是由人所运用的工具作中介的。"(乔纳森、兰德主编,《学习环境的理论基础》,同前,第 4 页)

不难看出,就上述的三个转变而言,新的认识理论应当说是与社会建构主义十分一致的,特别是,两者都突出地强调了认知活动的社会性质。那么,究竟什么又是"情境学习理论"在这一方面所给予我们的新的启示呢? 以下对此作出具体分析。

(1)正如前面所提及的,这是指对于认知活动情境相关性的明确肯定,特别是,这更可被看成为新一轮课程改革中对于"情境设置"的突出强调提供了必要的理论基础。

在这方面我们还可看到一些更为极端的主张,如认为通过适当的"情境设计"我们就可彻底解决"学校教学"严重脱离实际的传统弊病。例如,以下就是由巴拉布等人依据这一立场提出的关于"学习情境"(他们称为"实习场")设计的几条基本原则(详见"从实习场到实践共同体",载乔纳森、兰德主编,《学习环境的理论基础》,同前,第 30、31 页):第一,进行与专业领域相关的实践。第二,探究的所有权。即应当赋予学生真正的自主性。第三,思维技能的指导和建模。这就是指,教师应是学习和问题解决的专家,教师的工作就是通过向学生问他们应当问自己的问题来对学习和问题解决进行指导和建模。第四,反思的机会。应给个体以机会来思考他们在做些什么,他们为什么做,甚至收集证据来评价他们行动的功效。对经验的事后反思提供了纠正错误概念与补充理解不足之处的机会。第五,困境是结构不良的。学习者面临的困境必须是不够明确的或是松散界定的,以提供足够的空间让学生能利用自己的问题框架。第六,支持学习者,而不是简化困境。这就是说,给出的问题必须是真实的问题。学生不应该从简化了的、不真实的问题开始。第七,工作是合作性的和社会性的。第八,学习的脉络具有激励性。总之,学校中的学习情境应当尽可能地接近专业实践的真实情境。

　　但是,尽管在这方面有一些成功的案例,如通过立足实际教学活动来培养教师,但从总体上说,这又可被看成人们在这方面的普遍认识:学校的学习环境毕竟不同于真实的生活情境或工作环境,或者说,正是"学生"这一特殊的身份直接决定了学校学习活动的特殊性。值得指出的是,对于"学校学习"的这种特殊性,巴拉布等人事实上也是清楚地认识到了:"实习场的主要问题是它们发生在学校里,⋯⋯这就导致学习情境脉络从社会生活中隔离出来。"(巴拉布等,"从实习场到实践共同体",同前,第33页)但在大多数学者看来,我们应当因此而引出这样的结论:"有些观点认为,教育者应当将类似于校外情境脉络中的活动引入课堂,或者用学徒制训练取代教学,我们的这种观点与此完全不同。⋯⋯我们认为,如果向教育者建议学校应尽量在课堂上模仿或再生产校外活动,那就是一个根本性的错误。"(乔纳森等,"重温活动理论:作为设计以学生为中心的学习环境的框架",载乔纳森、兰德主编,《学习环境的理论基础》,同前,第164页)

　　值得指出的是,上述的极端化论点事实上也可被看成"环境决定论"的具体表现,而这又正是后者的主要弊病,即完全取消了学生在学习活动中的主体地位。例如,从上述立场出发,我们显然无法对学习活动中明显存在的个体差异作出合理解释。总之,我们既应明确肯定认知活动的情境相关性,但同时又应清楚地看到学生的学习活动不应被看成是由他所处的环境唯一决定的。或者说,我们应从"内"和"外"两个方面更为深入地去从事学生学习活动的研究,包括做好两者的必要互补与适当整合。对此我们还将在后面作出进一步的分析论述。

　　更为一般地说,我们在此又应特别提及这样一个论述,这在很大程度可被看成更为深入地揭示了上述论点的严重影响:"这种表述会产生一种概念上的误导,让人觉得一些学习和思维是情境性的,一些不是这样的。"恰恰相反,"所有的学习都是情境性的。⋯⋯如果学习了什么,学习的东西就会在某种途径上对于该个体有意义。如果学习确实发生了的话,就没有学习是不真实的。⋯⋯只要学习发生之处,我们就可以认为学习是真实的、情境性的、有意义的。"(扬等,"行动者作为探测者:从感知—行动系统看学习的生态心理

观",载乔纳森、兰德主编,《学习环境的理论基础》,同前,第 136 页)

（2）除去认知活动的情境相关性以外,这也应被看成新的学习理论与各种建构主义观点包括社会建构主义更为重要的一个区别:如果说后者主要地集中于人类的认知活动,那么,"情境学习理论"所关注的已不再是纯粹的认知活动,而是更加强调了个体的社会定位,即个人"身份"(identity)的形成与改变。这也就是指,学习主要地应被看成一种参与,后者不仅直接涉及到了知识的建构和能力的培养,也是主体的自我感受(an experience of identity)与改变的过程(a process of becoming)。

当然,我们不应将认知活动与"身份的形成和改变"绝对地对立起来。"这两者是同一过程的组成部分,在这一过程中,前者激发了其所包含的后者,对其加以塑造并赋予其意义。"(巴拉布等,"从实习场到实践共同体",载乔纳森、兰德主编,《学习环境的理论基础》,同前,第 25 页)但是,由于后者体现了新的、不同视角,从而为我们更为深入地认识学习活动的本质或特征性质提供了直接的启示。

（3）以下再从更为广泛的角度指明促成上述发展的若干原因,据此我们可更好地理解这一发展的合理性及其主要内涵。

首先,对于教育现状的不满正是"情境学习理论"何以在当前会获得教育界人士普遍重视的一个重要原因,一些学者更从这一角度对认知心理学提出了直接的批评:"在 20 世纪七八十年代,认知心理学建议对这些学习过程作内在的、心智上的解释,遗憾的是,这样的解释并不能系统地改变教育的实践。对学习过程更为复杂的表征并没有能够为教育过程的变革提供足够的推动力。"(乔纳森、兰德主编,《学习环境的理论基础》,同前,第 2 页)更为具体地说,我们又应清楚地看到这样一个事实:学习活动不仅直接涉及到了教师和学生这样两个方面,也与具体的教学内容和教学环境密切相关。另外,正如第 5 章中已提及的,这也是教育现代发展的一个重要内涵,即对于教育目标采取了更为广泛的视角:我们不仅应当注意知识和技能的学习,也应高度重视思维与方法的学习,以及学生情感、态度和价值观的培养。容易看出,尽管这里所说的"三维目标"并不能被看成是与"情境学习理论"对于"身份"的强调完全一致的,但这同样也体现了从更为广泛的角度进行分析思考的重要性。

　　其次，这也正是西方社会在 20 世纪 80～90 年代出现的一个重要变化，即就整体性的学术氛围而言，"社会—文化研究"特别是所谓的"后现代思潮"逐渐取代先前一直占据主导地位的"科学化思潮"产生了十分广泛的影响，后者也可被看成从更为广泛的角度为学习理论的上述发展提供了直接背景。

　　具体地说，正如先前的分析已指出的，这是关于"文化"较为流行的一个定义，即是指由某种因素联系起来的各个群体特有的行为、观念和态度等。进而，我们显然也可从这一角度更为深入地去认识数学教育的各个相关问题，包括数学教育目标由"单一目标"向"多维目标"的发展，以及学习活动的本质。后者应被看成一种文化继承的行为，而且，无论就各种具体的数学知识和技能，还是就数学思想和数学思想方法，乃至各种相关的观念和态度等等而言，又都应当被看成是作为文化而存在的。

　　进而，如果说"文化的视角"主要集中于人们的生活方式和工作方式，特别是隐藏于可见行为背后的观念和信念，那么，这就是"社会的视角"的主要特征：其所关注的主要是个体与群体之间的关系。特别是，我们应当如何去看待各个个体在同一群体中的不同身份或地位？什么又是决定这种身份或地位的主要因素？等等。

　　显然，后一方面的分析直接关系到了关于学习本质的这样一种认识：学习就是指学习者身份的形成与变化，特别是，如何由"边缘的参与者"逐步演变成为共同体的"核心成员"。

　　例如，正如巴拉布等人所指出的："如果共同体希望有一个共同的文化传统，可以进行再生产这一特性是根本性的，这一特性使新来者能进入共同体中心并将共同体加以拓展。"这是在所有实践共同体中都不断发生的过程："学生做老师的学徒，在他们的手下工作……通过教师的眼光去看待世界，总是做一个边缘的参与者。最终，当他们自己必须去教别人时，当他们自己必须发挥老师的作用时，他们进入了一个学习的新层次，开始拓展自己作为其组成部分的共同体的思考。他们在研究和教学过程中指导新成员。他们继续学习这个过程，并且可能更重要的是，他们越来越自信于对共同体的贡献，越来越自信于在共同体中的自我感觉。在这个过程中，他们对意义进行协商和使之具体化。通过这种循环，一个实践共同体和组成该共同体的成员进行了再生产，界定了

自我。"("从实习场到实践共同体",载乔纳森、兰德主编,《学习环境的理论基础》,同前,第 37 页)

由以下关于"知识、权力与教育"的分析相信读者可更好地理解关于学习本质的这样一种新的理解,以及究竟什么是"社会—文化研究"的主要特征。

8.2 知识、权力与教育

相对于学习活动的具体研究而言,"知识与权力"的分析可以被看成从更为宏观的视角指明了整体性的社会—文化环境对于现代人的塑造作用。如果采用"身份"这样一个术语,这也就是指,整体性的社会—文化环境对于现代社会中各个个人"身份"的形成与变化具有十分重要的影响。又由于后者直接涉及到了教育的文化价值和社会功能,从而为我们如何能够更好地去从事教育教学工作指明了努力的方向。

1. "现代人"的塑造及其反思

"知识与权力"可以被看成社会学研究的一个持续热点,更得到了不少被公认为属于"后现代主义者"的学者的高度重视。从整体上说,这正是后现代主义最为基本的一个立场,即对现代社会、人类的现代化进程、现代科学技术和现代思想体系等持强烈的批评态度。而且,在不少持有这一立场的学者看来,"知识与权力"这一论题恰又为我们具体地去从事上述的批判性工作提供了重要的切入点,包括我们应当如何去认识教育在"现代人"的塑造这一方面所发挥的作用。

以下就是后现代主义在当代的主要代表人物之一、法国著名哲学家福柯(M. Foucault)在这方面的一个基本认识,即就现代社会而言,主体形成自我意识的过程就是"权力—知识在现代主体中的内化"。这也就是指,传统意义上的独立的、自我决定的主体并不存在,恰恰相反,作为现代社会成员的主体都是权力造就的:"主体是在被奴役和支配中建立起来的。"(《福柯访谈录:权力的眼睛》,上海人民出版社,1997,第 19 页)

应当强调的是,尽管福柯在此使用了"被奴役"和"支配"等这样一些字眼,但这又正是福柯在这方面工作的一个重要特点,即提供了与传统观念很不相同的这样一种认识：权力不应被看成对于个人自由的纯粹压制，恰恰相反，它所发挥的主要是一种塑造的作用。后者并主要是通过日常的生活与活动不知不觉地实现的，即是一个常态化的过程。福柯还突出地强调了在"权力"与"知识"之间所存在的重要联系："权力和知识是直接相互蕴含的，不相应地建构一种知识领域就不可能有权力关系，不同时预设和建构权力关系也不会有任何知识。"简言之，"知识就是权力。"（引自 M. Malshaw, "The pedagogical relation in postmodern times"，载 M. Walshaw 主编 *Mathematics Education within Postmodern*，同前，第 127 页）

再者，这又是福柯以及众多后现代主义者所特别强调的一点，即认为科学在现今已经成为"形塑我们和我们这个世界的强大力量"。更为通俗地说，这也就是指，科学作为现代文化的主导力量现已成了一种权力、一种意识形态。这正如多尔在《后现代课程观》一书中所指出的："科学在本世纪已从一种学科或程序扩展为一种教条，它的方法迅速地扩展成为一种形而上学，从而创造了'科学主义'。这是对科学的崇拜，对科学的神化。"（教育科学出版社，2000，第 2 页）另外，正是基于这样一种认识，法国著名学者拉图尔提出，为了实现人的彻底解放，我们需要"第二次启蒙运动"："这……是人类历史上的第二次启蒙运动。这一次，关于社会及其定律的精确知识，不仅开始批判日常蒙昧主义的偏见，而且也对自然科学所创造出来的新偏见进行了批判。"后者即是指，我们应当"利用人文学科之确定性来揭露自然科学和科学主义的虚伪自负"。（拉图尔，《我们从未现代过》，苏州大学出版社，2010，第 41 页）

后现代主义者也对科学对于现代人的消极影响进行了具体分析。例如，所谓的"圆形监狱理性"就是福柯在这方面所提出的一个著名比喻，即认为借助于后者我们可更为清楚地认识"科学理性"对于现代人的消极影响："圆形监狱理性通过把理性与身体和任何具体生活内容相脱离，产生出一种殖民化形式的知识。它把自己置于身体与世界之上，因而客观化它们，……（但是）这种抽象化与无生活内容的性质，是以把具体的生活化归为一种固定程序与毫无情感的本能为代价的。"这也就是指，由于对于"理性"的崇拜，在一个不知不觉的过程中，"认知者与被认知的世界之间的对话被排除掉了"，而其直接结果不仅是科学的"祛魅"，也是人类自身的"异化"。（对此还可参见蔡仲，《后现代相

对主义与反科学思潮——科学、修饰与权力》,南京大学出版社,2004,第83页)

相信对于大多数在先前未曾接触过"后现代主义"的读者来说,上面的论述是比较难以理解和接受的。但是,尽管其中确有很多极端化的论点,甚至是明显的错误,后现代主义的批判确又可以被看成为我们深入认识和反思社会的现代化进程,特别是科学对于现代人的重要影响提供了重要启示。对此例如由以下的分析就可清楚地看出。

首先,这正是"(唯)科学主义"的一个基本涵义,即认为科学的方法可以无限制地应用于一切领域,我们更可依靠科学最终解决人类所面临的各种问题,而且,科学带给社会的只是进步和快乐,而没有任何消极的作用或影响。其次,这又可被看成科学在现今已经蜕变成"形而上学"或意识形态的一个重要证据:大多数现代人对于科学的推崇都只是一种盲从,在现实中更可经常看到这样的现象,即对于不同意见的压制现已完全取代了思想的开放性,教条的态度也已完全取代了批判的精神。最后,"科学"并已在很大程度上形成了一个自我强化的机制,更直接导致了"精英统治":"自然定律的发现促使人性对自然予以控制……首先是自然,其次是其他人服从于那些知道应该做什么的专家的意志便成为可能。"(多尔,《后现代课程观》,同前,第28页)

由此可见,我们确实应对"科学的社会—文化影响"作出更为深入的分析,特别是,我们不应"简单地假定,这一空前增长的社会和文化的影响始终都是进步的。我们必然要追问,自然科学是如何改变我们的,以及采用何种方式才能最具有批判性地理解和评价这些变化"。(劳斯,《知识与权力——走向科学的政治哲学》,北京大学出版社,2004,序言,第Ⅲ页)后者事实上也正是"科学的社会—文化批判"的基本立场。

但是,所有这些论述与我们目前的论题是否相距太远?恰恰相反,这正是这方面的一个基本事实:主要是由于教育特别是科学教育(对此应作广义的理解,即将数学教育也包括在内,而且,就基础教育而言,后者更应被看成具有特别重要的地位)的影响,我们才在不知不觉之中逐步形成了以下一些为后现代主义者所直接批判的思维方法和价值观念,乃至整体性的世界观念。

(1)"客体化"的思想。这可被看成科学对于人们思维方法最为重要的一个影响。因为，这正是科学研究最为基本的一个立场，即我们应当将研究对象看成独立的客观存在，尽管后者在最初很可能只是思维的一种"自由创造"。当然，从更为一般的角度去分析，我们又应提及所谓的"两极化思维"，即对于各个对立范畴的严格区分，包括主体与客体、人与世界、思维与存在、意识与物质、发现与创造、普遍性与特殊性、现象与本质、真理与谬误、清晰与含糊、理性与非理性、确定与不确定、稳定与不稳定，等等。人们也往往认为在上述的两极对立中一方占据了绝对主导与支配的地位，如物质对意识、本质对现象、理性对非理性等——当然，就科学研究而言，真理与谬误、理性与非理性的对立又应被看成具有特别的重要性。

与此相对照，这正是后现代主义在这方面的基本立场，即认为我们应当更加提倡多元论的观点与整合的立场，包括辩证地看待主客体之间的关系。特别是，人类对于外部世界的认识与改造也是一个塑造自身的过程，后者也就是我们在具体论及"科学对于人类的重要影响"时所采取的基本立场。

（2）科学对于现代人价值观念的影响集中地体现于这样一种心态或价值取向，即对于规律性、确定性的刻意追求，并以预测和控制作为主要的工作目标。

以下就是美国学者索尔蒂斯对于这种普遍性心态或价值取向"科学渊源"的分析："18世纪和19世纪关于物理世界的封闭系统观是一种原因和结果在宇宙机器之中运作交流的观点。那是一种确定性的宇宙，其中对联系和关系定律的发现可用于预测和控制。它为19世纪和20世纪发展起来的新社会科学以及教育研究与学术领域提供了一种类似的关于实在的观点。"（多尔，《后现代课程观》，同前，英文主编序言，第2页）进而，对于规律与控制的刻意追求事实上也可被看成现代社会最为重要的一个特征："表面上，我们生活在一个流动、机遇与变化的世界之中。但在这种场景背后，近代西方人一直渴望寻找其中隐藏着的永恒秩序，这就是近代科学的方向。物理学寻求隐藏在流动的生活经验中的永恒的冷酷规律。社会学具有同样的追求，但追求的是人类存在的永恒规则。"（皮克林，《实践的冲撞——时间、力量与科学》，南京大学出版社，2004，中文版序言，第1、2页）"科学和技术产生了一个狂热信奉下列座右铭的社会：'一致与稳定'。"（赫胥黎语。引自格里芬等主编，《后现代科学：科

学魅力的再现》,中央编译出版社,1998,第181页)

　　然而,对于规律与控制的刻意追求也正是"科学的社会—文化批判"的又一重要内容。例如,正是从这一立场出发,后现代主义者明确地提出,对于所谓的"元叙事"(metanarratives)应当持怀疑和批判的态度,我们应更加重视对象的特殊性,注意特定环境中的事物和现象的解读,即应当用多元性和差异性去取代统一性和普遍性。应当指出的是,这事实上也正是德国学者哈贝马斯(J. Habermas)明确提出关于"技术兴趣"、"实践兴趣"和"解放兴趣"的区分的主要原因(对此可参见6.3节)。特别是,对于预测与控制的片面追求所体现的正是最低层面的"技术兴趣":"它不仅缺乏古典理性追求'理论'那种'为学问而学问'的性格,而且把人生中的信仰、美感和意义全部排除了。"(详可见黄光国,《社会科学的理路》,心理出版社[台北],2001,第15、18章)

　　由于规律常常被理解成对于事物或现象本质的正确反映,因此,上面所提及的价值观念事实上也可被看成"本质主义"的直接反映。后者即是指,现象与事物背后一定存在相应的本质,我们也应致力于本质的发现与把握。

　　也正因此,这一认识受到了后现代主义者的广泛批判:"在哲学界,凡是认为现实的一般本质都可通过某种形而上学或世界观加以认识的想法,都遭到了人们的反对。遵循这一思想路线的存在主义者……强调每一个人的个性和特点。其他一些哲学家强调语言的重要作用,……在艺术、文学和其他领域,普遍的价值观统统被打入冷宫,代之以强调个人的相互联系或强调某种形式的结构。显而易见,在20世纪,现代思想的基石被彻底动摇了。"(伯姆,"后现代科学和后现代世界",载格里芬等主编,《后现代科学:科学魅力的再现》,同前,第81、82页)

　　最后,还应提及的是,对于"理性"的极力推崇事实上也可被看成由科学所导致的又一普遍性价值观念,这与对于规律与控制的刻意追求具有十分重要的联系:正如4.2节中已提及的,"理性"最初的涵义就是与"宗教"、"愚昧"直接相对立的,并认为世界是有规律的,我们更可借助合理的方法去发现这种规律。

　　由于"理性"在现实中几乎已经成了一切事物合理性和正当性的最高审判者、裁决者,因此,这也正是后现代主义批判性工作的又一重要内容:"在现代性批判中,对西方哲学的理性主义及其理性观念的批判是核心的部分,因为理性构成现代性'自我确证'的基石。也就是说,现代性是以理性为依托来进行启蒙、反对宗教教会的迷信、替代上帝进行现代社会的设计并塑造现代人的科学与道德观念。"(陈嘉明,《现代性与后现代性十五讲》,北京大学出版社,2006,第31、286、287、41、310页)

与"理性"相对立,后现代主义者突出强调了"自由性"这样一个概念,并认为后者与理性相比更应被看成人的本质。例如,韦伯指出:"完全理性化了的世界成为一个组织化了的世界、一个受非人格力量统治的世界。人在这个世界中既然受官僚机器的统治,受非人格化力量的支配,自然也就没有什么自由可言。"(陈嘉明,《现代性与后现代性十五讲》,同前,第114、115页)另外,我们显然也可从同一角度去理解海德格尔关于"人的异化"的以下论断:"现代人已经认识到,他们对于自然和文化世界的其他部分犯下了无法挽回的罪行,他们的力量和野心也空前膨胀,并且已经到了违反其自我本性的地步。"(拉图尔,《我们从未现代过》,同前,第142页)

当然,又如前面已提及的,这也可被看成"人的异化"的又一重要表现,即对"科学"的极度崇拜。从而不仅为"科学主义"的盛行提供了合适土壤,在很多情况下更已演变成了对科学家的高度推崇,即直接造成了一种新的"精英统治"。

(3)下面再转向现代人所普遍持有的整体性世界观念:由于这种观念主要也是通过科学的学习和普及不知不觉地形成的,因此,人们往往将此称为"现代科学世界观念"。(当然,现实中也存在另外一些不同的词语)

例如,费雷关于现代科学世界观念(他称为"宗教世界模式")的分析就集中于相应的心理形象:"完美机器的形象"、"终极粒子的形象"、"纯粹客体的形象"。另外,按照哈曼的分析,现代科学世界观念则主要奠基于这样一些"基本的形而上学的假设":实证论、还原主义和客观性。(格里芬等,《后现代科学:科学魅力的再现》,同前,第124、125、164页)再者,由于认为数学与牛顿力学在现代科学世界观念的形成过程中发挥了特别重要的作用,多尔就将这种观念称为"数学和机械的宇宙观"。

由"现代科学世界观念"与"建设性后现代主义者"所倡导的"后现代科学

观念"的简单比较,我们可更好地理解什么是"现代科学世界观念"的具体内涵。

具体地说,如果说"现代科学世界观念"经常使用物理学的隐喻,那么,"建设性后现代主义者"就更加欣赏生物学隐喻。例如,在英国学者谢尔德拉克看来,由物理学隐喻(他称为"机器范式")向生物学隐喻(他称为"有机体范式")的转变代表了一个真正的进步:"我们生长的这个世界充满着发展和创新。我们的文化无处不渗透着变革的意识,而且,我们所有重要的社会、历史、经验和政治的理论无一不是在一个进化的框架中形成的。……我们在理解'自然法则'时的这种变化与从机器范式到有机体范式的转变相吻合,而这后一种变化就是科学基础从现代向后现代的转变。"另外,美国学者科布所倡导的"生态世界观"则更加突出了整体论的思想,从而与作为现代科学世界观念重要内涵之一的"还原论"构成了直接的对立:"诚然,大多数人还不具有一种生态世界观……但是,还有另外一些人,对于他们来说,万物相互联系的观点已经成为一个包揽一切的氛围,其他科学,以及经济需求和军事政策所提出的问题都要在这个氛围中加以考虑。这一观念上的变化对于某些人来说是一个根本性的改变,……从这一点上讲,生态学成为了一种世界观。"(格里芬等,《后现代科学:科学魅力的再现》,同前,第112、113、147页)

更为概括地说,在不少后现代主义者看来,以下可被看成"现代科学"与"后现代科学"的主要区别所在:如果说因果性、简单性、线性(序列性)可以被看成现代科学的主要特征,那么,不确定性和创造性就是"后现代科学"的主要特征。这也就是指,后现代科学是"开放的、转变性的,而不是封闭的、可预测的"。(图尔明语)

综上可见,科学对于人们的整体性世界观念也有十分重要的影响,我们对此应当保持高度的自觉性,从而才能不断作出认真的反思与必要的更新。

2. 从教育的角度看

以上主要围绕"知识与权力"就科学和数学对于现代人的影响进行了分析。从教育的角度看,这显然更为清楚地表明了这样一点:无论就数学教育或是科学教育而言,都不应局限于知识的传授这样一个目标,而还应当很好地承担起观念和信念,特别是理性精神的形成这样一个更为艰巨的任务。而且,我们又不应单纯地强调科学和数学对于社会进步与个人发展的积极作用,也应清楚地看到其可能的消极影响,从而在工作中采取更为辩证和自觉的立场。

当然,就这方面的具体工作而言,我们又应特别强调这样一点:我们应保持头脑的开放性,特别是,应以后现代思潮为背景积极地去开展新的研究,从而更好地发挥教育的文化价值与社会功能,同时又应注意防止对于时髦潮流的盲目追随。

国外的相关实践在后一方也已为我们提供了直接启示。例如,在对后现代主义进行批判的一本专著中,美国学者列维特(N. Levitt)就曾指出:"教育学院——甚至它们的科学教育系——急切地渴望仿效最近的文化'理论家'、流行的文化人类学家等等的愚蠢、自以为是和行为主义。更糟糕的是,科学教育者有特殊的责任来确认和培养下一代职业科学家,这样的观念已被丢到一边。而且,在激进的科学教育学的观点看来,最高的责任是与科学作斗争,因为科学是一个'知识的专制主义形式'。""自居的小学和初等科学教育的改革者们,在主流教育理论家的帮助下,高高地挥舞着很有问题的哲学冲入争论之中,并背负着各种社会活动分子理论要求的学生负担。"(列维特著,戴建平译,《被困的普罗米修斯》,南京大学出版社,2003,第 286、305 页)

以下一些论述则更为直接地涉及到了数学教育。例如,在一篇题为"后现代主义与科学素质的问题"的论文中,美国印第安那大学的克瑞杰(N. Koretge)就曾对所谓的"后现代的数学教育"提出了直接批评:"某些暗示的教学改革是相当令人震惊的,……这些意在重新安排数学思想的教学秩序,强调这些最容易被某种特殊性别或种族的学生接受的数学的提议常常伴随着某些激进的观点,声称数学真理是依赖于文化……课程所列举的参考书目包括某些伟大的女性数学家和非欧洲的数学家的历史材料,但这一大纲已经被所谓的'种族数学'或'理解数学知识的政治学'和'远离数学中的欧洲中心主义'的解读而受到了严重的歪曲。……后现代科学元勘论战的参与者都关心这些边缘化群体,但对如何改革这种情形,他们持有两种完全不同的哲学立场。一种观点要为那些需要数学的女性和少数民族学生,更加丰富地揭示出基本的数学概念内涵。……另一种态度是试图使数学自身或数学教育适合学生常识的信念系统,……(认为)现在广泛采用的数学和分析推理应被视为一种文化帝国主义和社会非正义的表现。"("后现代主义与科学素质的问题",载克瑞杰主编,《沙滩上的房子——后现代主义者的科学神化曝光》,南京大学出版社,2003,第410、415页)事实上,这也正是列维特的一个明确论点:"从表面上看来,这些说法(指关于数学教育目标的论述——注)听起来使人很受鼓舞。它的目的好像是在年轻人中发展起学习高等数学以及数学研究所要求的大部分态度和技巧。……然而,事情的真相是,……在高调的灌输数学成熟性的野心背后,是为一个激进的数学教育的建构主义哲学做证明。以纯粹的形式说,它意味的是将不在任何传统的意义上教授学生数学技巧,而是使他们面对问题和难题,并且与之较劲(当然是集体的),希望作为一个'团体',他们会成功地建立关于数学的深刻见解——也就是说,'建构'他们自己的数学知识。教师不用指导他们以正确的方式解决问题。甚至无须在重要的形式概念下进行指导。这些必须由作为一个认识集体的班级来自行加以评价。……这应该是很明显的,即没有任何班级能够切实地以这种方式进行。……我的主要考虑不是谴责那些鼓舞数学教师全国委员会改革和类似努力的政治目标。以我的观点来看,这些目标整个说来是让人尊敬的,然而人们会反对通过科学和数学教育进行意识形态上的移植来追求这个目标。"(列维特著,戴建平译,《被困的普罗米修斯》,同前,第278、289、290、295页)

由以下实例我们可更好地理解盲目追随潮流对于数学教育乃至一般教育可能造成的伤害(引自克瑞杰,"后现代主义与科学素质的问题",同前):

约翰·凯勒迈尔将自己的数学课程描述为"改变学生对数学的理解的第一步,使他们认识到数学中的男性至上主义、种族主义或精英主义"。他这样写道,在学完这一课程后,学生将能够把握:

① 数学与数学教育的政治本性。

② 在数学及其社会学结果中的性与种族之间的差异。

③ 在数学中,检验影响到性与种族差异的因素。

④ 批判性地评价在数学中的欧洲中心主义和大男子主义。

以下则是所谓的"女性数学"为统计学教学设计的若干练习:

① 一项目前的研究表明患有易饿病的80%的女性在性生活上容易像儿童那样滥交。假如10位患有易饿病的女性被安排会面……至少有7位有性

乱交的女性的概率是多少?

② 在所有强暴的事件中,65％的受害人认识攻击者。如果我们与受到强暴的女性会面,其中有 4 位是受到陌生人强暴的概率是多少?

③ 研究表明,36％同性恋者由于其性倾向,容易受到肉体暴力的伤害。如果调查 150 位同性恋者,其中至少有 40 位受到肉体暴力伤害的概率是多少?

当然,作为问题的另一方面,我国的教育工作者特别是数学(和科学)教育工作者也应以后现代主义的相关论述为背景,更为深入地认识数学教育(和科学教育)的文化价值与社会功能。

以下围绕"现代科学世界观"和"科学文化"对此作出具体分析。

(1) 由后现代主义对于"现代科学世界观"的批判可以看出,这在很大程度上是针对"机械还原论"而言的。由于后者在很大程度上又可被看成是由科学的实际发展水平所决定的,具有明显的历史局限性,因此,从这一角度去分析,后现代主义对于"现代科学世界观"的批判就有很大的合理性。进而,由于"机械还原论"又只是科学世界观念的一种可能形式,因此,我们就不应因此而对后者持完全否定的态度,毋宁说,我们在此应更加强调科学世界观念的发展性和开放性。

容易想到的是,后者事实上也可被看成一些后现代主义者依据科学自身的发展来论证超越"机械还原论"的必要性给予我们的直接启示。例如,伯姆就曾依据物理学的现代发展对"机械论"的局限性进行了分析:"相对论(在某种程度上)和量子理论(在很大程度上)引起了对宇宙是一个可直观想象的和可知的秩序这一假设的疑问。"("后现代科学和后现代世界",载格里芬主编,《后现代世界观》,同前,第 81 页)这也就是指,科学必将由于自身的发展实现对于"机械还原论"这一历史局限性的超越。

显然,从后一角度去分析,我们应当更加重视对于科学活动在本体论和认识论方面基本假设的具体分析。因为,相对于总体性的科学世界观念而言,它们显然具有更大的稳定性,即可以被看成集中地反映了科学活动的本质特性。

具体地说,正如前面已提及的,这无疑可以被看成科学活动最为基本的一个出发点，即对于研究工作纯客观立场的强调。由于后者显然又以主客体的严格区分作为必要的前提，并认为我们应从客观规律中完全排除主观的成分，因此，正如诸多后现代主义者所反复强调的，如果缺乏足够自觉性的话，就很容易导致"科学的祛魅"乃至人性的丧失："所有人性到非人性过程的'向下的原因'都被革除；用基本的非人性过程解释一切的还原论方法被广泛接受。就这样，整个世界被祛魅了。"（格里芬，"科学的返魅"，载格里芬主编，《后现代科学》，同前，第4页）

事实上，现代的科学哲学研究清楚地表明，任何观察都必然会受到理论的污染。从而，所谓的"中性事实"根本不可能存在，任何科学研究也必然地包含有建构的成分，即不能被看成纯客观的。例如，"后现代文化"的主要倡导者之一罗蒂就曾明确指出："是我们的信念和愿望形成了我们的真理标准……因为我们没有一个天钩可以把我们吊离我们自己的信念和愿望，而达到某个较高的'客观立场'。"（罗蒂著，黄勇编译，《后哲学文化》，上海译文出版社，1992，第4页）由此可见，如果缺乏足够自觉性的话，我们在这一问题上就很容易陷入盲目的状态。特别是，"我们就会丧失自发性、创造性和责任感等有价值的东西，而这些才恰是人性的价值所在。如果全部实现那些应被视为和感觉成极度规律和精确的东西，每一事件的发生都是由其先前的环境决定的，那么不管我们实际上做什么，我们都不敢越雷池一步。那样，我们便不成其为负责任的力量。"（费雷，"宗教世界的形成与后现代科学"，载格里芬主编，《后现代科学》，同前，第125页）

再者，"理性主义"显然也可被看成科学活动在认识论方面的基本假设，这就是指，世界是有规律的，后者可借助合理的方法得到认识。尽管理性主义的这一立场具有很大的合理性，但是，正如许多科学家所已清楚认识到了的，理性方法也有其一定的局限性，特别是，我们应给直觉思维等"非理性成分"留下足够的空间。另外，更为一般地说，由于"科学是一个复杂的、异质的历史过程，其中既包含了高度复杂的系统，以及古老和僵化的思维形式，也包含了思想体系的含糊和不协调的预期。其中的一些成分可以以简洁的书面形式得到表述，另一些则是隐藏的，并且只有通过对照，通过与新的不寻常的观点加以比较才能得到认识"，因此，科学活动就不可能被完全纳入任何一种方法论的框架,毋宁说,我们决不应让任何一种方法论成为束缚自己的桎梏。(对此还可参见 P. Feyerabend, *Against Method*, NLB, 1975, 第 146 页)

综上可见,后现代主义对于"现代科学世界观"的批判确实有其一定的合理性,更有利于我们在这方面认识的不断深化。

(2)与以上关于"现代科学世界观"的分析相类似,"科学文化"显然也应被看成整体性人类文化的一个有机组成成分,而非唯一合理的文化形式。

事实上,人文社会学科与科学的区分可被看成为上述结论提供了重要论据,特别是,我们更应清楚地看到在"人文文化"与"科学文化"之间所存在的重要区别。特别是,从这一立场去分析,我们可清楚地看出:盲目提倡"人文社会学科的科学化"很不恰当。恰恰相反,我们不仅应当清楚地看到这两者之间所存在的重要区别,也应更加重视它们的必要互补与相互促进—— 当然,后者又不仅是指科学对于人文社会学科的积极影响,也包括相反方向上的作用。

例如,后现代主义关于科学对于人们世界观与价值取向重要影响的批判事实上可被看成后一方面的一个实例。正是人文学科特别是"现象学"与"解释学"以及存在主义等理论为后现代主义的兴起提供了重要的思想渊源。而后者则又直接促进了人们在上述方面的自觉反思与深入思考,从而对于促进科学包括科学(和数学)教育的深入发展也就有一定的积极意义。更为一般地说,这事实上也可被看成近年来得到人们普遍重视的"科学的人文关怀"的主要意义所在。

其次,从思维方式与价值观念的角度去分析,后现代主义的以下论点显然也具有重要的理论意义和现实意义:与片面强调规律性和确定性相对照,我们应当同样重视对象的特殊性和差异性,重视特定环境中的事物和现象的具体分析。另外,与"两极化思维"相对照,我们也应更为明确地去倡导多元论与整合的立场。

当然,无论就对于规律性和确定性的刻意追求,或是所谓的"两极化思维"而言,在很大程度上都可以被看成"机械决定论"的主要特征,而非科学的固有特征。也正因此,这事实上可被看成为我们如何能够更好地理解"科学文化"的内涵,包括通过我们的教学工作更好地发挥科学的文化价值指明了努力的方向。

最后,由对科学的推崇演变为对科学家的推崇显然也是完全错误的,即这是缺乏自觉性的表现,对此我们同样应当作出认真的反思并彻底地加以纠正。

综上可见,我们应当明确肯定后现代主义对"现代科学世界观"与"科学文化"的批判的积极意义,特别是,这十分有利于增强我们在这一方面的自觉性,包括认真的反思与更为深入的思考。这正如王治柯先生所指出的:"从哲学上看,后现代主义最大的贡献在于扭转了我们的思维定势,拓展了我们的思维视野。"(格里芬主编,《后现代科学》,同前,代序,第9页)

当然,在明确肯定后现代主义批判性工作的积极意义的同时,我们又应清楚地看到其所倡导的各种极端化立场的错误性。例如,尽管后现代主义者对于"表象主义"、"理性主义"、"本质主义"的批判都有一定的合理性,但如果因此而走向所谓的"反表象主义"、"反理性主义"、"反本质主义"则是完全错误的。同样地,我们也不应由"反科学主义"而走向"反科学",如因为片面强调认识活动的建构性质而断言科学仅仅是"社会的建构",乃至完全否定科学的真理性;认为在科学与宗教迷信之间不存在任何本质的区别;等等。

最后,应当提及的是,尽管后现代主义的"反科学立场"是完全错误的,但从教育的角度看,我们则又应当高度重视这样一个事实:"当科学知识摆在外行面前的时候,它根本就不是科学知识,毋宁说,这是某种被某一特殊阶层的命令强加的东西。"这也就是指,"要那些具有有限科学背景的人来接受它,不仅需要服从权威,还需要信仰的跳跃。否则,深奥的科学看起来与反科学与伪科学的假设的故事没有什么区别。"(列维特,《被困的普罗米修斯》,同前,第149页)从而,这事实上最为清楚地表明了努力提高广大民众科学素养的重要性,教育特别是科学和数学教育则更应当在这一方面发挥重要的作用。

总之,"社会—文化视角"可被看成为我们如何能够更为深入地认识教育的文化价值与社会功能提供了重要启示,特别是,这十分清楚地表明了:知识的学习不仅直接关系到了思维方式的养成,也是一个"塑造"人的过程。显然,从这一角度去分析,我们可以更为深入地理解明确提倡数学教育"三维目标"的重要性:这正是数学教育所应承担的文化使命与社会责任。

8.3 "课堂文化"：数学教育的微观文化研究

与前两节不同,本节的论题属于严格意义上的"文化研究",即主要集中于观念和信念的问题。之所以将此说成"微观的"研究,是因为我们在此所着眼的只是"课堂"这样一个小环境,即教师和学生所具有的各种与学习和教学活动直接相关的观念和信念。这正如尼克森所指出的:"由于文化的主要特征涉及到了看不见的信念和价值观,因此,数学教室的文化在很大程度上取决于教师和学生所具有的与学科有关的隐蔽的观念。"他还进一步指出,"通过采取文化的观点,我们可更为清楚地认识教学和学习的情境中所包含的这些'看不见的成分'对数学教学的成功或失败有着怎样的影响。"(M. Nickson,"The Culture of the Mathematics Classroom: an Unknown Quantity?"载 D. Grouws 主编,*Handbook of Research on Mathematics Teaching and Learning*,Macmillan,1992,第 102 页)

1. 数学教师的数学观与数学教学观

由于教师在教学活动的主导作用,我们在此应特别关注教师所具有的观念和信念,包括数学观与数学教学观。

(1) 按照英国学者欧内斯特的分析,对于教师所具有的数学观可以大致地区分出以下三种不同的类型(详见 P. Ernest,"The Impact of beliefs on the teaching of mathematics",paper prepared for ICME VI,Budapest,1988):

第一,动态的、易谬主义的数学观。这是指把数学看成人类的一种创造性和探索性的活动,从而自然包含有一定的错误与尝试,即处于不断的发展和变化之中。

第二,静态的、绝对主义的数学观。这是指把数学看成无可怀疑的真理的集合,这些真理并得到了很好的组织,即构成了一个高度统一且十分严密的逻辑体系。

第三,工具主义的数学观。这是指把数学看成适用于各种不同场合的事实性结论、方法和技巧的汇集。由于这些事实、方法和技巧可被看成是针对不同目的、彼此独立地发展起来的,因此,数学就不能被看成一个高度统一的整体。

欧内斯特的上述论点是与其他学者的研究结论较为接近的。例如,尼克森就突出地强调了"'形式主义'的传统"与"发展的、变化的数学观"的对立,而这两者在很大程度上可被看成是与欧内斯特所说的"静态的、绝对主义的数学观"与"动态的、易谬主义的数学观"直接相对应的。

当然,又正如大多数研究者已清楚地认识到的,他们所提供的只是一种极大地简化了的"图像"。后者则又不仅是指在这些"极端情况"之间还存在多种可能的中间状态,而且也是指以下的事实:不仅不同的数学教师可能具有完全不同的数学观念,而且,即使是同一个教师其数学观念也未必自洽。显然,后一事实更为清楚地表明了这样一点:教师的数学观未必是一种系统的理论观点,而更可能是一些朴素的认识,其持有者对此也未必具有清醒的自我意识。

(2) 所谓"数学教学观念",是指关于我们应当如何去从事数学教学的各种观点和看法。例如,以下就是这方面最为重要的一些问题:什么是数学教育的根本目标? 教师在教学中应当发挥怎样的作用? 学生在教学过程中又应发挥怎样的作用? 什么是合适的教学方法? 等等。

有研究者提出,对于教师所具有的数学教学观念也可大致地区分出以下四种类型(详见 T. Kuhs & D. Ball, *Approach to teaching mathematics*: *Mapping the domains of Knowledge, Skills and Dispositions*, Michigan State University,1986):

第一,以学生为中心的数学教学思想,即认为数学教学应当集中于学习者对于数学知识的建构。

第二,以内容为中心,并突出强调概念理解的数学教学思想,即认为我们应当围绕教学内容组织教学,并应特别重视概念的理解:我们在教学中不仅应当讲清"如何",而且还应讲清"为什么"。

第三,以内容为中心,并突出强调运作的数学教学思想,即认为数学教学应当特别重视学生的运作及其对于各种数学技能(法则、算法等)的掌握。

第四,以教学法为中心的数学教学思想。这种教学思想的主要特征是:与特定的教学内容相比较,教师应当更加重视教学法的问题,如教学环境的布置、教学环节的恰当组织，等等。

（3）尽管不同的研究者可能具有不同的研究角度或重点，但这又可被看成这方面的一项共识，即人们普遍地认为与数学教学观念相比较，数学观是更加重要的，也即认为正是数学教师所具有的数学观在很大程度上决定了他是以什么样的方式从事教学活动的。

例如，正如本书前言中已提及的，这就是法国著名数学家托姆（R. Thom）的一个明确论点："所有的数学教学法都建立在一定的数学哲学之上，尽管后者很可能只是很糟糕地界定了的，它的表述也是十分糟糕的。"（引自 M. Nickson，"The Culture of the Mathematics Classroom：an Unknown Quantity?"载 D. Grouws 主编，*Handbook of Research on Mathematics Teaching and Learning*，同前，第 102 页）另外，英国著名数学教育家斯根普也曾明确地写道："我们并不是在谈及关于同一数学的较好的和不那么好的教法。只是在经过了很长一段时期以后，我才认识到并非是这样的情况。我先前总认为数学教师都在教同样的科目，只是一些人比另一些人教得好而已。但我现在认为在'数学'这同一个名词下所教的事实上是两个不同的学科。"（引自 A. Thompson，"Teacher's Beliefs and Conceptions：a synthesis of the research"，载 D. Grouws 主编，*Handbook of Research on Mathematics Teaching and Learning*，同前，第 133 页）

上述的断言应当说有一定道理。如果一个数学教师所具有的是"静态的、绝对主义的数学观"，他无疑会倾向于把数学知识看成一种可以由教师传递给学生的纯客观的东西。从而，数学学习也就与探究完全无关，任何问题也必定有唯一正确的解答和唯一合理的解题途径，所说的正确性和合理性也就完全取决于教师的裁决。与此相对照，如果教师所持有的是"动态的、易谬主义的数学观"，那么，他在教学中就会大力提倡学生的参与，包括"问题解决"、合作学习与批判性讨论等。对于学生在学习过程中所出现的错误也会采取更为容忍的态度，并会通过师生的共同努力来消除错误，而不是简单地求助于教师（或教材）的权威。如果教师持有的是"工具主义的数学观"，那么，他在教学中就会特别重视教师的示范作用，并认为学生的职责就是记忆和模仿。

　　尽管我们应当明确肯定数学观对于教学活动的重要影响，但在笔者看来，这又不应被看成唯一重要的因素，因为，所说的"数学教学观"还包含一些相对独立的成分。具体地说，我们在此首先应看到关于数学教育目标的思考和认识。例如，以上关于数学观的强调事实上都反映了这样一种认识，即认为数学教育的基本目标就是要帮助学生学会数学（当然，对于所说的"数学"可能有多种不同的理解）。但是，我们究竟又应如何去理解数学教育的根本目标？特别是，什么又应被看成数学教育的社会职责呢？显然，对于这样两个问题有多种不同的看法。例如，如果集中于数学教育的社会职责，那么，与"帮助学生学会数学地思维"相比较，"帮助学生经由数学学习学会思维"就是更为合适的一个提法。另外，如果认为数学教育应对培养未来社会的合格公民作出贡献，而民主性、开放性和技术性的不断增强可被看成未来社会的重要特征，那么，我们显然会对应当如何去从事数学教学具有不同的看法，特别是，必定会更加强调探究性活动和合作学习的重要性。

　　另外，对于学习活动本质的理解显然也应被看成"数学教学观"的又一重要内容，后者相对于数学观而言显然也有一定的独立性。对此例如由建构主义自 20 世纪 80 年代以来在教育领域中的兴起就可清楚地看出（对此可参见 7.3 节）：这不仅促使我们重新认识教师和学生在教学活动中的作用和地位，更从整体上对传统的教法设计理论提出了严重挑战。

　　再者，又如 3.2 节中已提及的，我们还应清楚地看到教师的数学观念与教学实践之间的辩证关系。这也就是指，我们不仅应当清楚地看到教师的数学观念对其教学活动的重要影响，同时也应看到相关的教学实践无论成功与否又必然会促使教师对自己的数学观（以及数学教学观）作出总结与反思，乃至实现观念的必要更新。这正如辛普逊所指出的："已有的文献支持了这样一种观点，即观念影响了教室中的实践活动，教师所具有的观念在此似乎起了过滤器的作用，借此教师才能理解自己通过与学生和教学题材的相互作用获得的经验。但是，作为问题的另一方面，教师观念中很多成分又源自教室中的经验，并是由后者不断调整的，教师们正是通过与这一特定环境的相互作用，包括教学方面的各种要求与现存的问题，并经由反思对自己的观念作出评价和重组。"（A. Thompson, "Teacher's Beliefs and Conceptions: a synthesis of the research"，载 D. Grouws 主编，*Handbook of Research on Mathematics Teaching and Learning*，同前，第 138、139 页)

2. 学生的观念及其对于学习活动的重要影响

除去教师的观念以外，我们当然也应注意分析学生所具有的观念对于课堂中的教学活动的重要影响。由于对此在 3.1 节中已经有所涉及，在此就仅限于强调这样两点：

(1) 由于学生的观念主要是通过学校中的数学学习活动形成的(当然，我们在此也应看到整体性文化传统与特定环境的影响)，因此，我们应注意研究教学活动对于学生观念形成的重要影响。例如，如果教师的教学活动完全处于"静态的、绝对主义的数学观"的支配之下，学生很快就会形成这样的想法：数学就是数学课程中所列举的各个科目，如算术、代数、几何等；另外，没有学过的东西则不可能会，因为，学生的职责就是接受，而不是探究或发现，即把自己摆到了完全被动的地位。

在此我们还应特别强调这样一点：在现实中，特别是就低年级学生而言，他在学校中的全部活动主要地就是为了获得教师的认同与好评，特别是，如何能在各种考试中获得较好的成绩。也正因此，很多学生就会努力记住教师所教的东西，并通过模仿以获得教师所希望的解答——显然，一旦学生形成了这样的观念，数学的实际意义就会被看成是与学校中的数学学习完全不相干的。而这事实上也正是出现以下现象的一个重要原因：尽管教师(或教材)有时会引入一些日常情境，但这通常不能取得很好的效果。后者则又不仅是因为日常情境的引入有时过于牵强附会，而且也因为数学的现实意义在学生看来是与学校的数学学习完全无关的。

(2) 就观念的形成和变化而言，在教师与学生之间也存在有重要的相互影响，而不只是教师对于学生的影响。更为一般地说，他们更可被看成组成了相应的"学习共同体"(对此可参见 7.3 节)。对此例如由以下的事实就可清楚地看出：有时教师表现出了教学改革的极大热忱，但学生却对此采取了消极甚至抵制的态度，从而就必然地会对教师产生很大的负面影响。

3. 进一步的分析

综上可见，教师和学生所持有的观念(包括数学观和数学教学观)的确在很大程度上决定了课堂中的数学教学活动。应当强调的是,这也在很大程度上决定了教师和学生在教学活动中的地位与作用,包括两者相互作用的方式。也正因此,在一些研究者看来,我们应当将此看成"课堂文化"的又一重要内涵:"数学教室的文化是随着其中的角色改变的。各个教室所特有的文化是由以下因素所决定的,即教师和学生引入其中的知识、信念、价值观等,以及这些成分对于教室中社会运作的影响。"(M. Nickson, "The Culture of the Mathematics Classroom: an Unknown Quantity?"载 D. Grouws 主编, *Handbook of Research on Mathematics Teaching and Learning*,同前,第 111 页)后者正是 8.4 节的具体内容。

进而,这显然又可被看成"课堂文化"研究的主要意义,即十分有益于教师对自身所具有的各种观念的自觉反思,从而较好地实现观念的必要更新或改进。这正如辛普逊所指出的:"正是通过对于自己的观念和行动的反思,教师获得了关于自己的隐蔽的假设、信念和观点,以及这些成分是如何与自己的行动相联系的更大自觉性。也正是通过反思,教师发展起了关于自己的观念、假设和行动的更大合理性,并清楚地认识到了其他的可能性。"("Teacher's Beliefs and Conceptions: a synthesis of the research",同前,第 139 页)

当然,就这方面的具体工作而言,我们又应十分关注这样一个问题:教师的各种观念是如何形成的? 正如先前的分析论述已表明的,以下是这方面最为重要的一些因素:(1) 我们应当清楚地看到传统包括整体性文化传统与"数学教学传统",以及教师作为学生时的学习经验对于他们后来的教学工作的重要影响。(2)教师的教学实践,包括作为教学对象的学生对于教师的影响。应当指出的是,后者事实上也可被看成明确强调"(数学)学习共同体"这样一个概念的一个主要涵义,即作为其成员的教师与学生对于"什么是数学"以及"什么是适当的教学方法"等问题具有较为一致的看法。后者也对他们在课堂上的具体行为(责任与权力)具有重要的约束作用,特别是,既可能促成,也可能阻碍教师观念的变化。显然,这事实上也可被看成为我们应当如何去创建一个好的"学习共同体"指明了又一努力的方向。

当然,如果采取更为广泛的视角,在此也还有另外一些十分重要的因素。例如,就"动态的、发展的数学观"的形成而言,一定的数学研究经验具有特别

的重要性。例如,我们显然应当从这一角度去理解波利亚以下建议的重要性:
"数学教师应当具有一定的数学工作经验。""数学教师的训练,应当在解题讲
习班这种形式或任何其他适当的形式下,向他们提供有适当水平的独立的
('创造性'的)工作经历。"(波利亚著,刘景麟、曹之江、邹清莲译,《数学的发
现》,内蒙古人民出版社,1981,第二卷,第 168～172 页)

最后,为了促进教师观念的必要更新,我们显然又应特别重视对于已有观
念的自觉总结与反思。例如,就我们目前的论题而言,以下就是一些特别重要
的问题(对此还可参见 3.2 节):

什么是"数学文化"的具体内涵? 我们又应如何从文化的角度去理解各种
教学措施或教学活动的积极意义及其局限性? 再者,在现实中我们的数学课
堂所体现的又主要是怎样的一种文化? 什么又是在后一方面取得新的进展的
主要手段或基本途径,包括适当的教学模式与教学方法? 等等。

另外,我们究竟应当如何去认识课堂上的权力关系? 特别是,这是否应当
被看成课程改革的一个重要目标,即我们是否应当努力改变在现实中经常可
以看到的在师生之间所存在的单方面的权力关系?

后者也正是下一节的具体论题。

8.4　"社会—文化视角"下的课堂教学

本节仍然以教师与学生作为直接的分析对象,只是采用了社会学的理论
框架,主要集中于教师与学生的"身份"与课堂中的"权力"关系。

1. 学生"身份"的形成与变化[①]

(1) 这可被看成从"社会—文化的视角"对课堂教学进行具体分析的一个
直接结论,即我们应当明确提出"课堂学习共同体"这样一个概念,并从这一角
度去认识学习活动的性质:这正是指学生"身份"的形成和变化。

我们在此还应特别提及科学哲学现代研究的影响,特别是,正如 3.2 节中
已提及的,主要是由于美国著名科学哲学家库恩(T. Kuhn)的影响,"共同体"

[①]　这一小节的部分内容依据笔者与张晓贵合作完成的文章"学习共同体与课堂中的权力关系"
(《全球教育展望》,2006 年第 3 期)改写而成。

的概念才获得了人们的普遍重视,更在各个领域中得到了广泛应用。另外,就这一概念在教育领域中的应用而言,我们则又应当特别提及美国学者莱夫(J. Lave)和温格(E. Wenger)的影响。以下就是后者关于"(实践)共同体"的具体定义:"'共同体'这一术语既不意味着一定要是共同在场、定义明确、相互认同的团体,也不意味着一定具有看得见的社会界线。它实际意味着在一个活动系统中的参与,参与者共享他们对于该活动系统的理解,这种理解与他们所进行的该行动、该行动在他们生活中的意义以及对所在共同体的意义有关。"(莱夫、温格著,王文静等译,《情景学习:合法的边缘参与》,华东师范大学出版社,2004,第45页)

进而,作为对于各个成员在共同体中地位的具体分析,莱夫和温格又提出了关于共同体"核心成员"("中心参与")与"边缘参与者"("边缘性参与")的如下区分:"边缘性参与关系到在社会世界的定位。……边缘性是一个授权的位置;作为一个人受阻于充分参与的地方,从更为广泛的整个社会的观点看,它就是一个被剥夺权利的位置。""中心参与暗示着该共同体有一个中心,这个中心涉及个人在其中的位置。"(莱夫、温格著,王文静等译,《情景学习:合法的边缘参与》,同前,第6页)

显然,依据这一分析,我们可以对学生的学习活动作出如下的解读:"学习意味着成为另一个人。忽视了学习的这个方面就会忽略学习包括身份建构这个事实。"(莱夫、温格著,王文静等译,《情景学习:合法的边缘参与》,同前,第17页)

进而,也正是从这一角度去分析,我们可看出,如果仅仅因为某些个体对于相应共同体存在严重的抵触情绪,就将其完全排除在外就是很不恰当的。毋宁说,对于这些"弱势个体"我们应当给予更多的关注——就"课堂学习共同体"而言,这也就是指,我们不能仅仅因为某些学生在学习活动中不够积极主动就认定其不属于相应的共同体,而应努力促成其由"边缘参与者"向"核心成员"的转化。

其次,我们又应清楚地认识到这样一点:学习者的身份是由多种因素决定的。例如,就学生的数学学习活动(与此相对应的是"数学学习共同体")而言,我们应同时注意他们的"数学性身份"和"社会性身份":前者是指学生通过课堂中的数学学习所形成的身份,后者则是指各个个体与生俱来,以及通过家庭和社会中的生活获得的身份。进而,各个学生在"数学学习共同体"中的身份应被看成这两者的总和。

再者,学生在"课堂学习共同体"中身份的形成又非纯粹被动的过程,恰恰相反,其中往往也包括主体的自我选择或自我定位。例如,由于在共同体的"合格成员"与学生心目中的"理想自我"这两者之间可能存在较大差距,因此,通过学习活动最终所发生的既可能是"自我的丧失",也可能是主体对于相应共同体的自我疏离。例如,这就是鲍勒和格里诺通过数学学习的具体研究所得出的一个重要结论:在很多学生看来,传统的数学教学所要求的主要是(学生的)耐心、服从、韧性与承受挫折的能力,后者是与创造性、艺术性和人性直接相对立的——在鲍勒和格里诺看来,这为以下的事实提供了直接解答:为什么在传统的教学模式下有这么多的学生(特别是女生)不喜欢数学,尽管他(她)们未必是数学学习中的失败者,而只是不能接受关于"数学学习共同体合格成员"的传统定位,并更加倾向于创造性和艺术性等这样一些品质。(详见 J. Boaler & J. Greeno, "Identity, Agency and Knowing in Mathematical World",载 J. Boaler 主编, *Multiple Perspectives on Mathematics Teaching and Learning*, Ablex Pub., 2000)

当然,学生在"课堂学习共同体"中的身份又非绝对不变,而是处于不断地变化之中。事实上,正如前面已提及的,在一些学者看来,我们可从这一角度对学习的本质作出概括:学习就是指学习者由"合法的边缘参与者"逐步演变成了相应共同体的"核心成员"。例如,在《情景学习:合法的边缘性参与》一书中,莱夫和温格就曾通过助产士、裁缝、海军舵手、屠夫和戒酒的酗酒者等5个学徒制的实例指明了学习与工作实践不可分割,以及相关学习活动的如下性质:学习就是参与到了相应的社会实践之中,并由"合法的边缘参与者"逐步演变成了相应共同体的"核心成员"。

应当指出,莱夫和温格的上述观点在西方教育界具有十分广泛的影响,一些学者更因此而提出了这样的论点:我们应当以"学徒制"为范例对传统的课堂教学进行改造。但是,正如前面已提及的,后者事实上又只能说是一种简单化的观点,因为,在"学校教育"与"学徒制"(相应地,"师徒实践共同体"与"课堂学习共同体")之间存在重要的区别。

(2) 以下对"课堂学习共同体"与"师徒实践共同体"的区别作出具体分析，这事实上直接涉及到了课堂上的权力关系。

第一，如果说这正是"师徒实践共同体"的一个明显特点，即学习活动与工作实践不可分割，师傅与徒弟都直接参与了相关产品的生产活动，那么，"课堂学习共同体"在这方面显然就有很大的不同。课堂教学的主要任务之一就是帮助学生掌握若干普遍性的，而非某一特定工作所必需的基础知识和基本技能。即使我们突出地强调了基础知识和基本技能的可应用性，但由于学生主要处于课堂这一特定情境，而不是相关知识或技能的某个应用情境，因此，在此始终存在知识和技能的"可迁移性"问题，或者说，在学生的学习活动与他们未来的工作实践之间必定有一定的差距。

第二，相对于"师徒实践共同体"而言，"课堂学习共同体"具有更大的变化性。特别是，随着学生由小学逐步升入初中、高中，相应的班级成员特别是任课老师必定有一定变化。进而，这又正是所说的变化的一个重要特征：尽管其成员不断有所变化，但在"课堂学习共同体"中占据核心地位的始终是相关的教师，从而也就与学徒由"边缘参与者"逐渐演变成为"核心成员"的情况有很大的不同。

事实上，这也正是传统的教育社会学研究的一个基本论点：共同体中必定存在一定的权力关系，后者并必然地会受到更大的社会关系的重要影响，即在很大程度上体现了社会上关于共同体不同成员的实际定位。就"课堂学习共同体"而言，这也就是指，社会上关于教师与学生在教学活动中不同地位的普遍认识在很大程度上决定了课堂中的权力关系。例如，著名教育社会学家伯恩斯坦(B. Bernstein)就曾明确指出，学校不过是社会的一种复制：有什么样的社会就有什么样的学校，特别是，教育中的一切行为其实都是权力分配的反映。

另外，依据先前所提到的"知识就是权力"这样一个断言，我们显然也可更清楚地认识课堂上的权力关系：在通常情况下，教师在"课堂学习共同体"中总是处于权力的地位，因为，教师与学生相比显然具有更多的知识，除非社会上关于知识的普遍性认识发生了根本性的变化。例如，"文化大革命"就是这样的一个特例：这时课堂上的权力关系与其他一切社会关系一样，都被彻底地倒转了过来。

最后，应当指出的是，这事实上也正是很多学者的一个共同观点，即认为课堂上的权力关系不可能轻易地得到改变。例如，这就是英国著名数学教育家、"数学教育文化研究"的主要开拓者之一毕晓普（A. Bishop）的一个明确论点："教师在教室中必然地是一个制度化的权威。他通过对于协调过程的启动、指导、组织表现出了行动中的权威。"（引自 P. Cobb 等，"Constructivist, Emergent, and Socio-cultural Perspectives in the Context of Development Research"，载 T. Carpenter 等主编，*Classics in Mathematics Education Research*，NCTM，2004，第 212 页）另外，这显然也可被看成教师工作专业性质的一个重要表现或必然要求，即在教学活动中享有很大的自主权。（详可见 N, Nodddings，"Professionalization and Mathematics Teaching"，载 D. Grouws 主编，*Handbook of Research of Mathematics Teaching and Learning*，同前）

（3）综上可见，由"合法的边缘参与者"向"核心成员"的转化不能被看成准确地表明了课堂学习的本质，那种认为应当以"学徒制"为范例对传统的课堂教学进行改造的观点更不能被看成一种正确的主张。与此相对照，我们应更加重视与学生认知水平的发展相对应的如下"身份"变化，即其如何由"不自觉的学习者"（"新手学习者"）逐步转变成了"自觉的学习者"（"成熟的学习者"）。

例如，从后一角度去分析，以下关于认知发展的常见模型显然也可被用于学生通过课堂学习逐步实现的"身份变化"：①"沉默和接受知识"。在这一阶段，学习主要表现为对于他人所授予的知识的被动接受。②"主观的知识"。在这一阶段，学习仍然主要表现为对于他人所授予的知识的被动接受，但学习者已经表现出了对于他人的知识和权威的一定抵制，并更加愿意相信自己的直觉。③"程序的知识"。在这一阶段，学习者已不再为他人所压制，不再把他人看成无可怀疑的权威，并能按照一定的程序或标准对相关知识的可靠性作出检验。④"建构的认识"。在这一阶段学习者已成为了真正自治的认识者。

当然,即使在后一种情况下,我们仍应清楚地看到课堂学习对于学生身份塑造的重要影响。特别是,尽管这种学习活动就其直接形式而言主要集中于具体知识和技能的学习,但这事实上也直接关系到了学生思维方法的养成,乃至不知不觉地逐步形成了一定的情感、态度与价值观,即一定的身份或"具体定位"。

更为一般地说,这也就是指,我们应当清楚地看到在学生的认知活动与其在学习共同体中的"身份"定位这两者之间的重要联系。例如,在笔者看来,我们可从这一角度更为深入地去理解以下的论述:"学生所关注的仅仅是如何能给出正确的解答,借此可以使教师与其他的重要人士感到满意,从而学生也就可以获得认同。"(T. Cabral,"Affect and Cognition in pedagogical transference",载 M. Walshaw 主编,*Mathematics Education within Postmodern*,Information Age Publishing,2004,第 146 页)

最后,还应强调的是,我们又不应单纯地从当前的学习活动去认识学生身份的形成与变化的重要性,而也应当十分关注后者对其未来生活和工作的重要影响,即应当将当前的"身份"看成决定他们在未来社会中"身份"十分重要的一个因素。显然,这也正是我们如何能够更好地发挥数学教育的文化价值与社会功能所应高度重视的一个问题。

2. 教师"身份"的界定

(1)依据上述的分析我们也可看出以下论点的错误性,即认为由传统的课堂教学向"现代课堂教学"的转变必然地会导致一种新的权力关系,也即"课堂学习共同体"中权力关系的重组或重新分配。恰恰相反,教学改革的关键并非剥夺教师的权力,而是应当帮助教师更恰当地去使用自己的权力。

例如,在笔者看来,以下的常见现象可被看成从一个特定角度更为清楚地表明了上述结论的正确性,即尽管"小组学习"这一学习形式的采用的确可以被看成在一定程度上分散了教师的权力,但在实践中我们则又经常可以看到这样一个现象:在小组内少数几个同学取代教师占据了支配地位,而其所以能取得这一地位主要是因为他们在学习上较为先进。从而,尽管教师的权力在一定程度上被分散了,但却只是由原来的"大老师"变成了几个"小老师",即只是造成了形式上的变化,但就权力的使用方式而言却没有任何实质性的变化。

　　进而，以下的论述则可被看成较为具体地表明了教师在教学中究竟应当如何去使用权力：我们应当由"知识的传授者"转变成"学生学习活动的促进者、组织者与引导者"（对此可参见 7.3 节）。例如，按照前一定位，教师无疑有权对学生解答的对错，以及不同解题途径的好坏作出最终裁决，学生则应无条件地服从教师的裁决。但是，如果从后一定位去分析，教师则应当大力提倡解题方法的多样化。而且，尽管教师应当努力帮助学生实现必要的优化，但后者又不应被理解成强制的统一。恰恰相反，教师应当充分尊重学生的自主选择，并应看到方法论上的转变应是学生的自觉行为——当然，后者又不应成为教师无所作为、放之任之的理由。毋宁说，这正是教师"引导作用"的一个重要方面，即应当随着时间的推移和学习的深入从不同角度或层面不断对各种解题方法作出比较，有效地促进学生对自己原先所采用的方法作出积极反思与必要的改进，从而使学生在方法论上达到更大的自觉性和先进性。

　　应当指出的是，我们事实上还可从同一角度对课程改革中的其他一些相关的问题作出具体分析。例如，"权力"这一因素在我国新一轮课程改革中无疑也发挥了特别重要的作用，但是，这究竟是一种社会权力，还是一种由于知识而导致的权力？

　　进而，我们又应清楚地认识到这样一点：无论是单纯的社会权力或是由知识而导致的权力，都很容易导致一定的弊端。就前者而言，容易造成形式主义的泛滥，特别是对于某些新的教学方法或形式的片面提倡；就后者而言，则容易出现理论与教学实践的严重脱节。显然，这事实上也可被看成国内外历次教育改革运动给予我们的一个深刻教训。

　　也正因此，这应被看成成功实施课程改革十分重要的一环，即我们应当高度重视权力的使用方式，或者说，我们应更为深入地去思考究竟什么是实施课程改革最为有效的途径和方式。例如，在笔者看来，我们在此应特别重视"权力"的适当分散，因为，正如 6.3 节中已指出的，权力的高度集中必然会导致单纯的"由上至下"的运作模式，从而事实上将广大一线教师置于了完全被动的地位。

　　（2）与学生"身份"的形成与变化相对应，我们也应高度重视教师"身份"

的具体分析。

具体地说，我们在此首先应将分析的着眼点由"课堂学习共同体"扩展到"教育共同体"，并将整个社会也适当考虑在内。这也就是指，我们在此所关注的已不只是教师与学生的关系，也包括教师与"教育共同体"中的其他成员，如教育的理论研究者、教育政策的制定者、教育的行政管理人员、教材编写者、考核的设计人员等之间的关系。进而，我们又应特别重视教师所应承担的社会责任。

事实上，正如7.3节中已指出的，这是现代教育与古代教育的一个重要区别：现代教育是一种具有明确目标，并高度组织化了的社会行为，而教师只是其中的一个环节或方面。进而，尽管我们应当明确肯定教师对于教育工作的特殊重要性，但这显然又应被看成关于教师的"身份"更为恰当的一个表述：在现代社会中每个教师都是作为"教育共同体"的一员从事自己的教学活动的，特别是，教师的教学必定处于一定教育体制的约束之下（这集中体现于教学大纲、教材和一定的考核方法），教师也就是在整体性的教育体制与教育对象之间发挥了中介的作用。

其次，正如学生"身份"的形成，教师"身份"的形成显然也应被看成多种因素共同作用的结果，更可能包括一定的冲突与斗争（正是在这样的意义上，一些学者提出，同一个个体很可能具有多种不同的"身份"）。例如，在新教师走上工作岗位的初期，"外部（政府、学校、家长）"的要求往往与其原先具有的关于教师工作的憧憬构成了直接的冲突。而其结果则又往往是教师因迫于压力而不得不放弃个人原有的理想，即或者被迫采取了传统的教师定位，或是因为始终无法适应外部的要求而最终放弃了教师工作。（对此并可见 T. Brown & L. Jones & T. Bibby, "Identification with Mathematics in Initial Teacher Training", 载 M. Walshaw 主编, *Mathematics Education within Postmodern*, 同前）另外，对于课改中经常可以看到的以下现象我们显然也可从同一角度作出合理的解释：一些教师在刚刚结束培训时往往对改革充满了激情，但在回到教学岗位以后则又很快恢复了故态。

再者，与学生由"不自觉的学习者"向"自觉的学习者"的转变相类似，对于教师的成长我们同样也可区分出几个不同的阶段。例如，以下就是由帕里

(W. Perry)所给出的关于教师成长的四个不同阶段：①① "简单的二元论者"。处于这一阶段的教师习惯于(或者更为恰当地说,是拘泥于)用"非此即彼、非对即错"这样的两极化思维方式去思考问题,如对于"好的教学方法"与"坏的教学方法"的绝对区分。在这一阶段中人们还往往会通过求助于外部权威来作出相应的判断。② "相对主义"。这是指由绝对的肯定与否定转向了相对主义,即认为所有的理论或主张都是同样好或同样坏的。③ "分析性立场"。在这一阶段人们已能认识到"相对主义"的错误性,并能依据一定的准则对各种理论或主张的好坏作出独立的判断。④ "自觉的承诺"。在这一阶段人们已能通过不同理论或观点的比较与批判更为深入地认识它们的优点和局限性。(W. Perry, *Forms of Intellectual and Ethical Development in the College Years: A Scheme*, Holt, Rinehart and Winston, 1970)

在此我们还可再次特别提及德国著名学者哈贝马斯(J. Habermas)关于"技术兴趣"、"实践兴趣"和"解放兴趣"的如下区分："技术兴趣"是通过合乎规律(规则)的行为而对环境加以控制的人类的基本兴趣,它指向于外在目标,是结果取向的,其核心是"控制";"实践兴趣"则是建立在对意义的"一致性解释"的基础上,通过与环境的相互作用而理解环境的人类兴趣,它指向于行为自身的目的,是过程取向的,其核心是"理解";"解放兴趣"是人类对"解放"和"权力赋予"的基本兴趣,它指向于自我反省和批判意识的追求,进而达到自主和责任心的形成。这事实上也可被看成对教师的专业成长提出了更高的要求:我们应当努力实现由"规范"向"超越"的重要转变,特别是,应当努力发展自己的分析和批判能力,从而彻底改变对于外部权威或时髦潮流的盲从。

当然,从根本上说,这又应成为全部教育工作者的一个共同追求,即应当更好地承担起自己的社会责任,包括如何能通过我们的工作促进社会的进步或变革。这正如巴西著名数学教育家德安布罗西奥所指出的:"作为一门科学分支的数学教学理论从本质上说正是对我们自己、我们在社会大框架中的地

---

① 以下所提及的四个名称并非直接的翻译(simple dualism, multiplicity, relativism, commitment),而是依据其内涵进行了必要的调整。

位、我们在形成未来中所担负的责任所作的批判性思考。"("数学教与学的文化框架",载 R. Biehler 主编,《数学教育理论是一门科学》,上海教育出版社,1998,第 516 页)

值得指出的是,后者事实上也正是教育领域中所谓的"批判的范式"的基本立场:"批判的范式的目标就是要把知识的模式和那些限制我们的实践活动的社会条件弄清楚。持有这种观点的人的基本假设是人们可以通过思想和行动来改造自己生活于其中的社会环境。"(T. Romberg, "Perspectives on Scholarship and Research Methods",载 D. Grouws 主编,*Handbook of Research on Mathematics Teaching and Learning*,同前,第 55 页)

显然,这也正是我国教师在实际定位中需要特别加强的一个方面。

8.5 认识的必要深化

以下再从理论角度对我们如何能够更为深入地认识学习和教学,特别是数学学习和教学活动的本质或特征性质提出一些具体的想法。

1. 教学活动的复杂性

依据上面所提及的各种研究,显然可以引出这样一个结论,即我们应当明确肯定教学活动的复杂性。

例如,这正是关于课堂教学的文化研究的一个基本立场,即明确肯定了教师和学生所持有的各种观念和信念对于教学和学习活动的重要影响。另外,如果说认知心理学的研究乃至建构主义的教学观主要地都集中于人们的认知行为,那么,所谓的"社会—文化研究"显然又为我们更为深入地认识学习与教学活动提供了又一新的视角:在此也应十分重视各个学生与相应的学习共同体,以及学生与学生、学生与教师之间的关系。

这事实上反映了人们对于教学活动复杂性的认识的不断深化,特别是,我们应充分认识到各种影响的相互性,如我们不仅应当研究教师对于学生的影响,而且也应看到学生间的相互影响,以及学生对于教师的重要影响。再者,我们不仅应当清楚地看到教师专业知识对于教学活动的重要影响,而且也应看到教师的观念和信念在这方面的重要作用,以及实际教学工作对于教师观念和信念转变的重要影响。进而,依据上述的分析,相信读者也可更好地理解柯布勒与格鲁斯的以下分析,即就西方特别是美国数学教育界对于课堂教学的认识而言,可以大致地区分出如下不同的阶段(详可见 M. Koebler & D. Grouws,"Mathematics Teaching Practices and Their Effects",载 D. Grouws 主编, *Handbook of Research on Mathematics Teaching and Learning*,同前):

第一,由唯一注重教师个人特性(或品格)对于学生的影响(图 8-1)转而更加重视教师在课堂上的教学行为(图 8-2)。

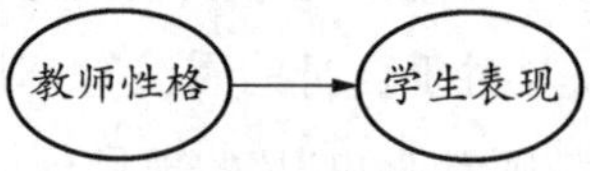

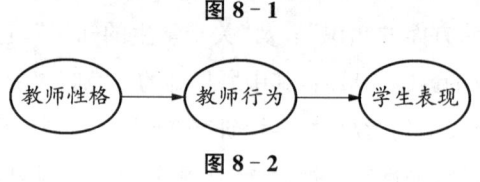

图 8-1

图 8-2

第二,由唯一重视教师的教学行为转而更加重视师生在课堂上的互动(图 8-3)。

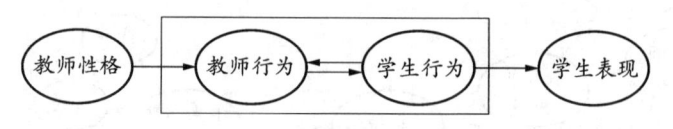

图 8-3

例如,正是基于这样一种认识,"什么是真正的互动"获得了人们的普遍重视。人们更建立起了这样的共识:真正的互动不应是"线性的和纯因果性的",而应是"反思性、循环性和相互依赖的"。(对此还可参见第 9 章的相关论述)

第三,相对于图 8-3 而言,图 8-4 主要反映了这样一种新的认识:在研究教学活动时,我们应将学生的个人特性或品格(包括性别、民族等)同时考虑在内。另外,就教学效果而言,我们则又不仅应当注意"短期效果",而且也应注意"长期效果";不仅应当考虑认知的因素,而且也应考虑到各种"非认知因素",包括情感、态度与价值观等。

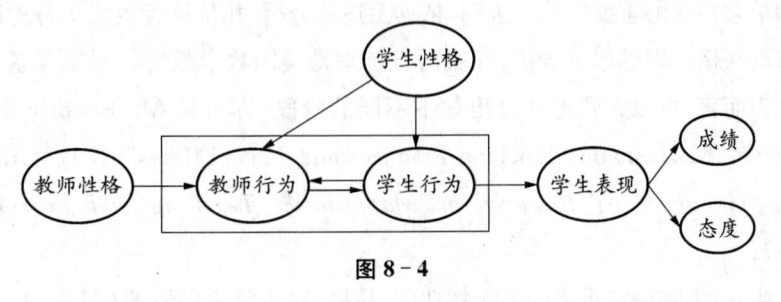

图 8-4

第四,与上述各个示意图相比较,图 8-5 显然更为清楚地表明了教学活动的复杂性,特别是,其中更突出强调了教师的观念(包括数学观和教学观)和学生的观念(包括数学观以及对于自身的看法等)对于教学活动的重要影响。另外,其中也反映了关于"教师专业知识"的现代分析:这包括有"关于数学内容的知识"、"教学法方面的知识"以及"关于学生的知识",它们对于教师的教学也具有十分重要的影响。最后,其中所提到的"性别"、"种族"等则又集中地反映了较为传统意义上的"教育社会学研究"的影响,因为,后者所主要关注的就是整体性社会问题(如性别歧视、种族歧视等)在教育领域中的表现或反映。

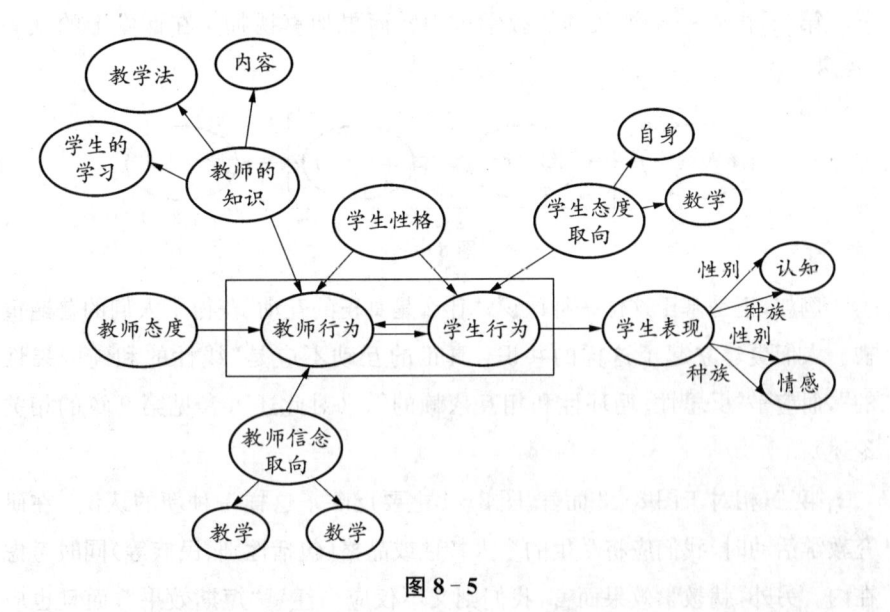

图 8-5

总之,正因为采取了多个不同的视角,人们现已获得了关于课堂教学更为深入的认识,并揭示出了多个在先前往往为人们所忽视的方面或环节,从而更为清楚地表明了教学活动的复杂性。

2. 不同研究的必要互补与适当整合

（1）这是伴随着"社会—文化研究"20 世纪 90 年代的兴起所出现的一个特殊现象，即一些学者突出地强调了教育研究的"社会转向"。例如，英国学者拉曼（S. Lerman）为自己的一篇论文采用的题目就是："数学教育研究的社会转向"（"The Social Turn in Mathematics Education Research"，载 J. Boaler 主编，*Multiple Perspectives on Mathematics Teaching and Learning*，同前，2000）

笔者以为，如果所说的"转向"只是指研究视角的必要拓展，特别是，在经历了由行为主义到认知心理学的发展以后，我们不应因此而忽视"外部"的研究，而应清楚地看到在认知活动（包括学习活动）与外部环境之间所存在的重要联系，以及个体与相应群体之间的关系等，那么，上面的主张就可说有很大的合理性。

当然，教育研究的方向并不是由少数学术带头人的个人意愿或兴趣所决定的，而是主要取决于教育自身发展的需要。而且，即使是个别学者的意见或看法在很大程度上也可被看成是由相应情境所直接决定的。例如，我们显然可从后一角度去理解整体性学术氛围的重要性——就我们目前的论题而言，这就是指西方社会中后现代思潮乃至一般意义上的"社会—文化研究"的兴起。

但是，作为问题的另一方面，我们又应清楚地看到，对于所说的"转向"我们决不应理解成"社会—文化研究"应当被看成教育领域中唯一合理的研究方向。我们更应防止与纠正各种片面性的认识，如由于后者的兴起而完全否定深入开展认知心理学（认知科学）研究的重要性。

应当指出的是，后者事实上也可被看成心理学发展给予我们的一个重要启示：我们不应因为认知心理学取代行为主义在心理学领域中占据了主导地位就完全否定后一方面研究的意义，毋宁说，所说的发展事实上只是清楚地表明了行为主义研究的局限性，或者说，我们应通过新的研究实现必要的超越。也正因此，在明确肯定认知心理学研究的积极意义的同时，我们也应清楚地看到行为主义仍有其一定的合理性或存在价值，从而，与片面强调两者之中的任何一个相比较,我们应更加重视两者的必要互补。

例如,我们显然应当从这一角度去理解以下的论述:

第一,我们不应将行为主义与"教师中心课堂、讲授、材料的被动接受等方法和状况"直接联系起来,恰恰相反,"行为主义曾经是一次以积极学习为核心目的的改革运动……传统方法,如教师中心的课堂和讲授等,正是行为主义者所努力改革的东西"。(威尔逊等,"理论与实践境脉中的情境认知",载乔纳森、兰德主编,《学习环境的理论基础》,同前,第57页)

以下则更可以被看成行为主义对于教学的直接贡献:对教学目标的明确界定、对结果的高度重视、对任务的恰当分解、程序化的教学方法,等等。

第二,正是由于认知心理学研究的兴起,以下一些概念或方面才获得了人们的普遍重视,这对于改进教学显然具有十分重要的意义:感知的选择性、知识的分类、记忆的局限性、图式与认知框架在认识活动中的作用、同化与顺应、元认知,等等。更为一般地说,这也十分清楚地表明了深入研究内在思维活动的必要性和重要性。

进而,我们显然也应从同一角度对"情境学习理论"等新的理论成果的积极意义作出具体分析,包括与传统学习理论作出必要的比较。例如,在笔者看来,这正是以色列著名数学教育家斯法德以下论述的主要意义所在:

对于学习活动可以提出这样两个不同的隐喻,它们是与"传统学习理论"和"情境学习理论"分别相对应的:① "学习是一种获得"(learning as acquisition);② "学习是一种参与"(learning as participation)。这两者有着不同的研究问题或研究重点:"获得主义者主要关注确定跨情境的学习不变量,参与主义者则将关注点转移到了活动本身及其变化。""参与主义的研究者聚焦于学习者与共同体其他成员之间的不断增长的相互理解与协调。"(A. Sfard,"There is more to discourse than meets the ears: Looking at thinking as communication to learn more about mathematics learning", *Educational Studies in Mathematics*,2001(1~3),第24页)

综上可见,我们不应因为"社会—文化研究"的兴起而完全否定行为主义与认知心理学研究的意义,恰恰相反,我们应当明确提倡多元的视角与整合的立场。这正如威尔逊等人所指出的:"在设计和参与学习环境的过程中,要注意不能太教条地或单一地应用任何特定的理论。""学习环境的设计者应该努力使他们的观点更具包容性和拓展性……力求把看待整个系统的多种观点加以整合……"(威尔逊等,"理论与实践境脉中的情境认知",同前,第 54、64 页)

应当指出的是,上述立场在现今得到了国际数学教育界大多数人士的普遍认同,特别是,就当前而言,我们更可看到这样一种发展趋势,即"社会视角"与"心理学视角"("认知视角")的必要互补与适当整合。

以下就是拉曼关于这两种视角以及它们之间区别的一个概括:"极端建构主义"在一定意义上可被看成是将数学学习研究中的"心理学视角"(他称为"心理学模式"(psychological paradigm))发展到了极端的地步,即认为学生的学习是纯粹的个人行为,并是与外部情境包括整体性的社会—文化环境完全隔离的,也即是完全独立、彻底自治的。与此相对立,"社会建构主义"则已包含了由"心理学视角"向"社会视角"的重要转变,因为,后者主要就是从个体间的互动这一角度指明了认知活动的社会性质。再者,所谓的"情境认知"则可说更为深入地指明了学习活动的社会性质,从而不仅为数学教育研究开拓了一个新的研究领域,也使人们的认识得到了进一步的深化。(详可见 S. Lerman,"The Social Turn in Mathematics Education Research",载 J. Boaler 主编,*Multiple Perspectives on Mathematics Teaching and Learning*,同前)

当然,又如上面已指出的,尽管这两种视角存在重要的区别,但我们又不应片面地强调其中的任何一个,并因此对另一个采取完全排斥的态度,而是应当更加重视两者的必要互补与适当整合。

具体地说,尽管我们应当明确肯定认知活动的情境相关性,但又不能认为学生的学习活动是由他所处的情境唯一决定的。另外,又如以上关于"情境的要求"与学生的"理想自我"之间的冲突已清楚地表明的,学生的"社会定位"最终也只能通过主体内在的思维活动才能得以实现,从而,我们在此应同时采取"社会视角"和"心理学视角"。

另外,正如上面已提及的,这事实上也正是大多数数学教育工作者在经历了上述的发展变化以后最终采取的立场。例如,德国著名数学教育家鲍尔斯费尔德就曾明确指出,一个适当的立场应是"极端建构主义的原则……以及对于社会维度在个人建构活动中的作用和教室中社会作用过程的一个整合的和互补的说明"。（H. Bauersfeld,"Classroom culture from a social constructivist's perspective", *Educational Studies in Mathematics*, 23 [1992],第 467 页)另外,尽管这正是由鲍勒所主编的一部论文集的主要目的,即对"社会视角"作出具体的论述,但他在"前言"中也明确指出:"社会视角"与"心理学视角"事实上存在互补的关系,鲍勒更因此将自己所主编的这一论文集起名为《多视角下的数学教学》(*Multiple Perspectives on Mathematics Teaching and Learning*)。

再者,美国著名数学教育家柯布更明确地指出,这正是他在过去 10 多年中所实际经历的思维发展过程,即由"最初的个体主义的立场转向了如何将社会的和心理学的视角作出协调这样一种立场"。他并因此而开展了积极的合作研究。例如,以下就是由柯布与德国学者鲍尔斯费尔德联合承担的一项研究:柯布在先前主要侧重于"心理学视角",鲍尔斯费尔德的工作则主要集中于"社会(互动)的模式"。然而,正是通过相互间的交流与合作,他们最终得出了这样的共同结论:"心理学与社会的视角都只是说出了问题的一半,在此所需要的是一个综合的途径,即在认真研究各个学生的数学解释的同时,也应清楚地看到这种活动必定是在一定的社会环境中进行的。"另外,也正是通过"社会—文化的视角"与"心理学的建构视角"的适当整合,柯布发展起了一种新的学习理论,即"生成理论",其核心在于:"在论及学生的建构活动时,我们所强调的是数学学习的认知方面。然而,对此我们又应作出如下的补充:学习同时也是一个文化的过程。"(P. Cobb,"A constructivist alternative to the representational view of mind in mathematical education", *Journal for Research in Mathematics Education*, 23 [1992], No. 1,第 28 页)"在宏观的文化延续的视角下被看成是传递的东西,在课堂共同体的局部性视角下成了这样一个生成的过程,在其中学生的建构性活动与他们参与其中的实践活动被看成是渗透性地相互关联的(reflexively relevant)。"(P. Cobb 等,"Constructivist, Emergent, and Sociocultural Perspectives in the Context of Development Research",载 T. Carpenter 等主编, *Classics in Mathematics Education Research*,同前,第 221、222 页)

(2)当然,除去"社会视角"与"心理学视角"的必要互补以外,我们还应清楚地看到在数学教育其他诸多对立面之间所存在的辩证关系,如"情境"的重要性与学生的主体地位,学生的自治性与其对于相应共同体的参与,等等。进而,这也可被看成数学课程改革深入发展的关键所在,即我们应当切实做好各个对立面之间的适当平衡。(对此可参见 1.3 节)

由以下关于教学研究不同范式的分析,我们可更为清楚地认识积极倡导多元的观点与整合的立场的重要性。

具体地说,以下就是当前的教学研究中所经常可以看到的一些研究范式:

第一,"过程—结果研究(实证性研究)"。按照美国著名教育学家舒尔曼(L. Shulman)的分析,这是"过去七八十年中教学研究最为多产和活跃"的一个范式。由于这种研究的主要目的是"评估教师行为对学生学习效果的影响",研究者通常特别注意各种变量的细分及其相互关系的定量研究——也正因此,这一范式主要地就可被看成"科学主义教学观"的具体体现。

第二,"社会—文化研究"。这种研究的一些主要特征是: ① 关注人和环境的交互作用,而不是简单、随意地由教师到学生的单向运动;② 将教学和学习视为连续的交互作用过程,而非系统中的孤立因素,或是简单地标以"因"和"果";③ 将教室视为构筑于其他大背景之下的一个"小巢",这种大背景包括学校、社区、家庭和文化,研究者可在教室中观察到这些背景的影响;④ 将不可观察的过程,如教学参与者的思想、态度、情感和知识等视为重要的研究资源。(详可见易凌峰,"寻找教学研究的大策略",载顾泠沅等,《寻找中间地带》,上海教育出版社,2003)

第三,"认知指导下的教法研究"(Cognitively Guided Instruction)。此类研究主要体现了这样一种立场:教学方法应以学习心理学的研究作为直接依据。例如,依据赫尔伯特(J. Herbert)与华尔纳(D. Wearne)的研究,学生对于分数加减法的掌握主要包括如下四个关键性的认知过程,从而,我们应当以此为依据去开发相应的课程,包括设计具体教法: ① 联结(connecting):将符号与指称物联系起来;② 发展(developing):发展符号运作的程序;③ 阐明与程序化(elaborating and routinizing):对符号的运算规则作出说明并使之自动化;④ 抽象(abstracting):利用符号与规则作为更为抽象的符号系统的指称物。(详见 M. Koebler & D. Grouws,"Mathematics Teaching Practices and Their Effects", 载 D. Grouws 主编, *Handbook of Research on Mathematics Teaching and Learning*, 同前)

第四,"专家—新手的比较研究"。这也是一种较为传统的研究,在下述意义上也就是与上面提到的"过程—结果研究"十分一致的:两者都希望能够具体确定那些对于成功的教学活动最为重要的因素。当然,在这两者之间也存在一定的差异:如果说"过程—结果研究"主要集中于"教师行为对学生学习效果的影响",那么,"专家—新手的比较研究"就更加关注如何能够帮助新手教师更好地成长。例如,研究表明,专家教师与新手教师往往在以下一些方面存在较大的差距:教学计划的整体性(长期性)、教学时间分配的合理性、教学活动的自觉程度,等等。

第五,"教师认知与决策研究"。这是 20 世纪 90 年代以来得到较快发展的一个新的研究方向,在很大程度上也可被看成是由以下认识所直接促成的:我们在先前只是注意了学生学习活动的认知研究,却没有认识到也应从同一角度对教师在从事教学工作时(包括教学前、教学中和教学后)内在的思维活动,特别是判断和决策的过程,作出深入的研究。

也正因此,"教师认知与决策的研究"在很大程度上可被看成是与先前的教学研究主要集中于可见的教学行为这一传统直接相对立的。另外,这一发展还可被看成集中地体现了关于教师工作(或者说教师身份)的这样一种理解:教师主要地应被看成一个决策者,从而,与唯一注重教法的研究及其推广这一传统做法不同,我们也应更加重视如何能够帮助教师学会及时和恰当地作出判断与决策。(详可见易凌峰,"寻找教学研究的大策略",同前)

尽管存在多种不同的研究范式,但这同时也可被看成人们现今在这方面的一项共识,即对于研究工作多元化的普遍认同。例如,按照舒尔曼的观点,这事实上可被看成教学活动复杂性的一个直接结论:"理论的多元化可以激励不同的研究策略的发展,并相互作用和影响……在教育学研究中,没有哪个单一的研究项目能够捕捉到包容万象的教育事件,而其中的教学研究课题正处于这样一种多元化的阶段,不同的研究课题有着不同的视角、背景和出发点。"(引自易凌峰,"寻找教学研究的大策略",同前,第 125 页)

当然,这又正是这方面急待加强的一项工作,即不同研究范式的必要互补与适当整合。

例如,前面所提到的"心理学视角"与"社会视角"的必要互补显然可被看成这方面的典型例子。按照舒尔曼的观点,这也就是课堂教学的核心所在:"教室生活包括了两种交流和处理过程,即社会化、组织化过程与学术性、知识性过程。与之相应,存在两种教学大纲和两种课程,一种大纲反映组织化、交互化、社会管理化方面的教室生活,反映在课程里即是隐性课程;另一种大纲反映学业任务、学校任务及班级等内容,反映在课程中即是显性课程。而教室生活中两种交流和处理过程构成了教学的核心,它决定了学校的办学目标,设定以怎样的教学目的去实现办学目标,并以双重目的主宰课程内容。它定义了教室生活的核心内容。"(引自易凌峰,"寻找教学研究的大策略",同前,第126 页)

除此以外,我们还可提及"过程—结果研究"与"认知与决策研究"的必要互补。

具体地说,正如上面的介绍所已表明的,"过程—结果研究"与"认知与决策研究"在很大程度上可以被看成是互相对立的,因为,前一种研究的主要目标就是具体地界定那些对于学生的学习具有重要影响的教学行为,特别是教学方法。从而就可通过这些方法的推广达到普遍提高教学质量这样一个目的——也正因此,这方面的工作往往就具有很强的规范性。与此相对照,所谓的"认知与决策研究"则集中反映了这样一种认识:应当更加强调教学工作的专业性与创造性,并给予教师更大的自由与自主权。

但就实际的教学活动而言,在所说的"规范性"与"创造性"之间显然也存在互补的关系。特别是,为了更好地发挥教学工作的创造性,我们应十分重视对于各种教学方法或教学模式的学习与分析,包括清楚地认识它们各自的适用范围与局限性,从而才能针对具体的教学内容、教学对象和教学环境(以及教师本人的个性特征)创造性地加以应用。当然,相对于教学方法和模式的学习和应用而言,这又是教学工作的一个更高境界,即"无模式化",而且,所谓的"以正合,以奇胜"又可被看成达到这一境界的必然途径。

最后,作为实现不同研究范式必要整合的一个具体努力,我们又应特别提及舒尔曼的相关工作,因为,这也正是后者的直接目标,即"试图以此整合各种研究课题之间所存在的重要联系,从而为整体把握教学研究的视野提供一幅较为清晰完整的'视图'"。(顾泠沅等,《寻找中间地带》,上海教育出版社,2003,第125页)

容易想到,前一节中所提到的"课堂教学"的现代认识,特别是图8-5事实上可被看成这样的一个"视图"。

总之,就学习和教学活动的深入研究而言,我们决不应片面地强调任何一种立场,而是应当明确倡导多元的视角与整合的立场,对于不同的研究范式我们也应采取开放的态度。

3. 专业化道路上的不断前进

7.1节中已经提到,这应当被看成数学学习与教学活动研究的一个基本立场:我们既应明确肯定一般性学习理论和教学理论对于这方面工作的指导作用,同时也应高度重视数学学习和教学活动的特殊性。从这一角度去分析,这显然也正是上面所提及的各项研究的一个明显不足之处:尽管其中有不少研究是以数学学习和教学活动作为直接的研究对象,但从总体上说,相关论述未能更好地突现数学学习和教学活动的特殊性。

容易想到的是,后者事实上也可被看成新一轮数学课程改革的一个明显特点,即突出地强调了宏观的视角与一般性的分析。对此例如由以下一些论述可清楚地看出:"课程改革,首先体现的是一种新的价值文化选择过程。""通过课程改革影响学校,通过学校向全社会传达新的课程文化的追求。民主、开放、科学、平等、对话、协商,这些文化的诉求可能是新课程更加重要的历史使命。"(余慧娟,"年终综述:十年课改的深思与隐忧",《人民教育》,2012年第2期,第32页)再者,我们显然也可从同一角度更为深入认识各个具体改革措施的意义,包括教学方法与模式的改革等,如"合作不仅仅是一种学习方式,更代表了一种文化"(刘坚语)。

当然,即使从一般性角度去分析,我们也应清楚地认识到这样一点:尽管相关研究已从不同方面揭示了多个在先前常常为人们所忽视的环节或方面,从而十分有助于人们认识的深化,包括如何能够通过必要的措施予以补救或加强,但是,这些研究又都不能被看成已经包含了所有的方面与环节。例如,这就是亟待加强的一个方面,即对于教学活动中语言行为的深入研究。

事实上,正如前面已指出的,对于语言在认知发展过程中作用的强调正是"环境学习理论"的一个重要内涵。这正如贝尔等人所指出的:"为了使个人能分享分配系统的成果,必须以外在于个体的形式对观点加以表征……更概括地说,分配认知强调利用不同的镌刻系统(inscriptional systems)来记录并在系统中发布观点。""个体在利用制品的时候,会将制品的这些方面内化,因而,运用制品能在个体中产生认知留存。"也正因此,教师在教学中就应"鼓励学生通过镌刻系统使他们自己的思维可视化,通过参与辩论活动交流他们的观点,通过采用更科学的标准——这些标准通过所运用的工具得以提升——朝向对于问题更为统整的理解而努力"。("分布式认知:特征与设计",载乔纳森、兰德主编,《学习环境的理论基础》,同前,第128页)

当然,我们在此也应针对数学教育的具体情况更为深入地去进行分析。例如,正如前面已指明的,这是数学研究和学习活动十分重要的一个特点,即包含有相反方向的两个过程:(1)数学对象如何由"主观的思维创造"转变成了相对独立的"文化物",这也就是所谓的"外化"或"对象化";(2)研究者或学习者又如何能够通过自己积极的思维活动将已经"外化"了的东西重新"内化"为思维的内在成分。进而,我们在此又应特别强调这样一点:无论就所说的"外化"或是"内化"而言,都离不开数学的符号语言,这也就是数学特有的"镌刻系统"——从而,我们在此应当特别重视符号意义的分析——从语言的角度看,这也就是指,我们应明确肯定数学认识活动的解释性质。

另外,从社会学的角度去分析,我们显然又应特别强调数学语言活动的"对话性质":"言辞的意义并非是由言说者所产生的,……意义是主体与他者的共同产物。"(T. Brown, *Mathematics Education and Language — Interpreting Hermeneutics and Post Structuralism*, Kluwer, 1997, 第153、154页)例如,在不少学者看来,我们事实上应当从这一角度去理解"数学证明"的意义:我们在此始终是在与假想的对话者进行对话,特别是,我们应首先说服自己,再说服朋友,直至最终说服"敌人"。(梅森语)因为,任何真实的数学证明都不是完全形式化了的,其"审读者"也不可能逐一地去检验其中所包含的各个步骤。从而,数学证明在此所发挥的作用在很大程度上就相当于"数学修辞学",相关结论的接受则更应当被看成交流、理解、批判、反思、改进的直接结果。

再者,这显然也应被看成"情境学习理论"给予我们的重要启示:"语言并不只是交流的工作,主体的形成也依赖于它。"(T. Cabral, "Affect and Cognition in Pedagogical Transference",载 M. Walshaw 主编, *Mathematics Education within the Postmodern*,同前,第 147 页)应当指出的是,后者事实上也正是福柯所特别强调的一点。特别是,这也正是他何以与"语言"相比更加愿意使用"言语行为(实践)"(discourse practice)这样一个术语的主要原因,因为,"主体的形成"(或"塑造")主要是通过日常的语言活动在不知不觉中实现的。(详可见 M. Walshaw, *Working with Foucault in Education*, Sense Publisher,2007,第三、四章)

当然,从更为宏观的角度去分析,我们又应再次提及这样一个观点:一种新的语言的学习就意味着进入了一种新的文化。这正如科尔等人所指出的:"符号的发展历史把我们引向指导行为发展的一个更为基本的规律……这一规律的核心在于:儿童在发展中开始使用在先期是由别人使用在他身上的相同的行为方式,这样,这一儿童就获得了由社会所传递给他的行为的社会形式……就其最初的使用而言,符号总是社会交流的一种方式,一种影响别人的方法……"(M. Cole & Y. Engestrom, "A cultural-historical approach to distributed cognition",载 G. Salomon 主编, *Distributed Cognition: Psychological and Educational Consideration*,Cambridge University Press,1993,第 6、7 页)当然,这又正是"数学文化"最为重要的一个特征,即是"理性"占据了主导的地位。

最后,作为数学的语言研究,我们又应特别提及这样一种观念("数学的语言观念"):数学主要地应被看成科学的语言,即为自然科学的研究提供了必要的概念工具。这也就是指,只有从这一角度去分析我们才能更好地理解数学的重要性:"其主要对象是研究这些空虚框架的数学分析是精神的空洞游戏吗?它给予物理学家的只不过是方便的语言,这难道不是平庸的贡献吗?……远非如此!没有这种语言,事物的大多数密切的类似对我们来说将会是永远未知的。而且,我们将永远不了解世界的内部和谐。"(彭加莱,《科学的价值》,光明日报出版社,1988,第 190 页)

　　进而,又如3.1节已提及的,从上述角度去分析,我们也可更好地去理解以下主张的合理性,即数学教学何以应当提倡"数学地谈论"与"数学地写"。特别是,后一主张又不应被看成是与"数学地思维"直接相对立的。毋宁说,尽管两者有着不同的着眼点,但又是互相促进、互相依赖的。特别是,正如前面已提及的,数学语言的使用对于学生学会数学地思维,乃至养成一定的情感、态度与价值观都具有十分重要的作用。

　　综上可见,这也是我们深入认识数学学习与教学活动乃至数学基本性质十分重要的一个方面,即应当从语言的角度更为深入地去开展分析和研究。另外,就我们目前的论题而言,这显然更为清楚地表明了这样一点:在明确肯定一般性分析积极作用的同时,我们又应更为清楚地认识加强专业思考的重要性。这也就是指,作为数学教育工作者,我们决不应停留于一般性的分析与宏观的研究,而应以此为背景,并以数学学习和教学活动作为直接对象积极地去开展新的研究,从而才能不断深化自身的认识,并才能有效地改进自身的工作。

　　以下再以"认知活动的情境相关性"与"数学知识的特征性质"这两者之间的辩证关系为例进一步指明加强专业研究的重要性。

　　具体地说,在某些学者看来,由"认知活动的情境相关性"我们也可进一步推出"知识的情境相关性",即认为所有知识都不是普遍适用的,而是具有明显的情境相关性。但是,后一结论显然又是与"数学是模式的科学"这一论述直接相冲突的,从而,我们有必要对此作出更为深入的思考和分析。

　　事实上,只需稍作思考,我们就可看出,上述的矛盾大致地相当于这样一个问题,即在数学教学中我们究竟应当如何去处理"情境设置"与"去情境"这两者之间的关系。进而,这又是上述推论的一个明显错误,即将具体的认知活动与作为认知过程最终结果的知识混同起来。而且,这也是这方面十分重要的一个事实:尽管数学抽象的基本形式是个人的思维活动,但又只有通过明确的形式(逻辑)建构,包括符号语言的使用,以及由个体向群体的转移,个人的思维创造才能转化成真正的数学知识,而这事实上也就是一个"去情境"的过程。

　　正因为此,正如2.3节中已指出的,数学教学不应片面地强调"情境设置",而是应当更加注重"情境设置"与"去情境"之间的辩证关系,包括深入地去研究什么是数学教学中"去情境"的有效手段——显然,这更为清楚地表明了加强专业思考的重要性。

事实上,无论就情境设置、学生主动探究、合作学习、动手实践等新的教学方法,或是"以学为主"、翻转课堂等新的教学模式在数学教学中的应用而言,都离不开专业的思考。特别是,我们在此更应明确反对"去专业化"这样一种在现实中经常可以看到的现象。对此我们还将在第四部分中作出进一步的分析论述。

以下是我们应当如何更为深入地去开展专业思考与研究的一个实例:在一篇题名为"文化情境中的数学教育"的论文中,英国著名数学教育家毕晓普不仅明确地强调了数学的文化相关性,更以"西方数学"作为直接对象就数学对于整体性社会文化的影响进行了具体分析。即如果说"观念"、"情感"、"社会"和"技术"可被看成现代社会文化最为重要的一些要素,那么,数学作为一种符号技术,其对于现代西方社会的影响则就主要表现于"控制"、"客观主义"与"神秘性"这样几个特征(它们分别对应于上述的"情感"、"观念"与"社会")。也正因此,为了更好地发挥数学的文化价值,我们在当前应特别重视如何能够切实加强与上述特征直接相对立的各个环节:"进步性"、"理性主义"与"开放性"。(详见 A. Bishop,"Mathematics Education in Its Cultural Context",载 T. Carpenter 等主编,*Classics in Mathematics Education Research*,同前,第 206 页)

总之,我们应更为深入地理解并切实落实数学教学和学习活动研究工作的这样一条原则:我们既应明确肯定宏观研究与一般性分析的积极意义,但同时又应切实加强专业的思考与研究,即应当坚持以数学教学与学习活动作为直接对象积极地去开展新的研究。

第四部分

做具有哲学思维的数学教师

相对于系统的理论建设而言,这一部分更加强调了数学教育哲学的这样一个定位,即应成为实际数学教育工作者,特别是一线教师的"工作哲学",也即应当与他们的实际工作具有更为直接的联系,并能真正发挥一定的促进作用,包括不断增强教师的哲学思维,从而逐步使之成为具有哲学思维的数学教师。

由于新一轮课程改革是我国数学教育界在当前的最大现实,第9章将首先以此作为直接背景指明哲学思维在这方面所能发挥的重要作用;第10章则从更为一般的角度对一线教师如何实现专业成长提出了若干具体建议。

由这一部分的论述我们可清楚地认识成为具有哲学思维的数学教师的两个关键:第一,始终坚持自己的独立思考,包括一定的批判精神与反思性;第二,自觉地以辩证思维为指导进行分析思考,切实避免各种片面性的认识与简单化的做法。

第 9 章

"改革热潮中的冷思考"

"改革热潮中的冷思考"，是笔者在新一轮课程改革初期发表的一篇论文的标题（《中学数学教学参考》，2002 年第 9 期）。当时之所以选择这样一个标题，主要是为了提倡这样一个立场：在任何时候我们都应坚持自己的独立思考，而不应迷信专家权威，更不应盲目地去追随潮流。另外，这同时也反映了笔者在课改中的自觉定位，即希望从学术角度对课程改革的深入发展作出一定的贡献，包括深入的理论分析与必要的批判。

事实上，这也正是哲学家应有的基本品质，即对于社会现实的高度关注，乃至强烈的时代感和使命感，而不应沉溺于象牙塔中的冥思苦想。也正因此，面对课程改革这样一个大潮，我们自然应当予以特别的关注，而不应袖手旁观或是采取"简单附和"等不负责任的立场。

当然，又如 6.3 节中已提及的，这也是笔者在这方面的一个基本想法，即认为很好地处理各个对立面之间的辩证关系应被视为成功实施数学课程改革的关键——在笔者看来，这十分清楚地表明了哲学思维对于实际数学教育活动的重要作用。

以下联系课改的实际进程具体指明哲学思维对于课程改革的特殊重要性。

9.1　数学教学方法的研究与改革

如众所知，对于数学教学方法的改革，特别是对"情境设置"、"学生主动探究"、"合作学习"、"动手实践"等新的教学方法的大力提倡，正是新一轮数学课程改革十分明显的一个特点，以下首先围绕这一主题对坚持辩证思维与独立思考的重要性作出具体论述。

1. 现状与反思

从辩证思维的角度看，这显然是这方面工作应当特别注意的一个方面，即切实避免思维的片面性与做法上的简单化，并因此对实际工作造成严重的消极影响。

例如，这正是笔者 2003 年发表的一篇论文"简论数学课程改革的活动化、个性化、生活化取向"（《教育研究》，2003 年第 6 期）的主要内容，即依据国内外的相关实践与研究从理论高度对新一轮数学课程改革的"活动化"、"生活化"与"个性化"等取向进行了具体分析：尽管这些取向都有一定的合理性，但我们同时又应注意防止与纠正各种极端化的主张与片面性的做法，并应努力做好各个对立面之间的适当平衡。

然而，十分遗憾的是，就课改的实际情况而言，不仅所说的片面性未能得到切实避免或有效纠正，在一段时期内更可说出现了形式主义的泛滥这样一个现象，如"为讨论而讨论"、"为合作而合作"、"为活动而活动"，等等。

当然，后者主要地又应被看成一种不自觉的行为。但由以下的实例可以看出，对此我们确实不应掉以轻心，因为，在现实中，这在很大程度上已经成了一线教师必须遵循的一个新的条条框框，一种新的"八股"：

[例] "不妨请'外行'来听听数学课"（易虹辉，《小学教学》，2010 年第 6 期）

这一课例的具体内容是"用 2～6 的乘法口诀求商"。相应的教学过程可大致地划分为这样几个片断：

片断一

教师出示问题：12 个桃子，每只小猴分 3 个，可以分给几只小猴？

师：谁会列式？

生：$12 \div 3 = 4$。

师（板书 $12 \div 3$）：$12 \div 3$ 你们会算吗？

生（整齐响亮地）：会！

师：那好,请大家用三角形摆一摆。

学生摆,教师巡视,请一名学生往黑板上摆。

[插入]　刘(听课的语文教师)：学生明明说出了 12÷3＝4,老师为什么视而不见,不板书得数呢?

陪同者：老师只要求学生列式,没让学生说出得数,列式是列式,计算是计算。

刘：全班学生都说会算,老师为什么不让学生说说他们是怎么算的,而非要按老师的要求来摆三角形?

陪同者：可能老师认为……不能这么快说出得数,而操作很重要,所以大家都来摆一摆。

刘：这样太不自然了。

片断二

黑板前的孩子摆成的三角形是 4 堆,每堆有 3 个。

师：他摆得对吗? 分成了几堆?

生：对! 分成了 4 堆。

老师在算式后面接着板书得数"4"。

师：刚才我们用摆学具的方法算出了得数。请小朋友开动脑筋想一想,"12÷3"还可以怎样想?

教室里一片沉寂。

[插入]　刘：还可以怎样想呢? 我也不知道啊。

陪同者：还可以想乘法口诀呀! 因为"三四十二",所以 12÷3＝4。

刘(恍然大悟)：哦,没想到。

片断三

讲解完用乘法口诀求商以后,老师又进一步追问。

师："12÷3"还可以怎样想?

几个孩子答了一些不着边际的想法。教室里又是一片沉寂。

[插入]　刘(疑惑地)：还能有什么方法?

陪同者：说不准,看看教材上是怎么写的。

两人开始翻教材,只见教材上写着：第一只分 3 个,12－3＝9;第二只分 3 个,9－3＝6;第三只分 3 个,6－3＝3;第四只分 3 个,正好分完。

生:还可以一只猴子一只猴子地分,分给一只猴子就减一个 3,……

师(喜不自禁):这位小朋友真不错!

生(迟疑地):老师,我还有一种方法:3＋3＋3＋3＝12。一只猴子分到 3 只,2 只猴子分到 6 个,……

师:你真聪明! 也奖你一颗五角星!

[插入] 刘(皱着眉头):怎么搞得这么复杂啊?

陪同者:这不是复杂,这是算法多样化。现在的计算提倡算法多样化。

刘:可我怎么觉得很牵强,把简单问题复杂化了?

片段四

师:请小朋友看黑板,现在有这么多种方法来算 12÷3,你最喜欢哪种方法?

生:我喜欢减法,因为它最特殊。

师:不觉得它很麻烦吗?

生:不麻烦!

师:谁再来说说,你最喜欢哪种方法?

生:我最喜欢加法。

师:为什么?

生:因为我喜欢做加法,不喜欢做乘法。

师(无奈地指着用乘法口诀求商的方法):有没有喜欢用这种方法的?

有少部分学生响应。

师:其实,用乘法口诀求商是最简便的方法。以后我们做除法时,就用这种方法来做。

[插入] 刘(很困惑地):老师到底想问什么? 学生答了,她又不满意,也不理会。

陪同者:这一环节是算法的优化,多样化以后一般都会优化。前面两个学生说的不是最优的方法,所以没办法理会。

刘:那些方法不是她自己硬"掏"出来的吗? 好不容易"掏"出来的东西,这会儿又瞧不上了。她的学生可真不容易当啊!

作者的反思："她的感受很本原,很真实,……恰好击中了数学教学的积弊,惊醒了我们这些'局中人'。"

希望读者在看完上述实例以后也能认真地思考一下：什么是这里所说的"新八股"？你本人是否也已在不知不觉之中陷入了这样一种"新八股",尤其是在承担了观摩教学的情况下？

尽管所说的情况随着时间的推移已经有了很大好转,但在笔者看来,我们仍然应当对此作出认真的总结与反思。只有这样,才能有效地纠正相关的错误,并切实防止将来出现类似的错误,包括为这方面的进一步工作指明努力的方向。

具体地说,就上面所提到的几种新的教学方式而言,应当说人们现已形成了这样的共识：

第一,由片面强调"数学的生活化"转而认识到了数学教学不应停留于学生的日常生活,更不能以"生活味"取代数学课应有的"数学味"。

第二,由片面强调"学生主动探究"转而认识到了人们认识的发展不可能事事都靠自己相对独立地去进行探究。恰恰相反,学习主要是一个文化继承的过程,更必然地有一个不断优化的过程,教师应在这一过程中发挥特别重要的作用。

第三,由片面推崇"合作学习"转而认识到了教学活动不应满足于表面上的热热闹闹,而应更加重视实质的效果。

第四,由片面强调"动手实践"转而认识到了不应"为动手而动手",并应注意对于操作层面的必要超越。

从而,相对于当年的片面性认识而言,我们确实可以看到一定的进步。但在笔者看来,对于后者又不应评价过高,因为,这事实上只是回到了常识,即由对于常识的背离重新回到了常识。

由一位普通小学数学教师当年发表的评论我们可更好地理解上述的断言："随着课程改革的深入,有必要审视初期的一些做法：强调了对原有的数学课程的批判后,是否还要去继承；在强调了动手实践、自主探索、合作交流等学习方式后,是否还要充分发挥认真听讲、课堂练习、课后作业的作用；……这些或许都是些常识，但在所谓的'新理念'的光芒下往往连常识都会迷失，迷失在被煽动起的浮躁之中。"（徐青松，"直接导入，充分想象，自然提升"，《教学月刊》，2006 年第 5 期）

更为一般地说，作为自觉的反思，我们又应深入地去思考这样一些问题：

（1）究竟什么是造成"形式主义泛滥"这一现象的主要原因？显然，只有真正弄清了这样一点，才能切实避免将来出现类似的情况。

在笔者看来，至少有这样两个原因：

第一，指导思想上的片面性。对此例如只需将 2001 年实验版的"数学课程标准"与 2011 年版的"数学课程标准"作一简单比较就可清楚地看出，特别是，后者与前者相比究竟在哪些方面有了较为重要的变化？

以下是 2011 版"新课标"中我们应当特别关注的几段论述：

"**认真听讲**、积极思考、动手实践、自主探索、合作交流等，都是学习数学的重要方法。"

"学生获得知识，必须建立在自己思考的基础上，**可以通过接受学习的方式**，也可以通过自主探索等方式。"

"课程内容的组织要重视过程，**处理好过程与结果的关系**；……要重视直接经验，处理好直接经验与间接经验的关系。"

"教师要发挥主导作用，**处理好讲授与学生自主学习的关系**，……"（中华人民共和国教育部，《义务教育数学课程标准（2011 年版）》，北京师范大学出版社，2011，第 2、3、44 页）

第二，正如第 6 章中已提及的，这也正是任何一个"由上至下"的单向运动极易产生的弊端。特别是，考虑到所谓的"中央集权"，或者说"强制的一致性"正是中国文化传统的一个重要特点，对此我们显然应予以特别的重视。

（2）我们又应如何去看待"对于常识的背离"？特别是，这是否应当被看成教育革命的必然要求？

事实上，这也正是国际上的一个普遍结论：教育的文化性质直接决定了教育改革必然是一个渐进的、积累的过程，而不能期望一下子就能取得突破。显然，依据这样一个认识，我们可以立即引出这样一个结论：就教育而言，我们在任何时候都应防止对于常识的背离。

由以下的实例可看出,坚持常识在很多时候可对教育产生积极的影响。

具体地说,正如 6.3 节中已提及的,这可以被看成教育领域在过去几年中所出现的一个奇特现象,即诸多"草根典型"的涌现,那么,究竟什么又是促成这些"草根典型"获得成功的主要原因呢?

对于上述问题当然可以从多个不同的角度去分析,但在笔者看来,这又是这方面十分重要的一个原因,即对于常识的坚持。后者即是指,与盲目追随各种时髦的口号或理论主张相比较,我们应当更加相信来自自身"灵魂深处的声音",相信经由长期教学实践得到反复证实的常识性认识。而且,只要认准方向踏踏实实地去做,长期坚持地去做,就一定可以作出较好的成绩。

2. 常识的必要"超越"与认真的总结

(1) 当然,从专业的角度看,我们又应明确提出"常识的必要超越"这样一个任务,因为,归根结底地说,这正是"专业化"的一个基本涵义。另外,正如 6.3 节中已提及的,这事实上也可被看成为以下事实提供了直接的解释:尽管上述的各个"草根典型"都有一个很好的开端,但又往往很快陷入了发展的瓶颈。这正是所有这些典型的一个共同点,即都以学校作为实际的突破口,也即主要集中于整体性"学校文化"的建设,却未能很好地创建出各具特色的"学科文化"。当然,"学科文化"建设的滞后也必然地会造成各种直接的弊端,如各种各样的"泛化现象",对于教学"外显形式"的不恰当强调,等等。

更为一般地说,笔者以为,专业化的水平也可被看成直接决定了我们在改革的道路上能走得多远,而不是永远处于这样一个状态:"中国数学教育积累得太少,否定得太多。一谈改革,就否定以前的一切,老是否定自己,没有积累。"(张奠宙语。赵雄辉,"中国数学教育:扬弃与借鉴",《湖南教育》,2010 年第 6 期)

就上面所提及的 4 个教学方法而言,这也就是指,我们应当深入地去研究以下一些问题,而不是停留于上述的"共识":

第一,我们应当如何去处理"情境设置"与"数学化"的关系? 什么又是数学教学中"去情境"的有效手段?

第二,除去积极鼓励学生的主动探究以外,教师又应如何发挥应有的指导作用? 什么更可被看成数学教师在这一方面的基本功?

第三,什么是好的"合作学习"应当满足的基本要求? 从数学教学的角度看我们又应如何去实现这些要求? 或者说,数学教学在这方面是否也有其一定的特殊性?

第四,我们又应如何去认识"动手实践"与数学认识发展之间的关系? 特别是,什么是"活动的内化"的真正涵义?

对此我们还将在以下作出进一步的具体分析。

(2) 相对于具体的研究工作而言,笔者以为,我们又应通过认真总结提炼出一些普遍性的结论或教训,包括数学教育改革必须遵循的一些戒条。只有这样,过去 10 多年的课改实践才能真正发挥"前车之辙,后车之鉴"的作用,即为数学教育的未来发展打下一个良好的基础。

以下就是这方面的一些具体想法——在笔者看来,这事实上十分清楚地表明了坚持辩证思维的重要性(详可见另文"数学教育改革 15 诫",《数学教育学报》,2014 年第 3 期):

数学教学决不应只讲"情境设置",却完全不提"去情境"。

数学教学决不应只讲"动手实践",却完全不提"活动的内化"。

数学教学决不应只讲"合作学习",却完全不提个人的独立思考,也不关心所说的"合作学习"究竟产生了怎样的效果。

数学教学决不应只提"算法的多样化",却完全不提"必要的优化"。

数学教学决不应只讲"学生自主探究",却完全不提"教师的必要指导"。

数学教学决不应只讲"过程",却完全不考虑"结果",也不能凡事都讲"过程"。

进而,从总体上说,我们则又应当明确提出关于教学方法的研究与改革的这样一个原则,即应当明确肯定教学工作的创造性。适用于一切教学内容、对象与环境(以及教师个性特征)的教学方法和模式并不存在,任何一种教学方法与模式也必然有其一定的局限性。也正因此,与唯一强调某些教学方法或模式相对照,我们应更加倡导教学方法与模式的多样性,而不应以方法的"新旧"代替方法的"好坏",更应鼓励教师针对具体情况创造性地加以应用。后者也可被看成教学工作专业性质的又一基本涵义。

最后,还应强调的是,相对于简单地罗列出各个"戒条"或基本原则而言,我们又应更加重视如何能够针对数学教育的现实情况,特别是密切联系自己的实际工作自觉地去进行分析思考。例如,在笔者看来,当前在教育领域中所出现的"模式潮"就可被看成为我们在这一方面的具体工作提出了直接的挑战。

更为一般地说,这显然就是我们在当前应当切实纠正的一个现象:"时下,各地课改轰轰烈烈,高效课堂、智慧课堂、卓越课堂、魅力课堂、和美课堂……绚丽追风,模式、范式眼花缭乱。一线教师困惑、苦闷,越发感觉自己不会上课。"(何绪铜,"品味全国大赛,悟辨课改方向",《小学数学教育》,2014 年第 1 期)与此相对照,以下的认识则可被看成代表了真正的进步:"的确,没有可以操作的模式,再好的思想、理论都无法实现,但模式不能成为束缚手脚的镣铐。"这也就是指,在积极提倡与认真学习各种先进经验或教学模式的同时,我们又应始终认真地去思考:"模式! 模式! 是解放生命还是禁锢生命?"

对此我们还将在第 10 章中作出进一步的分析论述,希望广大一线教师也能首先作出自己的独立思考。

9.2 "立足专业成长,关注基本问题"

相对于教学方法的改革和研究而言,"立足专业成长,关注基本问题"显然具有更大的重要性,这事实上也正是笔者通过数学课程改革整体形势的总结和反思引出的一个直接结论。

以下就是笔者 2010 年在"第 6 届人教版课程标准实验教材经验交流会"上的一个讲话。笔者将此直接整理成文(为避免重复,其中有所删节),即是希望读者能够联系当时的特定情境更为深切地体会明确提倡上述立场的重要性。

1. 立足专业成长

(1)"教师的专业成长"当然不是一个全新的论题,相信在座的很多老师都听过这样的报告,也看过不少相关的文章、著作,这也就是在座的老师何以参加今天会议的主要原因。总的来说,这既可被看成对教师的普遍要求,同时又得承认有较大难度,特别是,所谓的"专业成长"似乎与一线教师的日常教学工作有较大距离。

笔者的想法是：专业成长一定不能离开日常工作，而当前的最大现实就是新一轮数学课程改革，因此，如果在今天讲"专业成长"一点都不联系课程改革恐怕就很难讲，也不应该这样讲，而是应当以课改为背景来讲。

课程改革在当前有一些新的动态，以下就是两个比较重要的信息：一是在南京召开的"基础教育课程改革经验交流会"，会上讲了句话叫"开弓没有回头箭"（教育部陈小娅副部长，2009 年 10 月）。什么叫"开弓没有回头箭"？课程改革怎么会扯到"开弓没有回头箭"？二是《人民教育》紧接着发表的一篇文章："课程改革再出发"（2009 年第 22 期）。什么叫"课程改革再出发"？难道我们休息了吗？难道课程改革回头了吗？看到这样两个信息我就想：我们真的应当好好地想一想：到今年课程改革已有 10 年了，对于过去 10 年的改革应是怎样的评价？现在讲"再出发"、"开弓没有回头箭"，到底又给我们传递了怎样的信息？"再出发"的课程改革又如何才能取得真正的进展？

具体地说，课改 10 年，开始的 2～3 年可以说是一个高潮，然后好像逐步淡出了人们的视线，一些老师甚至都不再关心课程改革了。现在又讲"再出发"，那么这 10 年是不是应该回顾一下？是不是应该总结、反思一下？我想有些事情认真想一下会有好处。既然讲"开弓没有回头箭"，既然讲"再出发"，这就反映出新一轮数学课程改革并不十分顺利。如果走得很顺，就根本谈不上什么"回头箭"，更谈不上什么"再出发"。应当承认课程改革是长期的、复杂的，甚至可能出现一定的反复和停滞。

其实，年龄稍大一点的老师都知道，这不是我们国家的第一次课程改革，当然以前可能叫"教育改革"。1958 年有过，"文化大革命"期间有过，后来又有过好多次，有人统计过好像有 7 次或者 8 次。但为什么老是要改？而且好多问题都不是新问题，而是一些老问题。例如，1958 年时我是中学生，校门口有这样的大标语："教育为无产阶级政治服务，教育与生产劳动相结合。"那时就强调教育与实践相结合，加强实践运用。"文革"中南京有位很著名的数学老师搞了本初中的数学教材，大概是初二的代数教材，其中围绕工厂里的车床把代数全都讲掉了。所以，"联系实际"不是新问题，而是一个老问题。那么，这些问题为什么反复出现，但却始终解决得不那么彻底？我想应该注意这样一个问题,就是避免出现"钟摆现象":前 10 年改革,后 10 年回去了;再过 10 年再改革,再过 10 年又回去了,⋯⋯就世界范围看,数学领域中确实存在这样的钟摆现象。

可以简单回顾一下,数学教育领域几乎每 10 年出一个口号。就世界范围而言,20 世纪 60 年代是"新数运动",在世界范围轰轰烈烈地展开。但到了 70 年代是"回到基础",出现了回潮,前面的改革基本上到此为止。80 年代又出了"问题解决"。90 年代则是以"课程标准"为主要标志的新一轮数学课程改革运动("课标运动"):美国是在 1989 年提出"数学课程标准"的,这在世界范围内开启了一个以"课程标准"为主要标志的新一轮数学课程改革运动,我国自 2001 年开始的课程改革基本上也属于这一波。但据我的了解,2000 年开始在世界范围内,特别是在美国、日本,包括我们国家的台湾,都进入了"后课标时期",即进入了对课程改革作总结和反思的阶段。所以有必要认真考虑一下如何才能避免这种"钟摆现象"。当然,现在我们国家可以说已经意识到了这样一点,并正努力防止这种现象的出现,所以叫"再出发",所以叫"开弓没有回头箭"。

在座的很多老师都身在教学一线,听了上面的总体发展趋势可能会说这与我关系不大,课改不课改是领导的事,我们一线老师就是你叫我怎么做我就怎么做。但我想有些问题一线老师还是应当认真想一想。因为,如果你想得不是很清楚,又缺乏自觉性的话,就会出现一些很不理想的情况。如一线教师往往会由积极参与课程改革不知不觉地变得比较消极、麻木。什么叫"积极参与"? 大家不妨简单回忆一下:2001 年课程改革刚刚开始时是怎样的一种情况? 以下的话我也曾很受鼓舞:"跨入 21 世纪,中国迎来教育大变革时代,百年难遇,能够亲历这么大的变革是我们的幸运。'人生能有几回搏?'愿我们能在改革的风浪中搏击,在改革的潮水中冲浪。20 年以后,历史将会记得你在大变革中的英勇搏击。"(张奠宙,"在改革的潮头上",《小学青年教师》,2002 年第 5 期,卷首语)再例如,当年面临改革大潮,很多老师都急切地想知道以后怎么上课,因此,即使在很大的礼堂作培训,也仍然座无虚席,有的老师甚至没有板凳一站就是 4 个小时,始终非常认真地听报告。

有些现象不知大家注意到没有? 课改开始时观摩课的桌椅都是以小组形

式摆放的：围成 4 人小组、6 人小组或 8 人小组。但你有没有注意到从什么时候开始桌椅的摆法又不知不觉地改回去了，即重新回到了"标准的"一排接一排？我想有很多事情由于身处其中可能没有感觉。但过了以后应当冷静地去想一想，是否确有这样的变化，即从原来的激情时代，充满热情，充满信心，不知不觉地慢慢消沉下去了，变得麻木起来，甚至是"牢骚复牢骚，长叹复长叹"。

　　这难道就是一线教师的铁定命运？刚才讲到数学教育领域中的改革已经不是第一次了，经常是前 10 年改，后 10 年不改。难道我们一线教师就永远处于这样的"被运动"状态？香港中文大学的黄毅英先生有这样一段话："期盼、失落、冲突、化解和再上路……当然我们可以抱怨，这些问题何以反复地出现……"（邓国俊、黄毅英等，《香港近半世纪漫漫"小学数改路"》，香港数学教育学会，2006）但是，难道我们一线教师就只能永远处于这样的被动状态：你叫我改革我就改革，你叫我不改我就不改?！眼睛一眨，课改 10 年了。我觉得一线老师真的应该好好地想一想："人生一辈子究竟有几个 10 年?"在这种情况下我们又如何才能很好地实现自己的人生价值，并在教学中不断取得新的提高？坦率地讲，这是我从 2009 年下半年起一直在思考的一个问题，我也很愿意与一线教师交流这样一种看法：改革不改革我们做不了主，课改的大方针我们也做不了主，但有的事情我们还是可以做主的，就是"不管你改与不改，作为教师我总得关注自己的专业成长，这是我们的根本"。所以，想给一线老师讲这样一句话："立足于自己的专业成长，这是最最重要的。"为什么？因为教学最终是要靠老师去完成的。如果我们始终停留于很低的水平，教育水平就永远上不去。如果离开了教师的专业成长，课程改革恐怕也成功不了。正如有人所说的，"课程改革成在教师，败也在教师。"所以，想来想去还是这样一句话："立足专业成长!"

　　事实上，我在 10 年前还讲过另外一句话："放眼世界，立足本土；注重理念，聚焦改革。"现在则愿意强调"立足专业成长，关注基本问题"这样两句话。"立足专业成长"是根本，课程改革能否成功也取决于此。例如，在谈到数学课程改革的实际情况时，你不用告诉我相关数据，特别是课改 10 年取得了多少多少成绩，因为作为一线老师难道心里会没有一本账？我想这才是应当认真思考的，就是自己跟 10 年前相比，到底有没有成长？有哪些成长？有哪些提高？这是十分重要的。

香港中文大学有一个研究报告，在对中国大陆、香港和台湾地区的数学课程改革进行比较以后，得出了这样的结论："整个课程改革都声称教师要进行'范式转移'。……但现实恰恰相反，因为课程文件上愈来愈多条条框框，课程甚至写得过于详细，差不多是要指挥每位教师每日在课堂如何教学，这跟教师的专业发展背道而驰。""重要的是，……课程改革是否具备改变或强化教师队伍、促进教育专业化的诱因和条件。我们甚至可以把'能否提高教师的专业性（包括专业意识、专业自主和专业教学）'用作评定教育改革成败的判准。"（丁锐等，《两岸三地基础教育数学课程改革比较及对课程改革的启示》，香港中文大学香港教育研究所，2009）我赞同这样一个观点：应当更加重视教师的专业成长。

在此提一个问题供大家思考：一个永远走在"最前面"的教师能否被看成真正的好教师？这也就是指，课改前传统的教学他是优秀教师，课改初期他又是样板，而如果课改中止回到传统他还是最好的老师，……这样的老师究竟是不是一个好教师？我想真的应该打个问号，因为他缺乏独立思考。而教师一定要有自己的独立思考，这也是"专业化"的必然要求，因为，教学不是简单的重复劳动。作为对照，愿意介绍著名教师魏书生在《人民教育》发表的一篇文章：标题就叫"不动摇、不懈怠、不折腾"。

再提一个问题：现在有很多教师培训活动，有的是一年期的，也有两年期的，还有三年期的，……我问相关人士："这个3年期的培训到底有没有一个明确目标？参加培训的教师3年后会有什么变化？"我想我们应当关注的不是出了几个特级教师、几个一等奖，而是应当关注教师在专业成长上究竟有哪些收获。所以，今天讲的第一件事就是"立足专业成长"。

（2）讲到这里，我想有的教师会有这样的反映：我也想专业成长，但什么是专业成长的基本途径？就后一问题而言，很多老师还会有这样的想法：应当加强理论学习，要多看些书。这也是我参加教师培训时经常遇到的一个请求："郑老师，能不能给我们推荐几本书！"从而反映出很多老师都有学习的愿望。

加强学习当然是对的，但还可以更深入地想一想：加强学习到底有什么用？有这么几条可以简单地重复一下：

第一，通过学习可以吸取别人的经验和教训，从而防止重复别人已犯过的错误。我记得当年新一轮课程改革还没有正式启动之时，曾在上海开过一个小型会议，在场的一位老同志，就是广东教育学院的苏式东教授，曾对新一轮数学课程改革的主要负责人当面讲了这样一段话："你们想的这些问题，我们（她原来是北京景山学校的——注）当年都想过，你们想做的事情当年我们也都做过。"这是什么意思？就是指要吸取别人的经验和教训。以下也是一段相关的体会："最大的读书心得是什么？许多事情，过去有过；许多问题，前人想过；许多办法，曾经用过；许多错误，屡屡犯过。……懂得先前的事情，起码不至于轻信，不至于盲从。"（陈四益，《文艺报》，2005 年 9 月 17 日）

但是，有的老师可能会反驳道：上面的话泛泛地讲我也赞成，但数学课程改革是个新生事物，怎么可能有现成的经验？

我想请大家看一看美国的教训。这是我 1999 年写的一篇文章，当时我国的新一轮课程改革还没有开始。但美国是在 1989 年开始课程改革的，到 1999 年就已暴露出了很多问题，也有很多的经验和教训，所以在当时我就写了篇文章谈美国数学课程改革的教训，共 6 条。请大家看一下：如果当时就有更多的人注意到了这样一些问题，我们是不是就可少付些代价?! 少走些弯路?!

"第一，对基本知识与技能的忽视。第二，不恰当的教学形式。如对于合作学习的过分强调等，但却没有很好地发挥教师应有的作用。第三，数学不只是一种有趣的活动，仅仅使数学变得有趣起来并不能保证数学学习一定能够获得成功。因为，数学上的成功还需要艰苦的工作。事实是在实践当中，我们经常可以看到这样的现象，即为了吸引学生的兴趣，教师或教材把注意力和大量的时间放到了相应的活动或情境之上，但却没有能集中于其中的数学内容，这当然是一种本末倒置。第四，课程组织过分强调情境学习，却忽视了知识的内在联系。第五，未能给予数学推理足够的重视。第六，广而浅薄。由于未能很好区分什么是最重要的和不那么重要的，现行的数学教育表现出了'广而浅'的弊病。"

再重复一遍：这是我 1999 年写的一篇文章。我觉得如果在课改中承担主要领导责任的人能多看一些书，一线老师也能多知道一些这样的信息，错误或者弯路就会少一些。所以,为什么要加强学习?第一条就是为了接受别人的经验和教训。

第二,加强学习可以提高自己的理论素养,从而实现由"经验型教学"向"理论指导下的自觉实践"的重要转变,真正做到居高临下。我想这也正是新一轮数学课程改革的一个重要指导思想,因此经常可以见到以下的做法:"理念先行,专家引领。"但是,我想大家又应更为深入地去思考一下:这样的运作模式,即"专家引领"和"由理论到实践"是否也有一定的局限性或者不足之处?

首先,这是当前的一个明显事实,即专家泛滥,而且专家讲的话又都不一样。更坏的是学术异化,专家的看法不一样尚属正常,但有的时候专家是不是真的凭良心在讲话?

这是我们中国特有的现象,我想这一点大家也一定深有感触。下面就是一个教研员的具体体会:"教学现实中,教师要上出一堂大家都认为好的课,真难!如果课上不注重情境设置、与生活联系、运用小组合作学习,评课者就会说上课的老师'教育观念没有进行转变','因循守旧';如果课上注意了这些,评课者又很可能说'课上得有点浮','追求形式'。教师往往处于两难的境地。"(谢惠良,"把握实质,用心选择",《小学数学教学》,2006 年第 5 期)

严格地说,这也不是中国特有的现象。可以看一下外国专家自己的话,这是一位在香港大学工作的瑞典人,也是世界上有些名气的教育家,他说:"在香港我的这些同事是外国人,他们不懂广东话,当然也不懂普通话,但却去学校做教师的教育者。他们不理解教师讲的话,只是看看课堂,如果他们看到学生以小组的形式学习,他们就会说'这是好的教学'。到另一个班级,如果他们看到的是全班教学,他们就会说'这是差的教学'。"("什么是好的教学——就中国教师关心的问题访马飞龙教授",《人民教育》,2009 年第 8 期)这是外国专家自己讲的。所以我总结了一句话:"千万不要迷信专家!"

其次,更为基本的原因又在于教学活动的复杂性,从而就不可能被完全纳入任何一个固定的模式之中,不可能有一个人事先把理论想好了,把教学模式设计好了,我们一线老师只要照着去做就可以了。所以,从这个道理上讲,也不可能存在这样一个"课程标准",其中将全部问题都想到了,你只要照着去做我们国家的数学教育改革就完成了。我想没有这样的东西。因为,教学活动是非常复杂的，它的对象、环境、内容在不断变化。在这种情况下，是不是应该想到一种新的立场？！

具体地说，这正是国际数学教育理论研究在整体上出现的一项重要变化："就研究工作而言，仅仅在一些年前还充塞着居高临下这样一种基调，但现在已经发生了根本性的变化，即已转变成了对于教师的平等性立场这样一种自觉的定位。"（A. Sfard，"What can be more practical than good research? — On the relations between Research and Practice of Mathematics Education"，*Educational Studies in Mathematics*，2005(3)，第 401 页）我想这的确很有道理。例如，我曾经跟我的几个负责课改的朋友讲："你讲得头头是道，但你能不能上一堂课给大家看看？"他们通常不搭这个腔，因为，到一线去上一堂课，上一堂好课，一堂大家都认为好的课，真的很难。所以，强调"专家引领"、"理论指导下的实践"确有一定的局限性。

也正因此，现在人们更加提倡关于教学工作的这样一个新定位："反思性实践"。其直接涵义是：一线教师不要指望谁来告诉你应该怎么怎么去做，也不要指望有这样一本书，里面写得很现成，一看这本书马上就专业成长了。恐怕没有这么方便、容易，重要的应是通过自己的积极实践、认真总结和反思，一步一步地往前走。

下面再具体解释一下"反思性实践"的涵义。

第一，以前我们往往单一地强调理论的指导作用，比如前几年的"建构主义理论"，往往被形容成是最先进、最好的。现在回过头来看，恐怕应当更加强调实际工作的认真总结和反思。再来看刚才引用的黄毅英教授的话，看教师铁定的命运是否一定是"期盼、失落、冲突、化解和再上路……"他说："当然我们可以抱怨，这些问题何以反复地出现……""我们也可以反过来看，教育本身就是一种感染和潜移默化，如果明白这一点，也许我们走了半个世纪的漫漫数改路，一点也没有白费，业界就正要这种历练，一次又一次的反思、深化，在深层中成长……问题就是有否吸取历史教训，避免重蹈覆辙。"（邓国俊、黄毅英等，《香港近半世纪漫漫"小学数改路"》，同前）这段话讲得十分到位。

这里还可举一个例子以供对照：如果 10 年前课改开始时做动员报告，10年以后再做报告，这两个报告肯定有所不同。但我们仍应自觉地去总结反思一下：10 年前你讲的这些东西到底对不对？如果有些东西讲对了，就要坚持；如果有些东西讲错了，就不要怕讲出来。因为，能认识到错误就说明你成长了，说明你有总结、有反思。这也就是指，过去 10 年到底有没有长进，一个很重要的方面就是看自己有没有意识到哪些地方不恰当，哪些地方做得不太好，哪些地方做好了。

第二，还要重复一句："不要迷信专家"，而应依靠自己，依靠自己的独立思考。

这里再插一句话，不知大家注意到没有：课程改革开始那几年，你到任何一个教育书店去看，满世界铺天盖地的都是课程改革的书，《走进新课程》等，一套一套的，装帧也非常漂亮。但是，请大家现在再去看一看：这些书还在不在？恐怕一本都没有了！到哪里去了？为什么书的生命这么短，这里是不是有些东西应当总结和反思?!

有位小学教师说得好："新课程改革进行到现在，专家们众说纷纭，我们也莫衷一是。还好，真正每天在教室里和新课程打交道的，站在讲台上能够决定点什么的，和孩子们朝夕相处的，还是我们一线教师，而教育变革的最终力量可能还是我们这些'草根'。"（潘小明，"'数学生成教学'的思考与实践"，《小学青年教师》，2006 年第 10 期）我非常欣赏这样一段话。一线教师应当有这样的气魄："我说了算，管你什么专家，参考而已。"

顺便插句话，小学老师在这方面和中学老师相比"太可爱"了一点，也许跟小学生接触时间长了，被"（儿）童化"了。小孩子谁讲话都相信，我们小学老师有时候也这样，不管哪个专家讲的话你都信。其实不是，我讲的话你就不要全信，要有这种气概。

第三，不要追求时髦。刚才讲了数学教育领域每 10 年一个口号，因此，如果你永远追口号："问题解决"时髦就讲"问题解决"，"建构主义"时髦就讲"建构主义"，……这样，你就永远在追，永远没有自己的东西。所以我想讲另外一个意思："与其永远追时髦，不如抓基本的东西。"

我很喜欢下面这句话，这是我在南京作讲演时一位老师用短信发回的短评。她说郑老师的报告是"年年岁岁花相似，岁岁年年花不同"。我很喜欢这句话，这更可被看成教师教学工作的真实写照：我们的教师哪怕你 6 年一轮，

6年后又重新回来了,确实是"年年岁岁花相似",但教育工作的创造性恰又在于:"岁岁年年花不同!"

坦率地说,我一年做一个报告,基本上每一年都不一样,当然也有一些重复的东西,但一定有新的内容。所以,我想这两句话正是我们应当坚持的东西,不仅教学工作是这样,教学研究也应是这样。有些基本问题不管课改不课改都是基本问题。所以,与其追时髦,追潮流,不如老老实实抓基本问题,当然你要用新的发展作为背景来重新思考这些问题。

所以我想这就是基本立场的必要转变:转向"反思性实践"。要积极实践,认真总结,深入反思,不断前进。这也是课程改革深入发展的关键。所以我的主题就是这两句话:"立足专业成长,关注基本问题。"

2. 关注基本问题

那么,到底什么是数学教育的基本问题? 对一线教师来讲,不管什么时候改,也不管怎么改,以下几个问题都跑不掉:第一,教学方法的研究与改革。第二,教学思想的研究。第三,教育思想的研究。这就是"数学教育的基本问题"。[①] 下面我就具体展开。上面讲得比较抽象,下面会具体一点。但由于时间关系只能挑其中一部分讲。

（1）教学方法的研究与改革

这是数学教学研究的永恒主题,对一线老师来讲也最为直接相关。例如,课程改革了,首先就会想到:以后怎么去上课? 我怎么去教? 用什么方法教? 这是最为直接相关的一些问题。

进而,课改10年,请大家总结一下,在教学方法的改革与研究上究竟是怎样的情况? 如果用两句话来总结,你怎么看? 以下是我的看法:课改前几年,大概是2004～2005年以前,我们国家的课程改革,就教学方法的改革而言,基本上可以概括为一句话:就是大力提倡一些新的方法,如合作学习、主动探究、合作交流,动手实践等,并在实践中出现了形式主义的盛行。的确,有很多东西似乎成了必须有的包装。例如,如果现在你们的校长、教研组要你上一堂观摩课,你首先想到的会是什么? 首先想到的一定是我怎么去搞一个情境设

---

① 上述三个问题显然是与数学教育哲学的基本问题直接相对应的,因此,在这样的意义上,"走向数学教育哲学"或许就可被看成数学教师专业成长的更高目标。

计！好像不搞情境设计就不是改革后的课。但你有没有想过到底为什么要搞情境设计？……所以我觉得前 5 年可能是这样的情况。后 5 年我们所忙的则是对形式主义的纠正，因为，大家现在都知道有些做法确实不妥当。例如就上面所讲的这几种教学方法而言，大家基本上已经形成了一定的共识。（对此可参见 9.1 节）

那么，从专业化的角度看，我们又应如何去看待上述的变化？或者说，这是否代表了真正的进步？什么又是进一步工作的努力方向？

我的看法是：所形成的共识都是对的，但不能评价太高，因为这只是回到了常识，或者说，只是由对常识的背离重新回到了常识。

进而，从专业化的角度看，又只有做到"对常识的超越"，我们才可能取得真正的进步。具体地讲，所谓"专业发展"就是要超越常识，一般人能讲出来的东西就不要讲了，一般人能讲出来的东西还讲什么？你要讲些新的东西，这才是真正的进步。只有这样，我们才真的有了一点可以自豪的东西，或者讲，有了一点可以沉淀下来的东西，为将来作贡献的东西。

那么，我们又如何才能超越常识呢？建议大家可以深入地去思考这样一些问题：

第一，我们究竟应当如何去处理"情境设置"与"数学化"的关系？什么又是数学教学中实现"去情境"的有效手段？

第二，除去积极鼓励学生的主动探究以外，教师又应如何发挥应有的指导作用，特别是，什么更可被看成数学教师在这一方面的基本功？

第三，什么是好的"合作学习"应当满足的基本要求？从数学教学的角度看我们应当如何去实现这些要求？数学教学在这一方面又是否有其一定的特殊性？

第四，我们应当如何去认识"动手实践"与数学认识发展之间的关系？什么是"活动的内化"的真正涵义？

我想在这些方面还有很多事情要做，我们的专家在这些问题上也未必有深入的研究，因为，这是"实践性智慧"，主要要靠一线老师来诠释。

例如，教学到底应当怎样去处理"情境设置"和"数学化"之间的关系？什么又是数学教学中"去情境"的有效手段？我想现在大家对"去情境"这句话都不陌生了,但教学中到底怎样"去情境"? 我想这是一般人讲不出来的,我们数学老师则应有发言权,因为,这正是专业素养的体现。由于时间关系,以下主要围绕"合作学习"作一具体分析。

"合作学习"应当说是一个长期的热点与难点。也许有的老师会说:合作学习最容易,我早就在搞了。在美国也是同样的情况,在一个调查中,有 90% 的老师说:我在教学中已经做了合作学习。但由面对面的访谈发现,在 17 个做出肯定性回答的教师中,只有一个人是真正的合作学习。所以讲合作学习既是一个长期的热点,同时又是一个难点,要做好不容易。

在座的教师也许还会有一些疑问:合作学习真的有这么难吗? 我们或许可以先看一下台湾的相关经验,看看自己能否完全理解下面这段话的涵义:

合作学习直接涉及到了"班级文化"的塑造,"一个班级讨论文化的塑造,必须经历心理性、社会性和科学性(学科性)的发展阶段。"另外,当前的关键则又在于:如何能由"心理性"、"社会性"的提问转向"学科性"的提问。但是,究竟什么是台湾学者所讲的"心理性"、"社会性"和"学科性"的具体涵义? 如果你对这些概念都讲不清楚,恐怕还不能说真正懂得了"合作学习"。

再具体一点儿,我想现在我们很多时候做的都是心理性、社会性的,而不是学科性的。这是什么意思? 看一看我们的课堂用语就清楚了。课改初期,最常见的就是:"你真聪明","你真棒","让我们大家为他鼓掌"(小孩都会"叭叭、叭叭、叭叭叭"地鼓掌),"还有什么不同做法?"……但你仔细想一想,这些用语都是什么性质的? 实际上都是在社会的层面上,在心理的层面上,而不是在学科的层面上。那么,什么是学科的层面上呢? 可以对照一下:"你是怎么知道的?""你是否同意? 为什么?""你赞同哪种方法,为什么?"一定要有"为什么"、"怎么",这才真正进入到了数学的层面。所以我想有些地方大家可以仔细地去思考。

再看一个实例,这是去年听的北京一位名师的一堂课,是"问题解决"的教学:"动物车展,第一天卖了 65 辆车,第二天销量增加了 $\frac{1}{5}$,问:第二天一共卖了多少?"

这堂课主要讲"画图"。老师叫学生画,画了以后就上来交流,学生当然有多种不同的画法,老师就讲我们进行互动。就这一内容的教学我们应当如何去实现学生间的积极互动? 课上的画法的确很多,有的画 65 个小圈圈,有的画 5 个圈代表 65 辆车,……这个老师不断把学生叫上来向全班展示。从合作学习的角度来分析,到底有没有必要把所有不同的做法都展示出来? 或者说,我们在此到底应该如何去处理? 讲到这里我想大部分老师都会有自己的想法,但这事实上就涉及到了不同的视角。例如,从心理性和社会性的角度看,让更多的孩子上来讲,让每个孩子都来讲,会增加学生的自信心,提高他们的表达能力,帮助学生学会倾听,……但是,如果从学科性(数学教学)的角度看,我们又应怎么去做? 刚才已经讲了,应从心理性、社会性逐步过渡到学科性,那么,在此我们又怎么才能很好地体现学科性呢? 这是我的一个建议:我们的一线老师和教研员,都应在这些地方深入地进行研究,能够真正地深入下去,我们的课程改革也就深入下去了。因为,到目前为止,还只是"回到常识",而看不到任何的真正的进步,真的讲不出多少东西。没有"沉淀"的后果是什么呢? 无非 10 年改革,10 年回去,过 10 年再来,再 10 年又回去,永远没有长进。怎么才能有长进? 不是靠哪个专家,不是靠哪个人从理论上把它搞透了,要靠实践。事实上大家都很清楚,如果叫越来越多的学生上去,最后的常态是什么? 学生到后来已经完全不感兴趣了,他们感兴趣的只是自己的方法,对其他方法根本不感兴趣,更不要说比较。所以从学科的角度讲,数学教学中的互动就应真正促进思维的优化,如果没有优化,就根本不是互动。

　　以下则是实现真正互动的两个关键:① 加强比较。如果学生不作比较,老师要促使他们去比较。② 如何能使优化成为学生的自觉要求,而不是你的硬性要求。要让他真正认为这个好,真的愿意改,这个最难最难。

　　下面有两段话,是美国一个很著名的数学教育家(科比)说的:"互动不应该被看成线性的和纯因果性的",恰恰相反,这应是"反思性、循环性和相互依赖的"。第一次看到这句话一定会感到不好理解。互动不应是单向的,上面拨一拨下面动一动,这不是互动,真正的互动应该有反复、反思、相互依赖。你说真有这种东西吗? 看一个例子就清楚了——这个例子我经常用,但今天的侧重点不一样:

　　任课教师要学生求解这样一个问题:"52 型拖拉机,一天耕地 150 亩,问 12 天耕地多少亩?"一位学生是这样解题的:$52 \times 150 \times 12 = $ ……显然,52 是

个陷阱,这个学生果然中招了:他把52也放进去了。(详见2.3节)

现在请大家注意师生间的以下对话,看看这究竟是"线性的、单向的",还是"循环的、反复的、相互依赖的"?

师:告诉我,你为什么这么列式?

生:老师我错了。

为什么学生这么快就意识到他错了,因为老师给了他一个信号。有经验的学生都知道:如果你做对了,老师一定讲"很好,坐下!"老师一问"为什么?"他马上说"我错了"。所以是单向的、因果性的。

老师接着讲:告诉我,你认为正确的该怎么列式?

老师想:"改过来不就行了吗!"没想到学生说:"除。"

老师问:怎么除啊?

由于老师事先没有想到,这是脱口而出的一个问题:"怎么是除啊?"

学生回答:"大的除小的。"

有点出乎意外,所以老师的下一句话又来了:"为什么是除?"

又给了学生一个重要的信号:典型的"单向的、因果性的"。

学生说:"老师我又错了。"

由此可见,他完全接收了老师的信号。

"那么你说对的应该是怎么列呢?"

学生又说:"应该把它们加起来。"

这个例子当然很好笑。但你想想这是不是真正的"互动"? 特别是,看了这段话你恐怕就能理解科比说的那段话了。真正的互动应该是什么样子? 不是线性的和纯因果性的,不是那种拨一拨动一动的。想一想:为什么老师一问学生就改,"乘"不行就"除","除"不行就"加"? 这不是真正的互动,真正的互动应是反思性的、循环性的和相互依赖性的。你能不能告诉我这样的例子? 我们杂志上有过这样的例子吗? 好像没有,专家好像也给不出这样的例子。为什么? 因为,这是实践性的例子。如果我们老师能在这种地方深入下去,联系自己的日常教学去进行思考,我想你就是专家,你就真的专业成长了。

另外,以下的论述则十分清楚地表明了这样一点:我们不应将"合作学习"与"独立学习"绝对地对立起来,并认为前者绝对优于后者。恰恰相反,如果仅仅注意学习的"外显形式",对于"合作学习"的积极倡导也可能导致严重的消极后果:"正如国际研究会报告所指出的,有相当一部分报告认为合作学习与独立学习没有区别,也有大量报告试图掩饰这种方法的困难,把它当成学术上的灵丹妙药。事实上,这种方法用得太泛滥,没有一个预设结构去规范,使其产生效果。……正是由于这种不加鉴别的应用,使得这种教学方法所付出的超过了所得到的。在大学中,我们发现小组计划在教师中越来越普遍,但是所遇到的困难显示出小组学习有时起到相反的效果。有时学生抱怨很少找出时间与其他人聚在一起讨论指派的任务,这使得他们感到沮丧。有的学生剥削这一组织,并常常假设其他的参与者会完成所有的任务。根据报道,有的学生是把任务分配到某一个人,这样,这个小组的任务就是由一个人一次单独完成的,到了下次,小组又指派另外一个人去完成。很明显,这种情形,已经不是合作学习所希望的结果了,但却是在不加思考采用这种学习方式时必然发生的结果。我们的观点不是说合作学习一定不会成功,也不是说合作学习一定就比不上单独学习,而是说,合作学习并不是十分有效的方法,它的效果可能优于单独学习,也可能等同于单独学习,还可能弱于单独学习。"(J. Anderson & L. Reder & H. Simon, "Application and Misapplication of Cognitive Psychology to Mathematics Education", *Texas Educational Review*, 2000, Summer)"数学教学……可以如此组织以使学生参与到了积极的互动之中却没有实现任何有意义的数学学习。"(J. Boaler & J. Greeno, "Identity, Agency and Knowing in Mathematical World", 载 J. Boaler 主编, *Multiple Perspectives on Mathematics Teaching and Learning*, Ablex Pub., 2000, 第 191 页)

再看著名数学家陈省身先生的这样一段话:"数学是自己思考的产物,首先要能够自己思考起来,用自己的见解与别人的见解进行交谈,会有很好的效果。但是思考数学问题需要很长时间,我不知道中小学数学课堂是否能够提供很多的思考时间。"(引自张奠宙,《我亲历的数学教育》,江苏教育出版社,2009,第 158 页)你看,数学大师讲得很坦率,他说真正的讨论很好,但他不知道课堂上有没有时间。谁知道?一线老师知道。所以请你回答我:你是怎么处理这个问题的?数学思维肯定不是那种即兴发挥。为了更清楚地说明这样一点,在此还可引用日本著名数学家、菲尔兹奖的获得者广中平佑的相关论述。他说:"思考问题的态度有两种:从专业角度看,一种是花费较短时间的即时思考型;一种是较长时间的长期思考型。所谓的思考能人,大概就是指能够根据思考的对象自由自在地分别使用这两种类型进行思考的人。但是,现在的……教育环境不是一个充分培养长期思考型的环境。……没有长期思考型训练的人,是不会深刻思考问题的。……无论怎样训练即兴性思考,也不会掌握前面谈过的智慧深度。"(广中平佑,《创造之门》,中国华侨出版社,1991)我们现在培养的,如果说重一点,只要"标新立异",和人家不一样就是好,就能得到表扬,都是即兴发挥。但数学中还需要长期思考,从而,这事实上就是给我们数学老师出了个难题:应当如何去处理? 如何去教? 谁能告诉我? 我们杂志上有没有这样的文章? 没有。所以需要大家去做这种研究,我想杂志社也一定会欢迎这样的文章。

综上可见,就数学教学中的"合作学习"而言,应当说还有很多问题需要我们认真地去研究。更进一步说,这一结论显然也适用于其他各种教学方法,或者说,"教育方法的改革与研究"还有很长的路要走。特别是,尽管课改到目前已有 10 年时间了,但真正积累下来的东西实在太少! 怎么办? 只有坚持实践,坚持总结,坚持反思,这才是最重要的!

(2) 数学教学思想的研究

新一轮数学课程改革开始以来,在教育思想上有一个明确的主张,即"以学生为本"。这是很对的,办学校当然应当以学生为本:我们所做的一切都应是为了学生。但问题在于很多时候出现了理解上的误差,即将"以学生为本"这样一个教育思想简单地等同于"以学生为中心来进行教学",也即将其看成了具体的教学思想,而没有对两者作出应有的区分。

就相关的教学思想而言,应当说有两种可能的极端: ① 以学生为中心; ② 以教师为中心。传统的教学往往以教师为中心,课改以后则出现了另外一种偏向,就是以学生为中心。正确的看法应是什么? 可以提供一份材料,即为了对前几年的数学课程改革进行总结反思,美国总统专门成立了一个研究委员会,后者近期发表了一个报告,被认为是到目前为止科学性最好的一个报告,其中有这样一段话:"那些自诩为绝对真理的建议,无论认为教学应当完全

'以学生为中心'，还是认为教学应当完全'由教师主导'，都得不到研究的支持。因此不应当遵循。采取何种教学方法应当根据具体情况来决定。"（王晓阳，"美国中小学数学教育的问题及其改革趋势——美国数学咨询委员会报告简介"，《数学教育学报》，2009 年第 4 期）

以下则是上面提到的那位瑞典教授马飞龙的相关看法："（中国的）教师试图获得一种平衡，教学也就变得既以学生为中心又以教师为中心。"（余慧娟，"什么是好的教学——就中国教师关心的问题访马飞龙教授"，同前）当然，这是更为标准的一个说法，即教学中我们应当同时肯定学生的主体地位与教师的主导作用。

但是，最大的难题显然在于教学中究竟应当如何去做，即如何才能真正做到既尊重学生主体地位，同时又能很好地发挥教师的主导作用？ 还是借助一些案例来说话。

[**例**]　"一场改变学校命运的课堂教学革命——河南省濮阳市第四中学教学改革纪实"（《人民教育》，2009 年第 6 期）

这是河南一个中学的经验。其中不仅清楚地表明了他们在这方面的具体经验，而且也可被看成通过积极实践与深入反思不断取得新的进步的一个典型例子。

以下就是这个学校的校长在这方面的基本想法："只强调学生的主体性，课堂太活，只强调教师的主导性，课堂太死，我们就搞一个'半死不活的'。"很形象、很生动。下面看他是怎么做的。

他首先搞了这样一个教学模式："生生互动—师生互动—反馈检测"。但是，通过实践发现有问题："小组内的问题不知道怎么互动，不是谈天说地，就是乱哄哄地讲，不仅没有调动学生自主学习的积极性，还分散了学生的注意力，降低了学习效率。"

以下则是相关的总结："是啊，一上课就'动'，就讨论，没有内容！没有载体！'互动'什么呢？"因此作了如下的变动："有必要在'生生互动'前加上一个'学生自学'环节。一上课，先让学生自己看几分钟课本。看完了，让他们提问题，老师围绕这些问题展开教学。"

这些事情大家可能都做过,不过他总结得比较好:一实践还是有问题,"这样的课听下来,离教学重点往往还是有十万八千里。要照学生的问题走,根本完不成教学任务。……"

以下是一位教师的相关体会:"听课以后,我发现,让学生开放,问题是提出来了,但内容没讲完。因为学生发现的问题太多了,有些东西是以前讲过的,有一些是新的。放得太开,就好比早上让孩子去超市了,到晚上还没回来,究其原因,买的东西太多了。我一看,这样不行,得告诉学生买什么东西,啥时候回来,这样体现老师的教学组织应变能力。""后来又强调合作和互动,出现什么情况呢? 一个小的问题来回讨论,很耽误时间。本来一名小孩去买牙膏就可以了,结果派了两小孩去了。这也是一种很浪费的步骤。"

经由总结他们又想了一个新办法:"让教师写教学内容问题化教案。"什么叫"教学内容问题化教案"? "'教学内容问题化教案'就是让老师清楚地知道自己该教什么,让学生知道自己想学什么。这是三段式教学法的主线。……老师和学生都应以问题为中心进行互动,实现双主体的双互动。"

由此可见,这一做法的核心就是"以问题为主线"。教学怎样才能做到既以学生为主体,又能充分发挥老师的主导作用? 关键可能就在于"问题引领"。要让老师清楚地知道问些什么问题,围绕什么问题去讲;学生也要知道这节课到底要解决什么问题。

以下是相关的体会:"必须预设学生会提到什么问题。当学生阐述不清的时候,老师要把材料明晰化,帮学生讲清楚;当学生提的问题比较笼统的时候,老师要把问题细化;当学生提的问题跨度大的时候,教师也要能纵横驰骋,指点江山。""学生能自己解决的问题尽量让学生自己来解决,而学生没有发现的问题老师又要抓住时机适当地提出来。这样就很好地处理了学生提出的问题与教师预设的问题之间的关系,既尊重了学生,调动了他们的积极性,又不是完全跟着学生跑,保证了教学目标的完成。"

如果你同意刚才提到的思想,下面就让我们再来看一堂课,看看你能否依据刚才讲到的观点对这堂课作出评价。这堂课的内容是"数字与信息",这是现在很多老师愿意上的课。有个老师在东北教学观摩时还拿过全国一等奖。

现在要请大家考虑的是：讲"问题引领"，什么是这节课所应解决的主要问题？是努力帮助学生掌握身份证或其他一些编码所提供的信息，还是应当集中于这样一些问题：人们为什么要采用"编码"这样一种方式来传递信息？应当如何进行编码？我们又应如何由各种编码去提取相关信息？因为，第一，"编码"和其他一些传递信息的方法不太一样，有自己的特殊性。这也就是指，我们在教学中应当引导学生积极地去思考："编码"与其他方法相比有什么优点？第二，怎么去编码？这个学生解决不了！但我们也应引导学生往这一方面去想，包括大致地引出编码应当遵循的一些基本原则。第三，怎么提取信息？通过提出这些问题，让学生逐步学会抓主要问题！

最后，跳出来想一想，这显然也直接涉及到了这样一个问题：数学教师的引领是否有相应的"基本功"？更为一般地说，这也就是指，数学教师是否有自己特殊的专业能力？我的看法是肯定的。至少有这样三项：① 善于举例；② 善于提问；③ 善于比较与优化。专业成长显然也应在这些方面琢磨琢磨。（详见第 10 章）

最后，应当提及的是，这是笔者在这方面的一个基本想法：如果说我们在教学方法的改革与研究上已经注意到了应当切实纠正过去几年中普遍存在的一些弊病，那么，就数学教学思想的总结与反思而言，应该说还有很多工作要做。因为，除去上面所提到的将"以学生为本"简单地等同于"以学生为中心来进行教学"这样一种错误认识以外，在这方面还有不少认识的误区和盲点。希望大家都能对此予以足够的重视。

（3）关于数学教育思想的思考

这是新一轮数学课程改革的一个重要贡献，即由唯一强调数学知识与技能的学习转向了"三维目标"。具体地说，我们在以前往往只是注意了知识和技能的学习，现在则认识到了还有思维方法的学习，以及情感、态度和价值观的培养。这一思想是很正确的。但仍然存在这样的问题：① 如何能把"三维目标"真正讲清楚？这也就是指，到底什么是数学的情感、态度和价值观？什么又是数学思维？② 我们又应如何去处理这两者与数学知识教学之间的关系？我想这些问题也是一线老师应当认真思考和研究的。

现在正在对"数学课程标准"进行修改，据说把"双基"变成了"四基"。我想正式发表后可能会出现一个高潮,但千万不要盲目地去追随,在此最需要的仍然是这样两件事:① 是什么? 例如,"基本数学思想"到底是什么? 在小学的低段、中段、高段应当讲哪些"数学思想"? 对此应当清楚界定,合理定位。② 教学中应当如何去做? 例如,就"帮助学生学会数学地思维"而言,笔者就有这样一个想法:相对于数学思维的专门教学而言,应当更加重视数学思想的渗透,即应当用数学思想的分析指导带动具体知识内容的教学。

就如何处理好数学思维和具体数学知识的教学之间的关系而言,我有一些亲身体会。我曾经为南京大学的文科学生开设高等数学课。坦率地讲,我的数学课上得不错:原来的文科学生是不喜欢数学的,但我的数学课是要抢座位的,因此,南京大学"文革"后第一次评教学奖就给了我一等奖。我做了什么呢? 其实就是做了这样一个事情:将数学思维渗透到数学知识里面。文科的学生将来肯定用不到多少具体的数学知识,但数学思维对他们却是有用的。当然,真正的问题又在于应当如何去渗透? 由于时间的限制我就不多讲了。如果感兴趣的话,可以看我的《数学思维与小学数学》这样一本书(江苏教育出版社,2008)。愿意提及的是,在这方面我曾经走过一段弯路:我是从 2000 年开始转向小学的,以前关注的主要是中学数学教育。我曾经认为:转向后就只需将自己在中学层面曾作过的一些工作推广到小学就可以了。结果发现不行,必须重新下功夫,必须针对小学教师的需要与小学数学教学的实际情况重新下功夫。上面提到的书就是这一努力的直接结果。(这一著作是"郑毓信数学教育论丛"中的第二本,另外的三本分别是:《开放的小学数学教学》[2008],《数学教师的三项基本功》[2011],《数学概念与思维的教学》[2014]。欢迎大家批判审查)

现在转向"数学的情感、态度与价值观"。在这方面也有很多事情可做,因为,在现实中同样可以看到不少的问题。

一是认识的"泛化"。可以看这么一段话,这是课程改革初期"课程标准研制组"的一个成员在杂志上公开发表的,我想即使他本人现在回头来看也一定会感到很可笑:"讲到促进学生的情感、态度和价值观的发展,很多老师认为是很空泛的。有这样一个例子,讲的是去花店买花的问题:我要给妈妈买一束花,该怎么买? 从表面上看,这里是教学加减法运算的问题,这是一种知识和技能。但这里面还隐含着另一层含义：给妈妈买一束花，送她作生日礼物，通过学生的讨论交流，引发了对母亲的一种敬爱的感情，这就是课程标准所倡导的情感、态度和价值观。"显然，这是一种"泛化"。当然，这不是说不要对母亲有感情，但后者并非数学教学所应主要关注的问题。数学课上当然应当结合具体的情况、对象、情境，包括课堂上出现的问题，及时地进行思想教育。但这显然不能代替这样一个问题：到底什么是数学教学所应培养的情感、态度与价值观？

二是做法上的简单化。现在一讲"情感、态度与价值观"，一讲文化，往往就是在课堂中加上数学史的小故事。这一做法是可以的，但决不是主要的。我的看法是：我们应当明确提倡"数学文化"，充分发挥数学的文化价值，因为，"数学中的情感、态度与价值观"讲到底主要是一种文化价值，即数学独有的文化价值的具体体现。

那么，到底什么是"数学文化"呢？尽管自新一轮数学课程改革启动以来这一概念已经得到了普遍提倡，但我们的认识应当说仍然不够清楚。以下就跟大家交流一下我在这方面的两个基本认识。

第一，文化不是外部强加或刻意做作的结果，而是体现于日常生活或工作的方方面面，举手投足之中。

第二，"数学文化"就是指人们通过数学活动（包括数学学习）所不知不觉形成的东西，包括价值观念、思维方法与行为方式等。

那么，到底什么是"数学文化"呢？为了真正讲清楚这件事，我也作过很多努力，后来找了一个特殊的切入点："语文教学反照下的数学教学"，即通过比较来进行分析思考，特别是，什么是数学课所应具有的"数学味"？什么又是语文课所特有的"语文味"？这两者究竟有什么不同？因为，语文课也有它特殊的文化："语文天生多情，天生浪漫，语文教学有其自身的文化韵味。"这样一来，数学课有"数学味"，语文课有"语文味"，但这两个到底是什么东西？一比就出来了。更为一般地说，这事实上也正是文化研究的一个主要方法，即主要依靠比较。

（下略。详可见 5.2 节）

在明确了"什么是数学文化"以后，以下再转向"数学课应当如何突出数学的文化价值"。我们在此同样应当强调文化价值与数学知识内容的相互渗透，真正做到"以知怡情"。以下就是这方面的一些具体建议：

第一，如果说语文教学的关键是朗读，即如何能够通过朗读创设出一个好的学习情境，那么，数学教学的关键就是创设恰当的"问题情境"，也即提出具有挑战性，同时又适合于学生认知水平，并具有启发性的问题。从而不断激发学生的好奇心，使学生能积极地去进行学习，不仅学到知识，也能学会思维，包括养成健康的情感、态度与价值观。应当强调的是，这里所说的"问题情境"是广义的，不应局限于生活情境，还包括数学情境等。重要的是能够调动学生的好奇心，调动学生进行探究的欲望，这是数学教学的根本。

但是，如果我们的学生通过数学学习变成了下面的样子，数学教育就彻底失败了。这是一名学生参加湖北省高中数学联赛决赛时在试卷上写的一段话："数学你是个坏蛋，你害我脑细胞不知死了多少，我美好的青春年华就毁在你的手里，你总是打破别人的梦，你为什么总是做个人见人恨、人做人恨的家伙呢？如果没有你，我将笑得多灿烂呀！如果你离开我，我绝不责怪你无情。"（摘自2004年全国高中数学联赛湖北赛区试卷）

顺便提醒一下，现在许多老师组织小学生参加奥数，我想你可能是在做一件不好的事情。因为你使大部分学生从小学起就把好奇心给弄没了，以后中学老师就没办法教了！不少奥数就是把中学的东西下放下来，中学教师以后还怎么教？大部分小孩学了奥数反而不喜欢数学了，以后中学老师该怎么办？所以你在教奥数时，能否也想一想后面的事?！

第二，我们也应特别强调教师自身的感染力量："身体力行，耳濡目染。"说得重一点，一个没有"数学味"的教师不可能真正上出具有"数学味"的数学课。

听了这句话也许很多小学老师会感到心灰意冷，因为，我原来就是中师毕业的，中师不分科，哪有什么"数学味"？这种想法其实不对！因为，只要你教过数学课，做过几年数学老师，身上就一定有"数学味"。你信不信？我举几个例子来说明。

我在南京参加小学教师培训，前一个星期是语文培训，后一星期是数学培训。我问管生活、安排住宿的老师："数学老师和语文老师的味道是否一样？"

他说："完全不一样!"这当然引起了我的兴趣："怎么不一样?"他说："语文老师是非常个性化的,安排住宿时,有的老师说我神经衰弱,一定要见到阳光,千万千万一定要安排向阳的房间;还有老师一定要单间,哪怕再小,我也要一个单间。"我说："数学老师怎么样?"他的回答是："数学老师简单,就一句话:是不是大家都一样? 只要一样就行了!"由此可见,数学老师都很理性。

听报告也不一样,语文老师容易激动,感觉好就鼓掌,还能站起来欢呼,恨不得冲上来与你拥抱;数学老师则通常不鼓掌,最多脸带一点微笑,微微点点头,说这个家伙讲得还不错。这就是数学老师。

去深圳听课,我是数学背景的,还有语文背景的专家。听同一堂课,结果语文背景的老师一堂课 3 次感动得掉下了热泪,我说我还没有搞清楚你为什么要掉眼泪?! 数学老师总要先搞清楚一件事情。还是这位老师作报告："什么东西是中国语文?"数学老师的习惯,要讲就要讲清楚,应当给个明确定义。可他就举了 10 个例子,什么"推敲不定之月下门","闭花羞月之少女貌",等等,10 个例子都很精彩,但例子举完了就没了。我说你还没有给出定义呢!

甚至我们看武侠小说的喜爱都不一样。我喜欢看武侠小说,特别喜欢看金庸的,这位老师也喜欢看金庸的,我们两个就交流了。结果发现文科背景最喜欢的恰好是我最不喜欢的,因为金庸的书里有我喜欢的,也有我不喜欢的,但我最不喜欢恰好是他最喜欢的。大家猜猜是哪一本?《天龙八部》。这本书是多焦点的,三个主角:乔峰、段誉,再加上一个小和尚。书中一会讲这个人,一会讲另外的人,我一看思维混乱,逻辑线索不清楚,所以看到一半就不看了。但是他说,这个好啊,最漂亮的就是多焦点。

所以数学老师身上一定有"数学味",问题是你有没有好好地去琢磨这件事。

我很欣赏我们南京的一个年轻教师的这样一段话,你看他说得多好:"教师与数学,二者理应相互交融、合二为一。一个优秀的数学教师站在讲台上,他就是数学! 他的身上应该自然散发着一种独特的数学光华与气息,一种源于理性、智慧、思辨的内在气质。"(张齐华语)才 30 多岁,就能讲出这样的话,不简单。

还有一段话,是上海的曹培英老师的:"是啊,当教学能够深入到数学的内部,展现它自身的魅力时,那些从外部添加的趣味性,什么小狗、小猫的故事,五颜六色的教具,就可以少用乃至不用了。这也就是数学教学的一种返璞归真吧!"

数学教学要返璞归真,我想这也就回到了"数学文化"。我想数学教师事实上可以区分出这样三个不同的境界:如果仅仅停留于知识的层面,说得重一点就只是一个教师匠;如果能帮助学生学会数学地思维,你就是一个智者,因为你能给人以智慧;但如果你能给学生无形的文化熏陶,那么,哪怕你只是个小学老师,哪怕你身在深山老林、偏僻的农村,你仍是一个真正的大师!希望我们大家都能够往这一方向努力。

最后再回到我的主题:"立足专业成长,关注基本问题。"希望大家都能看一看这样一篇文章:"教师专业成长的民间道路"(《人民教育》,2009 年第 20期),因为它体现了学习的第三种意义:超越庸常生活,唤醒心灵力量。

这篇文章讲的是什么?是介绍福建仙游县一个偏僻山村小学中由教师自发组成的读书会。在我看来这恰从另一角度更为深刻地表明了加强学习对于教师提高素养的重要性:这不仅是指教师的专业素养,也是指更为基本意义上的人生修养,包括对于自身价值与生命意义的认识。

这是读书会成立前的普遍心态:"教育教学生涯不知不觉地走过了 10 多年,突然发现生命布满了厌倦、疲累与无奈。看着日渐麻木与僵硬的自己,我们变得惊慌失措——难道就这样拖着硬壳如甲虫般的一直生活下去?"

一个似乎纯粹的偶然促成了读书会的建立:"那天晚上,坐在我家的龙眼树下,几位同事针对教育教学生活聊了很久,长叹复长叹,沉重复沉重,……"后来有个朋友近乎忏悔地叹道:"好久没认真地读一本书了!""是呀!"幽幽的,如回音一般几个人一起应和着,随后又陷入了沉寂。……突然,一个美妙的构思在心里绽放:"干脆我们组织一个读书研究会吧!"不成熟的提议竟获得了大家的一致鼓掌通过。他们就这样坚持下来了。

以下的体会表明了读书带来的变化:"自从走进这支自发成立的教育阅读研究团队,不知阅读的我从此迷上了阅读,并以书籍为心灵导师。我与大家一起阅读、思考交流,渐渐地,我从书中发现并找回了自身的价值,一种让心灵回归平静的安慰……"

现在的社会确实太浮躁，最需要回归平静。希望大家都能真正静下心来，认认真真地读一些书；希望大家都能真正静下心来，认认真真地想一些问题；希望大家都能真正静下心来，认认真真地做一些事情。

9.3 "理论的实践性解读"与"教学实践的理论性反思"

1. "反思性实践者"：教师工作的新定位

上面已经提到了理论与实践之间的辩证关系，特别是，就一线教师而言，我们不仅不应迷信专家权威，也应从根本上纠正"理论至上"这样一种传统认识，并积极地去发展自己的"实践性智慧"。（对此可参见 6.3 节）

当然，上面的论述并非是要摧毁广大教师对于专家和权威的信心，而是希望广大教师在任何情况下都能坚持自己的独立思考，而不要迷信专家权威，乃至盲目地去追随各种时髦潮流。正是基于这样的思考，笔者就十分赞赏以下一些源自一线教师的相关论述，尽管它们主要地都是从一般角度进行分析的，而非集中于数学教育，特别是，我们并不能因此而认定这些教师目中无人，因为，他们所反对的只是那些装腔作势的空洞理论家：

"看了某些专家们的论文专著后，不禁会哑然失笑，原来专家的许多理论、观点、话语体系完全是处在大学校园内的自说自话，与基层教师的教学实践毫无关系。

"要抛弃讨好式的奴才思维与官大学问大的决策方式，抛弃'成绩是主要的，问题是次要的'的冠冕堂皇的却几无所用的套话，应该正视课程改革所引发的教育教学问题。

"课程改革到现在，需要'草根模式'。'草根模式'需要专家抛掉学术理论的自傲，去尊重教师的实践知识。……如果基层教师一味仰赖缺少基层教学实践的所谓专家的指引，课程改革就难以有成功的希望。"（方裴卿，"课程改革批评：来自基础教师的另类思考"，《新课程研究》，2013 年第 3 期）

"其实，教育的真理就那么点儿，而且，'那么点儿'几乎早被从孔夫子以来的中外教育家们说得差不多了。……所以，当我听谁说自己'率先提出'了什么理论，'创立'了什么'模式'，或者是什么'学派'的'领军人物'时，我就想，你也不怕孔夫子在天上笑话你！再过若干年，也许还要不了'若干年'，你这些'文字游戏'就会烟消云散，连回声都不会留下一些。

"关于理论，和许多人一样，我也特别欣赏恩格斯的话：'一个民族想要站在科学的最高峰，就一刻也不能没有理论思维。'同样地，教育的真正发达也不能没有深刻的理论指导。……（但）现在的情况是，理论过度、思想膨胀、观念泛滥、模式横行，同时常识缺位、情感凋零、智慧苍白、意趣荒芜、诗意匮乏。当人们追逐'深刻的思想'时，朴素的教育常识遗忘了，真诚的教育情感冻结了，丰富的教育智慧丢失了，优雅的教育意趣沉默了，美丽的教育诗意死亡了。

"现在我们缺乏的恰恰是把深刻的思想转化到具体的行动之中，缺乏把平凡琐碎的事耐心地慢慢做好。我们甚至不耐烦地去面对这些既不深刻，也不华丽；既不出彩，也不动人的平常之事。不愿意去耐心地解决这些剪不断理还乱的教育琐事。

"有人喜欢'深刻'，只喜欢'思想'，那就让他去'高瞻远瞩'，去'石破天惊'，去'洞察'，去'烛照'吧！我也愿意继续学习教育思想，思考教育理论，探索教育真理，但我希望从教育中收获的不仅仅是'深刻的思想'，更有美妙的情怀。"（李镇西，"'深刻'不是教育的唯一尺度"，《新课程研究》，2013 年第 2 期）

以下再联系教师的实际工作具体地去指明我们应当如何发展自己的"实践性智慧"，包括什么又应被看成后者的具体内涵：

（1）相对于某些片面理论而言，我们应当更加重视教学实践的总结与反思，后者并应被看成一线教师很好实现自身专业成长的主要途径。

更为具体地说，人们认为，相对于"理论指导下的自觉实践"而言，这应当被看成关于教师工作更为适当的一个定位："反思性实践者"。以下则是人们何以提倡这一立场的主要原因：由于教学活动涉及到多个不同的因素，包括教学对象、教学内容、教学环境等，从而就不可能被完全纳入任何一个固定的模式。

例如，主要地也就是基于这样一种认识，人们提出："作出决定是最为核心的教学能力。"（C. Brown & H. Barko，"Becoming a Mathematical Teacher"，载 D. Grouws 主编，*Handbook of Research on Mathematics Teaching and Learning*，Macmillan，1992，第 215 页）用更为通俗的语言来说，这也就是指，

"记住,永远是教师一个人在面对学生。在教育的现场,永远是你一个人在作'向左走、向右走'的决定。"(人民教育编辑部,《教学大道——写给小学数学教师》,高等教育出版社,2010,序言)如课堂上我们究竟应当如何对学生的解答作出反应? 又应如何去选取适当的教学方式? 包括如何处理课堂上的突发事件? 又应如何去纠正学生在课堂上表现出来的各种错误(错误观念)? 等等——由于这些主要地都是一种"即时决策",教师在此更有多种可能的选择,从而也就十分清楚地表明了教学工作的复杂性和不确定性,或者说,我们应对所谓的"决策研究"(decision making)予以特别的重视。(对此也可参见8.5节)

另外,在一些学者看来,我们也可从同一角度更为深入地理解以下的事实,即在数学教育(以及一般教育)的理论研究与教学实践之间何以始终存在较大的隔阂? 例如,在一篇题名为"教育研究对于数学教育的影响"的文章中,威廉姆指出,尽管存在众多的理论研究,有些更被说成"革命性"的发展,但所有这些工作对于实际的课堂教学却都几乎没有什么影响。造成这一现象的主要原因则就在于教育理论研究指导思想的错误性,即认为应当以自然科学为范例去进行研究,也即应当使得教育研究也能像物理学那样成为真正的科学。但是,由于两者具有不同的研究对象,更由于教学活动的复杂性和不确定性,因此,所说的目标"不仅不够明确,更不可能实现",并事实上造成了在教育的理论研究与教学实践之间始终存在巨大的隔阂。(D. Wiliam,"The Impact of Educational Research on Mathematics Education",载 A. Bishop 主编,《Second International Handbook of Mathematics Education》,Kluwer,2003,第 479 页)

当然,上面的论述并非是指完全不要理论,或是完全否定了理论对于实践活动的指导或促进作用,而主要是对于"理论至上",即由理论到实践的单向运动这样一种传统立场的反对。因为,我们显然不应将理论看成无可怀疑的教条,更可被有效地用于各种场合,恰恰相反,各种教育理论事实上都只是一种可能的工具,其功效更有待于实践的检验,包括必要的改进,乃至彻底的否定。

显然,从后一立场出发,我们应当明确肯定理论的多元化和相互比较的重要性。这正如以色列著名数学教育家斯法德（她是国际数学教育委员会 2007 年弗赖登塔尔奖的得主）所指出的："当一个理论转换成教学上的规定时，唯我独尊就会成为成功的最大敌人。……理论上的唯我独尊和对教学的简单思维，肯定会把哪怕是最好的教育理念搞糟。""当两个隐喻相互竞争并不断映证可能的缺陷，这样就更有可能为学习者和教师提供更自由的和坚实的效果。"（A. Sfard,"On two metaphors for learning and the dangers of choosing just one", *Educational Researcher*, 1998(27)）

进而，以下的论述显然又可被看成对于"反思性实践者"这一关于教师工作新定位的直接肯定："反思是一种途径，通过这个途径，教师能够继续从事教学学习和作为教师的自我学习，……这个过程……是教师学习的中心。""这个概念挑战了这个假设，即知识与实践相互脱离，并且知识要比实践更加优越。"（黎纳雷斯、克雷纳，"关于作为学习者的数学教师和教师教育者的研究"，载古铁雷斯、伯拉,《数学教育心理学研究手册：过去、现在与未来》，广西师范大学出版社,2009,第500页）

（2）与普遍性理论相对照，我们也应清楚地认识"实践性智慧"对于新的实践活动的重要作用。

例如，这事实上也正是威廉姆在上述论文中所引出的一个主要结论：在教育中我们不应刻意地去追求普遍性规律（这正是自然科学研究的主要目标），恰恰相反，我们应当更加重视所谓的"实践性智慧"（practical wisdom）。威廉姆并对"实践性智慧"的作用与性质作了如下说明：第一，"实践性智慧"是"行动指向"（action-oriented），而非"结果指向"的，这也就是指，它的主要功用就是帮助人们决定应当如何去行动；第二，由于"实践性智慧"的行动指向，人们在此所关注的就不是相关决定的"对与错"（right or wrong），而主要是其相对于一定目标和价值观念的恰当性，即主要是"好与不好"（good or bad）的问题；第三，"实践性智慧"不应被理解成可以有效地被用于各种场合的普遍性真理，恰恰相反，由于实践活动取决于多种不同的因素，特别是，这既取决于普遍性规则，也与当事者经由过去的实践获得的经验密切相关，因此，这主要地就应被看成专业能力的表现，并集中地表明了专业性实践的创造性质。（在威廉姆看来，我们可以从这一角度对教师的专业发展水平作出具体区分。特别是,这正是"新手教师"的一个重要特征,即其往往依据所谓的"普遍性法则"来对各个具体教学行为的恰当性作出判断。详可见 D. Wiliam,"The Impact of Educational Research on Mathematics Education",载 A. Bishop 主编,*Second International Handbook of Mathematics Education*,同前)

由以下论述可以看出,威廉姆的上述论点也可说具有很大的普遍性:实际性智慧"从本质上来说,就是行动中的认知,它建立在经验、对经验的反思和理论知识基础之上。""这种知识建立在第一手的经验基础之上……在实践中,这种知识作为规则、实践原则和意象起作用。"(庞特、查布曼,"关于数学教师的知识和实践的研究",载古铁雷斯、伯拉,《数学教育心理学研究手册:过去、现在与未来》,同前,第 530、521 页)

以下则是关于"实践性智慧"更为具体的一个解释:这主要是指"借助于案例进行思维"。也正因此,作为反思性实践者,我们就应高度重视案例(包括正例与反例)的分析与积累,并应通过与案例的比较获得关于如何从事新的实践活动的重要启示。

显然,依据上述的立场我们也可更好理解"案例分析"在现时何以会获得人们的普遍重视,并事实上成为了教育现代研究的一个热点。当然,我们又应更为深入地认识案例的作用:这不仅有益于我们更好地理解相关的理论,也是实践工作者发展"实践性智慧"的主要途径。

为了清楚地说明问题,以下再对"普遍性理论"与"实践性智慧"作一简单的对照比较:正如前面所提及的,与普遍性理论不同,对于这里所说的"案例"我们不应理解成普遍适用的教条,而是代表了一种范例。这也就是指,就"案例"对于新的实践活动的启示作用而言,我们不应采取简单的"拿来主义",即认为可以不假思索地将相关经验直接应用于新的场合。恰恰相反,这里的关键就在于我们如何能够依据新的对象与情境对此作出必要的调整,从而,相对于"同一性"而言,我们在此应当更加重视对象与情境的变化,并因此作出必要的调整或改造。总之,如果说理论的应用主要地可被看成"由一般到特殊",那么,"借助于案例进行思维"就主要是一个类比的过程,并可被形容为"由特殊到特殊"。

当然,上述的论述并非是指"实践性智慧"就是"就事论事"。恰恰相反,我们在此也应高度重视如何能够清楚地去指明案例的普遍意义,后者事实上也就是好的案例何以常常被称为"范例"的主要原因。当然,后者又不是指我们如何由具体案例抽象出普遍性的理论,而主要是指我们应当清楚地指明相关案例的借鉴意义——这样,在从事新的实践活动时,我们就可通过与案例的对照比较获得有效的启示。显然,这事实上为我们应当如何去做好案例分析指明了努力的方向。

例如,从上述角度去分析,我们或许就可更好地理解一线教师何以会对教学观摩表现出了极大的热情。因为,"他们所需要的正是各种关于如何去行动的生动实例,这是由他们所认同的教师提供的,由这些例子他们不仅可以获得改进自身工作的信心,并可看到究竟什么是更好的教学。"(D. Wiliam,"The Impact of Educational Research on Mathematics Education",载 A. Bishop 主编,*Second International Handbook of Mathematics Education*,同前,第484 页)

最后,按照威廉姆的分析,强调"实践性智慧"也有助于在教育理论研究与教学实践之间建立新的建设性关系。首先,由于案例对于广大一线教师而言具有更大的可应用性,因此,这就有利于我们较好地解决在教育理论研究与教学实践之间长期存在的严重脱节这样一个弊病。其次,这也从一个新的角度表明了理论研究对于教学实践的积极意义:"实践性智慧"的积累并非纯粹的个人行为,而需要一定的外部支持,包括提供必要的范例,以及清楚地指明努力的方向。第三,正如上面所提及的,这里所说的"实践"也是对于相关理论的检验与发展。

(3) 反对迷信专家,坚持独立思考。

之所以再次强调这样一点,主要是基于这样一个考虑:就新一轮数学课程改革的实际情况而言,理论研究应当说多少起到了误导的作用。

具体地说,除去前面(6.3 节)已提及的各个事实以外,在此还可特别提及这样一点:与高峰时占据主导地位的赞美声音相比较,能从学术角度做出独立分析,并很好地发挥学术监督与批评作用的声音实在过于低下、无力。而且,所谓的"专家引领"往往又表现出了很大的随意性,从而使一线教师感到无所适从。

也正是从上述立场出发,笔者十分赞赏一位小学教师的以下论述,因为,尽管他是一位语文教师,而非数学教师,但这仍然清楚地表明什么是"反思性实践者"所应坚持的基本立场:

"从某种角度讲,我的课堂有那么一点闪亮的思想,就是因为我远离了那些'专业比赛',剔除了一些权威思想的干扰和传统思维的束缚,长期扎根于日常实践的田野式生长,保持了最为可贵的独立性。……只有家常课,才是我们教师独立思考的最佳土壤。

"孕育'独立思考'的土壤,就是生活,就是日常教学,就是每天的课堂,就是和孩子们的每一句真实的对话。一个教师不一定要成名成家,但一定要学会独立思考,这是一个知识分子的全部尊严所在。"(刘发建,"思想含量来自独立思考",《人民教育》,2010年第8期)

(4)最后,还应强调的是,我们事实上也可从同一角度对所谓的"学科内容教学法知识"(PCK,也可译为"教学内容知识")作出具体分析,这也就是指,后者主要地也应被看成一种"实践性知识"。

例如,在笔者看来,这事实上也正是"学科内容教学法知识"的主要倡导者舒尔曼的如下反思给予我们的主要启示:"学科教学知识的概念表明了教师知识的一个主导概念,它是陈述的而不是行动导向的或者根植于实践中的。……这些研究忽视了就实践而言的本质的'重要观点'。"(庞特、查布曼,"关于数学教师的知识和实践的研究",载古铁雷斯、伯拉主编,《数学教育心理学研究手册:过去、现在与未来》,同前,第544页。对此我们并将在第10章中作出进一步的分析论述)

当然,又如上面已提及的,强调"反思性实践"并不意味着完全否定了理论对于实际工作的指导作用或促进作用。毋宁说,尽管后一种认识在形式上与"理论至上"截然相反,但两者事实上又都可以被看成思想片面性的具体表现,即将理论与教学实践绝对地对立起来了。与此相对照,我们应当更加重视它们的辩证关系,就一线教师而言,这也就是指,我们应当努力做好"理论的实践性解读"与"教学实践的理论性解读"。

2. "理论的实践性解读"与"教学实践的理论性反思"

(1)正如前面已指出的,我们在此首先应明确肯定教学实践对于理论的重要作用,特别是,通过积极的教学实践我们即可发现理论的不足之处,从而也就可以通过必要的调整进行补救,包括促进理论的进一步发展。当然,作为问题的另一方面,我们也应明确肯定理论对于教学实践的指导或促进作用。特别是,这可被看成为我们更为深入地去进行分析思考,包括认真做好教学实践的总结与反思提供了必要的背景或促进因素。

更为一般地说,正如1.2节中所指出的,面对任一新的理论思想或主张,我们都应认真去思考这样三个问题:

第一,这一理论或主张的实质是什么?

第二,这一理论或主张对于我们改进教学究竟有哪些新的启示和意义?

第三,这一理论或主张又有什么局限性或不足之处?

与此相对照,我们又应明确反对这样一些常见的现象,如一篇文章洋洋洒洒几万字,或是一个报告长达几个小时,却始终未能清楚地说明究竟什么是相关主张的具体内涵,我们甚至还不得不因此而怀疑相关专家本身是否已经真正弄懂了这一理论。其次,我们也应防止各种空洞的理论,这也就是指,尽管鼓吹者说得天花乱坠,但却不能为我们改进教学提供任何新的启示,甚至只能说"新瓶装老酒"。最后,这无疑也应被看成这方面的一个基本事实,即任一理论无论如何的先进或正确,也必定有其一定的适用范围和局限性,从而,我们也就应当注意防止这方面的片面性认识,并因此而对实际工作造成很大损失。如果我们在事先就能对理论的可能消极影响作出必要的防范,就可大大地减少由于所说的盲目性而造成的损失。

简言之,这正是我们面对任一理论所应采取的态度,即与唯一强调理论的学习与落实相对照,我们应当更加重视如何能从实践的角度对此作出具体分析和解读,包括真正弄清它的具体涵义、启示意义和局限性,从而达到更为自觉的状态。这也正是"理论的实践性解读"的基本涵义。

其次,正如前面已提及的,尽管我们应当明确肯定"实践性智慧"对于我们做好教学工作的积极意义,但后者又不应被等同于简单的经验积累。尽管后者对于"技能的掌握"有一定功效,但如果将此应用于任一专业性实践则都不可能获得成功。这事实上可被看成专业性实践活动复杂性(多元性和变化性)的直接结论,即我们在此不可能单纯依靠任一现成的经验或技能就能获得成功,而是应当针对新的任务与情境作出具体的研究,后者也可被看成集中地体现了专业性实践的创造性质。

例如,以下就是这方面的两个明显实例:无论就学生解题能力或是教师教学能力的提高而言,显然都不存在某种用之即可有效地解决一切问题的普遍性理论,而且,这两者也都不能被归结为简单的经验积累。

与此相对照,这正是"教学实践的理论性反思"的基本涵义:教学实践的总结与反思不应就事论事,而应从更为一般的角度去进行分析思考,从而引出具有更大普遍性的问题、启示和教训,等等。

(2) 聚焦"基本活动经验"。

以下以 2011 年版的"数学课程标准",特别是所谓的"基本活动经验"为例对"理论的实践性解读"和"教学实践的理论性反思"作出进一步的说明。

应当指明,笔者之所以将"新课标"作为直接的分析对象,当然是因为后者作为课程改革的指导性文件对于一线教师有很大的影响。进而,笔者在此所提供的在很大程度上又可说是一种"另类解读"。因为,这正是现存的多种解读(包括文章和报告)的共同特点,即对于"新课标"中的一些新的理论主张,特别是所谓的由"双基"到"四基"的发展持高度肯定的态度。如"无疑,'四基'是对'双基'与时俱进的发展,是在数学教育目标认识上的一个进步。"(唐彩斌等,"'四基''四能'给课程建设带来的影响——宋乃庆教授访谈录",《小学教学》,2012 年第 7~8 期)"《标准》中将基本思想、基本活动经验与基础知识、基本技能并列为'四基',可以说是对课程目标全面认识的重大进展。"(张丹、白永潇,"新课标的课程目标及其变化",《小学教学》,2012 年第 5 期)但在笔者看来,我们在此同样也应积极提倡多种不同的声音,因为,"当两个隐喻相互竞争并不断映证可能的缺陷,这样就更有可能为学习者和教师提供更自由的和坚实的效果。"

具体地说,对于"基本活动经验"《小学数学教与学》编辑部曾有过这样一个评论:"相对于原来的'双基'而言,基本活动经验显得更为'虚幻',无论是理论内涵还是实际的培养策略都不易把握。"笔者的看法是,上述的评论十分适当,因为,从理论的角度看,这一概念确有很多问题需要人们更为深入地去进行思考:

第一，这里所说的"活动"究竟是指具体的操作性活动，还是应当将思维活动也包括在内，乃至主要集中于思维活动？

在这方面我们也可看到一些不同的"解读"："数学活动经验，专指对具体、形象的事物进行具体操作所获得的经验，以区别于广义的数学思维所获得的经验。"（史宁中、马云鹏主编，《基础教育数学课程改革的设计、实施与展望》，广西教育出版社，2009，第 171 页）"基本活动经验……其核心是如何思考的经验，最终帮助学生建立自己的数学现实和数学学习的现实，学会运用数学的思维方式进行思考。"（张丹、白永潇，"新课标的课程目标及其变化"，同前）

进而，按照后一解读，我们显然又可提出这样一个问题：数学教育是否真有必要专门引入"帮助学生获得基本活动经验"这样一个目标，还是可以将此直接归属于"帮助学生学会数学地思维"？

第二，对于数学教育中的所说的"活动"我们是否应与真正的数学（研究）活动加以明确地区分？

以下的论述或许可被看成为此提供了具体解答："'数学活动'……是数学教学的有机组成部分。教师的课堂讲授、学生的课堂学习，是最主要的'数学活动'。"（顾沛，"数学基础教育中的'双基'如何发展为'四基'"，《数学教育学报》，2012 年第 1 期）但是，按照这一解读，所谓的"活动经验"与一般意义上的"学习经验"就没有任何的区别，那么，我们又为什么要专门引入"数学活动经验"这样一个教育目标呢？

更为一般地说，究竟什么是数学教育中所谓的"数学活动"的基本内涵与主要特征？

第三，我们是否应当特别强调对于活动的直接参与，还是应当将"间接参与"也包括在内？（如果突出"经验"这样一个字眼，这也就是指，我们在此所指的究竟是"直接经验"，还是应当同时包括所谓的"间接经验"？）

显然，当前的主流观点认为应当将"间接参与"也包括在内。但是，按照这样的理解，"过程性目标"的实现无疑就将大打折扣，或者说，这将成为这方面教学工作所面临的一个重大挑战，即我们如何能够帮助学生通过"间接参与"获得以"感受"、"经历"和"体验"等为主要特征的"活动经验"？

第四，由于（感性）经验具有明显的局限性，我们显然又应认真地去思考：

在强调帮助学生获得"基本活动经验"的同时,教学中是否也应清楚地指明经验的局限性,从而帮助学生很好地认识超越经验的必要性? 当然,如果将思维活动也包括在内,我们就应进一步去思考"数学思维活动经验"是否也有一定的局限性?

由于"经验的局限性"事实上已经成为了一种常识:"我想,我们是否应更多地思考如何'对经验的改造',将经验改造为科学,而不是成为孩子们创新思维的绊脚石",因此,在笔者看来,这也正是我们在当前应当注意防止的一种倾向,即由于盲目追随时髦而造成"常识的迷失"。

第五,我们是否又应特别强调关于"基本活动经验"与"一般活动经验"的区分? 这究竟是一种绝对的区分,还是只具有相对的意义? 什么又是这两者的具体涵义?

由以下的"平民解读"我们或许就可获得这方面的直接启示:"简单地说,'基本'是相对的,如我们上楼梯,当你上到第二层时,第一层是基本的;你上到第二层,想上第三层时,这第二层便变成基本的了。"(任景业,"研究课标的建议——换个角度看课标(3)",《小学教学》,2012 年第 7～8 期)

总之,这正是我们在这方面所面临的一个紧迫任务,即对于"基本活动经验"的清楚界定与合理定位。

第六,更为重要的是,数学教育为什么应当特别重视"帮助学生获得基本活动经验",乃至将此列为数学教育的一个基本目标?

作为上述问题的具体解答,可以特别提及这样一个论点:"教学不仅要教给学生知识,更要帮助学生形成智慧。知识的主要载体是书本,智慧则形成于经验的过程中,形成于经历的活动中。"也正因此,为了帮助学生形成智慧,我们就应更加重视过程,更加重视学生对于活动的直接参与。(史宁中、马云鹏主编,《基础教育数学课程改革的设计、实施与展望》,同前,序言)

但在笔者看来,我们又应更为深入地去思考:数学教学中所希望学生形成的究竟是一种什么样的"智慧"? 是简单的经验积累,还是别的什么智慧?

在此还可通过"数学思想"与"数学活动经验"的简单比较来进行分析,这就是指,数学的"活动经验"是否与"数学思想"一样具有超出数学本身的普遍意义,从而即使对于大多数将来未必会从事任何与数学直接相关工作的学生仍可起到积极的作用？容易想到，这事实上也正是任一诸如"学数学，做数学"这样的主张所应认真思考的一个问题。

综上可见，就"新课标"中对于"基本活动经验"的提倡而言，我们就不应盲目地去追随，而是应当更加重视自己的独立思考，并应注意分析这一主张的适当性和局限性。（对此还可参见本书的附录部分："莫让理论研究拖了实际工作的后腿"）

当然，除去纯粹的理论分析以外，我们又应更加重视如何能够通过积极的教学实践与认真的总结与反思对此作出必要的检验与改进。而这又正是相关的工作所应特别重视的一点，即我们应当努力超越各个具体的教学活动，并从更为一般的角度去进行分析思考，也即切实做好"教学实践的理论性反思"。以下仍然以"基本活动经验"为例对此作出具体说明。

例如，在笔者看来，以下可被看成这方面的一个实例，即就如何"帮助学生获得数学活动经验"而言，我们应当特别注意这样三点：① 经验在经历中获得。② 经历了≠获得了。③ 经验并非总是亲历所得。（贲友林，"关于获得数学活动经验的三点认识"，《江苏教育》，2011 年第 12 期）

作为"教学实践的理论性反思"，笔者则愿特别强调这样两点：

第一，教学不仅应当让学生有所收获，更应注意分析学生所获得的究竟是什么。

因为，这正是这方面不容忽视的一个事实：人们经由数学活动所获得的未必是数学的活动经验，也可能与数学完全无关。

以下是国际上相关研究的一个直接结论：儿童完全可能"通过操作对概念进行运算，但却不知道自己在做什么"。这也就是指，尽管"旁观者确实可以将它解释为数学，因为他熟悉数学，也了解实验过程中儿童的活动是什么意思，可是儿童并不知道。"（弗赖登塔尔，《作为教育任务的数学》，上海教育出版社，1995，第 117 页）

由此可见，我们就不应唯一地去强调学生对于活动的参与，而是应当更加重视对于这些活动教学涵义的分析，即应当从数学和数学学习的角度深入分析这些活动的教学意义，并应通过自己的教学使之对于学生而言也能成为十分清楚和明白的。

第二,如何促进学生由"经历"向"获得"的重要转化。

更为一般地说,这显然直接关系到了这样一个问题,即数学学习中不应"为动手而动手",而是应当更加重视对于操作层面的必要超越,努力实现"活动的内化"。

但是,究竟什么是这里所说的"活动的内化"的具体涵义?

对于自己所提出的这一概念,瑞士著名心理学家、哲学家皮亚杰曾作过如下的解释:这主要是指这样一种思维活动,即辨识出"动作的可以予以一般化的特征"。由此可见,"活动的内化"事实上就是一种建构的活动,即如何能由具体的活动抽象出相应的模式(图式化)。

由此可见,数学教学中就不应主要关注活动经验的简单积累,而是应当更加重视如何能够帮助学生实现相应的思维发展。我们在此还应清楚地认识到这样一点:所说的思维发展不可能通过简单重复就能得以实现("熟能生巧"),而主要是一种反思性的活动,即应当以已有的东西(活动或运演)作为直接的对象,并主要表现为由较低层次向更高层次的发展。(也正是在这样的意义上,我们可谈及数学抽象与一般自然科学中的抽象的重要区别,并称之为"自反抽象")

显然,依据上面的分析,我们也可很好地去理解以下一些论述:"只要儿童没能对自己的活动进行反思,他就达不到高一级的层次。"(弗赖登塔尔,《作为教育任务的数学》,同前,第119页)"数学化一个重要的方面就是反思自己的活动,从而促使改变看问题的角度。""数学化和反思是互相紧密联系的。事实上我认为反思存在于数学化的各个方面。"(弗赖登塔尔,《数学教育再探——在中国的讲学》,上海教育出版社,1999,第50、139页)

就我们目前的论题而言,这也就是指,从数学教育的角度看,"智慧的教育"不应被理解成经验的简单积累,而是应当更加重视数学思维由较低层次向更高层次的发展,即应当明确肯定"数学智慧"的反思性质。

(3)综上可见,无论就课程改革的深入发展,或是教师日常工作的改进,以及教师的专业成长而言,"理论的实践性解读"与"教学实践的理论性解读"都应被看成具有特别的重要性,这也可被看成为我们应当如何去认识与处理理论与教学实践之间的辩证关系指明了努力的方向。

再者，相对于上面所提及的各个具体论题而言，本章的论述显然也可被看成十分清楚地表明了哲学思维对于数学教育的特殊重要性。在笔者看来，这事实上也可被看成新一轮课程改革给予我们的又一重要启示或教训，这也就如以下一些论述所清楚表明的：

"教师要有主心骨，不追时尚，不跟风，不炒作。教育是朴素的老老实实的学问，无须三流的化妆来涂脂抹粉，花里胡哨。……教师的定力、个性不仅在课堂教学中反映，(而且)在课程建设、教学发展的重要时刻……一名教师总不能只埋头上课，要抬头仰望教育大形势、语文教改大潮流，判别语文教学现状的利弊得失，了解向前发展的可能与期盼。胸中有全局，教学实践就能心明眼亮，措施有力有效。"

"多一点哲学思考，多一点文化判断力，就能经得起这个风那个风的劲吹，牢牢抓住教文育人不放松，一步一个脚印往前迈。"(于漪，"教海泛舟，学做人师"，《人民教育》，2010年第17期)

"你只有学会批判，才能在改革的潮流中拥有鉴别力；你只有学会批判，才能播下批判的种子，你的课堂才可能生长出有个性和创见的学生。"(《人民教育》编辑部)

"会解几道复杂的题，会把教参上关于教材的某种意思复述给学生听，会向学生兜售几种应付考试的'法宝'，能以夸张的表情、滑稽的语言把学生逗得哈哈大笑，甚至能写几篇获奖或发表的案例与论文……这些'技能'本身并无对错，关键是在这些'技能'背后，作为教师，你的价值取向是什么？

"那些不用哲学去思考教育问题的教育工作必然是肤浅的——好的好不到哪里去，坏的则每况愈下。"(王丹，"文化视野下的学校变革"，《人民教育》，2013年第2期)

希望广大数学教育工作者，特别是一线教师也都能够在这方面作出切实的努力！

第 10 章

数学教师专业成长的 6 个关键词

本章主要集中于数学教师的专业成长,其中明确提出了以下 6 个关键词:专业化(数学教育)、学生思维的发展、教学能力的提高、数学知识的"深刻理解"、一定的教学研究能力、高度的自觉性。相关论述也可被看成集中反映了数学教育最为基本的一些问题和道理,即全书的一个概括和综述。

10.1　教育、数学与数学教育

将这样几个概念组合在一起,是为了表明这样一个想法:作为数学教师,我们既应清楚地认识数学教育的"教育属性"和"数学属性",切实防止"去数学化"、"数学至上"等错误倾向,同时也应更加重视数学教育的专业建设,即应当从后一角度更为深入地认识数学教育的各个问题,而不应将"数学教育"简单地等同于"数学＋教育"。

1. 数学教育的"教育属性"和"数学属性"

相对于 6.1 节中关于"数学教育基本矛盾"的分析,笔者在此愿意特别强调这样几点:

(1) 从教师的角度进行分析,强调数学教育的"教育属性"直接关系到了我们如何认识自身工作的意义,乃至基本的人生价值。特别是,教学不应是纯粹的自娱自乐,更不应成为个人追逐名利的手段或途径,而是应当切实做到"以生为本",即始终致力于促进学生的成长。

显然,从上述立场出发,我们可立即看出以下一些现象的错误性,如观摩课的"异化",少数教师事实上已蜕变成了"功利分子",等等。当然,作为问题的另一方面,我们也应防止这样一种心态:"教育教学生涯不知不觉地走过了10 多年,突然发现生命布满了厌倦、疲累与无奈。……难道就这样拖着硬壳如甲虫般地一直生活下去?"

进而,从同一角度去分析,我们也可清楚地看出以下建议的重要性,即从职前教育开始,我们就应帮助广大教师牢固建立以下一些认识(详可见 *NCTM News Bulletin*,1998,No. 2):

教师对于学生的整个生涯都有着十分重要和深远的影响;

在对学校生活进行回忆时,学生更多回忆起的是他们的教师,而不是所学过的课程;

把某个学生的错误行为归结为纯粹的个人原因是不恰当的;

教师应像家长一样爱自己的学生,但却是为了不同的理由,并采取了不同的方式;

选择成为教师,即选择了一个在情感方面有很高要求的职业;

教师既应注意自己的行为,也应注意自己的情感;

很少有人会高度评价教师为教学工作付出的大量时间和精力;

教师既应成为学生的典范,同时又应努力改变学生的行为;

教学并不像诱发一个化学反应,而更像创作一幅绘画,布置一个花圃,或写一封友好的信件;

教学是一种十分复杂的活动,因为学生是各种特性、品质与背景的一种不可预测的组合;

人类文明大多数最为重要的进步都应归功于教师的工作;

教师的工作是一种基于关于明天的信仰而从事的活动。

当然,为了切实提高自身在这一方面的自觉性,我们又应更为深入地去思考:什么是教育的本质? 或者说,什么是现代教育这一高度组织化的社会行为的基本目标? 只有从后一角度去分析,我们才能更好地理解教育事业的进步以及自身工作的意义,特别是,我们应从传统的"双重目标"("精英教育")转向"全民教育"("为大多数人的教育")。当然,又如第 5 章中已提及的,对于后者我们应有正确的理解:这并非只是指知识和技能的学习,我们也应由单纯强调"知识的学习"("知识为本")转向主要致力于促进人的发展("以生为本")。

（2）但是，我们又应如何去促进人的发展？特别是，数学教育在这方面究竟应当起到什么样的作用？这就直接涉及到了数学教育的"数学属性"。

为了清楚地说明问题，在此特别引用台湾著名作家林清玄先生的这样一段话："今天比昨天慈悲，今天比昨天智慧，今天比昨天快乐，这就是成功。""要通过生命不断转弯，发现多元的样貌，而不要生活在一元的状态下。"（"幸福，是打开内心的某个开关"，《新华日报》，2014 年 9 月 17 日）

就目前的论题而言，后者即是指，为了弄清数学教育的作用，我们应当采取多元的视角，即只有通过不同学科的对照比较，我们才能很好地弄清数学教育在促进学生的发展这一方面所应承担的主要责任。

例如，在笔者看来，林清玄先生的以下论述主要地就可被看成为语文教育指明了努力的方向："什么是生命里重要的事情：一是爱，能爱，能表达爱。二是美，懂美，追求美。三是情，四是义，人要有情有义。五是感动，美好的情感能被激发。"

与此相对照，以下则是数学教育的主要使命：我们应当通过数学教学让学生一天比一天更加智慧，一天比一天更加聪明，即应当努力促进学生思维的发展与理性精神的养成。

容易看出，这一认识与教育的现代目标（"三维目标"）是完全一致的，从而就可被看成总体性的教育目标在数学教育领域中的具体体现。当然，突出强调学生思维的发展与理性精神的养成，又正是从专业的角度进行分析和思考的结果，包括我们究竟应当如何很好地去体现数学教育的"数学属性"。

另外，也正是从后一角度去分析，我们在当前就应特别注意防止与纠正"去数学化"这样一种倾向：正如 6.1 节中所指出的，这也可被看成过去 10 多年的课改实践给予我们的一个重要启示或教训。

当然，作为问题的另一方面，我们也应明确反对"数学至上"这样一个观点——正如前面所指出的，这也正是"新数运动"等国际数学教育改革运动给予我们的重要启示或教训。另外，在笔者看来，这同样也可被看成后一立场的一个具体体现，即认为"数学是数学教育的本质"。

总之，与片面强调数学教育的"教育属性"或"数学属性"相对照，我们应当更加重视两者的辩证关系。更为重要的是，我们又应牢固树立这样一个认识：

"数学教育"不应简单地被等同于"数学＋教育",恰恰相反,我们应当更加重视数学教育的专业化建设——就我们目前的论题而言,这也就是指,在上述三个概念中,"数学教育(专业化)"应当被看成具有特别的重要性。

2. 离开了专业的思考我们能走多远

由以下一些实例可清楚地看出:离开了专业的思考我们究竟能走多远?

(1)尽管以下一些提法从一般教育的角度看都有一定道理,如"生本课堂"、"生命课堂"、"生态课堂"等,但以此作为数学教育的主要口号恐怕就未必妥当,因为,它们都未能很好体现数学教育的特殊性。另外,这显然也应被看成上面所提到的各种"去数学化"迹象的根本错误,即未能很好地突出数学学习与教学活动的特殊性,而非只是指完全忽视了数学教育的"数学属性"。

(2)这显然也是我们面对各种新的教学模式或教学方法应当认真思考的一个问题,因为,就当前较为盛行的一些教学方法或模式而言,主要地都只是一些一般性的教学理论,而未能真正深入到学科内部。从而,在此所需要的也就是从专业角度对此作出深入的分析与研究。

为了清楚地说明问题,以下联系在当前具有较大影响的"先学后教"这一教学模式,以及新涌现的"翻转课堂"对此作出简要分析:

首先,这正是积极提倡"先学后教"最为重要的一个论据:"凡是学生自己能学会的,教师就坚决不讲。"但是,只需联系数学教育的"三维目标"去进行分析,我们就可看出这一认识过于简单了。因为,数学学习并非绝对的"能"或"不能",而主要是一个"程度"的问题,我们更不应单纯依据知识和技能的掌握对此作出具体判断。

由以下论述我们可更好地理解上面的论点,包括我们究竟应当如何去认识"学生自主学习"的局限性:

"数学课程内容包括三个方面。第一方面是数学活动的结果,如定理、公式、法则、概念等,这些结果很多可以让学生去看书,去练习,……只要他的基础没有缺陷,他的智力没有缺陷,……达成这个目标是没有问题的,……第二方面是得到数学结果的过程。数学概念、公式是怎么来的,许多过程很重要。……对许多学生来说,最好是教师带领他们一起推导。第三个方面是在结果和过程后面的,是推导出结果的过程蕴含的数学思维方法,归纳、推理、类比这些东西教材没明确写出,要学生在老师指导下慢慢地去悟。

"有些内容,光从学生自学后的检测结果看,好像学生达标了。实际上,还是要老师讲多一点,因为有些东西光靠学生看书,达不到应有的高度……一定要老师把他拽一拽,你不拽他就上不去。"(赵雄辉,"数学课程改革中值得注意的几个方面",《湖南教育》,2013 年第 9 期)

其次,按照通行的观点,以下是"翻转课堂"的两个主要环节:(1)微视频。即要求学生首先"在家通过对短小精悍的教学视频的观看、操作,完成知识的学习"。(2)课堂教学。课堂应当真正成为"教师与学生之间和学生与学生之间互动的场所"。由于这一模式将传统的"课堂中讲课、学生回家练习"这一次序"翻转"了过来,因此,在很多人看来,这一新的教学模式就十分有益于我们真正落实"学生是学习的主体"、"以学定教"、"关注课堂生成"等现代教育理念。如"'翻转课堂'将简单的记忆、理解、运用放在课下,而高层次的综合运用和创新则在课上发生。"(张正波,"'翻转课堂'在小学低年级数学课堂的应用",《教学月刊》,2014 年第 5 期)

但是,从专业的角度去分析,上述认识应当说也有很大的片面性,如我们能否将"具体知识和技能的学习"与"更高层次的发展"绝对地分割开来?另外,更为重要的是,什么又是这里所说的"更高层次的发展"的具体涵义?显然,如果我们对此缺乏清楚的认识,更未能采取适当措施予以落实,那么,"翻转课堂"的上述各个优点就都是空话。

在此我们还可特别提及著名特级教师贲友林老师基于长期教学实践所总结出的关于"先学后教"的如下优点(详可见《现场与背后——"以学为中心"的数学课堂》,江苏教育出版社,2014):"这可以让学生更有准备地学;让学生在深层互动中学;让学生在研究性练习中学习。"但是,这些目标的实现显然都离不开教师的指导,特别是,如果我们未能通过自己的教学让学生更为积极地去思考,并进而逐步学会想得更清楚、更合理、更深,那么,所有这些优点也都不可能得到实现。

综上可见,任一教学方法或教学模式的应用都离不开专业的思考,后者也可被看成数学教学中成功应用"先学后教"和"翻转课堂"等一般性教学模式或教学方法的一个必要前提。(对此在 10.5 节中还将做出进一步的分析)

3. 聚焦"数学教学原则"

综上可见,作为数学教育工作者,我们必须很好地处理一般教育与数学教育之间的关系,特别是,相对于一般性教学研究而言,我们应当更加注重数学教育的特殊性。

笔者以为,这事实上也可被看成为我们具体建构"数学教学原则"提供了基本准则:我们应充分发挥一般性教学原则对于数学教学的指导作用,但"数学教学原则"又不应被看成一般性教学原则在数学教学中的简单应用,而是应当更加突出数学学习和教学活动的特殊性。

例如,我们显然可从后一角度更为深入地认识张奠宙先生等在《数学教育学》(江西教育出版社,1991)一书中所提出的以下三条原则的启示意义:

(1) 现实背景与形式模型互相统一的原则;

(2) 解题技巧与程序训练相结合的原则;

(3) 学生年龄特点与数学语言表达相适应的原则。

另外,从同一角度去分析,相信读者也可更好地理解这样一个主张:作为数学教育主要作用或基本价值的分析,我们必须跳出数学,并从更为一般的角度去进行思考。例如,在笔者看来,这事实上可以被看成为以下问题提供了直接的解答:我们是应当将"帮助学生(初步地)学会数学地思维"看成数学教育的一个基本目标,还是应当更加提倡"通过数学帮助学生学会思维"?

再者,这显然也可被看成我们在具体论及"数学教师的专业成长"时所应采取的具体立场,包括我们究竟应当将何者看成数学教师专业成长的"关键词"。

10.2 知识、思维与"理性精神"

1. 数学教育与学生思维的发展

(1) 如果说"教育"、"数学"与"数学教育"这样三个概念主要涉及到了数学教育的性质,那么,这里所提到的"知识"、"思维"与"理性精神"则就直接涉及到了数学教育的基本目标。

当然,这又是我们在这方面应当坚持的基本立场,即明确提倡数学教育的

"三维目标",包括清楚地认识这三者之间的辩证关系:知识应当被看成思维的"载体",这也就是指,"为讲方法而讲方法不是讲方法的好方法",但又只有用思维方法的分析带动具体知识内容的教学,我们才能将数学课真正"教活"、"教懂"、"教深"(对此可参见 3.1 节)。另外,所谓的"情感、态度与价值观"主要体现了"文化的视角",即我们应当高度重视数学的文化价值。但这恰又是"文化"的主要特征:这主要是一种潜移默化的影响,并主要体现于人们的行为方式、思维方法与价值观念。进而,这又正是"数学文化"的核心所在,即所谓的"理性思维"和"理性精神",特别是,数学思维更可被看成数学精神的具体体现,并为我们深入理解"理性"这一概念的具体内涵提供了重要背景。(对此可参见 4.2 节)

综上可见,就上述三个概念而言,"思维"应被看成具有特别的重要性。就数学教育目标而言,这也就是指,我们应将"努力促进学生思维的发展"看成数学教育最为重要的一个目标。

例如,从上述立场去分析,这应成为我们具体判断一堂数学课成功与否的主要标准:无论其中采取了什么样的教学方法或模式,我们都应注意分析教师的教学是否真正促进了学生更为积极地去进行思考,并能逐步学会想得更深、更合理、更清晰!与此相对照,这又是我们在当前应当努力纠正的一个现象,即我们的学生一直在做,一直在算,但就是不想!

由以下论述相信读者可更好地理解笔者的上述主张。我们究竟应当将何者看成数学学习的根本:是动手,还是动脑(对于这里所说的"动手"我们应作广义的理解:这不仅是指具体的实物操作,如用三根小棒围成一个三角形,也包括各种数学运作,如让学生实际进行度量,或是各种计算,等等)?进而,在笔者看来,以下又都可以被看成上述错误倾向的具体表现,如在实际度量前未能引导学生认真地去思考"如何量才能更准、更快、更省事";在实际从事计算前也未能引导学生认真地去思考为什么要进行这些计算,从而切实避免"盲目干"的现象;等等。总之,我们应始终牢记这样一点:数学教育的基本目标是帮助学生学会思维,而不是提高学生动手的能力,也并非获得相关的活动经验。

(2)上述的认识应当说并非全新的主张。但由以下的事实可以看出,我

们在这一方面还不能说已经有了很大进展,而是还有很长的路要走:

第一,除去"数学思想"和"数学基本思想"这样两个词语以外,在现实中我们还可经常听到其他一些词语,如"数学思考"、"数学思维"、"数学思想方法"、"数学思维方式"等。而且,即使就作为课程改革指导性文件的"数学课程标准"(包括2001年版的"实验稿"与2011年版的"新课标")而言,也未能避免这样一个现象,即在词语的使用上表现出了较大的随意性,没有对这些概念的具体涵义,包括相互间的联系与区别作出清楚的说明,甚至还可说未能清楚地认识到认真做好这一工作的重要性。当然,所说的现象清楚地表明了研究工作的滞后,必然地会对实际教学工作造成一定的困难,甚至是思维的混乱。

第二,这是2011年版"新课标"十分重要的一个特点,即引入了所谓的"数学基本思想"(和"基本活动经验")。但就基础教育的各个学段而言,在此显然又存在这样的问题,即我们究竟应当如何去理解所谓的"数学基本思想"? 又如何能够依据学生的认知发展水平对此作出合理定位?

以下是一段相关的评论:由于新课标"没有展开阐述'数学的基本思想'有哪些内涵和外延,这就给研究者留下了讨论的空间,而且由于它过去并没有被充分讨论过,所以可能仁者见仁,智者见智,不同的学者可能会有不完全一样的说法"。(顾沛,"数学基础教育中的'双基'如何发展为'四基'",《数学教育学报》,2012年第1期)理论研究存在多种不同的观点当然十分正常,但是,作为数学教育的指导性文件也出现这样的问题就很不应该了。因为,如果连我们的教师都没有能够弄清教学中究竟应当突出哪些数学思想和数学思想方法,我们又如何能够期望通过他们的教学帮助学生学会数学地思维呢?(这方面的一个初步工作可见本书末的附录)

2. 两个方向上的研究

那么,我们究竟又应如何去促进学生思维的发展呢? 在此首先应提及这样两个不同的研究方向:

第一,立足"数学思维"(数学家的思维方式)的研究,并以此作为发展学生思维的必要规范。显然,这也正是"帮助学生学会数学地思维"(以及"数学方法论"研究)的基本立场。

但是，在充分肯定数学思维积极作用的同时，我们也应清楚地看到这样两个事实：（1）思维方式的多样性。如科学思维、文学思维、艺术思维、哲学思维等，而且，各种思维方式又应说都有一定的合理性和局限性。（2）数学思维的局限性。在一些学者看来，我们更应明确地提及"数学的恶"。（对此可参见4.2节）

第二，立足日常思维，并通过对其不足之处的分析为这方面工作指明努力的方向，即我们如何能够通过数学教学帮助学生改进日常思维。

显然，这一主张与"大教育"的立场是较为接近的。但就国内的现实情况而言，又应说是比较薄弱的一个环节。与此相对照，国际上近年来在这方面有一些十分重要的工作，从而为我们积极地去开展新的研究提供了重要背景。

其次，在明确提及两个不同的研究方向的同时，我们又应更加重视两者的相互渗透与必要互补。特别是，数学思维的研究不仅可以被看成为我们更为深入地认识日常思维的局限性提供了重要背景，而且也为我们究竟应当如何去改进思维指明了努力的方向：我们应通过数学教学帮助学生形成一些新的思维方式。反之，这也正是数学教学应当特别重视的一个问题，即如何能够跳出数学，并从更为一般的角度去指明各种数学思想与数学思想方法的普遍意义，从而对促进学生思维的发展发挥更为积极的作用。

显然，上述的分析事实上更为清楚地表明了这样一点：与"帮助学生学会数学地思维"相比较，我们应当更加提倡"帮助学生通过数学学会思维"。以下从后一角度对上述两个方向上的研究作出进一步的分析论述。

（1）数学教育与"日常思维"的改进

首先，正如9.2节中已提及的，这是数学教育对于改进日常思维最为直接的一个作用，即有利于人们逐步学会"长时间的思考"。

例如，除去前面已提到的陈省身先生等人的相关论述以外，在此我们还可专门提及我国著名数学家姜伯驹先生在接受采访时所提到的这样一个论点：数学使我学会长时间的思考，而不是匆忙地去做出解答。（教育频道，2011年5月2日）

当然，作为问题的另一方面，我们又应更为清楚地认识"即时思考"的局限性，因为，只有这样，我们才能更有针对性地去进行工作。

　　应当强调的是,这事实上也正是国际上近年来在思维研究上所取得的最新成果给予我们的重要启示。具体地说,这正是 2002 年诺贝尔经济学奖得主康纳曼的名著《快思慢想》(D. Kahneman, *Thinking, Fast and Slow*, Penguin Books, 2011)的主要内容,即对"日常思维"(他称为"快思"或"系统一")集中地进行了研究,包括其特点、作用与局限性等。康纳曼指出,这是人类思维的一个重要特点,即"快思"占据主导的地位,从而可以被看成"日常思维"的基本形式。但在明确肯定"快思"对于人类认识活动重要性的同时,康纳曼又突出强调了这样一个事实: 这在日常生活和工作中也常常会导致一些系统性的错误,后者并存在一定的心理机制:"捷径与偏见"(heuristics and biases)。

　　所谓"捷径",是指人们在面对不确定情况时头脑中常常会自动和迅速地出现某个比较简单的想法,尽管用之未必可有效地解决所面对的问题,但主体却又往往会对此充满自信。"这些发生得非常快,而且全部同时发生,得到一个自我强化的认知、情绪和生理反应形态,这个反应形态是多样的和整合的。"(*Thinking, Fast and Slow*,同前,第 51 页)

　　显然,这种迅速和自动的反应在很多情况下必不可少,又由于所说的"捷径"集中体现了主体已有的经验和知识,从而也就有一定的合理性,后者也就是康纳曼何以常常将自己所提到的各个"捷径"称为"可用性捷径"的主要原因。但在现实中我们又常常可以看到与之密切相关的各种"偏见",如用案例完全取代类的分析,或是不自觉地为"第一印象"所支配("锚点效应"),等等。

　　另外,所谓的"以偏概全"(wysiarti)与"促发效应"(编故事、找理由等)则清楚地表明了这样一种常见的心态,即人们往往会不自觉地去追求一致性。我们在此可清楚地看到一种"自我强化"的现象:"系统一不擅长怀疑,它会压抑不确定性,而且会自动去建构故事,使一切看起来合理,除非这个信息被立刻否定。"(*Thinking, Fast and Slow*,同前,第 114 页)

　　再者,这也是这方面十分重要的一个事实:人们的思维并不完全属于认知的范围,也与情感、动作密切相关,后者有时更起到了决定性的作用,尽管当事者通常没有意识到这样一点。"一般人是受到情绪指引而不是理智,我们很容易因不重要的细节而改变心意。"(*Thinking, Fast and Slow*,同前,第 140 页)这也正是康纳曼何以专门引入"情感捷径"这样一个概念的直接原因。

由于康纳曼清楚地指明了与"系统性错误"直接相关的若干心理机制,因此,作为进一步的工作,我们自然应当认真地去思考如何才能有效地避免或减小所说的错误。然而,正如康纳曼本人所明确承认的,这是他的工作较为薄弱的一个方面,即只是给出了若干一般性的建议,却未能作出更为深入和全面的研究。从而,这事实上可以被看成为我们如何能够结合自己的专业在这方面作出新的工作指明了努力的方向:如果数学教学确能在减少"快思"(日常思维)的局限性这一方面发挥积极的作用,这就将是数学教育的重大进展。

例如,依据上述的分析,我们在数学教学中应有意识地突出这样一些思想或方面,从而更好地发挥数学教学对于纠正各种常见性错误的积极作用:

强调全面的分析,如要求学生提供更多的实例、理由,加强比较等;

帮助学生更好地认识与处理特殊与一般之间的关系;

帮助学生学会客观的研究,从而切实避免主观情感的影响;

大力提倡怀疑精神和批判精神,包括积极的自我批判;等等。

进而,如果说上面的想法过于一般的话,那么,以下的两个实例或许可被看成更为具体地指明了我们究竟应当如何结合自己的专业去开展工作:

第一,与"用案例完全取代类的分析"(这事实上也可被看成所谓的"隐喻式思维"的主要特征)相对照,这正是数学思维的一个重要特点:"文本式思维"。从而,我们在教学中应当明确地去强调两者的区分与必要互补。

第二,由于现实中明显存在如下的"情感配对":"好心情、直觉、创造力、易相信和对系统一的依赖,是聚集在一起的;悲伤、警觉、怀疑、分析和努力是聚集在一起的。快乐的心情会解开系统二对行为的控制:当人们心情好时,直觉和创造力会增强,但同时也较不警觉。"(*Thinking, Fast and Slow*,同前,第69页)因此,从"系统一"和"系统二"(即"快思"和"慢想")的必要互补这一角度去分析,我们可以清楚地认识唯一强调"愉快学习"的局限性。

(2)数学学习与学会思维

在对这一论题作出具体分析前,有必要强调这样两点:

第一,明确区分无意识的思维活动与有意识的方法论研究。这事实上也正是康纳曼特别强调的一点,即尽管在对"日常思维"进行分析时他也使用了

"捷径"(heuristics)这样一个词语,但他同时又明确指出后者不应被等同于数学思维研究中所经常提到的"数学启发法":"波利亚的启发法,是需要系统二去完成的策略程序,但是我……所谈到的捷径并不是特意选的,它们是心智发散性的结果,是我们对问题的回应不精确控制的结果。"(*Thinking*,*Fast and Slow*,同前,第98页)

这也就是指,如果接受关于"快思"与"慢想"的二分,那么,"数学思维"就应被看成属于"慢想"的范围。

第二,正如前面所提及的,相对于"日常思维的改进",数学思维的学习主要体现了新的发展可能性。当然,在具体从事后一方面的工作时,我们又应更加重视数学思想和数学思想方法的普遍意义。

以下就是这方面的一些具体思考。应当强调的是,尽管这一分析以康纳曼的工作作为直接背景,但其内容已经超出这一范围,特别是,赋予了"慢思"若干新的涵义:

快　　　　思	慢　　　　想
如何做?(工具性理解)	为什么可以这样做?(关系性理解)
问题解决(解题冲动)	策略性思考与调控(元认知)
特殊(model of)	一般(model for)

更为一般地说,我们在此又应特别重视以下的一些环节或方面:

第一,数学思维的具体形式。特别是,我们应围绕"数学活动"的这样两种基本形式对此作出具体分析:① 概念的生成、分析与组织。这主要包括抽象思维(特别是,数学抽象的建构性质);结构性观念与逻辑分析;反思与自反抽象(更高层次上的抽象);数学的自由创造(由现实到可能);等等。② 问题的提出与解决。特别是,序的观念(整体性观念)和元认知(调控);另外,解题策略的研究由于具有重要的方法论意义显然也应引起我们的高度重视。

第二,思维品质的提高。基于"促进学生思维的发展"这样一个基本目标,相对于各个具体的思维方式或方法而言,我们显然又应更加重视思维品质的提高,特别是,思维的清晰性(包括清楚地表述),思维的合理性和有效性(适当的说明与论证,直至演绎),思维的深刻性与严密性(必要的审视与批判),思维的灵活性、综合性与创新性,等等。

第三,思维与"理性精神"的培养。这主要反映了这样一个认识:数学思维的学习十分有利于人们"理性精神"的养成。

事实上,正如4.2节中所提及的,正是数学思维的研究为我们深入理解"理性"这一概念提供了重要背景,或者说,正是这方面的具体研究赋予了"理性"这一概念更为丰富的内涵。

在此我们可再次引用齐民友先生的这样一段论述,因为,这不仅清楚地表明了由"理性思维"向"理性精神"的重要发展,也具体地指明了后者的主要内涵:"数学把理性思维发挥得淋漓尽致,提供了认识世界的最有力的工具。数学是向两个方向生长的,一个研究宇宙规律,另一个是研究自己。探索宇宙,也研究自己——所达到的理性思维的深度,从逻辑性和理性思维的角度讲,是任何其他学科所不及的。数学提供了一种思维的方法与模式,不仅仅是认识世界的工具,而实际上成为一种思维合理性的重要标准,成为一种理念、一种精神。"(郑隆忻等,"论齐民友的数学观与数学教育观",《数学教育学报》,2014年第4期)

(3) 最后,应当强调的是,我们还应注意防止这样一种简单化的认识,即将"快思"和"慢想"简单地等同于"错"和"对",乃至完全否定了"快思"的作用,即认为应当用"慢想"去完全取代"快思"。

事实上,由"快思"在人类认识活动中的主导地位我们可清楚地认识所说的取代是不应提倡的,因为,这对于人们日常的生活与工作不可或缺。另外,由于"快思"的存在及其在认识活动中的首要地位是由人们的生理机制和生活方式直接决定的,因此,所说的取代事实上也不可能实现。

例如,正是从这一角度去分析,笔者以为,尽管以下的主张确有一定道理,即"应当抑制低层次思维的过分膨胀",但这显然是更为合适的一个主张,即我们应当努力增强自身在这方面(包括"快思"与"慢想")的自觉性,从而切实避免或减少所说的"系统性错误"。

希望广大数学教育工作者特别是一线教师都能在上述方面作出自己的贡献。

10.3 方法、模式与教学能力

1. 方法、模式与教学工作的创造性

(1) 9.1 节中已经提到,就教学方法和教学模式的改革与研究而言,我们应当坚持这样一个立场,即不应唯一强调某种(些)教学方法或模式,更不应以方法或模式的"新旧"代替"好坏",而应明确提倡教学方法与模式的多样性。因为,适用于一切教学内容、对象与环境的教学方法或模式并不存在,任何一种教学方法和模式也必定有其一定的局限性。从而,我们就应积极鼓励教师针对具体情况创造性地去应用各种教学方法和模式,后者并应被看成教学工作专业性质的一个基本涵义。

简言之,作为教师,我们应当牢记这样一点:各种教学方法和模式都是为我们的教学工作服务的,而不应成为束缚我们思想的桎梏。

显然,从上述立场出发,我们就应将各种新的教学方法或教学模式的推广与学习看成促进自身专业成长的良好契机,并从后一角度作出自己的独立分析和思考,而不应盲目地去追随潮流,乃至使自己处于了完全被动的地位。如只是无奈地充当了某一新的教学方法或模式的推广对象,所需要的似乎又只是如何能将相关的方法或模式一丝不苟地用到自己的教学中去。

事实上,现时仍可听到一些过于绝对的提法,如"离开模式什么都是浮云";"如果'先讲后练'不改,我敢说,100 年以后学生还是'主'不起来";等等。甚至在一定程度上仍可看到对于"模式潮"的盲目追随:"现在,教育教学都讲究个'模式'。有模式,是学校改革成熟的标志,更是教师成名的旗帜。许多人对'模式'顶礼膜拜,期盼'把别人的玫瑰移栽到自己花园里'。"(李帆,"姜怀顺:做逆风而行的理想主义者",《人民教育》,2012 年第 12 期)但在笔者看来,这确又可以被看成广大教师经由过去 10 多年的课改实践取得一定进步的具体表现,即大多数人对现今的"模式潮"采取了更为理性的态度。对此例如由以下论述就可清楚地看出,尽管其中所论及的有时只是某一具体的教学模式:

"希望大家关注'先学后教'实施的前提和条件,该用时则用,不该用时则

不用。而不要成为新的、僵化的模式。"(李昌官,"对'先学后教'的理性批判",《人民教育》,2011 年第 24 期)

"模式!模式!是解放生命还是禁锢生命?"(余慧娟、施久铭,"课改改到深处是'细节'",《人民教育》,2012 年第 9 期)

当然,正如 10.1 节中所指出的,这又是我们在当前的一个重要任务,即应从专业的角度对各种一般性的教学理论或模式作出进一步的分析与研究,从而就能在教学中适当地加以应用。(详见 10.5 节)

(2)除去上述的基本立场以外,在此又应特别强调这样一点,即相对于各种具体的教学方法和模式而言,我们应当更加重视自身教学能力的提高。就目前的论题而言,这也就是指,在"方法"、"模式"与"教学能力"这样三个词语中,"教学能力"应当被看成是最为重要的。

为了清楚地说明问题,在此还可联系当前十分盛行的教学观摩进行分析。笔者要强调的是,在参加了数十次乃至上百次的教学观摩以后(这一数字我想并无夸张的成分),我们是否也应认真地思考一下:究竟什么是自己参加这些活动的主要收获? 在此还可借用这样一句老话:"外行看热闹,内行看门道!"那么,究竟什么是你经由观摩教学所获得的"门道",什么又是单纯的"热闹"?

容易想到,如果观课者始终只是集中于观摩教学中的某些细节,如某个教具的设计、某个"现实情境"的引用等,那么,尽管这也是一种收获,但却很难说是真正的"门道"。那么,后者是否就是指教学模式和方法呢? 显然,依据前面的分析,这一解答也过于简单了。毋宁说,我们在此应更加重视自身教学能力的提高,因为,后者事实上就正是我们能否创造性地(而不是机械地)去应用各种教学方法或模式的必要前提。

以下从理论角度对一线教师如何提高自己的教学能力作出分析概括。具体地说,这是数学教师应当牢固掌握的三项"基本功": ① 善于举例;② 善于提问;③ 善于比较与优化。

还应强调的是,这三者不应被理解成简单的技能或方法,恰恰相反,由于这集中地反映了数学教学活动的特殊性,从而就可被看成数学教师专业能力的具体表现。当然,这三者又不应被看成已经穷尽了数学教学能力的全部内容,或是每个数学教师都应在这样三个方面取得突出的成绩。恰恰相反,每个教师都应依据自己的个性特征与工作情况对此加以恰当应用,包括通过积极的教学实践和认真的总结与反思对此作出新的发展。

以下对上述的"三项基本功"作出具体论述。(对此还可参见另著《数学教师的三项基本功》,江苏教育出版社,2011)

2. "数学教师的三项基本功"之一:善于举例

"举例"对于数学教学的特殊重要性可以被看成是由数学的高度抽象性与学生思维的基本特征所直接决定的。

具体地说,正如前面已指出的,即使就最简单的数学对象而言,也都是抽象思维的产物。然而,由于所谓的"具体性"与"直观形象性"正是学生思维的主要特点,从而学生不仅缺乏抽象的能力,往往也不具有作为抽象基础的具体事例,因此,教师在教学中应通过适当举例帮助学生很好地理解抽象的数学概念和理论,包括为学生较好实现相关的抽象提供必要的基础。

由以下的事实我们可以更好地理解"适当举例"对于数学教学的特殊重要性,即正如 7.2 节中所提及的,这是数学学习心理学现代研究的一个重要结论:在大多数情况下,数学概念在人们头脑中的心理对应物都不是相应的形式定义,而是一种由多个成分组成的复合体,其中,所谓的"实例"更可说占据了十分重要的地位,因为,在很多情况下,正是后者起到了"认知基础"的作用。这事实上就是所谓的"范例教学法"(paradigm teaching strategy)的基本立场。以下则是这方面的一个具体例子(详见 R. Davis, *Learning Mathematics: The Cognitive Science Approach to Mathematics Education*, Routledge, 1984):

[例]　为了帮助学生掌握负数的概念,特别是如何去进行包含有负数的运算(如 $4-10=?$),教师采用了一个装有豆子的口袋,并在桌上另摆了一些豆子。教学中教师先在口袋中装入 4 颗豆子,同时作为一种记载,在黑板上记下"4"这样一个数字;然后,教师又从口袋中拿出 10 颗豆子,这时黑板上就出现了"$4-10$"这样一个计算式。

教师接着提问道:

(1) 现在口袋里的豆子与一开始相比是变多了还是变少了?

学生很快回答道：变少了。

（2）少了多少?

回答：少了 6 颗。

教师这时就在黑板上写下这样的表达式：$4-10=-6$，并告诉学生这一表达式读作"四减十等于负六"，而所说的"负"就表示这时口袋中的豆子变少了。

显然，在这一实例中，装有豆子的口袋与相关的动作（装入更多的豆子或从口袋中取出一些豆子）对学生来说都是十分熟悉的，从而就起到了"认知基础"的作用。一个好的"认知基础"应当具有这样的性质：它能"自动地"指明相关概念的基本性质或相关的运算法则，这也就是指，借助于所说的"认知基础"学生可顺利地作出相应的发现。例如，在上述的实例中，学生显然可借助所说的"认知基础"顺利地实行诸如"$4-10$"和"$5-8$"这样的运算，而无须依赖对于相应法则的机械记忆。[①]

再者，从同一角度去分析，我们显然也可更好地理解"变式理论"对于我们改进教学的积极意义，特别是，这十分有利于学生较好地实现相关的抽象，包括切实防止各种可能的错误。

具体地说，为了防止学生将相关实例的某些特性误认为数学概念的本质，我们在教学中就不应局限于平时所经常用到的一些实例（"标准变式"），而应当有意识地引入一些"非标准变式"。另外，教学中我们还应有意识地引入一定的"反例"（"非概念变式"），因为，通过与"正例"（"概念变式"）的对照比较，我们可帮助学生更好地掌握相关的概念，特别是防止或纠正一些可能的错误观念。

最后，尽管上述分析主要是针对数学概念的教学进行的，但其主要结论对于"问题解决"的教学显然也是同样适用的。

例如，以下的论述清楚地表明了"问题解决"的教学为什么也必须提供一

---

① 当然，这一范例也有一定的局限性。例如，我们就很难利用这一实例对 $10-(-4)=14$ 这类运算式的合理性作出具体说明。

定的案例:"当要求学习者……解决问题时,必须通过提供相关案例以支撑这些经验……相关案例通过向学习者提供他们不具备的经验的表征,来支持意义的形成。……通过在学习环境中展示相关案例,……向学习者提供了一系列的经验和他们可能已经建构的与这些经验有关的知识,以便与当前的问题进行对比。……相关案例同时也通过向学习者提供所探讨的问题的多种观点和方法,帮助他们表征学习环境中的复杂性。"(乔纳森,"重温活动理论:作为设计以学生为中心的学习环境的框架",载乔纳森、兰德主编,《学习环境的理论基础》,华东师范大学出版社,2002,第 89 页)

当然,无论就教材或是教师在教学中对于例题的选择而言,我们又应十分重视它们的典型性,包括教学中应当如何对此加以应用从而才能真正起到"范例"(或"认知基础")的作用。例如,在笔者看来,这事实上也可被看成以下论述给予我们的主要启示:"我提倡'一题一课,一课多题'——一节数学课做一道题目,以一道题为例子讲解、变化、延伸、拓展,通过师生互动、探讨、尝试、修正,最后真正学到的是很多题的知识。"(李成良,"聊聊'懒'课——谈谈高效课堂",人民教育编辑部,《教学大道——写给小学数学教师》,高等教育出版社,2010,第 65 页)

事实上,就学生对于解题技能的掌握而言,主要地也可被看成一种"实践性智慧",又由于后者是指"借助案例进行思考",即如何能够针对对象与情境的不同对相关经验和知识作出必要的调整,从而解决所面对的问题,因此,这应被看成这方面教学工作的关键,即我们如何能够有效地提高学生的应变能力。这也就是指,"数学基本技能的教学,不应求全,而应求变"。

值得指出的是,我们事实上可以从后一角度去理解"变式理论"中关于"过程式变式"的以下论述:"构建特定经验系统的变式(即过程能力)来自问题解决的三个维度:(1)改变某一问题。改变初始问题成为一个铺垫,或者通过改变条件、改变结论和推广来拓展初始问题。(2)同一个问题的不同解决过程作为变式。形成一个问题的多个解决方法,从而联结各种不同的解决方法。(3)同一方法解决多种问题。将某种特定方法用于解决一类相似的问题。"(顾泠沅、黄荣金、马顿,"变式教学:促进有效的数学学习的中国方式",载范良火等主编,《华人如何学习数学》,江苏教育出版社,2005,第

257 页)

3. "数学教师的三项基本功"之二：善于提问

前面已经提到,无论就数学的整体发展或是数学教学活动而言,"问题"都应被看成具有特别的重要性。

首先,问题在很大程度上可被看成数学研究活动的实际出发点,特别是,新的具有重要意义的问题的提出更可被看成数学取得新的进展的一个重要标志。(对此可参见 3.1 节)其次,从教学的角度看,适当的"问题引领"又正是我们如何能够同时实现学生的主体地位与教师的主导作用的一个重要手段。这也就是指,数学教师应当善于提出具有一定挑战性,同时又适合学生的认知水平,并具有一定启示意义的问题,从而促使学生积极地去进行思考,而不是处于纯粹的被动地位。(对此可参见 9.2 节)

显然,从上述角度去分析,"问题引领"这一做法在现今的数学教材中得到普遍应用也就十分自然了。例如,"《新数学读本》主要是通过知识问题化和问题知识化的设置,促使学生完成对数学知识、数学思维、方法的主动建构。"(杭州现代小学数学教育研究中心,"学习方式的转变与知识在教材中的存在方式——《现代小学数学》新读本编写思路",《小学数学教师》,2005年第 11 期)"选取密切联系学生生活、生动有趣的素材,构成情境串,引发出一系列的问题,形成问题串,将整个单元的内容串联在一起……"(山东省教学研究室,《义务教育课程标准实验教科书(数学)》,青岛出版社,2003,后记)

另外,还应提及的是,对于课堂提问的高度重视事实上也正是"中国数学教学传统"的一个重要方面。当然,在现实中我们又可经常看到这样的现象,即教师的课堂提问往往数量偏多,质量却不够高,因此,就当前而言,我们应当特别重视课堂提问质量的提高。

以下就是这方面的一些具体建议:

(1) 努力增强问题的"启发性",即应能真正促进学生的思考。从而,教师的提问就不应过于简单,更不应"包办代替",而是应当给学生的独立思考与主动探究留下充分的空间。

由以下的实例我们可更好理解这里所说的"启发性"的具体涵义。

[例]　这是关于韦达定理的两种不同的教学设计和提问方式：

其一，先让学生填写下列的表格，然后问：你认为根与系数有什么关系？

方　　程	x_1	x_2	x_1+x_2	$x_1 \cdot x_2$
$x^2-x-12=0$				
$x^2-6x+5=0$				
$x^2-2x-35=0$				

其二，直接提问：什么是一元二次方程的主要成分？一元二次方程的根与系数之间可能存在什么样的关系？我们应当如何去作出相应的发现？又应如何去进行证明？

容易看出，在第一种情况下，由于教师的提问并没有给学生的主动探究留下足够的空间，因此就很难被看成具有真正的启发性，或者说，这在很大程度上只是一种包装成"启发性提问"的直接提示。

(2) 相对于各种"即兴性"的提问而言，我们在教学中又应更加突出相应的"重要问题"和"基本问题"。

首先，所谓的"重要问题"主要是从知识角度进行分析的，即直接涉及到了相关知识内容的核心，或是所谓的"课眼"。"找准了'大问题'，就意味着教者抓住了课堂的'课眼'，纲举目必张。"(黄爱华等，"洗尽铅华，粉饰尽去——'大问题'为导向的小学数学课堂教学实践与探索"，《小学数学教师》，2013 年第 1～2 期)

例如，9.2 节中所提到的"数字与信息"的教学显然就可被看成这方面的一个实例，这也就是指，在这一内容的教学中，我们应当突出以下一些"重要问题"：为什么要进行编码？应当如何去进行编码？我们又应如何由各种编码去提取相关的信息？

其次，如果说问题的"重要性"主要是针对教学内容而言的，那么，所谓的"基本问题"就主要体现了这样一种思想，即我们应当超出每一堂课的具体内容，并帮助学生较好地掌握各种普遍性数学思想和数学思想方法。这也就是指，所谓的"基本问题"是教学中应当反复强调的一些问题，这也可被看成真正落实数学教育"长期目标"的一个重要措施。

例如，著名数学家、数学教育家波利亚所设计的"怎样解题表"（详可见《怎样解题》，科学出版社，1982）就可被看成这方面的一个范例，因为，后者的主要内容就是我们在求解问题的过程中应经常思考的一些问题。另外，又如7.2节中所提及的，这正是"问题解决"现代研究的一个重要成果，即清楚地揭示了元认知能力对于解题活动的重要影响。从而，为了切实提高学生在这一方面的能力，我们在教学中应当经常地提及这样三个问题："什么？"（what，"现在在干什么？"或"准备干什么？"）"为什么？"（why，"为什么要这样做？"）"如何？"（how，"这样做了有什么实际效果？"）最后，在学生顺利地解决了所面对的问题以后，教师则又应当通过以下一些问题引导学生积极地去进行新的思考，如你能否对这一结论作出推广？你能否用别的方法导出这个结果？等等。因为，这正是数学思维的一个重要特点，即数学家们总是不满足于某些具体结果或结论的获得，而是希望获得更为深入的理解，后者则又不仅直接导致了对于严格的逻辑证明的寻求，也促使数学家积极地去从事进一步的研究。（对此可参见 5.2 节）

当然，相对于单纯地由教师去提出问题而言，这又应被看成这方面工作的一个更高目标，即我们应当帮助学生在这方面养成良好的习惯，也即由被动地回答教师所提出的问题逐步过渡到由学生自己去提出问题。因为，后者不仅应当被看成"学会学习"的一个重要内涵，而且也是创新能力十分重要的一个方面。（对此可参见 3.1 节）

最后，应当提及的是，尽管上述分析主要是围绕"问题的提出与解决"进行的，但相关结论对于数学概念的教学也是同样适用的。

例如，以下就是概念教学应经常提及的一些问题：（1）我们如何能用自己的语言对相关概念的本质作出说明，包括举出典型的例子（正例与反例）？（2）什么是这一概念的主要作用？（3）新学习的概念与其他概念有什么联系与区别？①

---

① 也正是围绕这样三个问题去进行分析，我们可清楚地看出当前在数学概念的教学中所存在的以下问题：（1）教学中人们往往只是注意了如何引导学生通过自主探究去发现相关对象的性质，却忽视了还应帮助学生很好地认识与把握相关概念的准确涵义。（2）教学中只是强调了概念在日常生活中的应用，却忽视了数学概念的这样一个作用，即为人们深入开展认识活动提供了必要的概念工具。（3）我们在教学中往往又只是注意了概念的生成，却未能给予概念的分析与组织应有的重视。对此还可参见另著《小学数学概念与思维的教学》，江苏教育出版社，2014。

总之,我们应清楚地认识"善于提问"对于数学教学的特殊重要性,后者也应被看成教师专业水准的一个重要方面,因为,"教师的工作(就)是通过向学生问他们应当自己问自己的问题来对学习和问题解决进行指导。这是参与性的,不是指示性的;其基础不是要寻找正确答案,而是针对专业的问题解决者当时会向自己提出的那些问题。"(巴拉布与达菲,"从实习场到实践共同体",载乔纳森、兰德主编,《学习环境的理论基础》,同前,第31页)

进而,从上述角度去分析,我们显然也可立即看出以下一些论点或做法的片面性:"学生所提出的任何问题都是有意义的";在现实中更有不少教师往往就以"这堂课你们想学些什么"作为课堂教学的直接开端;各类教材中对于"你还能提出什么问题"这一用语的使用频度无疑也会给人留下十分深刻的印象;等等。与此相对照,我们应清楚地认识到这样一点:正如解决问题能力的培养和学生提出问题能力的提高也有一个后天学习的过程,教师更应在这一过程中发挥重要的作用。也正因此,如果我们在教学中完全忽视了这样一点,必然的后果就是学生往往只会通过简单模仿或"随大流"来提出问题,或是刻意地"标新立异"。但这显然都不能被看成真正的创新,甚至还可说十分不利于学生创新能力的培养。

(3) 就这方面的具体工作而言,笔者还愿强调这样几点:

第一,尽管教材编写者与各级教研部门已为一线教师在教学中如何做好"问题引领"提供了直接帮助,但这毕竟又不能代替教师自身的创造性劳动,从而,我们应当积极提倡一线教师通过自己的独立思考去提炼出相应的"重要问题"和"基本问题"。因为,如果说所谓的"再创造"可以被看成集中地体现了教学工作的创造性质,那么,"引导性问题"的提炼则可被看成"再创造"工作的直接切入点。

第二,从教学的角度看,真正的难点显然在于教师如何能够使得自己所预设的问题真正成为学生自己的问题,包括在教学中如何能够很好地去处理"预设性"与"生成性"之间的关系,特别是,如何能够针对学生的具体情况与现实的教学情境对预设的问题作出必要的调整。

第三,在强调"问题引领"的同时,我们又应高度重视教学的开放性,后者应当被看成问题"启发性"的又一重要涵义。另外,正如3.1节已提及的,我们在此还应努力追求这样的更高境界：这时学生的关注已不再局限于开始时由教师或教材所提出的问题，他们的收获也已超出了单纯意义上的"问题解答"。

4."数学教师的三项基本功"之三：善于比较与优化

相对于"善于举例"与"善于提问"而言，"善于比较与优化"应当说更为直接地涉及到了数学学习的本质：这主要地应被看成一个文化继承的过程，并是在教师的直接指导下完成的，即主要表现为不断的优化。（对此可参见 7.3 节）

进而，这显然也可被看成上述分析的一个直接结论，即无论就学生提出问题的能力，或是解决问题的能力而言，都有一个逐步提高的过程，并主要是一个后天学习和不断优化的过程。当然，从更为一般的角度去分析，我们则又应当特别提及数学思维发展的这样一个特征，即这既包括横向的扩展，也包括纵向的发展，后者更可被看成清楚地表明了数学学习活动的阶段性与不连续性："它必须重新组织、重新认识，有时甚至要与以前的知识和思考模式真正决裂。"（M. Artique,"What can we learn from educational research at the university level?"载 D. Holton 等主编, *The Teaching and Learning at University Level：An ICMI Study*, Kluwer, 2004）

由以下的实例我们可更好地理解"优化"对于数学学习的特殊重要性，特别是，这不仅指横向的扩展或简单的改进，如找出更简单、更迅速的算法或解题方法，更方便、更实用的表征方法，更具普遍性的结果等，而且也是指我们应当帮助学生及时纠正各种不恰当或错误的观念，包括对已建立的认识和认知结构等作出必要的调整与发展：

[例]"运算的不守恒性"。这是国外的数学教育研究经常提到的一个概念，其主要涵义是：由于学生在学习数学的过程中最初接触的往往是自然数的运算，因此就很容易形成以下一些认识："乘法总是使数变大"，"减法总是从较大的数减去较小的数"，等等。然而，随着分数与负数的引进这些结论显然不再成立。从而，如果我们在教学中未能及时帮助学生实现观念的必要更新，就必然会对新的学习活动产生严重的消极影响，如出现如下的

"规律性错误"：尽管两个问题具有完全相同的数学结构，学生却采取了不同的运算去进行求解——这也正是研究者何以将此类错误称为"运算的不守恒性"(nonconservation of operation)的主要原因。

例如，在一次实验中学生被要求回答应当用什么方法去求解以下两个问题：

(1) 某种奶酪的售价为每公斤 28 元，问：5 公斤这样的奶酪售价是多少？

(2) 某种奶酪的售价为每公斤 27.50 元，问：0.923 公斤这样的奶酪售价是多少？

尽管实验者作了明显提示，但是，被提问的学生仍然经常这样回答：应当用乘法求解第一个问题，第二个问题则应选用除法。

调查表明，导致上述错误的主要原因在于：第一，学生头脑中存在关于乘除法的某些"原型"(primitive model)。例如，研究表明，大多数以色列学生关于乘法的原型是"倍数问题"；美国学生关于除法的原型则主要是"分配问题"。显然，"原型"的存在主要反映了先前的学习活动，包括生活经验对于主体进一步学习活动的影响。第二，大多数学生又正是通过先前的学习逐渐形成了关于乘除法运算的一些观念。特别是，正是自然数的学习使学生形成了这样的观念："乘法总是使数变大，除法则总是使数变小，从而，在求解问题时我们就应以较大的数作被除数，以较小的数作除数。"

显然，从后一角度去分析，上述错误的发生就不足为奇了。因为，这在很大程度上反映了这样的现实：学生依据直觉立即意识到第二个问题的答案应当小于问题中所给出的 27.50 元，因为，后者是每公斤奶酪的售价，问题中所提到的 0.923 公斤则不足 1 公斤。进而，按照他们所已建立的观念，乘法总是使数变大，只有除法才能使数变小，因此，他们最终就选择了除法。

从上述立场去分析，我们显然也可立即看出以下一些做法的错误性：

第一，这是当前应当特别注意的一个倾向，即教师在教学中不自觉地采取了"放任自流"的立场，乃至完全忽视了必要的"优化"。例如，教学中只是强调了解题方法的多样化,但却未能作出必要的比较和优化,甚至更将"创新"等同于"标新立异",将"教学的开放性"变成了"完全放开",等等。

第二,数学教学中的"优化"又不应被理解成强制的规范,而应使之真正成为学生的自觉行为。

例如,从上述角度去分析,我们在教学中显然应允许学生表现出一定的"路径差"和"时间差"。(对此可参见 7.3 节)当然,又如上面已提及的,我们在此又不应停留于所说的"多元化",更不应为"多元化"而"多元化",而应努力做好由"多元化"向"优化"的必要过渡。

总之,这应被看成教学工作艺术性的一个重要表现,即应当很好地去处理"多元化"与"优化"之间的辩证关系,特别是,我们应大力提倡教学的开放性,但这又不应被理解成"完全放开",或是因此而否定了"优化"的必要性。恰恰相反,我们应当将"开放性"与"多元性"看成"优化"的直接基础,反之,"优化"则又应当成为"开放性"与"多元性"的必要发展。[①]

以下是教学中实现"优化"的两个关键环节:

(1) 必要的比较

在一些学者看来,比较也可被看成学习的本质。例如,这就是瑞典著名学者马飞龙所倡导的"现象图式学"的两个基本论点:第一,学习就是鉴别。"以某种方式学习认识事物或现象就是从对象中区分出一些主要特征并将注意力同时聚焦于这些特征。"第二,有比较(差异)才能鉴别。"鉴别意味并仅仅意味着主体依据自己先前的关于多多少少有所差异的对象的认知,从物质的、文化的或感觉的世界中辨认出和察觉到了某个特征。"这也就是指,"鉴别依赖于对差异的认识。"(详可见郑毓信,"现象图式学与'熟能生巧'",《数学教育:从理论到实践》,上海教育出版社,2001)

(2) 总结与反思

这也是数学教育现代研究的一个明确结论:单纯的比较并不足以导致计算技能的优化,真正的关键在于主体是否已经清楚地认识到了已有方法的局限性。(详可见 P. Cobb,"Concrete can be Abstract",*Educational Studies of*

---

① 如果主要着眼于教师的工作态度,对于上述的辩证关系我们也可总结为:如何很好地去认识和处理"宽容"与"规范"之间的关系也是教学工作艺术性的又一重要表现。

Mathematics,1986(17),第 43 页)这显然也正是现实中所经常可以看到的以下现象(对此可参见 9.2 节)的直接原因:尽管教师邀请了众多学生在课堂上当众展示自己的不同做法,但实际的教学效果却不理想,而且,似乎邀请的学生越多情况越不理想。后者则又不仅是指课堂上很快就出现了学生注意力的分散,而且也是指大多数学生根本不关心其他人所采取的方法,更谈不上以此为基础去实现自身方法的必要改进。

当然,就观念的更新而言,我们又应将这里所说的"对于已有方法局限性的清楚认识"改为"思维的内在冲突"。这也就是指,为了使观念更新真正成为主体的自觉行为,我们应当努力在主体头脑中引发内在的概念冲突,即能够清楚地认识到其中包含有一定的矛盾。

也正因此,我们在教学中应高度重视总结与反思的工作。例如,正如前面所提及的,在成功地解决了所面临的问题以后,我们就应促使学生对相应的解题活动作出总结与反思,如深入地去思考能否用别的方法求解同一问题,这些方法又各有什么优点和局限性?等等。

值得指出的是,我们也可以从后一角度更为深入地认识"适当举例"与"适当提问"的重要性。例如,由于已形成的观念不可能通过简单示范就能得以改变,因此,如何能够通过适当举例与提问在学生头脑中引发必要的观念冲突就特别重要。再例如,我们显然也可从同一角度去理解积极提倡"回头看"这样一个策略的重要性,特别是,应当通过这样一种思维活动有效地去促进学生自觉地去进行比较、总结和反思。

当然,正如先前关于"善于提问"的分析已指明的,这也应成为这方面工作更为重要的一个目标,即应当使得"总结与反思"(包括"批判性反思")成为学生的自觉行为。

总之,这应被看成数学教师的又一"基本功",即我们在教学中不仅应当努力帮助学生实现思维的必要优化,也应使之真正成为学生的自觉行为。

5. 进一步的分析

以上的分析显然表明:数学教师的"三项基本功"不应被看成完全独立、互不相干的,而是存在十分重要的联系。特别是,所说的"优化"在很大程度上可被看成为数学教师在教学中应当如何去"举例"与"提问"指明了努力的方向,反之,适当的"举例"与"提问"则又可以被看成数学教学中帮助学生实现"优化"的两个基本途径。

另外,笔者以为,上面的论述也为我们如何能够更为深入地认识数学中的"合作学习",特别是"师生互动"提供了直接启示。

具体地说,在此可首先提及关于"合作学习"的这样三种解释:(1) 分工合作;(2) "脑风暴";(3) "强者"帮"弱者"。笔者的问题是:在这三种解释中你认为何者较好地体现了数学教学中"合作学习"的本质?

事实上,这三者都不能被看成正确地反映了数学教学中"合作学习"的本质,因为,它们都未能很好地体现数学学习和教学活动的特殊性质。后者即是指,数学学习活动具有明确的目标,而不是毫无约束的"自由探究"(后者正是"脑风暴"的主要特征),而且,所说的任务也不可能单纯依靠所谓的"分工"或是学生间的互助得以完成,而是应当明确肯定教师在这方面的引领作用。当然,后者又不应是一种强制的统一,而是应当切实增强教学工作的"启发性",从而使得"优化"真正成为学生的自觉行为。

显然,从上述角度去分析,以下一些关于"如何做好数学地交流和互动"的论述就应说过于一般了,如"教师应当善于倾听(蹲下身来说话)","应当善于观察(谁没有参与?)","应当努力做到平等地交流",等等。因为,在此应更加突出数学教学和学习活动的特殊性,特别是,我们应将"促使学生更积极、更深入、更合理地去进行思考"看成数学地交流与互动的重点,最终的目的则是思维的必要优化。

容易想到,从上述角度我们也可更为深入地认识"三项基本功"的作用,特别是,通过适当的举例与提问我们可有效地促进学生的反思,从而使学生清楚地认识到已有方法和结论的不足之处。我们在教学中也应大力提倡"多样化"与必要的比较,因为,只有这样,我们才能使得"优化"真正成为学生的自觉行为。

总之,这可被看成成功的数学教学的关键,即教学中我们应当切实做好"数学地交流和互动",因为,这不仅关系到了如何能够很好地去实现"合作学习",也直接关系到了数学教学的主要目标。

最后,在结束这一部分的讨论时,笔者愿特别强调这样一点:尽管我们可以而且应当从理论角度对如何发展教师的教学能力作出总结和概括,包括具体地去指明数学教师应很好掌握的各项"基本功",但是,教师的教学能力主要地又应被看成一种"实践性智慧"。从而,与单纯强调相关的理论学习相比较,我们应当更加重视理论与实践之间的辩证关系,并将教学实践的认真总结与反思看成一线教师发展"实践性智慧"的主要途径。

10.4 专业知识:理论或实践性知识?

除去一定的专业能力(包括教学能力和教研能力)以外,这显然也应被看成数学教育专业性质的又一重要标志,即数学教师必须具备一定的专业知识。以下对一线教师如何提高自身在这方面的素养作出具体分析。

1. 数学知识的"深刻理解":广度与深度

从专业化的角度去分析,这是一个明显的结论:"数学教师的专业知识"不应被等同于"数学知识"与"一般教育学知识"的简单组合。但是,这也是人们在这方面的又一共识:即我们应当明确肯定"数学知识"对于数学教师做好教学工作的特殊重要性。

当然,在此我们又应防止各种简单化的认识,如单纯从数量上去统计数学教师应当掌握多少数学知识,包括在校学习期间应当学习多少门数学课程,一共又应有多少学时,等等;或是简单地认为数学教师的数学知识越多越好,越高深越好,这样就能自然而然地做到居高临下。

那么,这方面最重要的因素究竟是什么呢?在此可以首先提及这样一个论点,即我们应当认真做好由"作为科学的数学知识"向"学校数学知识"的必要转化,也即应当对前者加以适当改造以使之真正适合学校数学教学的需要。例如,正是基于这样的思考,我国学者张景中先生提出了"教育数学"这样一个概念。另外,这也正是众多学者在对"数学教师专业知识"的主要内容作出分析时何以同时列出"作为科学的数学知识"与"学校数学知识"的主要原因——当然,正如"教育数学"这一术语的引入已清楚表明的,人们在这方面所使用的词语未必完全一致。

上述的认识显然有一定道理。但从一线教师的角度看,笔者以为,我们又应更加强调中国旅美学者马立平的相关研究。

具体地说,这也是马立平博士在这方面的一个基本认识:"教师的学科知识并不能自动产生出成功的教学方式和新的教学理念,但缺乏坚固的学科知识的支持,成功的教学方式和新的教学理念是不可能实现的。"在她看来,这是美国数学教师培训的一个主要弊端:"美国的大部分职前教师培训更多地关注如何教数学,而不是数学本身。"然而,"如果教师对要教什么都没有清晰的认识,他又如何深思熟虑地确定教学方法?"(《小学数学的掌握和教学》,华东师范大学出版社,2011,第 36、138、141 页)

进而,这又正是她通过中美两国小学数学教师的比较研究得出的一个主要结论:中国教师与美国同行相比普遍地具有这样一个优点,即较好地做到了对于教学内容的"深刻理解"——在马立平看来,这也就是中国教师何以能够比美国同行取得更好的教学成绩的主要原因。

具体地说,正如 3.1 节中所提及的,按照马立平的观点,"数学知识的深刻理解"主要涉及到了"深度"、"宽度"和"贯通度"这样三个概念。以下主要围绕"宽度"和"深度"对一线教师如何提高自己在这方面的专业素养作出进一步的分析论述:

(1) 所谓"宽度",主要是指如何能够跳出每一堂课的具体内容并将此与其他相关内容联系起来,即应当用"联系"的观点去看待数学知识。

由以下论述我们可清楚地认识"联系"对于数学学习的特殊重要性:这直接关系到了我们能否很好地实现"理解教学"。数学中的"理解"并非一个全有或全无的现象,而是主要取决于主体头脑中所建立的"联系"的数目和强度:"如果潜在的相关的各个概念的心理表征中只有一部分建立起了联系,或所说的联系十分脆弱,这时的理解就是很有限的;……随着网络的增长或联系由于强化的经验或网络的精致化得到了加强,这时理解就增强了。"(J. Hiebert & P. Carpenter, "Learning and Teaching with Understanding",载 D. Grouws 主编, *Handbook of Research on Mathematical Teaching and Learning*, Macmillan,1992,第 67 页)

正因为此,对于"联系"的高度重视事实上已经成为国际数学教育界的普遍趋势,只是相对于上述的"广度"而言,后者具有更为广泛的涵义:这不仅是指不同的数学概念、不同的数学结论乃至不同的数学理论之间的联系,也包括同一概念不同表征之间的联系,以及数学与外部世界的联系等。

例如,美国数学教师全国理事会(NCTM)2000 年颁布的数学课程标准《学校数学的原则和标准》,就将"联系"与"数和运算"、"模式、函数和代数"、"几何与空间感"、"度量"、"数据、统计与概率"、"问题解决"、"推理与证明"、"交流"、"表述"等一起列为学校数学的"十项标准"。另外,这也可被看成台湾地区自 2000 年开始推行的"九年一贯课程"的核心所在:"在九年一贯课程数学领域中'联系'(台湾学者使用的词语为'连结'——注)被凸显:联系这一主题包括内部联系和外部联系。……两者均包含察觉(recognition)、转化、解题、沟通、评估等能力。具备这些能力,一方面可增进学生在日常生活等方面的数学素养,能使学生广泛地应用数学,提高生活质量;另一方面也能加强数学式的思维,有助于个人在生涯上追求进一步的发展。"(钟静,"论数学课程近十年之变革",《教育研究月刊》[台湾],133)

进而,又如马立平的研究清楚表明的,对于"联系"的高度重视也可被看成"中国数学教学传统"十分重要的一项内容。例如,马立平指出:"中国教师的另一个特征是他们具有发展良好的'知识包',这在美国教师中并没有发现。"后者即是指,"在教一个知识点的时候应该把知识看作一个包,而且要知道当前的知识在知识包中的作用。你还要知道你所教的这个知识受到哪些概念或过程的支持。所以你的教学要依赖于强化并详细描述这些概念的学习。当教那些将会支持其他过程的重要概念的时候,你应该特别花力气以确保你的学生能够很好地理解这些概念,并能熟练地执行这些过程。"(《小学数学的掌握和教学》,同前,第 110 页)

如图 10-1 和图 10-2 所示就是《小学数学的掌握与教学》中分别针对"退位减法"与"分数除法"所给出的两个"知识包"。不难看出,借助这两个图我们可具体地弄清什么是与当前学习内容密切相关的其他一些知识,何者又可被看成相应的知识结构中最为基本和最为重要的一些内容。

马立平并对中国数学教师如何实现上述目标进行了具体调查。"中国教师花费大量的时间和精力钻研课本,在整个学年的教学中不断地全面研究课本。首先,他们要理解'教什么'。他们要研究课本是如何解释和说明教学大

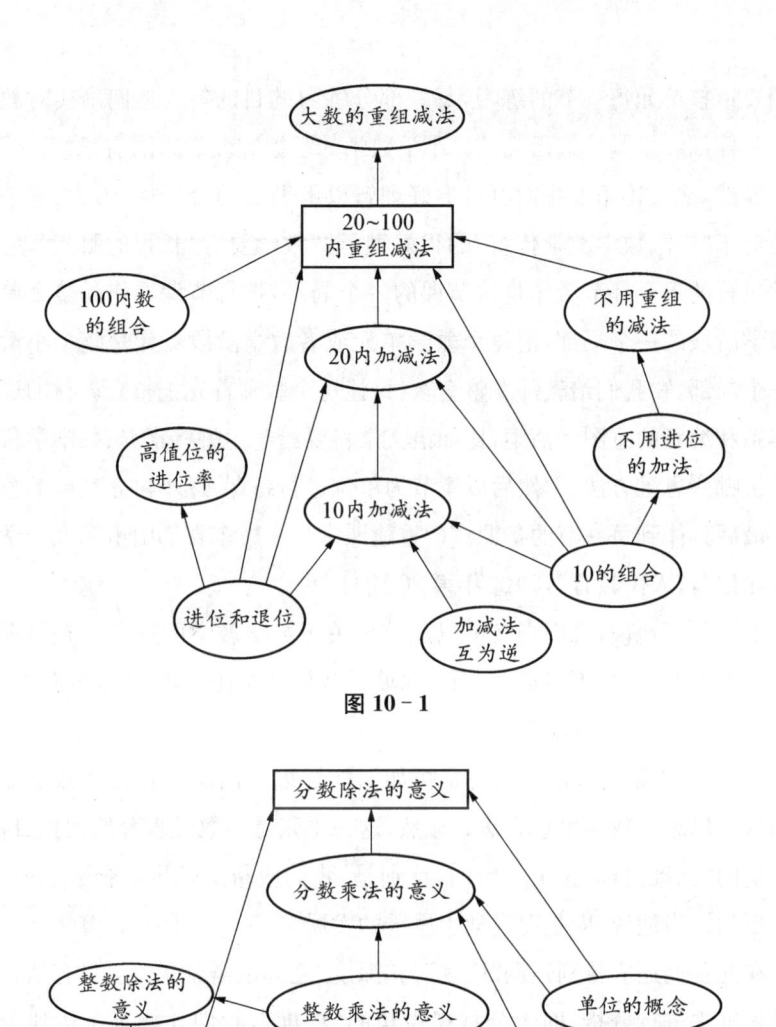

图 10 - 1

图 10 - 2

纲的思想的,作者为什么以这样的方式编排,各部分内容间的联系是什么,该课本的内容与前后知识点之间有什么联系,与旧版本相比有什么新亮点,以及为何要做这样的改变等。更为详细地讲,他们要研究课本的每个单元是如何组织的,作者是怎样呈现内容的,以及为何如此呈现。他们要研究每个单元有哪些例题,为什么作者会挑选这些例题,以及为什么例题以这样的次序呈现。

他们要审核单元每一节的练习，每一部分练习的目的等。他们确实对教材作了非常仔细和批判性的研究。"（《小学数学的掌握和教学》，同前，第 125 页）

显然，从上述角度我们也可更好理解以下做法的合理性，因为，这事实上就是对于"中国数学教学传统"的很好继承："教学要有'长程的眼光'，应该把教学过程的每个环节看作是这节课的一个局部，把每节课看作是整个单元或者教学阶段的一个局部，把每个教学单元或者教学阶段看作是整个小学阶段的一个局部。""我们给教师发整套教材，让每个教师首先把整套教材的逻辑编排体系和编者的意图弄清楚，比如语文学科要给学生哪些素养、数学学科要培养学生哪些思维方法。""然后以章节为单位进行备课，逐步树立教师的整体观念。最后具体到每一节的备课。"（"重建课堂——广东省佛山市第九小学教学变革侧记"，《人民教育》，2011 年第 20 期）

更为一般地说，我们则又可以总结出关于数学教学的这样一条原则："数学基础知识的教学，不应求全，而应求联。"我们甚至还可将"联系的观点"看成数学教师的又一"基本功"。

（2）所谓"深度"，在此主要是指如何能够揭示出隐藏在具体数学知识背后的数学思想和数学思想方法。显然，这一主张是与数学教育的现代目标，也即所谓的"三维目标"完全一致的，特别是，我们应帮助学生学会数学地思维，或者更为恰当地说，即是促进学生思维的发展。

在此我们还应特别强调"广度"与"深度"之间的辩证关系：只有从较为广泛的角度去进行分析，即十分重视视角的"广度"，我们才能真正达到较高的"深度"，也即准确地揭示出相关知识内容所蕴含的数学思想；反之，也只有思维达到了更大的"深度"，即深入地揭示出了隐藏在具体数学知识背后的数学思想，我们才能更为准确地发现与把握不同数学知识内容之间所存在的重要联系，而不只是从表面现象去作出判断。

例如，只有将自然数、小数与分数的运算联系起来加以考察，我们才能更好地认识到这样一点，即这些内容集中地体现了以下一些数学思想：（1）逆运算的思想；（2）不断扩展的思想；（3）类比与化归的思想；（4）算法化的思想；（5）优化的思想；（6）"客体化"与结构化的思想。另外，也只有跳出各个具体内容并从整体上去进行分析，我们才能更为深切地体会到这样一点：小学几

何内容必须很好地突出"整体性思想"与"结构性观念"。（对此还可参见本书末的附录）

再者，这显然也是数学抽象最为重要的一个特点，即抽象程度的不断提高，特别是，我们应透过"表层结构"更为深入地认识其内在的"数学结构"。

（3）以下再联系周玉仁教授的相关论点提出这方面的进一步想法。

这是周玉仁教授面对"您最想勉励一线教师的是什么"这样一个提问给出的答复："实、活、新，上好每一节课。"（唐彩斌，《怎样教好数学——小学数学名家访谈录》，教育科学出版社，2013，第240页）

周玉仁教授的这一论述显然很有道理。第一，"实"。这显然是全部教学工作所应始终坚持的基本立场："以学生为本"，即我们应当通过自己的教学使学生有真正的提高，而不是满足于表演作秀，等等。就当前而言，这显然也包含了对于"形式主义"的明确反对。第二，"活"。由于教学工作以活生生的人作为直接对象，并以促进学生的发展作为基本目标，因此，只有把数学课真正"教活"，我们才能将学生很好地调动起来，才能促使他们积极地去进行思考。第三，"新"。这可被看成对于教学工作创造性质的直接肯定。当然，我们在当前又应注意防止这样一种倾向，即在不知不觉之中将"创新"变成了对于时髦潮流的盲目追逐，变成了标新立异。

进而，笔者以为，这又可被看成上述分析的一个直接结论，即相对于实、活、新这样几点要求而言，我们又应更加强调一个"深"字，也即应当努力做到对于教学内容的"深刻理解"，包括什么是隐藏在具体知识内容背后的数学思想和数学思想方法？什么又是相关知识的内在联系？只有这样，我们才能将自己的教学工作真正"做实"、"做活"，特别是，才能以数学思维的分析带动具体知识内容的教学，真正"教活"、"教懂"、"教深"。（对此可参见3.1节）

2. 数学教师专业知识的综合性与实践性质

（1）上面已经提到，"数学教师的专业知识"不应被看成具有唯一的维度，而是包括有多个不同的成分。例如，按照德国学者布鲁墨（R. Bromme）的观点，数学教师的专业知识包括这样五个部分：① 作为科学的数学知识；② 学校数学知识；③ 学校数学哲学；④ 一般教育学（心理学）知识；⑤ 特定题材内容的教学法知识。（"超越于题材内容之外：教师专业知识的心理学结构"，载

R. Biehler 等主编,《数学教学理论是一门科学》,上海教育出版社,1998,第88页)

当然,相对于简单的罗列而言,我们又应更加重视各种成分的相互渗透与必要整合。例如,除去上面已提及的由"作为科学的数学知识"向"学校数学知识"的必要转变以外,这显然也是这方面十分重要的一项工作,即我们应当将一般性的心理学原理和普遍性的教学法原则和方法,与具体的数学知识很好地结合起来,从而形成"学科内容教学法知识"(PCK)。

容易想到,后一概念的提出十分清楚地表明了数学教师专业知识的整合性质,因为,所说的"学科内容教学法知识"不仅直接涉及到了"数学知识"与"一般教学法知识",而且也与"关于学习者数学认知活动的知识"密切相关,即应当被看成这三者的适当整合(图 10-3)。

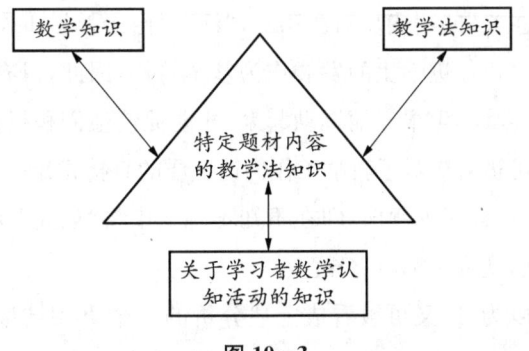

图 10-3

(2) 由于所说的"整合"不可能依靠单纯的理论研究得以实现,因此,在笔者看来,上述的分析十分清楚地表明了这样一点:"数学教师的专业知识"主要地也应被看成一种"实践性知识"(practical knowledge)。

更为一般地说,这显然直接关系到了教师工作的这样一个定位:"反思性实践者",这也就是指,教师的教学智慧主要地应被看成一种"实践性智慧",而不应片面地强调理论对于教学实践的指导作用。(对此可参见 9.2 节)

显然,从上述立场去分析,作为"数学教师的专业知识"的具体分析,我们应当防止这样一种认识,即认为这方面的发展主要依赖于纯粹的理论学习。而是应当更加强调理论学习与教学实践的积极互动。正如 9.3 节中已提及的,后者事实上也正是"学科内容教学法知识"的主要倡导者舒尔曼(L.

Shulman)在这方面的直接反思,即在积极倡导"学科内容教学法知识"的同时我们决不应因此而忽视教师知识的"实践本质"。更为一般地说,这也就是指,只有切实立足实际教学活动,并以改进教学作为直接目标,我们才能更为有效地发展自己的专业知识,包括很好地实现由纯粹的"理论性知识"向"实践性知识"的必要转变。

应当强调的是,在笔者看来,上述的分析事实上更为清楚地表明了这样一点:与单纯强调所谓的"专业知识"相比较,我们应更加重视教师专业能力的提高。后者则又不仅是指我们如何能在自己的教学工作中很好地去应用各种专业知识,而且也是指我们如何能够通过积极的教学实践与认真的总结与反思,包括有针对性的学习,不断增长自己的"实践性智慧"。

显然,从上述角度去分析,我们应当明确肯定"终身学习"对于教师的特殊重要性,或者说,应当明确肯定"数学教师专业知识"的发展性质。容易想到,后一论述事实上十分清楚地表明了这样一点:除去教学能力以外,教师还应具有一定的教研能力。以下对后一论点作出具体论述。

10.5 "作为研究者的教师"

1. 关于一线教师教学研究的若干建议

除去教学能力以外,一定的教学研究能力也应被看成教师专业能力的又一重要内涵。以下是关于一线教师如何开展教学研究的一些具体建议:

(1) 强化"问题意识"。"问题"应当被看成教师教学研究的直接出发点,我们应切实立足实际教学活动以发现值得研究的问题,而不应停留于纯粹的"无事呻吟"。

例如,仲海峰老师的"追问学校数学与生活数学的分野"(《人民教育》,2006 年第 4 期)就可被看成这方面的一个很好例子。具体地说,在"三角形的稳定性"这一内容的教学中所发生的以下事件构成了这一研究工作的直接出发点:第一,"老师,我发现有的三角形没有稳定性!"(因为这个学生手中的木架三角形有一条边是由两条小木棒钉成的,从而就很不牢固。)第二,"这个车架虽然是四边形,但它是铁的,也有稳定性。"另外,徐青松老师的"直接导入,充分想象,自然提升——《认识角》的课后反思"(《教学月刊》,2006年第5期)则是以教学研究中的不同观点作为研究的直接背景:第一,对角的直观认识到底应该如何把握?观点一:要大大加强触觉(摸)的认识,充分感受到边是平的、滑的;顶点处是尖尖的、刺刺的等。观点二:开门见山地谈谈、摸摸角,简洁、明了。第二,抽象角与生活角的差别是否需要让学生想象、体验?观点一:作为二年级的学生,以形象思维为主,让他们想象角,超出了学生的认知水平。观点二:作为二年级的学生,抽象思维正在迅猛发展,以想象来体验角的两边无限长,可以接受。

与此相对照,"问题意识"的缺乏则可被看成以下一些现象的明显弊病,如只是满足于设计出关于同一教学内容的不同教案,却忽视了这一工作的主要目的是要设计出更好的教学方案。也正因此,我们应以各种现有教学方案的具体分析,特别是存在的"问题"作为新的教学设计的直接出发点。

更为一般地说,以下可被看成教师教学研究的普遍模式:"问题——分析、学习、思考——结论——新的实践——新的问题"。显然,这事实上将教学实践与教学研究更为紧密地联系到了一起。

（2）努力做到"小中见大"。这也正是国际数学教育界关于"教师研究"的一项共识:教学研究不仅应当切实立足实际的教学活动,也应采取更为广泛的视角,即应当从更为一般的角度指明研究工作的普遍意义,从而真正做到"小中见大"。

例如,尽管仲海峰老师的文章以"三角形的稳定性"的教学作为直接论题,但相关的分析却没有局限于这一主题,而是由此引出了"'生活数学'与'学校数学'之间的关系"这样一个普遍性的论题,作者并力图引出一些普遍性的结论。如"'生活数学'与'学校数学'之间存在着本质的区别。……数学应该与生活经验建立起联系……生活化的最终目的还是要实现'形式化'思维的提升。"再例如,尽管"左右概念的教学"构成了著名特级教师曹培英老师的文章"关于左右概念教学的研究"(《小学数学教师》,2006年第1期)的直接主题,但这一文章也较好地做到了"小中见大",特别是,通过"左右概念的教学"引出了如下的一般性思考:"对于像'左右的认识'此类学生经由日常生活即可自然获得的生活知识,是否真有必要列为数学课程的专门教学内容?或者说,这些内容是否仍可按照旧教材那样只是作为相关学习内容的附带成分得到恰当的处理？"

应当指出的是，"小中见大"事实上也可被看成我们如何能够真正做好"校本教研"的关键。这也就是指，我们既应切实立足"课程实施过程中教师所面对的各种具体问题"，但同时又应跳出特定环境与对象，并从更为一般的角度去提出问题和给出解答。

（3）要有一定的创新成分。如达到了更大的分析深度，揭示了新的联系或方面，提供了新的不同视角，提出了拓展性的新问题，等等。

显然，从这一角度去分析，我们也可立即引出这样一个结论：观点的提出应当说比素材的收集更为重要，我们并应切实避免这样一种现象，即只有材料却无观点，只有"研究"却无创新。

例如，正如前面所提及的，"案例研究"在当前应当说已经获得了人们的普遍重视。但是，我们在此又应特别强调这样一点："案例分析应重在分析"，即应当明确反对以"案例"的收集代替真正的研究工作。另外，这或许也可被看成片面强调"实证性研究"极易导致的一个弊病，即人们往往只是注意了研究工作的"科学性"（特别是论据的可靠性），但却忽视了研究工作的真正意义，特别是结论的创新性。（对此也可参见另文"台湾的数学教育研究"，载郑毓信，《数学教育的现代发展》，江苏教育出版社，1999）

总之，教研文章应当"言之有物"，不仅要有明确的针对性（"问题意识"），也要有明确的结论。而不是空话连篇，或仅仅是对于别人已有工作或现成结论的简单重复，乃至希望依托某些"宏大理论"（如"建构主义"、"后现代主义的教学理论"等）就能"短平快"地产生出一定的研究成果。恰恰相反，我们应当努力做到"言之有物，言之有理；虚实并重，小中见大"。

（4）用案例说话。这也直接关系到了教学研究应很好体现的一个特色，即与实际教学活动的密切联系。

为了清楚地说明问题，在此也可联系所谓的"文风"对此作出进一步的分析。具体地说，正如人们普遍注意到了的，在现实中有不少教研文章明显地表现出了"八股化"的趋势，即无论论题大小都一定要从理论基础，甚至是国际上数学教育的总体发展趋势谈起，作为结尾，又一定要提出某些"宏大"的结论。

恰恰相反,由于对于实际教学活动的深切了解正是一线教师的最大优势,因此,在撰写教研文章时我们也应很好地体现"有血有肉、原汁原味"这样一个特点。这也就是指,与形式上的"完整性"和表面上的"深刻性"相比较,我们应当更加重视教学研究工作的"丰富性"和"直接性",包括如实反映本人在教学中的亲身体验,甚至还可带有一定的个人色彩。

例如,我们显然可从上述角度去理解著名数学教育家毕晓普的以下论述:"教学法有关的研究叙述不宜精简或压缩,它的威力在于它的丰富,而不在于任何简洁的理论框架……这些教育家的智慧表现于高度理论化了的和精巧的创新做法上面,表现在对教育情境的带有感情色彩的详尽描述和对经验的有见识的分析之中。"(A. Bishop,"International Perspectives on Research in Mathematics Education",载 D. Grouws 主编,*Handbook of Research on Mathematics Teaching and Learning*,同前,第 712、713 页)

2. "作为研究者的教师"

除去上述的各个具体建议,我们还应更加强调这样一个关于教师工作的新定位:"作为研究者的教师",这也就是指,我们应将教学研究渗透于自己的全部工作,后者并应被看成教师实现专业成长的主要途径。(详可见 C. Breen,"Mathematics teachers as researchers: living on the edge?"载 A. Bishop 主编,*Second International Handbook of Mathematics Education*,Kluwer,2002)

从根本上说,上述的主张显然也可被看成是由教学工作的复杂性直接决定的:由于教学活动涉及到多个不同的因素,包括教学对象、教学内容、教学环境等,从而就不可能被完全纳入任何一个固定的模式,我们也不可能单纯依据某一现成的理论就可顺利解决教学中所面临的种种问题。毋宁说,在绝大多数情况下我们都必须依靠自身创造性地去进行工作,特别是,及时地作出各种判断和决定。也正因此,正如前面所指出的,教师的教学能力主要应被看成"实践性智慧",后者的发展又主要依赖于实践基础之上的认真总结与反思,或者说,我们应将反思与总结看成一线教师密切联系自己的教学工作开展教学研究最为基本的一种形式。

当然,上面的论述不应被理解成完全否定了理论对于教学实践的指导或促进作用。但是，与片面强调"理论指导下的自觉实践"这一传统定位相比较，我们确又应当更加重视理论与教学实践之间的辩证关系，特别是，应当认真做好"理论的实践性解读"与"教学实践的理论性反思"。（对此可参见 9.3 节）

以下仍然以"先学后教"和"翻转课堂"为例，对我们应当如何将教学研究与具体的教学工作更好地结合起来作出进一步的说明。

具体地说，正如 10.1 节已提及的，这是"先学后教"与"翻转课堂"等一般性教学理论最为明显的一个弊病，即未能很好地体现数学教学与学习活动的特殊性。也正因此，面对这些理论的推广，一线教师应更加重视自己的独立思考。特别是，应当密切联系自己的教学积极地去开展研究，从而才能有效地避免处于纯粹的"被运动"的地位，乃至因此而对实际工作造成严重的后果。

（1）"前事不忘，后事之师。"事实上，只需与课改初期在教学方法的改革上曾出现过的种种不恰当现象（对此可参见 9.1 节）作一对照，我们就可清楚地看出当前在推广"先学后教"与"翻转课堂"时应防止的一些问题。

这首先就是指对于课堂教学"显性"成分的片面强调，乃至在一定程度上造成了"形式主义"的泛滥。

例如，在笔者看来，以下一些做法就多少表现出了这样的倾向：

第一，应当特别重视"先学后教"这样一个顺序，这也就是指，我们在教学中绝对不应违背这样一个时间顺序。

第二，为了确保"以学为主"，我们应对每一堂课中教师的讲课时间做出硬性规定，如不能超过 10 分钟或 15 分钟等。

第三，为了切实强化"学生议论"这样一个环节，对教室中课桌的排列方式也应做出必要调整，即由常见的"一行行"变为"之字形"：座位摆在教室中间，教室四周都是黑板，……

由简单的回顾与比较可看出，这些要求实非不可或缺，更不是绝对不能违背。

第一，就教室中课桌的排列方式而言，课改初期也曾有过类似的观点，即认为只有将传统的"一行行"变成按小组为单位的"一圈圈"才能很好地体现"合作学习"的思想。由于后者仅仅强调了教学的外显形式，因此在实践中很快就得到了"纠正"。如果我们始终只是着眼于教室中课桌的排列方式，却未能更加关注相应的实质性问题,即教学中是否真正实现了学生与师生间的积极互动,那么,无论相关的主张在形式上是否有所变化,也即是否由先前的"一行行"转变到了所谓的"一圈圈",都只能说是一种较为肤浅的认识。

第二,正如当年曾一度流行的这样一些观点:"不用多媒体就不能被看成好课","教学中没有'合作学习'和'动手实践'就不能被看成很好地体现了课改的基本理念",……这也可被看成过去10多年的课改实践给予我们的又一重要教训:任何一种形式上的硬性规定都严重地违背了教学工作的创造性质。更为具体地说,相对于教师在课堂中究竟讲了多少时间而言,我们显然应当更加关注教师讲了什么,后者对于学生的学习活动究竟又产生了怎样的影响?

第三,正如前面所指出的,这也应被看成教学工作创造性质的又一直接结论,即我们应当依据具体的教学内容、教学对象与教学环境(以及教师的个性特征)恰当地去应用各种教学方法和教学模式。显然,从这一角度去分析,对于"先学后教"这一时间顺序的片面强调只是给教学加上了一个新的桎梏,而不能被看成真正的进步。与任一严格的时间顺序相对照,我们应更加重视"学生自主学习"与"教师必要指导"的相互渗透和互相促进。值得指出的是,现今得到普遍重视的"导学案"事实上可被看成对于上述片面性认识的一个直接否定,因为,这显然是与"先学后教"的顺序直接相对立的。

其次,更为重要的是,在任何时候我们都应当坚持自己的独立思考,而不应迷信专家权威,更不应盲目地去追随潮流。就目前的论题而言,这也就是指,面对某些教育主管部门或教研机构对于"先学后教"和"翻转课堂"的强力推广,我们决不应停留于"认真学习与落实"这样一个状态,而是应从专业角度更为深入地去进行分析思考。

例如,这显然也可被看成以下论述给予我们的主要启示:"我们要有批判性,不要想什么专家讲的就是对的。""比方说,听了专家讲一个小时后,你至少要用十个小时的时间去分析,对于专家的看法,我们同意不同意?专家讲的东西有什么是可以在课堂里头做的?"(陈汉君等,"儒家文化视角下华人数学教育的发展——专访2013年弗赖登塔尔奖得主梁贯成教授",《数学教育学报》,2014年第3期)

　　具体地说，面对"先学后教"的强力推广，我们首先应认真地去思考这样一个问题：究竟什么是"先学后教"，或者说，什么是这一教学模式最为重要的特征？

　　为了帮助读者进行思考，在此还可具体提及关于"先学后教"的这样几种解读，希望读者能具体地思考其中哪一个最为准确地体现了"先学后教"的主要特征：① 对于"先教后学"这一传统教学顺序的严格颠倒。② "学生自己能学会的，教师就坚决不讲。"③ 对于"以学生为中心"的突出强调。④ 对于学生"自学"的大力提倡，即认为应当将此看成数学教学的主要手段。

　　但是，所有这些解读都存在一定的问题。① 正如前面已提及的，现实中得到广泛使用的"导学案"就可被看成对于第一种解读的直接否定。② 从"数学教育的三维目标"去分析，第二种解读应当说也过于简单了。因为，学习并非绝对的"能"或"不能"，而主要是一个"程度"的问题，我们更不应单纯依据知识和技能的掌握对此作出具体判断。（对此可参见 10.1 节）③ 难道真的会有任何一个教师认为自己的教学只是一种自娱自乐、表演作秀，而不应以促进学生的学习与发展为中心吗？也正因此，按照第三种解读，所谓的"先学后教"就应说没有任何一点真正的新意。④ 与前几者相比较，第四种解读或许可以被看成最为靠谱（当然，如果我们将"书本"也排斥在外，即不允许学生依据书本进行自学，这一解读与一般意义上"发现学习"或"学生主动探究"就没有任何实质性的区别，也即事实上不再有任何的新意）。但我们在此仍然可以提出这样一个问题，即我们究竟应当如何去认识"学"与"教"之间的关系？

　　除去"先学后教"，对于"翻转课堂"我们显然也应提出同样的问题。但要强调的是，笔者提出这些问题并不是要绝对地去否定"先学后教"和"翻转课堂"，而只是希望促使广大一线教师更为深入地去进行思考。

　　（2）从实践的角度看，这显然是更为重要的一个问题：这两个教学模式对于我们改进教学究竟有哪些新的启示或积极作用？

　　为了对上述问题作出深入分析，在此笔者愿特别强调这样一点：我们在任何时候都不应违背"常识"，而是应当以后者为背景积极地去进行新的思考和研究，从而真正实现对于常识的必要"超越"。（对此可参见 9.2 节）

　　具体地说，就"先学后教"而言，这显然是一个密切相关的常识："自学并不容易。"当然,如果真能自学成材的话,相关人员在未来一定会有很好的发展,因为,自学显然十分有益于学习者自身能力的提高。

也正因此,我们应更为深入地去思考这样一个问题:就"先学后教"在数学教学中的具体应用而言,我们如何才能保证学生自学的成功?

更为一般地说,这事实上也正是笔者在这方面的一个基本看法:无论就"先学后教"或是"翻转课堂",乃至"合作学习"等新的教学方法而言,应当说都有一些明显的优点,但是,所有这些做法为什么都只是迟至今日才得到了大力提倡?当然,只需对教育的历史作一回顾我们就可发现这些方法或教学模式大多数都不是全新的创造,而只是一种"再发现"或"再提倡"。在笔者看来,后一事实十分清楚地表明了这样一点:这些方法或模式的应用都非一件易事,而只是在一定的条件或前提下它们的优点才可能真正得到体现,从而,对于后者我们应当予以特别的关注。

例如,只有通过深入分析"学生的自学为什么不容易",我们才能更好地理解教师的作用为什么不可或缺,特别是,作为一名数学教师我们究竟又应在学生的数学学习活动中发挥什么样的作用?进而,依据这样的思考,我们也可更好地理解这样一个事实:教育领域中应当说一直有人积极地在提倡"学生自学",后者并具有明显的优点,甚至常常被冠以"教学方式的革命"这样一个美名,但实际效果却又往往不很理想。也正因此,教学的基本形式就始终没有发生根本性的变化。

具体地说,这事实上也直接涉及到了教师工作的创造性质,后者即是指,教师必须针对具体的教学内容、教学对象与教学环境对教材进行再加工,从而使之对于学生而言成为较易接受的。进而,就数学教师而言,这又正是这方面工作的核心所在,即我们应当通过"方法论的重建"使相关内容(包括相应的数学思想和数学思想方法)对于学生而言成为"可以理解的"、"可以学到手的"和"加以推广应用的"。从而真正做到"教活"、"教懂"、"教深",即能够通过自己的教学活动向学生展现"活生生的"数学研究工作,而不是死的数学知识;能够帮助学生真正理解有关的教学内容,而不是囫囵吞枣,死记硬背;不仅能使学生掌握具体的数学知识,而且也能使其深入地领会,并逐步掌握内在的思维方法。

另外,在笔者看来,上述的分析或许也可被看成为以下"传言"提供了直接解释:某些"草根典型"之所以选择"学生自学为主",实属无奈之举,因为,当时这个学校的教师实在水平不够,从而就无法承担起指导学生学习这样一个重任。

再者,这或许也可被看成为我们彻底解决"自学并不容易"这一难题指明了另一可能的途径,即为学生的自学编写专门的教材。但是,后一做法显然已经偏离了我们目前的主题。而且,尽管人们早已在这方面进行了积极实践,但其可行性和有效性仍有待于进一步的检验和改进。

总之,这正是这方面的一个基本事实,即在积极倡导"先学后教"的同时,我们也应明确肯定教师在教学活动中的重要作用,并应深入地研究在所说的情况下教师究竟应当如何去发挥作用,或者说,教师究竟应当如何去进行工作才能真正"变教为学",并充分发挥这一教学模式的各个优点。

当然,上述问题的解决离不开专业的思考。就数学教学而言,以下就是两个特别重要的环节(对此还可参见 10.3 节):

第一,教师的事先引导。这显然也正是"导学单"的基本作用。但应强调的是,教师的事先引导不应成为"学生自主学习"的束缚或限制,我们也应致力于如何能够引导学生更为积极、深入地去进行思考,而不应满足于具体知识或技能的掌握。如通过简单示范帮助学生学会正确地解题,或是通过点明重点帮助学生准确地复述相关的结论,等等。

例如,从上述角度去分析,我们显然也可更好地认识"问题引领"对于数学教学的特殊重要性。特别是,正如以下论述清楚表明的,我们应当努力做到"疑趣结合",即让学生感到"既有趣又有疑,既有疑又有趣,是疑和趣和谐共生":"'疑趣'的本质是思维的挑战性和情感的生动性。疑,是一种深度的思维,是一种批判性思维,……趣,也应视作思维,是深度思维的外在表现。……疑和趣相伴而行,相互支撑,相辅相成,更有思维的含量。值得关注的是,这一过程始终伴随着情感。"(成尚荣,"疑趣的内涵与价值",《小学教学》,2015 年第 2 期)

当然,又如前面已指出的,我们在此也应高度重视数学学习的特殊性,特别是,应防止对于"愉快学习"的简单理解。例如,在笔者看来,这也正是以下论述给予我们的主要启示："(数学)在思想上,有一个很大的特点,就是一种延迟的满足。……你问问所有喜欢数学的人,他都会告诉你,他喜欢数学不是因为他觉得数学容易,很少人是因为数学容易才喜欢数学,他就是觉得数学有一点难的东西。他是克服了这个难度才成功的。"(陈汉君等,"儒家文化视角下华人数学教育的发展——专访 2013 年弗赖登塔尔奖得主梁贯成教授",同前)

第二,也正是从"帮助学生逐步学会更清晰、更合理、更深入地去进行思考"这一角度去分析,我们显然又应深入地去研究:在学生自学的基础上,我们如何能够通过"数学地交流和互动"(包括小组讨论和全班讨论,生生互动与师生互动)帮助学生在以下几个方面都能有新的提高:知识技能的掌握,思维方法的学习,情感态度与价值观的养成?

容易想到,这事实上十分清楚地表明了这样一点:"先学后教"的成功实施决离不开教师的专业成长,特别是,只有基于对于教学内容的"深层理解"(对此可参见 10.4 节),包括具有一定的教学能力(练好"基本功"),我们才能很好地实现上述的目标。进而,这或许又可被看成这方面工作的一个真正难点,即我们在教学中如何才能真正做到"不着痕迹地引导"?

尽管我们以上主要是针对"先学后教"进行分析的,相关的结论在很大程度上显然也适用于"翻转课堂"。当然,后一方面的工作也有一定的特殊性。例如,对于"微视频"(这是"翻转课堂"的第一环节)的突出强调显然就是对于教师指导作用的直接肯定,我们也就可以从这一角度去理解关于"翻转课堂"优越性的如下分析:"视频比导学单更生动形象;前置的微视频学习为课堂腾出了更多的时间和空间;有备而来让课堂互动走得更深入更有效。"(引自高雅老师的讲座"翻转课堂实践的体会和思考")当然,作为问题的另一方面,这显然也对教师的专业水准提出了更高要求,特别是,时间上的限制必然要求教师在视频中更好地突出重点,而这当然又以相关知识的"深层理解"作为必要的前提。

(3)正如前面所指出的,这是一线教师开展教学研究特别重要的一个环节,即较强的问题意识。就"先学后教"和"翻转课堂"的学习和推广而言,我们不仅应当认真地思考如何才能很好地发挥它们各自的优点,而且也应进一步去思考这方面的工作又可能出现哪些问题或不足之处,从而就可采取适当措施予以避免或纠正。

例如，就"先学后教"而言，以下就是特别重要的几个问题，对此只有通过积极的教学实践与认真的总结与反思，包括理论研究与教学实践的积极互动，才能得到很好的解决：

第一，现实中应当如何去处理学生的"课前学习（研究）"与"努力减轻学生负担"这两者之间的矛盾？

第二，要求学生"自学"如何才能防止由"讲灌"变成了"书灌"？我们又应如何去进行"导学"才不至于成为束缚学生思想的桎梏？

第三，我们是否应对"成功的自学"与"失败的自学"作出明确区分？我们又应如何去理解这里所说的"成功"，包括如何进行引导才能保证学生的"自学成功"？

第四，什么是"学生议论、讨论"所应实现的目标？我们又应如何去保证这一目标的实现？

第五，我们又如何才能防止或解决由于采取"先学后教"这样一种教学模式可能造成的学生间"两极分化"的加剧？

上述的分析对于"翻转课堂"显然也是基本适用的，以下则是另外一些较为特殊的问题：

我们应当如何去制作和应用"微视频"才不会重新陷入传统的"讲授式教学"所常见的这样一个弊病，即使学生处于了完全被动的地位，也即只是按照教师的指示，并按照教师指引的方向去进行"探究"，却完全没有意识到加强独立思考的重要性。如在观看"视频"的过程中我们应根据情况适当中止播放以腾出足够时间让学生静下心来进行思考。

另外，这显然也是大面积推广"翻转课堂"所应切实解决的一个问题，即如何才不会因此而增加教师的负担？进而，如果现实中出现了以下的情况，则不能不说是教育领域的又一次灾难或"折腾"：不仅各个学校都花费了大量财力去购买相应的设备，更有很多教师花费了大量的时间和精力去制作"微视频"，而其结果在很多情况下却又只能说是"低水平的重复"。（对此可参见斯苗儿，"基于教学设计，把微课融入日常课堂——关于微课在小学数学课堂中应用的几点思考"，《小学数学教育》，2014 年第 11 期）

当然,如果将"先学后教"也考虑在内,我们显然就可更好地理解明确提出这样一个判断"课程改革成功与否"的标准的重要性:这决不应以增加教师和学生的负担为代价。(贲友林语)

(4)综上可见,如果一线教师始终处于"被运动"的地位,那么,无论是"先学后教"或是"翻转课堂"的推广,都不可能获得成功。与此相对照,只有切实立足自己的专业成长,并密切联系自身的教学工作去开展研究,我们才能真正用好任何一种教学方法或教学模式,而不至于在不知不觉之中将此变成了"束缚手脚的镣铐"。

在笔者看来,上面的分析在一定程度上也可被看成为以下问题提供了直接的解答:"无论这(指"翻转课堂"的兴起——注)是否为大势所趋,无论它是否会有兴衰演变,作为一线教师,我们不妨将之作为一个契机,进一步深入思考自身的教学观念与教学方式。翻什么转什么坚守什么? 让我们发挥自己的实践性智慧慢慢解读!"(高雅,"翻转课堂实践的体会和思考",同前)

10.6 "教书匠"、智者与大师

1. "文化熏陶"与学生理性精神的培养

(1)首先重申这样一点,对于数学教师我们可以区分出三个不同的层次或境界(对此可参见 9.3 节):第一,如果仅仅停留于知识的传授,你就是一个"教师匠";第二,如果能够帮助学生通过数学学会思维,你就是一个智者,因为你能给人以智慧;第三,如果能给学生无形的文化熏陶,那么,哪怕你是个小学老师,哪怕你身处深山老林、偏僻农村,你也是真正的大师!

事实上,这也正是笔者通过多年的教学实践获得的一个深切体会:只要认真学习,无论你所学习的是数学,还是语文,或哲学等其他学科,都可在很大程度上改变一个人的气质乃至品格。也正因此,无论就小学、中学,或是大学乃至研究生的教育而言,我们都可以区分出教师的这样三个层次,特别是,所谓的"大师"即是指相关教师能够通过自己的教学活动,包括日常言行给学生深刻的文化熏陶。

也许有读者认为上述目标离我们太远,以下借助北京教育学院刘加霞教授的用语表达笔者的这样一个心愿：希望大家都能成为"大气的数学教师"。

以下就是"大气的数学教师"最为基本的一个涵义：视野开阔，有远大的抱负与志向，从而就能超世脱俗、淡泊名利。同时也能真正做到小处着手，即能够切实做好自己的本职工作，而不是好高骛远，妄自尊大。

显然，前者也正是我们在专业成长的道路上能否始终具有足够动力的重要条件。在以下的一些实例中，尽管其中的当事者未必是特级教师或是什么"教授级的中小学教师"，他们在很多情况下显然也不够"时尚"，但他们却深深地打动了我们。这或许应被看成教师专业成长的一个必要经历，即耐得住寂寞，坐得住冷板凳，或者说，与"光环下的成长"相比较，我们应当更加重视教师专业成长的"民间道路"，相对于各种荣誉与名利而言，我们也应更加提倡对于教学工作的"痴迷"。

这是北京四中语文老师李家声的课堂，不是公开课：

他讲《离骚》，"好像被屈原附体一样，散发出一种人性的光芒，(让我们)心里有说不出的感动"。他朗读《离骚》，时而激扬，时而悲愤，学生不得不"被屈原那种灵魂的美、精神的美，所深深吸引"。"虽然《离骚》只上了两节课，一个从前不喜欢语文的理科学生，课后，不知花了多少时间来读《离骚》，375句差不多都能背下来了。……"

"他讲《满江红》，不是讲，而是吟唱，每次唱，都会哭。"一个考上北大的女生回忆道："开始时，我望着他，他微蹙着眉头，凝视着前方，几根发丝微微颤动。但很快，我低下头，不敢再抬起来，因为我知道，自己的双颊已经红得发烫，眼中的泪水，已经涨到收不回的程度。"唱到"待从头收拾旧山河，朝天阙"时，先生已满眼是泪，学生也满眼是泪。歌罢，教室里，立刻响起雷鸣般的掌声。"我们把手拍红了，却都不愿意停下来。就这样，掌声一浪接一浪地响了不知多长时间。"

一茬茬的学生，成了他忘年的知音。"先生给予了我空灵、明净和透亮的灵魂，教我们怎样做一个知识分子，做一个铁骨铮铮、处世独立、横而不流的知识分子。"(董月玲，"师说"，《中国青年报》，2008年7月16日第9版)

"优质的教育从来不肯迎合儿童当下的兴趣；优质的教育从来都是从适宜的高度引导学生——带领学生围绕伟大的事物起舞、成长；优质的教育要求教师的心中首先装着伟大的事物,然后才是学生。否则,爱学生就是一句空话;否则,我们拿什么去爱他们,帮助他们。

"自由从来不是自上而下赐予的,它是凭借信念和意志争取到的,自由的程度从来都取决于我们坚守正道、向善向美的信念和信心!"(薛瑞萍,"做一个朗读者",《人民教育》,2010 年第 1 期)

从上述的角度去分析,相信读者也可更好地理解以下的论述:教室事实上可以被看成各种力量与思想观念实际交会与冲突的地方,不仅包括整体性教育目标和各种教育理论的影响,也包括社会上普遍性观念或传统的力量,以及学校的具体要求、家长的殷切期望、学生的实际评价等的影响,当然还有升学的巨大压力的影响。但是,教室又并非纯粹的"反应发生器",教师在其中所发挥的也不只是"触媒"的作用:尽管必不可少,但对反应结果却没有任何实质性的影响。毋宁说,我们在此应清楚地看到人的作用,后者也可被看成教学活动"实践观念"的核心,这也就是指,我们应当先注意教课的人,然后再去看他是怎样教课的。

进而,从同一角度去分析,我们显然也可更好地理解教师对于教育事业的深入发展和课程改革的特殊重要性:真正的人,总是有一定的理想和追求的。从教育的角度看,这也就是指,只要教师具有对于学生健康成长与社会进步的高度责任感,在他身上就一定可以看到对于改革的渴望与认同,他的教学实践更可能在不知不觉中表现出了与新的先进教育理念的高度一致,从而就可被看成教育改革"在这片土壤中……的种子"。

更为一般地说,教师的素养不仅是决定教育改革成败的关键,更构成了教育的本,教育的根! 这正如以下论述所指出的:"毫不夸张地说,现实之中,教师的选择、建构能力远远超出专家的理论想象。他们会听从内心的召唤,对各种新理念、新思想做出自己的判断和选择。……这是强大的惯性之外,最不可小觑的一种自我建设、自我修正的力量。"(余慧娟,"年终综述:十年课改的深思与隐忧",《人民教育》,2012 年第 2 期)

(2)当然,从专业的角度看,对于所说的"文化熏陶"我们又不应单纯地理解为教师个人品格的无形影响,而是应当同时肯定"言教"的重要性,特别是,作为数学教师,我们更应很好地承担起"学生理性精神的培养"这样一个任务。

更为一般地说，我们必须由纯粹的"教师职责"过渡到"学科责任"与"学科自觉"。

具体地说，这可被看成这里所说的"理性精神"最为基本的一个涵义，即敢于坚持真理，而不是盲目地崇拜权威或权力。进而，这也是"理性精神"的又一重要内涵，即能够很好地认识自我，包括勇于承认错误和改正错误，并能通过认真的总结与反思，以及向别人学习，不断取得新的进步。（对此可参见4.1节）

在此我们也应清楚地看到在"理性精神"与人的思维方式和行为方式之间所存在的重要联系，特别是，这更可被看成"数学文化"的基本涵义，即是指人们通过数学活动（包括数学学习与数学教学）所形成的行为方式、思维方法和价值观念等。显然，从这一角度去分析，我们可以更好地理解这样一个论述，即应当将"思维"看成全部数学教学工作的核心。只有以数学思维的分析带动具体数学知识的教学，我们才能帮助学生很好地掌握相关的知识和技能，而且也才能使得自己的教学真正超出单纯知识学习的范围，即不仅能够帮助学生逐步学会思维，也能使学生在不知不觉之中受到"数学文化"的熏陶，从而逐步养成数学的理性精神。

再者，从同一角度去分析，我们显然也可更好地认识到这样一点：这应当被看成数学教学的又一主要目标，即应当帮助学生学会倾听，学会分析与评价，学会论证（清楚的表述、适当的辩护和必要的论证），包括反思与自我批判，并能善于向别人学习，善于从错误中学习，从而不断取得新的进步。

2. 做高度自觉的数学教师

（1）从实践的角度看，笔者以为，这也应被看成"大气的数学教师"的又一重要涵义，即对于自身的专业成长具有高度的自觉性。特别是，能针对实际情况制订切实可行的发展计划，既有长期目标，也有当前的工作重点；既能有效地促进自己的教学，也能在专业成长的道路上不断取得新的进步。

在此笔者愿特别引用这样两段论述：

"首先，对数学知识的理解是很重要的。如果你自己的数学根底不好的话，教学效果肯定不会很好。……除此以外，很多时候老师要多一点反思。比如，对数学是什么进行思考。我觉得数学哲学、数学教育哲学，这些课程是很有用的。这种反思,就是要求我们要退一步,我们常常做数学,我们要退一步想:数学是什么? 怎么样才是一种数学的态度? 所以,教师自己要反省,才可影响他的学生。"(陈汉君等,"儒家文化视角下华人数学教育的发展——专访2013年弗赖登塔尔奖得主梁贯成教授",同前)

"一个教师的真正成长,一定是其思想精神的自觉、自主、自在与自得的成长。这种成长又总是从职业起步,逐步走向教育视域里的学生,走向哲学意义上的人生。""一个教师要真正走向专业,教育人格、专业品性与哲学素养是其基本的要素。"(袁炳生,"一个值得解读的专业成长范例",《小学教学》,2015年第2期)

由此可见,这或许应被看成数学教师专业成长的更高追求,即我们应当努力成为具有哲学思维的数学教师。只有从哲学高度去进行分析思考,包括不断地总结与反思,我们才能明确进一步的努力方向,从而就不仅能将自己的本职工作做得更好,而且也能真正活出精彩!

(2)以上所提及的6个关键词,即专业化(数学教育)、学生思维的发展、教学能力的提高、数学知识的"深刻理解"、作为研究者的教师和高度的自觉性,显然也可被看成为我们如何能够更为自觉地实现自己的专业成长指明了努力的方向。

为了清楚地说明突出这样6个关键词的重要性,在此还可特别提及华罗庚先生的这样一个治学经验:"由薄到厚"和"由厚到薄"。"由薄到厚是学习、接受的过程,由厚到薄是消化、提炼的过程。"华罗庚先生并强调指出:"经过'由薄到厚'和'由厚到薄'的过程,对所学的东西做到懂,彻底懂,经过消化的懂,我们的基础就算是真正打好了。"(张奠宙,《张奠宙数学教育随想录》,华东师范大学出版社,2013,第100页)

显然,这一治学经验对于其他领域也是同样适用的,特别是,作为一名数学教师,从进入师范院校的相关专业起,我们就已接触到了大量的专业知识,包括各种各样的数学教育理论;其后,在正式成为一名教师以后,我们当然也会不断参加各种培训活动,包括日常的自学和阅读,从而就必然地经历了"由薄到厚"、"由少到多"这样一个变化。对此例如由这些年来在数学教育领域中盛行的众多口号,以及近年来各个具有较大影响的教学方法或模式就可清楚地看出。也正因此,在此显然特别需要"由厚到薄",即我们应当跳出各种具体的理论与方法,并从根本上去思考与把握数学教育最为基本的一些道理。

当然,对于所说的"由厚到薄"又可有多种不同的理解或做法,如提炼出"数学教育的最为基本的一些问题"(详可见另文"数学教育的 20 个问题",《小学教学》,2014 年第 5 期),或是由这些年的课改实践总结出"数学教育改革必须遵循的若干戒条"(详可见另文"数学教育改革 15 诫",《数学教育学报》,2014 年第 3 期)。当然,这里所提到的 6 个关键词也可被看成这方面的又一工作,特别是,这不仅集中地表明了一线教师应当如何去实现自己的专业成长,包括切实做好自己的本职工作,而且也直接涉及到了数学教育最为基本的一些道理或原则。

还应提及的是,尽管 6 个关键词体现了不同的视角,或者说,涉及到了数学教育的不同方面,包括数学教育的基本性质、数学教育的基本目标、数学教师专业知识与专业能力的具体内涵、数学教师专业发展的基本途径等,但我们同时也应清楚地看到这些方面的重要联系。如图 10－4 就是一个简单的概括:

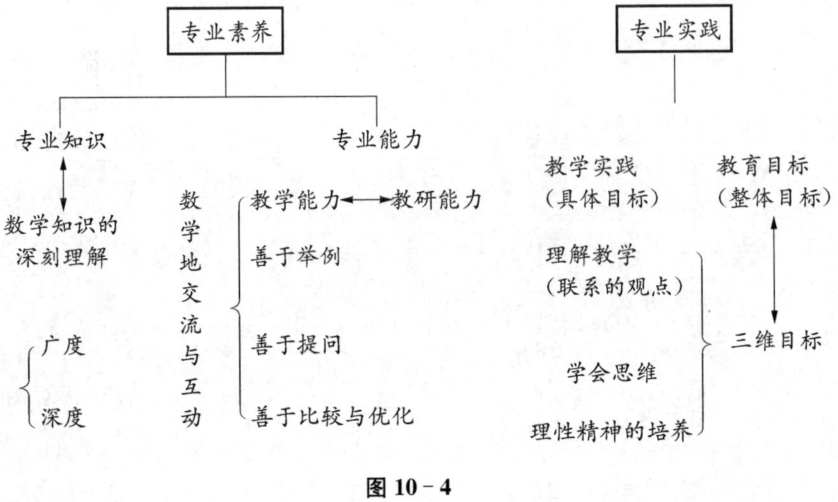

图 10－4

最后,依据全书的论述,笔者以为,我们也可对"什么是真正的好教师"这样一个问题作出具体解答。这就是指:教师的特色不应主要体现于教学方法或模式,而应反映出自身对于教学内容的深刻理解,体现出对于学习和教学活动本质的深入思考,以及对于理想课堂与教师自身价值的执着追求与深切理解。

愿我们大家都能在上述方向作出不懈的努力!

附录

> 莫让理论研究拖了实际工作的后腿

2011 年版《义务教育数学课程标准》正式发布已有三年多时间了,尽管发表初期有过不少解读文章或辅导报告,但都未能对"课标"中存在的问题或不足之处予以足够的重视。的确,有些问题要等下一次修订才能解决,但从实践的角度仍有很多问题需要我们认真地对待,以避免对于实际教学工作产生消极的影响。也正因此,这应被看成理论研究者在当前的一个重要任务,即应当通过理论研究与教学实践的积极互动促进相关认识的深化,从而就不仅可以对已存在的问题作出适当补救,也可为"课标"的进一步修订作好必要的准备。与此相对照,如果在今天仍然盲目地坚持"理论至上"这样一种错误的定位,甚至都未能清楚地认识到理论必须经受实践的检验,包括必要的修正和发展,那就只能说是拖了实际工作的后腿,甚至还可说自欺欺人,害己害人。

由于在第 9 章中我们已对"基本活动经验"进行了分析,以下主要围绕"基本数学思想"与"数感"等"核心概念"对此作出具体分析。

一、聚焦"数学思想"

1. 两个特别重要的问题

就"数学思想"及其教学而言,以下显然是两个特别重要的问题:

(1) 正如 10.2 节中所指出的,无论就"实验版"或是 2011 版的"数学课程标准"而言,在词语的使用上应当说都表现出了较大的随意性,甚至可以说一定程度上的混乱。特别是,除去"数学思想"和"数学基本思想"以外,以下显然也是经常用到的一些词语,如"数学思考"、"数学思维"、"数学思想方法"与"数学思维方式"等,但却未能对它们的具体涵义,包括相互间的联系与区别作出清楚说明。在现实中我们还可经常听到这样的辩护:"不要过分地抠字眼,而应主要理解精神实质……"但是,这些概念的清楚界定显然并非无关紧要,恰恰相反,所说的随意性必然会对一线教师的实际工作产生消极的影响。而这事实上也是课程改革的指导性文件不应出现的问题,更不用说这样一种不很负责的态度,即在相关概念尚未得到清楚界定的情况下就断言"数学基本思想"等概念的提出"是对课程目标全面认识的重大进展"。

（2）从同一角度去分析,我们显然又应认真地去思考:对于"数学思想"我们是否应当强调严格的层次区分,乃至将"数学基本思想"列为数学教育"四基"之一?

以下是这方面的常见解读,即"数学基本思想"主要是指数学抽象的思想、数学推理的思想和数学模型的思想,对于后者的具体内涵我们又可依据层次关系做出如下的进一步分析:

"由上述数学的'基本思想'演变、派生、发展出来的数学思想还有很多。例如由'数学抽象的思想'派生出来的有:分类的思想、集合的思想、'变中有不变'的思想、符号表示的思想、对应的思想、有限与无限的思想,等等。

"由'数学推理的思想'派生出来的有:归纳的思想、演绎的思想、公理化思想、数形结合的思想、转换化归的思想、联想类比的思想、普遍联系的思想、逐步逼近的思想、代换的思想、特殊与一般的思想,等等。

"由'数学建模的思想'派生出来的可以有:简化的思想、量化的思想、函数的思想、方程的思想、优化的思想、随机的思想、统计的思想,等等。"

另外,"在用数学思想解决具体问题时,对某一类问题反复推敲,会逐渐形成某一类程序化的操作,就构成了'数学方法'。数学方法也是具有层次的。"（顾沛,"数学基础教育中的'双基'如何发展为'四基'",《数学教育学报》,2012年第1期）

当然,现实中也存在一些不同的解读。例如,以下的论述就与上述关于"数学基本思想"的常见解读很不一致:"在数学科学中,'基本思想'主要是指演绎和归纳,这应当是整个数学教学的主线,教师应该知道伟大的数学思想,演绎和归纳都要教。在具体的问题中,会涉及数学抽象、数学模型、等量替换、数形结合等数学思想,但最上位的思想还是演绎和归纳。"(史宁中、马云鹏主编,《基础教育数学课程改革的设计、实施与展望》,广西教育出版社,2009,第170页)显然,这种不一致性对于一线教师的理解也会造成很大的困难,并因此而对实际教学工作造成一定的损失。

上述问题的解决当然并不容易。但是,作为理论研究者,我们显然又应自觉地承担起这样一个责任,即不仅应当积极地去发现问题,而且也应从理论上作出深入的研究,从而为进一步的工作提供必要的基础,而不应在不知不觉中起到了"误导"的作用。(对此还可参见另文"更好承担起理论研究者的历史责任",《中学数学教学参考》,2013年第10期)

2. "数学思想"、"数学思想方法"与"数学思维"

以下首先对笔者关于"数学思想"、"数学思想方法"、"数学思维"与"数学思考"等概念的理解作出简要论述,希望能为这方面的进一步研究提供必要的基础。

(1) "数学思想"(mathematical thought),就其基本意义而言,主要是在与"数学知识(包括数学知识和数学技能)"相对立的意义上得到了使用。两者的联系与区别就在于学科相关性,即与具体数学知识的密切相关正是"数学思想"最为重要的一个特征。另外,后者与"数学知识"相比也可说反映了更深层次的理解,从而可以被看成相关知识的核心。正因为此,"数学思想"与"数学知识"相比不仅具有更大的"潜在性",也具有更大的普遍意义。

由以下论述我们可更好地理解"数学思想"的上述特性,即"内容相关性"和"深刻性":

"数学思想是数学的核心。每一门数学学科都有其特有的数学思想,赖以进行研究(或学习)导向,以便掌握其精神实质。"(张奠宙、朱成杰,《现代数学思想讲话》,江苏教育出版社,1991)

另外,尽管以下的论述主要集中于所谓的"基本思想",但其基本涵义显然也是与上述分析完全一致的:

"基本思想主要是指数学学科教学的主线,是数学学科内容的诠释架构和逻辑架构。"(史宁中、马云鹏主编,《基础教育数学课程改革的设计、实施与展

望》,广西教育出版社,2009,代前言)

（2）尽管主体已形成的数学思想对于他的工作与生活具有十分重要的影响,但这主要又是以潜移默化的方式发挥作用的,即其本人对此往往不具有清醒的自我意识。后者事实上也可被看成我们明确区分"数学思想"与"数学思想方法"(mathematical thinking method)的主要依据:人们在使用后一词语时往往具有更为明确的方法论意识,即希望能将相关结果广泛应用于其他的场合和对象,从而在一定程度上体现了由不自觉状态向自觉状态的重要转变。

也正是在这样的意义上,我们可进一步谈及"数学思想"与"数学思想方法"的以下区别:如果说"观念性"和"抽象性"正是"数学思想"的主要特征,那么,"数学思想方法"就应说具有更强的"操作性"与"具体性"。

应当指出的是,在一些学者看来,我们并可以依据上述特征去指明在"数学思想"与"数学思想方法"之间所存在的层次区分。但在笔者看来,正如"基本思想"与"一般数学思想"的区分,"数学思想"与"数学思想方法"的层次区分应当说也有很大的相对性。而且,即使就"数学思想方法"而言我们显然也可进一步区分出不同的层次,从而这事实上就不能被看成区分"数学思想"与"数学思想方法"的主要依据。

（3）上述关于"数学思想"与"数学思想方法"的区分当然也只有相对的意义,因为,人们有时也会将一些具有较大普遍意义的数学思想方法称为"数学思想",如化归的思想、公理化思想等,尽管后者在很大程度上不同于"作为具体数学知识核心的数学思想"。

正因为此,在实践中我们就应注意区分两种不同意义的"数学思想"。为了避免不必要的误解,我们可以将这里所说的"数学思想"称为"策略性数学思想",从而与作为"具体数学知识核心的数学思想"作出明确的区分。

当然,在两种"数学思想"之间也存在一定的共同点,特别是,它们都是经由多次反复与提炼才得以"凝聚"的思维结晶,即可以被看成具体思维活动的最终结果。显然,后一结论对于一般意义上的"数学思想方法"也是成立的。

（4）如果说"既成性"与"稳定性"可以被看成"数学思想"与"数学思想方法"的共同特点,那么,所谓的"数学思维"(mathematical thinking)就将关注点转移到了思维活动的具体过程,从而更为明显地表现出了"过程性"与"动态(变化)性"。后者与上述的"既成性"与"稳定性"构成了明显的对照。

更为一般地说,这里所说的"数学思维"与"数学思想"(包括"数学思想方法")大致地是与一般所谓的"过程"和"结果"直接相对应的。另外,由于所说的"过程性"和"动态性"也可被看成人们在使用"数学思考"这一词语时所采取的基本立场,因此,在笔者看来,我们没有必要对"数学思维"与"数学思考"作出进一步的区分。

应当强调的是,由于"数学思维"更加关注具体的思维活动过程,因此,这与"数学思想"和"数学思想方法"相比就具有更为丰富的内涵。

例如,思维的品质显然可被看成数学思维研究的一个重要内涵,这更是这方面的一个基本事实:数学的学习(和研究)对于提高人们的思维品质,特别是思维的深刻性、清晰性、严密性、灵活性、综合性和创新性等,具有特别重要的作用。(对此可参见 10.2 节)

综上所述,对于"数学思维"、"数学思想"与"数学思想方法"之间的关系我们可以作出如图 1 所示的概括。

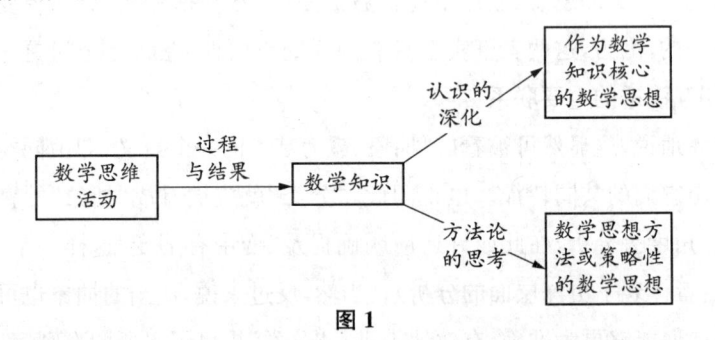

图 1

(5) 最后,从更为广泛的角度去分析,我们在此显然又可提出这样一个问题,即应当如何看待"数学思想和数学思想方法"与"数学思维能力"之间的关系? 笔者的看法是:相对于数学思想和数学思想方法的学习而言,我们无疑应当更加重视学生数学思维能力的提高。但在作出这一断言的同时,我们又应清楚地看到两者间的联系,而不应把它们绝对地对立起来,因为,数学思维能力无非就是指能够依据具体情况灵活、综合、合理地去应用各种数学思想和数学思想方法。

当然,为了很好地实现"提高学生数学思维能力"这样一个目标,除去数学思想与数学思想方法的学习和研究以外,我们又应从更多方面去开展研究,如数学思维的基本形式与分类、特性与品质等。由于后者主要地都应被看成属于"数学思维研究"的范围,在此就不再赘述。感兴趣的读者可参见任樟辉著的《数学思维论》(广西教育出版社,1990),或周玉仁著的《小学数学教学论》(中国人民大学出版社,1999)。

3. 数学思想"层次结构"的"另类解读"

以下再针对上述关于"数学基本思想"的"层次性解读"作出具体分析,希望能有助于读者的独立思考和深入研究,特别是,与严格的层次区分相对照,我们应更加重视具体与抽象、特殊与一般之间的辩证关系。

(1) 由以下的分析可以看出,将分类的思想、集合的思想、"变中有不变"的思想、符号表示的思想、对应的思想、有限与无限的思想都简单地归属于"数学抽象的思想"并不妥当。如果我们试图按照这样一种分析去理解"数学抽象",则很可能出现"越学越糊涂"的现象。

首先,"分类的思想"显然不应被看成是由"数学抽象的思想"演变、派生、发展出来的,因为,这两者事实上具有同样的重要性,在相互之间更存在互相依赖、相互渗透的重要联系。

具体地说,这显然可被看成"抽象"最为基本的一个意义,即由同类事物的比较引出它们的共同特征。也正因此,"分类"就应被看成"抽象"的直接基础(从同一角度去分析,在此或许还应明确提及"变中有不变"这样一个思想,或者说,后者体现了更深层面的分析)。当然,反过来说,适当的抽象也可被看成为我们如何能够更为准确、有效地去进行"分类"提供了必要的准则。

另外,除去与"抽象"的直接联系以外,"分类"还具有更为广泛的应用。例如,无论就日常的生活和工作或是数学的学习和研究而言,"二分"显然是对于事物和现象进行梳理十分有效的一种方法。再者,又如三角形的研究所清楚表明的,适当的分类也为我们如何能够按照由特殊到一般的次序更为有效地去开展研究指明了具体途径。

当然,"抽象"在数学以外也有十分广泛的应用。正因为此,就这方面的教学工作而言,我们应特别强调这两者相对于一般意义上的"分类"和"抽象"的特殊性：就前者而言，这就是指，数学中的"分类"所关注的只是对象的量性特征和空间形式，而完全不考虑其他方面的性质；就后者而言，则是指数学抽象的建构性质，即由于数学抽象是一个重新建构的过程，从而也就意味着与概念原型的彻底分离。（对此可参见 2.1 节）

应当指出的是，后者事实上也正是所谓的"客体化与结构化思想"的基本涵义（对此可参见 10.4 节）。只有从这一角度去分析，我们才能很好地领会"符号表示的思想"对于数学抽象的特殊重要性。特别是，后者同样不应被看成由"数学抽象的思想"演变、派生、发展出来的，恰恰相反，由于正是符号为数学抽象提供了必要的物质承载，这就应被看成"数学抽象"的必要工具。当然，符号表示的作用并不仅限于此，因为，"算法化"也是数学十分重要的一个特征，而这同样以"符号化"作为必要的前提。

最后，就所谓的"集合的思想"而言，笔者则愿特别强调这样一点：这是"集合思想"最为重要的一个特征，即完全不考虑对象的质的内容（它们究竟具有什么样的性质，什么又可被看成它们的共同特征，等等），而纯粹从外延上去进行数量分析，如这究竟是一个有限集合，还是无限集合？我们又应如何去判断集合（特别是无穷集合）的"大小"（这也就直接涉及到了所谓的"对应思想"）？等等。显然，这事实上更为清楚地体现了数学抽象的特殊性。另外，从历史的角度看，这也正是明确引入"集合"这一概念（这主要归功于德国著名数学家康托）最为重要的一个作用，即将数量的研究从有限性对象扩展到了无限性对象。当然，从建构的角度看，我们在此又应首先对所说的"无限"作出清楚界定，即应当对此给出明确的定义。但由于后者主要地应被看成一个具体的数学研究工作，从而也就不应简单地被等同于所谓的"有限与无限的思想"。

（2）作为"数学推理的思想"的具体解读，笔者以为，如果坚持关于"推理"的通常理解，那么，将数形结合的思想、转换化归的思想、联想类比的思想、普遍联系的思想、逐步逼近的思想、代换的思想、特殊与一般的思想等都归属于"数学推理的思想"就可说十分勉强。因为，这些主要地都应被看成一种"解题策略"，即应当被归属于"策略性数学思想"的范围。

当然，这又是这方面更为重要的一项工作，即我们不应满足于对于各种

"解题策略"的简单罗列,而是应当联系实际数学活动对此作出更为深入的分析。以下就是笔者在这方面的一些具体想法:

首先,这可被看成最为基本的两个策略思想,即"联系的观点"(或者说,"普遍联系的思想")和"变化的观点"。其次,所谓的"转化"(或者说,"转换化归的思想")和"联想类比"则又可以被看成这两种思想在实际解题过程中的具体体现。当然,我们在此又应清楚地去指明究竟什么是这里所说的"转化"或"类比联想"的主要方向和实现途径。例如,我们在数学中所希望实现的是由未知到已知、由难到易、由复杂到简单的转化。以下则又可以被看成如何实现所说的转化的一些主要方法:特殊化和一般化、数形结合、等量代换,等等。例如,面积计算中经常用到的"割补法",以及求解方程组时所采用的"消元法"都可以被看成"等量代换"的实例,即如何能够通过适当的代换以实现由不规则向规则、由多元向一元、由复杂到简单的重要转化。

当然,上面所提到的各个思想又不应被看成已经穷尽了"解题策略"的全部内容,毋宁说,我们在此应清楚地看到加强学习的重要性。再者,从教学的角度看,我们则又应当特别强调对于"解题策略"与"问题解决"的正确理解:① 所谓"问题解决",这并非指解题者无需任何认真努力就可顺利地解决所面临的问题,而是主要依赖于解题者的创造性劳动,即如何能够"找出适当的行动,以达到一个可见而不立即可及的目标"。② 这正是"解题策略"的一个基本定位:如果你对于如何解题已经有了一定想法,就完全不用理睬任何一种"解题策略",而只需按照自己的想法尝试着去做;但如果想不到任何一种办法,所说的"解题策略"就可能给你一定启示(这事实上也正是人们何以常常将数学中的"解题策略"称为"数学启发法"的主要原因)。

进而,也正是从后一角度去分析,我们可清楚地看出努力纠正以下现象的重要性:相关的教学决不应违背"解题策略"的本意,乃至在不知不觉中束缚了学生的想象力与创造力。(这方面的一些实例可见另文"'解决问题的策略——画图'的教学",《小学数学教师》,2013 年第 12 期;"从'一一列举'到'抽屉原理'——'教数学、想数学、学数学'系列之一",《小学数学教师》,2015年第 2 期)

最后,笔者以为,归纳和演绎的思想确可被看成"数学推理"最为重要的两个内涵。当然,从思维的层面去分析,这则又直接涉及到了特殊与一般之间的辩证关系。从而,在教学中我们应当更加重视后一方面的思考与分析。例如,就数学概念的教学而言,显然包含所有这些思维活动,即如何由各个实例的考察引出相关的数学概念,由概念的定义推出相关的结论,以及对于不同概念之间关系的深入分析,等等。

另外,由于"公理化思想"主要涉及到了局部与整体的关系,因此,在笔者看来,我们或许不应将此简单地纳入"数学推理"的范围。

(3) 作为"数学建模的思想"的具体解读,以下论述可以说十分到位,即我们不仅应当清楚地看到这一思想与数学抽象(与"符号化思想")的联系,而且也应更加重视这一思想的"应用"特点:"模型思想与符号化思想都是经过抽象后用符号和图形表达数量关系和空间形式,这是它们的共同之处。但是模型思想更加重视如何经过分析抽象建立模型,更加重视如何应用数学解决生活和科学研究中的各种问题。"(王永春,《小学数学与数学思想方法》,华东师范大学出版社,2014,第 90 页)

从同一角度去分析,我们显然也可更好地认识传统的应用题教学的主要弊病,或者说,应当如何改进这一方面的教学:由于缺乏足够的自觉性,在很多情况下应用题的教学不仅完全忽视了"应用"这样一个关键环节,甚至也未能很好地发挥应用题的思维训练功能。这也就是指,传统的应用题教学只是"应用题教学"的一种"异化",所需要的则是"返璞归真"。

其次,将简化的思想、量化的思想和优化的思想都列为"数学建模的思想"的"子思想"则可说完全没有必要。因为,任何一个模型的建构(乃至一般意义上的"抽象")都必定包含有现实情境的必要简化,而"量化"则又显然可以被看成"数学模型"必然具有的一个特征,不然的话,就根本不能被看成"数学模型"。再者,作为具体的研究活动,数学建模也必定有一个不断尝试、逐步改进的过程,这当然也就是不断优化的过程。

当然,上面的论述并非是指这些思想在"数学建模"以外不再有任何价值。例如,正如前面已提及的,"优化的思想"对于数学研究而言具有特别的重要性,因为,这正是数学思维的一个重要特点:数学家们总是不满足于某些具体结果或结论的获得,而是希望能够获得更为深入的理解,后者则又不仅直接导致了对于严格的逻辑证明的寻求,也促使数学家积极地去从事进一步的研究。正因为此,人们常常将"优化"说成一种"数学精神"(米山国藏语),而这显然更为清楚地表明了"优化思想"的重要性,特别是,我们不应将此简单地归属于"数学建模的思想"。

再者,与上述的"细分"相对照,"数学建模"的讨论确实应当明确提及随机的思想和统计的思想,因为,这直接涉及到了数学模型的不同类型。"在现代应用数学中,数学模型往往是对特定对象系统中的量的关系的摹写。由于特定问题是形形色色、千差万别的,因此,针对具体问题和具体对象去建立数学模型时,必须进行具体分析。""一类是确定性数学模型。这类模型所对应的实体具有确定性或固定性,对象间又具有必然的关系。这类模型的表示形式可以是各种各样的方程式、关系式、逻辑关系式、网络图等等。所使用的方法无非是经典数学方法。""二类是随机性数学模型。这类模型的背景对象具有或然性或随机性。数学模型的表示工具无非是概率论、过程论及数理统计学等方法。"(徐利治,《数学方法论选讲》,华中工学院出版社,1983,第 16、17 页)

从基础教育的角度看,上面的论述显然清楚地表明了这样一点:方程与函数的教学应很好地突出"数学建模的思想",或者说,应当特别重视相关知识的应用。但是,后者是否意味着我们在此应明确引入所谓的"方程的思想"和"函数的思想"? 什么是后者的准确涵义? 我们又是否应当将此看成是由"数学建模的思想"派生而出的呢? 这些问题显然都还有待于更为深入的研究。

最后,由于笔者在此主要是从理论角度对"数学思想"的各个相关问题进行了分析,也就有必要再次强调这样一点:这是国际上的普遍发展趋势,即对于"理论至上"这一传统立场的自觉批判,也即认为与唯一强调理论思想的学习与落实相对照,应当更为明确地提倡理论的多元化,特别是理论研究与教学实践的积极互动。也正因此,上面的论述主要应被看成为读者的独立思考提供了必要背景。我们在这方面应始终坚持这样一个立场:"数学思想的学习,不应求全,而应求用。"因为,如果我们始终未能将各种数学思想很好地应用于自己的教学,那么,所有这一切都只是空中楼阁、纸上谈兵,而不具有任何真正的价值。

二、"核心概念"与小学数学教学

1. 聚焦"核心概念"

新一轮数学课程改革实施以来,人们对于"核心概念"已不再感到十分陌生,因为,无论是实验版,或是 2011 年版的"数学课程标准",都采用了这样一个表述方式,尽管相关的内容有所发展或调整。以下就是实验版采用的 6 个"核心概念":数感、符号感、空间观念、统计观念、应用意识、推理能力。2011 年版的"数学课程标准"则扩展到了 10 个:数感、符号意识、空间观念、几何直观、数据分析观念、运算能力、推理能力、模型思想、应用意识、创新意识。

就"核心概念"的学习和理解而言,当然应当首先思考这样一个问题:"数学课程标准"究竟为什么要引入"核心概念",或者说,"数学课程标准"中明确提出"核心概念"究竟有什么作用? 以下就是相关的论述:

"核心概念的设计与课程目标的实现、课程内容实质的理解以及教学的重点难点的把握有密切关系。"

由此可见,我们应围绕"核心概念"去理解课程的具体内容并组织教学,这更可被看成具体落实课程目标的主要保证:

"核心概念体现数学内容的本质。核心概念本质上体现了数学的基本思想,反映了数学内容的本质特征以及数学思维方式。"

"核心概念对于深入理解和掌握相关数学知识不可缺少,同时也是学生是否能够把握数学思想、数学的思维和恰当地运用数学知识与方法解决问题的重要标志。理解和落实核心概念是数学教学中始终应当把握的一条主线。"

"核心概念提出的目标之一,就是在具体的课程内容与课程的总体目标之间建立起联系。通过把握这些核心概念,实现数学课程目标。"(马云鹏,"数学:'四基'明确数学素养——《义务教育数学课程标准(2011 年版)》热点问题访谈",《人民教育》,2012 年第 6 期)

但从理论的角度去分析,仍然存在一些明显的问题,以下主要围绕 2011 年版的"数学课程标准"对此作出具体分析:

（1）词语的意义有待说明或澄清，特别是，我们究竟应当如何去理解这样一些词语，包括它们的具体涵义和区别："感（悟）"、"意识"、"观念"、"直观"、"能力"、"思想"等。

例如，为了表述上的一致性，我们能否将"空间观念"、"几何直观"和"模型思想"分别改为"空间想象力"、"形象思维能力"和"建模能力"？这也就是指，这些词语的使用究竟有什么不同？

（2）这些概念明显地不属于同一层次，特别是，有些明显地是学科相关的，另一些则可说具有更大的普遍性。"的确，这些核心概念的分类，还没有非常严格的严谨性在里面。……也许我们数学教育的研究基础还不足以作一个很好的分类。"（唐彩斌等，"数学课程改革这十年——教育部基础教育课程教材发展中心刘坚教授访谈录"，《小学教学》，2012年第7～8期）

（3）这无疑是新"课标"何以要将原先的6个核心概念扩展成10个的主要原因，即具有更大的完备性。但是，即使就普遍性的概念，即适用于全部数学内容的"核心概念"而言，所列举的"核心概念"应当说仍然不够完备。

例如，正如前面已提及的，按照通行的解释，数学抽象的思想、数学推理的思想和数学模型的思想可被看成"数学基本思想"的主要内涵。又由于后两者分别是与"推理能力"和"模型思想"直接相对应，因此，我们在此显然可以提出这样一个问题，即是否还应增加"抽象能力"这样一个核心概念？再者，由于所谓的"策略思想"无论对于数学解题或是一般意义上的"问题解决"都具有特别的重要性，我们是否也应将其直接纳入"核心概念"的范围？或是像1978年的"教学大纲"一样，直接地引入"分析问题和解决问题的能力"？

（4）尽管部分"核心概念"具有较强的学科相关性，但这又不能不说是这方面工作的一个明显不足之处，即未能清楚地指明基础教育的各个阶段和各个学科分支数学学习的主要内容。

为了清楚地说明问题，在此还可联系美国"数学课程标准"进行对照分析。因为，这正是世界各国从20世纪90年代先后开展的新一轮数学课程改革的一个共同特征，即以"课程标准"作为基本的指导文件，其中更普遍地采用了"平行地"列举出数学课程应当努力实现的各项"标准"（standard）这样一种表述方式(可称为"条目并列式")。

当然,我们不应将中国的"核心概念"简单地等同于国际上通用的"标准"。[①] 但在笔者看来,国际上的相关实践确又为我们如何能够更好地从事自己的工作,特别是切实防止各种可能的弊病提供了直接的借鉴。

具体地说,这正是研究者通过美国"数学课程标准"历史演变的具体考察得出的一些主要结论(详可见马立平,"美国小学数学内容结构之批评",《数学教育学报》,2012 年第 4 期):第一,"不稳定、不连贯、不统一正是'条目并列型'最为明显的特征。"这对实际教学造成了严重的消极影响。第二,与传统的"学科核心式"相比较,这也是"条目并列式"的一个明显不足,即不利于人们较好地掌握各个学段的主要教学内容。由此可见,这也就是我们在引入"核心概念"时应当特别重视的一个问题,即防止工作的随意性,我们也应清楚地指明基础教育各个学段和各个学科分支的主要内容,从而更好地发挥其对于实际工作的指导或促进作用。

最后,就这方面的具体工作而言,笔者又愿再次强调这样一点,即与单纯的"学习与落实"相比较,我们应当更加重视"理论的实践性解读",也即应当深入研究相关理论对于我们改进教学究竟有哪些启示和教益。(对此可参见9.3节)显然,从这一角度去分析,我们应当特别重视研究工作的针对性。这事实上也正是以下分析何以主要集中于数感、符号意识、空间观念和几何直观等"核心概念"的主要原因,因为,我们在此是以小学数学特别是算术与几何内容的教学作为直接的分析对象。笔者十分希望这一工作能对一线教师改进教学,包括对已有经验的认真总结和反思发挥一定积极的作用——在笔者看来,这也正是"莫让理论研究拖了实际工作后腿"的又一重要涵义。

2. "数感"、"符号意识"与小学算术内容的教学

(1) 什么是"数感"的具体内涵和主要作用? 新"课标"中的以下论述可以被看成对此提供了直接的解答:"数感主要是指关于数与数量、数量关系、运算

---

① 我们只需将"新课标"中所列举的 10 个"核心概念"与美国数学教师全国理事会(NCTM)2000 年颁发的《学校数学的原则和标准》所列出的以下"10 项标准"作一对照比较,就可发现这两者确实具有很大的一致性:数和运算、代数、几何、度量、数据分析与概率、问题解决、推理与证明、交流、关联、表述。

结果估计等方面的感悟。建立数感有助于学生理解现实生活中数的意义,理解或表述具体情境中的数量关系。"(中华人民共和国教育部,《义务教育数学课程标准(2011年版)》,北京师范大学出版社,2012,第5页)

以下围绕小学算术内容的教学对此作出进一步的分析。

第一,由于直接涉及到了数与数量、数量关系与运算结果的估计等多个方面,因此,明确提出"数感"这样一个核心概念确实有益于我们更好地认识小学算术教学的具体内容与主要目标。但在作出这一肯定的同时,我们又应清楚地认识到这样两点:

① 对于这里所说的"数"必须作广义理解,即应当将自然数、小数与分数同时包括之内。只有通过这样一个不断扩展的过程,我们才能更好地理解与此密切相关的各种重要数学思想:逆运算与逆向思维、不断扩展的思想、类比与化归、算法化与"寓理于算"的思想、多元化与"优化的思想"、"客体化"与结构化的思想,等等。

我们应明确肯定"数感"的发展性质,即必定包含有"从无到有,从粗糙到精确,由简单到复杂,由单一到多元"的发展过程。也正因此,与"建立数感"这一说法相比较,"发展数感"显然更为恰当。

例如,就"数与数量"的认识而言,除去"数"的内涵的不断扩展以外,每一种数的认识也都直接涉及到了适当心理表征的建构。如我们不仅应当让学生通过数数去认识各个具体的自然数,也应通过记数法的学习使学生有可能"接触"到现实生活中很难直接遇到的各种"大数",乃至初步认识数的无限性;我们还应通过引入适当的直观表示(特别是"数轴")帮助学生建立"数"的视觉形象,从而建立起更为丰富的心理表征。

② 我们不应将学生数感的发展看成算术教学的唯一目标,因为,这显然也是这方面十分重要的一个目标,即提高学生的运算能力。另外,在笔者看来,我们又应高度重视"符号观念"和"代数思想"的渗透,特别是,后者更可被看成小学算术教学改革的主要方向(对此我们还将在以下作出具体论述)。

第二,从一线教师的角度看,这显然是更为重要的一个问题,即如何发展学生的"数感"? 当然,这又正是上述引言给予我们的一个直接启示:应当高度重视数学与现实生活的联系,包括在课堂上努力建构出相关的"具体情境"。

但在笔者看来,对此我们还应从更为深入的层面进行分析思考。

具体地说,我们应特别重视数学思维在这一方面的特殊性。

事实上,只需通过与"语感"、"乐感"、"色彩感"等相关概念的简单比较,我们就可清楚地看出"数感"在这一方面的特殊性:由于其对象并非物质世界中的真实存在,对此我们就不能简单地归结为建立在直接感官之上的感知。

但是,数和数量关系不也正是客观事物或现象的重要属性吗? 确实如此,但这恰又是数学思维在这方面的特殊性:即使就最简单的自然数而言,如1、2、3等,也都是抽象思维的产物。而且,在严格的数学研究中,无论所涉及的对象是否具有明显的现实意义,我们又都只能依据相应的定义和推理规则去进行推理,而不能求助于直观,即应当以抽象思维的产物作为直接的研究对象——正因为此,数学对象的性质就完全反映于它们的相互关系,或者说,我们必须依据相应的数学结构去把握各个具体的数学对象。(对此可参见2.1节)

显然,后者事实上也正是我们为什么必须将关于"数量关系"的感悟同时纳入"数感"的主要原因。进而,就学生"数感"的培养而言,我们则又不应停留于"情境和模型"、"问题与求解"等具有明显现实意义的活动,而是应当更加强调"'客体(对象)化'与结构化的思想",即应当突出数学思维的建构性质与整体性数学结构的把握。

为了更清楚地说明问题,建议读者在此也可具体地去思考这样一个问题:当人们提到"数"时你头脑中出现的是什么样的图像? 显然,依据上述的分析,合适的"心理表征"就应是:这是一个十分丰富而又井然有序的"数学世界"。

当然,从学生的角度去分析,这主要又应被看成一种"再创造"的活动,即如何能够使得已经"外化"了的东西(相对独立的"数学对象")重新转化为思维的内在成分。(对此可参见7.3节)在笔者看来,这事实上十分清楚地表明了数学学习的本质:这主要是一个文化继承的过程,并是在教师的直接指导下完成的。进而,学生"数感"的发展事实上也是一个学习数学思维的过程。

第三,我们也应高度重视与"数感"直接相关的情感、态度与价值观。

具体地说,这显然可以被看成后者的一个基本涵义,即对于事物数量方面的敏感性,特别是,乐于计算,乐于从事数量分析,而不是对此感到恐惧,甚至更以"数盲"感到自豪。

在此我们还应特别强调由朴素情感向更为自觉的认识的必要过渡,这也就是指,我们应当超出单纯的工具观念,并从整体性文化的角度更为深入地认识数量分析的意义。

事实上,正如4.2节已提及的,这可被看成中西方文化的一个重要差异:西方文化在很大程度上可被看成一种"数学文化",对此例如由所谓的"毕达哥拉斯—柏拉图传统"就可清楚地看出。西方并因此形成了"由定量到定性"的研究传统,后者又正是导致现代意义上的自然科学在西方形成的重要原因。与此相对照,由于"儒家文化"的主导地位,我国的文化传统却始终未能清楚地认识并充分发挥数学的文化价值。

由此可见,学生"数感"的培养也直接关系到了我们如何能够更好地承担起这样一个社会责任,即充分发挥数学的文化价值。

(2)"符号意识"与"代数思想"。

以下是新"课标"中对于"符号意识"的具体论述:"符号意识主要是指能够理解并且运用符号表示数、数量关系和变化规律;知道使用符号可以进行运算和推理,得到的结论具有一般性。建立符号意识有助于学生理解符号的使用是数学表达和进行数学思考的重要形式。"(中华人民共和国教育部,《义务教育数学课程标准(2011年版)》,同前,第6页)

从小学算术内容的教学这一角度去分析,笔者在此则愿特别强调这样一点:尽管小学数学已经包含有多种不同的符号,如数字符号、运算符号、关系符号等,但只有联系"代数思想"去进行分析,我们才能更好地理解与把握"符号意识"的内涵与作用。进而,这又应被看成小学算术教学改革的一个主要方向,即我们在教学中如何能够很好地去渗透各种重要的数学思想,特别是"代数思想"。从而不仅能够真正做到居高临下,也能很好体现教学的整体性。

以下对此作出具体论述。

第一,与"数感"一样,"符号意识"也有一个后天的发展过程。又由于符号的认识和应用显然已经超出了单纯感悟的范围,即主要表现为自觉的认识,因此,新"课标"中将原来的"符号感"改成"符号意识"就应说是较为合适的。

进而,又如上述引言清楚表明的,这是数学中引入文字符号的主要作用,即为数学抽象提供了必要的工具。应当强调的是,在很多学者看来,这也正是"代数思想"最为基本的一个涵义:"代数即概括。"(基兰,"关于代数的教和学研究",载古铁雷斯、伯拉主编,《数学教育心理学研究手册:过去、现在与未来》,广西师范大学出版社,2009,第12页)

当然,"概括"事实上也可被看成所有数学概念的共同特征,即由特殊上升到了一般。也正因此,作为"代数思想"的具体分析,我们应更加强调它的这样两个涵义:① 借助于符号的一般化;② 符号的形式操作。又由于这两者都涉及了文字符号的应用,因此,从动态的角度去分析,我们可以将"符号化"(symbolization)看成"代数思维"最为重要的一个特征。

显然,从上述的角度去分析,我们可以清楚地看出在"算术思维"与"代数思维"之间存在很大的一致性。第一,算术中也包含大量的"一般化",如关于运算法则的思考、模式的发现与推广、对于一般性解题方法的寻找,等等。第二,正如前面已提及的,"'客体化'与结构化的思想"可被看成"算术思维"十分重要的一个特征,而这显然也包括所有对象的形式操作,后者也就是"算法化思想"的一个基本涵义。

当然,在"代数思维"与"算术思维"之间也存在重要的区别。"符号化"不仅标志着达到了更高的抽象层次,也意味着研究对象的极大扩展,从而就更为清楚地体现了现代数学研究的主要特征。进而,也正是从这一角度去分析,笔者以为,小学算术内容的教学就应特别重视这样两点:

① 应当更加突出一般化的思想,即应当努力帮助学生超越具体计算,并从更为一般的角度去进行分析和思考。

应当指出的是,在很多学者看来,这是小学算术教学最为常见的一个弊病,即"操作性观念"占据了支配的地位:人们往往集中于如何能够通过一定的操作(计算)去求得相关的未知数,却忽视了我们也应超越具体计算,从更为一般的角度去进行思考和分析。如怎样能对已获得的结果作出推广,在不同的运算之间存在什么样的关系,我们又怎样能在已有的抽象之上作出新的抽象,等等。当然,除去各个具体的结论以外,我们又应努力帮助学生获得关于整体性数学结构的初步认识。

总之,这正是小学算术教学改革十分重要的一项目标,即无论是教师或学生都应努力实现由"操作性观念"向"结构性观念"的重要转变。正如前面已指出的,后者事实上也应被看成我们如何培养学生"数感"十分重要的一个方面。尽管我们在此所使用的是"数感"这样一个词语,但这又不应被理解成纯粹的"数的感知",毋宁说,正如对于"外在形式的感知"的必要超越,我们在此也应注意地引导学生更为深入地去认识整体性的数学结构。

②努力树立关于文字符号更为深刻的认识。

正如前面已指出的,这是数学中引入文字符号最为重要的一个作用,即为"一般化"提供了必要的工具,而不只是充当了未知数的直接替代物。显然,从这一角度去分析,我们可以更好地理解关于教学中应当如何引入文字符号的如下建议:我们应当更加突出相关结论的"表述问题",即从一般化的角度看如何才能避免表述上的简单重复。

进而,我们又应清楚地认识到这样一点:文字符号的引入不仅意味着语言的重要改进,即如何能够更精确、更简洁去进行表述和交流,而且也标志着数学研究对象的极大扩展。例如,只有从后一角度去进行分析,我们才能很好地理解数学的这样一个特点:"数学谈论与数学对象常常相互滋生(mathematical discourse and mathematical objects create each other)。"这也就是指,数学中的语言活动往往与思维创造密切相关。当然,就我们目前的论题而言,我们则又应当特别重视如何能够帮助学生逐步学会这样一种研究方式,即从纯形式的角度(也即按照一定的规则)对符号表达式进行操作(变化)。这也就是指,在很多情况下我们应将符号表达式看成直接的研究对象,而不应始终集中于它们的表征意义。

显然,从上述角度去分析,我们也可更好地理解这样一个论述:学习一种语言事实上就是进入了一种新的文化,而这又正是"数学文化"的一个重要涵义,即我们应当清楚地认识超越直接经验的重要性,乐于与抽象的事物打交道,并应不断提高思维的精确性与简洁性,……

当然,在明确肯定形式演算的重要性的同时,我们又应清楚地看到:无论就代数本身的学习或是"代数思想"在小学算术教学中的渗透而言,我们都应做到"意义学习"——如果采取"符号化"的说法,这也就是指,数学中对于符号的应用应是有意义的：既有明确的目的，也十分有效。当然，所说的"意义"既可能来自数学外部，也可能源自数学内部。

第二，就小学算术教学的改革，特别是"代数思想"的渗透而言，我们又应特别强调这样几点：

① 这显然可以被看成上述分析的一个直接涵义，即与人们先前经常提及的"代数提前"(algebra early)，也即在小学阶段尽早引入某些专门的代数课程（如"方程"的学习）这样一个主张相比较，我们应当更加重视"代数思想"的渗透，也即应当将"代数思想"作为小学数学教学十分重要的一个指导思想。应当指出的是，后者事实上也正是现今在国际数学教育界得到普遍重视的"早期代数"(early algebra)这一主张的基本立场。

进而，从同一角度去分析，我们在此显然不应唯一地强调学生"符号意识"的培养，而是应当更加重视相关数学思想的学习，包括深入地研究小学阶段应当通过哪些数学活动才能很好地实现"帮助学生初步地学会数学地思维"这样一个目标。

例如，在笔者看来，这也正是以下论述给予我们的主要启示："低年级的代数思维涉及在活动中培养思维方式，……而且在根本不使用任何字母—符号的代数的情况下，学生可以参与到这些活动中，比如，分析数量之间的关系、注意结构、研究变化、归纳化、问题解决、模式化、判断、证明和预测。"（基兰，"关于代数的教和学研究"，同前，第 19 页）

当然，又如先前的论述已清楚表明的，我们在此还应特别重视这样几种数学活动，因为，这可被看成小学数学渗透"代数思想"最为重要的一些途径：一般化（提出猜想与检验猜想）、对结构的感知、符号（包括文字符号与具体数字）的有意义操作。

② 除去"代数思想"在算术教学中的渗透，我们还应明确倡导"高观点指导下的小学数学教学"，后者则又不仅是指我们应当将小学算术教学和几何教学同时考虑在内，而且也是指我们应超出"代数思想"，从更为广泛的角度去思考"现代数学观念"在小学数学教学中的渗透。

例如，在笔者看来，我们显然应从上述角度去理解这样一个论述："算术不(应)仅仅关注计算能力，它还应该通过数学知识活动，为学生提供机会，以便于他们奠定一个坚实的数学倾向的基础。……通过简单的例子,理解数学陈述与它们所模拟的情境(或者没有模拟)之间的关系,……学习猜想、论证(或多或少是非正规的)和证明(如在数字理论领域)的艺术,甚至从理想的角度来看,意识到作为'数字'意义的激进的概念结构化的本质正在得到逐步的扩展。"(维斯切费尔等,"关于数字思维的研究",载古铁雷斯、伯拉主编,《数学教育心理学研究手册:过去、现在与未来》,同前,第72页)

当然,又如前面已指出的,对于这里所说的"数学活动"我们也应作广义的理解:这不仅包括概括、抽象、符号化、操作、算法的应用等,还包括下定义、综合、视觉化、表征、证明和公理化等。另外,从教学的角度看,我们则又应当特别重视如何能够帮助学生很好地理解这些活动的意义,即使之对于他们而言真正成为有意义的。

显然,一旦上述主张得到了落实,传统上在小学数学与中学数学学习之间所存在的巨大间隔就将不复存在,因为,这时我们所从事的是同样的数学活动。

3. "空间观念"、"几何直观"与小学几何内容的教学

正如小学算术内容的教学不应局限于"数感"和"符号意识"(以及"计算能力")这样几个核心概念,小学几何内容的教学也不只是涉及到了"空间观念"和"几何直观"。另外,尽管前一节的分析主要集中于算术教学,但其基本思想对于几何教学显然也是同样适用的,特别是,"'客体化'与结构化的思想"更可被看成具有特别的重要性。这也就是指,在几何研究中,无论相关概念是否具有明显的现实原型,我们都应清楚地认识数学抽象的建构性质,即应当以抽象思维的产物作为直接的研究对象,并主要集中于它们的相互关系,也即相应的数学结构。

更为一般地说,我们又应明确提倡这样一个立场,即与唯一强调"核心概念"相比较,我们应当更为深入地去研究具体知识内容背后的数学思想和数学思想方法,并以此来指导相关内容的教学。

具体地说,笔者以为,小学几何内容的教学应特别重视以下一些数学思想和数学思想方法:分类与抽象、类比与归纳、一般化与特殊化、形象思维和数形结合、联系的观点。另外,尽管几何学习对于学生发展逻辑思维十分有利,

但由于认知水平的限制,对小学生或许不宜明确提出这样一个要求。

鉴于论题的限制,以下主要围绕"空间观念"和"几何直观"对小学几何内容的教学作出具体分析。

(1) 数学中的"空间观念"

作为"空观观念"的具体分析,首先应当指明这样一点:数学中的"空间"与"空间观念"不应被等同于"现实空间"与相应的"空间观念",如"空间是物质存在的广延性,……是不依赖于人的意识而存在的客观实在。""空间(和时间)同运动着的物质是不可分割的,……空间和时间又是相互联系的。"

当然,上述的论述并非是指我们不应帮助学生很好地去认识"数学空间"与现实空间之间的联系。后者显然也正是"新课标"特别强调的一点,尽管相关论述直接涉及的只是物体与几何图形之间关系,而非真正的"数学空间":"空间观念主要是指根据物体特征抽象出几何图形,根据几何图形想象出所描述的实际物体;想象出物体的方位和相互之间的位置关系;描述图形的运动和变化;依据语言的描述画出图形等。"(中华人民共和国教育部,《义务教育数学课程标准(2011 年版)》,同前,第 6 页)

为了清楚地说明问题,建议读者在此也可具体地去思考这样一个问题:上面的论述,特别是第一句和最后一句是否也可被看成"图画教学"特别是培养学生绘画能力的具体标准,只不过后者所使用的并非"数学语言"而是线条与色彩? 另外,将论述的其余部分概括为"空间想象力"是否也更为适当?

笔者以为,这事实上十分清楚地表明了这样一点:尽管以"空间观念"的培养作为小学几何教学的主要目标之一没有什么不妥,但就其落实而言,又完全离不开抽象的能力,包括我们究竟应当如何去理解数学中所说的"空间"。

具体地说,正是数学概念为我们准确认识和描述事物的形状提供了必要的工具。"宇宙……这本书向着人们的好奇心敞开着,但是谁如果不先掌握好写这本书所用的语言和文字,他就不用想读懂它。这个语言就是数学,这些文字就是三角形、圆和其他几何图形。"(伽利略语)

进而,又如前面所指出的,尽管正是客观事物为相应的数学抽象提供了现实原型,但所有这些数学概念又都是抽象思维的产物,后者并包含有理想化、简单化与精确化这样一些涵义。例如,任何真实事物的形状都很难说是严格的圆(球)形,在现实世界中我们显然也不可能真正找到"没有大小的点"、"没有宽度的线",等等。

以下再对"数学空间"的具体涵义作出分析论述。

第一,几何的研究对象并不只限于现实空间,也包括各种可能的空间。就小学几何的教学而言,这也就是指,我们所面对的不只是 3 维空间,也包括 2 维空间(平面)和 1 维空间(直线)。

进而,这又是数学思维的一个重要特征:数学家往往会按照"由简单到复杂、由低(维)到高(维)"这样一个逻辑顺序去从事相关的研究,从而与"日常的视角"表现出了明显的区别。这正如弗赖登塔尔所指出的:"数学家有这样的倾向,一旦依赖逻辑的联系能取得更快的进展,他就置实际于不顾。"(《作为教育任务的数学》,同前,第 45 页)

例如,就几何对象的引入而言,这也就是指,我们究竟应当采取由"体"到"面"再到"线"这样一个与人们日常认识活动较为一致的顺序,即将"面"定义为"体的表面",将"线"定义为"面的边界",还是应当采取如下的逻辑顺序:点→线→面→体?

那么,采用"数学的视角"究竟又有什么优点呢? 这显然是我们应当深入思考的一个问题。

事实上,只需稍作思考,我们就可发现上述的"日常处理方式"确有一定缺点或内在局限性。例如,按照这一顺序,我们在教学中是否应首先引入立方体,再引入正方形和单位线段? 同样地,我们又是否应当先讲体积,再讲面积,到最后再讲长度?

与此相对照,这是按照逻辑顺序进行认识的主要优点,即可以极大地提高学习和研究工作的有效性。因为,通过"类比联想"等方法的自觉应用,我们可以已获得的知识与经验作为直接基础更为有效地去从事新的认识活动。另外,将事物联系起来加以考察显然也有利于整体性知识结构的建立。

例如,从教学的角度看,"线段的度量"显然最为简单,而且,学生一旦获得了相关的知识和经验,就可为这方面的进一步学习提供直接的基础。对此例如由"角的度量"与"线段的度量"的类比就可清楚地看出。后者即是指,在"角的度量"的教学中教师应当有意识地引导学生对已学过的"线段的度量"作出回忆,特别是,应注意分析两者的共同点与不同点,从而很好地发挥类比联想的作用。

　　例如,这就是两者的明显共同点:我们在此都应通过大小的比较引出度量(精确定量)的必要性;后者的具体实施又都以度量单位的确定和选用适当的度量工具作为直接的前提。两者的区别则在于:就"角的度量"而言,我们必须采用不同的度量单位、不同的度量工具与不同的度量方法;更为重要的是,由"线段的度量"过渡到"角的度量"意味着研究对象的重要扩展,即由 1 维过渡到了 2 维。

　　应当强调的是,研究对象由 1 维向 2 维的过渡极大地丰富了数学学习和研究活动的内容。对此例如由"平面图形的研究"就可清楚地看出:在此我们不仅涉及到了多种不同的平面图形,如三角形、四边形等,更有很多新的概念与研究问题。例如,除去平面图形的"面积"可被看成是与线段的"长度"直接相对应的以外,"周长及其度量"显然也可被看成是由于研究对象由 1 维过渡到 2 维所导致的新的研究问题。当然,"角的度量"也可被看成后一方面的又一实例。

　　更为重要的是,所说的发展也为我们如何能够通过相关内容的教学帮助学生学会数学地思维提供了良好契机。特别是,在此我们应跳出每一堂课的设计,从更大的范围去进行分析思考,从而达到对于相关内容的整体性把握。例如,"平面图形的面积"的教学显然就可被看成这方面的典型例子。(对此还可参见另文"小学几何内容的教学",《小学数学教师》,2015 年第4 期)

　　综上可见,除去"新课标"所提到的各个要点以外,帮助学生清楚地认识"空间"概念的多样性,并使学生逐步学会按照"由简单到复杂、由低(维)到高(维)"的逻辑顺序去进行认识,也应被看成以"空间观念"指导小学几何教学的又一重要内涵。①

---

① 从同一角度我们也可更好地理解"空间想象力"的具体涵义,特别是,这不仅是指"由几何图形想象出所描述的实际物体;想象出物体的方位和相互之间的位置关系;……",而且也是指我们可以通过类比联想"自由地"去建构"4 维空间"和其他更高维的数学空间,包括其中的各种几何形体,如"超立方体"等。

(2)"几何直观"与"形象思维"

以下是"新课标"对于"几何直观"的具体说明:"几何直观主要是指利用图形描述和分析问题。借助几何直观可以把复杂的数学问题变得简明、形象,有助于探索解决问题的思路,预测结果。几何直观可以帮助学生直观地理解数学,在整个数学学习过程中都发挥着重要作用。"(中华人民共和国教育部,《义务教育数学课程标准(2011年版)》,同前,第6页)

显然,"利用图形描述和分析问题"可被看成对于"几何直观"的具体界定。但在笔者看来,这一提法又应说具有明显的局限性。

第一,与以上论述相比较,特别是联系其作用进行分析,笔者以为,与"几何直观"相比,"形象思维"应当说是更为重要的一个概念。当然,我们在此也应首先对后者的具体涵义作出清楚说明。

具体地说,数学中的"形象思维"主要是相对于"抽象思维"而言的:两者在很大程度上可以被看成具有相反的含义。然而,由于抽象正是数学最为基本的一个特点,特别是,任一数学概念都是抽象思维的产物,因此,数学中的"形象思维"又具有这样一个特点:这并非是指我们由抽象的数学概念又重新回到了相应的现实原型。恰恰相反,尽管这里确实包含有由抽象向具体的"复归"这样一个含义,但后者并非指某种物质性的存在,而是一种"抽象的具体",即应当被看成"抽象水平之上的重构"。

也正因此,对于数学中的"形象思维"我们不应简单地等同于一般意义上的形象思维。例如,如果说"具体性"可被看成后者最为重要的一个特征,那么,就数学中的"形象思维"而言,"具象性"(embodied)就是更为合适的一个概念。这也就是指,与一般所谓的"表象"相比较,数学中的"形象思维"更为明显地表现出了"想象"(或者说"思维建构")的特点。

例如,正如3.1节中已提及的,就平面图形的认识而言,无论是教师或学生都清楚地知道,我们的研究对象并非教师手中的那个木制三角尺,也不是教师在黑板或在纸上所画的那个具体的三角形,而是更为一般的三角形的概念。另外,尽管任一关于圆的图形和模型都不能被看成真正的圆,但这显然也不会妨碍我们以此为背景去研究圆的性质,包括在头脑中具体地建构起与"圆"这一概念直接相对应的心理图像。

　　总之，数学中的"形象思维"应当说直接关系到了数学的这样一个特征性质：数学并非真实事物或现象的直接研究，而是以抽象思维的产物作为直接的研究对象。当然，对于数学研究我们又不应简单地理解成由概念定义出发进行严格的逻辑演绎。毋宁说，这也直接涉及到了主体如何能在头脑中为此建构起适当的心理表征，包括所谓的"心理图像"，而后者则直接关系到了所说的"形象思维"。

　　再者，这又是"形象思维"最为重要的一个作用：借此我们可更为深入地认识相关对象（这不仅是指数学概念和结论，也包括"问题"和"解题策略"等多种数学成分）的本质或特征性质，这也就是指，适当的"心理图像"的建构事实上意味着主体的认识由现象深入到了本质——显然，这更为清楚地表明了在数学的"形象思维"与一般意义上的形象思维之间所存在的重要区别。

　　当然，在这两者之间也存在一定的共同点，特别是，所谓的"形象性"和"整体性"同样也可被看成数学中"形象思维"的重要特征。但是，由于后者主要地又应被看成"抽象的具体"，因此，与一般所谓的"直观性"相比较，"直觉"就是更为合适的一个概念。这也就是指，数学中的"形象思维"并非建立在直接感官之上的感性认识，也不是逻辑推理的结果，而是集中地反映了主体对于数学对象的直接洞察。

　　例如，由著名数学家阿达玛在其名著《数学领域中的发明心理学》所给出的相关实例（其中所涉及的是他头脑中与"存在有无穷多个质数"这一定理的经典证明直接相对应的心理图像，详见 2.3 节），我们可很好地领会数学中的"形象思维"的上述特性，包括后者对于数学研究的特殊重要性。另外，在笔者看来，这也正是以下论述给予我们的直接启示："这些富有创造性的科学家与众不同的地方，在于他们对所研究的对象有一个活生生的构想和深刻的了解。这种构想和了解结合起来，就是所谓的'直觉'，这里所指的意思与日常语言中惯用的意思没有共通之处，因为它适用的对象，一般说来，在我们感官世界中是看不见的。""事实上，数学家的'直觉'由于长期的习惯往往比感官直觉得出的概念内容要丰富，这就产生出一种奇怪的现象，即由感官直觉转移到完全抽象的对象上。……许多数学家似乎从其中发现了他们研究工作的精确指南。"（迪多内语）

总之,"几何直观"与"形象思维"相比应当说过于狭义了,这也就是指,我们应以"发展学生的形象思维"作为几何教学乃至全部数学教学的一个重要目标。

第二,以下再转向如何培养学生的形象思维这样一个问题——如果仍然使用"几何直观"这样一个词语,这也就是指,我们在教学中应当如何去培养学生的形象思维与几何直观?

以下是这方面的一些具体建议:

① 高度重视数学对象"心理图像"的建构。

事实上,恰当的心理图像的建构对于任一数学概念乃至数学结论和证明的学习都具有特别的重要性,这是发展"形象思维"十分重要的一环。当然,又如前面的论述已清楚指明的,对于这里所说的"心理图像"我们不应简单地理解成直观的几何图形。

就这方面的具体工作而言,我们也应高度重视由"动手"向"动脑"的必要转变,即教学中我们应当积极引导学生由外部的实际操作(包括实物操作与计算等)转向内在的思维活动,从而真正实现"活动的内化",包括建构起适当的心理图像。

② 与单纯强调"形象思维",特别是借助图形进行思维相比较,我们又应更加强调"数形结合",即我们不仅应当帮助学生为各种数学概念和结论等建立恰当的"心理图像",而不要"得意忘'形'",也应帮助他们真正做到"胸中有数",即高度重视事物和对象的数量分析。

由华罗庚先生的以下论述我们可更好地理解"数形结合"的重要性:"数缺形时少直觉,形少数时难入微。数形结合百般好,割裂分家万事休。"

当然,就这方面的具体工作而言,我们又应高度重视认识活动的个体特殊性,而不应过分强调教学的规范性与统一性。

例如,尽管这是这方面的一个基本事实:"只要有可能,数学家总是尽力把他们正在研究的问题从几何上视觉化"(柯尔莫戈洛夫语),但后者又不应被看成数学思维的唯一可能形式。例如,正如2.3节中已提及的,这就是著名数学家、数学教育家波利亚的一个思维特点,即特别强调"关键词"的作用。

当然,在强调学生个体特殊性的同时,我们又应始终坚持促进学生的思维发展这样一个基本目标。特别是，与片面强调逻辑思维或形象思维（"几何直观"）相比较，我们应更加重视两者的必要互补，从而为学生的进一步发展打下良好基础。

另外，这显然也应被看成数学概念心理表征多元性质的一个直接结论，即除去"数"和"形"以外，我们还应注意到更多的方面，包括语言、操作、现实意义等。而且，与唯一强调其中的某些方面相比较，我们又应更加重视所有这些方面的相互渗透与必要整合。（对此可参见 7.2 节）

最后，还应强调的是，尽管我们在以上主要是围绕小学数学教学进行分析的，但这显然又应被看成相关论述的一个主要结论：与唯一强调"核心概念"的学习与落实相比较，我们应当更加重视理论研究与教学实践的积极互动。特别是，如何能以实际教学活动为背景更为深入地去开展研究，从而对各种已有的理论思想作出必要的改进和发展，包括切实纠正"理论研究拖了实际工作的后腿"这样一个根本不应出现的现象。

后 记

　　自 1965 年从江苏师范学院数学系毕业以来，笔者执教已有整整 50 年，包括基础教育、大学教育与研究生教育，以及各种类型的教师培训。谨以此书勉励自己，更表达对于这一过程中在各个方面给自己很多帮助的各位师长、同学、同仁、后进、学生，以及方方面面朋友的诚挚谢意。特别是，如果没有各个家庭成员与广大一线教师一贯给予的关心、理解和支持，自己是不可能一直坚持至今的。

　　让我们一起努力，走得更远，更好！

郑毓信

2015 年 3 月于南京